国家出版基金项目
NATIONAL PUBLICATION FOUNDATION

国家出版基金资助项目

俄罗斯数学经典著作译丛

疏散的马尔柯夫链

SHUSAN DE MA'ERKEFU LIAN

[苏] B.И. 罗曼诺夫斯基 著

《疏散的马尔柯夫链》翻译组 译

HITP
哈爾濱工業大學出版社
HARBIN INSTITUTE OF TECHNOLOGY PRESS

大家書系

内 容 简 介

疏散的马尔柯夫链是一般随机过程的一个重要的特殊情形，而其详尽深入的研究则主要是应用矩阵方法. 本书的著者、苏联已故数学家罗曼诺夫斯基(B. И. Романовский)在这方面有许多创造性的工作. 本书系其晚年所著，综合了其本人及其他研究者在疏散的马尔柯夫链方面的许多研究成果.

本书适合大学师生及数学爱好者阅读使用.

图书在版编目(CIP)数据

疏散的马尔柯夫链/(苏)B. И. 罗曼诺夫斯基著；《疏散的马尔柯夫链》翻译组译. —哈尔滨：哈尔滨工业大学出版社，2024.4

(俄罗斯数学经典著作译丛)

ISBN 978-7-5767-1325-1

I. ①疏… II. ①B… ②疏… III. ①马尔柯夫链 IV. ①O211.62

中国国家版本馆 CIP 数据核字(2024)第 073685 号

策划编辑 刘培杰 张永芹
责任编辑 刘立娟 李 欣
封面设计 孙茵艾
出版发行 哈尔滨工业大学出版社
社 址 哈尔滨市南岗区复华四道街 10 号 邮编 150006
传 真 0451－86414749
网 址 http://hitpress.hit.edu.cn
印 刷 辽宁新华印务有限公司
开 本 787 mm×1 092 mm 1/16 印张 20.5 字数 402 千字
版 次 2024 年 4 月第 1 版 2024 年 4 月第 1 次印刷
书 号 ISBN 978－7－5767－1325－1
定 价 88.00 元

以此纪念

伟大的导师

安德烈·安德烈维奇·马尔柯夫

◎ 序

呈献在读者面前的这本书，其目的并不是要对马尔柯夫链的理论给出某种程度的完整阐述，马尔柯夫链的理论在今日已发展得非常广阔，但是还远没有发展到尽头. 在这本书中所讲述的只是有关具有有穷个状态及疏散时间的链，以及能够用矩阵研究方法得出的那些基本事实. 至于读者可在弗雷歇(Fréchet)的概括性著作[43]及许多其他马尔柯夫链的研究者的论著中找到的材料，本书中包含得并不多，但在本书中考察了许多 Fréchet 及其他研究者完全没有涉及的问题：双循环链与复循环链、马尔柯夫一布伦斯(Марков-Брунс)链、相关的链、复杂链、马尔柯夫链的随机应用以及其他问题. 在本书中，主要介绍了链理论的创始人、著名俄罗斯数学家马尔柯夫的某些论著及其思路，而这些在概率论方面的数学文献中还没有得到足够的估价.

本书最主要的特色在于推进了链的矩阵研究方法，据我看来，在疏散的马尔柯夫链理论的研究中，矩阵乃是基本的和最有力的工具.

罗曼诺夫斯基

◎ 目录

第一章 一些基本概念与基本定理

1. 状态数目有限并且时间疏散的简单的均匀马尔柯夫链

我们讲述疏散的马尔柯夫链的理论，从建立状态数目有限并且时间疏散的简单的均匀马尔柯夫链概念入手. 这是疏散的马尔柯夫链的最简单的情形，同时也是最基本的以及在下文中讲得最多的情形.

首先，让我们来考察某一体系 S，它具有有限个互不相容的状态

$$A_1, A_2, \cdots, A_n$$

每隔一段有限时间之后，状态就要变更一次，这种变更遵守如下的随机规律：在某一初始时刻 T_0，这些状态的概率分别等于

$$p_{01}, p_{02}, \cdots, p_{0n}$$

其次，无论我们考察其后的哪一个时刻 $T_k(k=0,1,2,\cdots)$，原来处于状态 $A_\alpha(\alpha=\overline{1,n})$ 的体系 S 在下一个时刻 T_{k+1} 转而呈现状态 $A_\beta(\beta=\overline{1,n})$ 的概率（当体系 S 在时刻 $T_{k+2}, T_{k+3}, \cdots$ 的状态未定时）恒等于一个不依赖于体系 S 在时刻 $T_0, T_1, \cdots, T_{k-1}$ 的状态的非负常数 $p_{\alpha\beta}$. 概率 $p_{\alpha\beta}$ 的这一定义利用通常的条件概率写法就可以写成以下的形式

$$p_{\alpha\beta}=P(A_\beta, T_{k+1}/A_\alpha, T_k) \quad (k=0,1,2,3,\cdots)$$

这样一来，体系 S 在 $T_1, T_2, \cdots$ 中任何一个时刻的状态，与上一个时刻之前的那些时刻的状态无关，而在以后各时刻的状态未定的条件下，被上一个时刻的状态随机地完全确定下来了①.

① 这就是说，得到了完全确定的概率.

我们所定义的体系 S 的状态的变更系一般的随机过程的一个特殊情形，称为状态数目有限并且时间疏散的简单的均匀马尔柯夫链，或称狭义的马尔柯夫链(A. H. Колмогоров 命名的). 下文中为了简便，我们称之为链 C_n.

我们称矩阵

$$\boldsymbol{P} \equiv \mathrm{Mt}(p_{\alpha\beta}) \equiv \begin{pmatrix} p_{11} & p_{12} & \cdots & p_{1n} \\ p_{21} & p_{22} & \cdots & p_{2n} \\ \vdots & \vdots & & \vdots \\ p_{n1} & p_{n2} & \cdots & p_{nn} \end{pmatrix}$$

为链 C_n 的规律，而称组成这个矩阵的那些概率 $p_{\alpha\beta}$ 为转移概率. 转移概率须适合以下的等式

$$\sum_{\beta} p_{\alpha\beta} = 1 \quad (\alpha = \overline{1,n}) \tag{1.1}$$

概率 $p_{0\alpha}(\alpha = \overline{1,n})$ 称为初始概率. 对于初始概率也有

$$\sum_{\alpha} p_{0\alpha} = 1 \tag{1.2}$$

由等式(1.1) 与(1.2) 显然可见概率

$$p_{\alpha1}, p_{\alpha2}, \cdots, p_{\alpha n}$$

不全是零(无论 $\alpha = \overline{1,n}$ 是什么)，而且初始概率也不全是零.

以上定义马尔柯夫链用的是 A. H. Колмогоров 的命名系统. 至于马尔柯夫本人所研究的就不是那些状态 A_α，而是一系列试验中的那些互不相容的事件 A_α，它们由上面所讲的体系 S 的状态变更所适合的那些条件联结成为链锁；于是 $p_{0\alpha}$ 就是在初始试验中事件 A_α 的概率，而 $p_{\alpha\beta}$ 就是在以后某次试验中，在已知上次试验中出现事件 A_α 的条件下，出现事件 A_β 的概率. A. H. Колмогоров 的命名系统与马尔柯夫的命名系统相比较，具有更富于具体感的优点，并且完全摆脱了隐含在试验这一概念中的某种主观主义色彩. 但是应该注意，在概率论中“试验” 这个词意味着实现某些条件，在这些条件之下某种事件可能发生，并没有包含什么必然的主观因素，它可以只表示不随人的意志为转移而客观地实现的条件的观察. 至于“事件” 这个词，比起“体系的状态” 这个词来说也是较为空泛的. 虽然如此，但是如果抽象地、广义地来了解马尔柯夫以及 A. H. Колмогоров 的命名系统，那么可以认为它们是彼此等价的.

为了阐明以上给出的链 C_n 的定义，我们再给出其他可能类型的马尔柯夫链的定义.

根据体系 S 的状态的集合，可以把链区分成状态的集合是有穷的或无穷的两种；在状态的集合是无穷的这一情形下，集合又可能是可数的或不可数的. 然后在这三种情形之下，时间可能是疏散的或是连续的. 在时间疏散的情形下，又分成简单的链与复杂的链两种，前者的体系在任何一个时刻的状态是由其紧的

上一个时刻的状态所随机地完全确定,而后者的体系在任何一个时刻的状态则仅仅是在给定了这个时刻以前的有穷多个或无穷多个时刻的体系状态之后,才能随机地完全确定. 最后,链还可能是均匀的或是不均匀的,对于前者无论我们考察的是哪一个时刻,其体系状态的转移概率的矩阵保持不变,而后者的转移概率的矩阵则依时刻的改变而改变.

读者对于这些定义,应该看成只不过是为了要阐明"状态数目有限并且时间疏散的简单的均匀马尔柯夫链 C_n" 在一般的马尔柯夫链系统中的位置而预先给出的. 不仅如此,为了使读者能够更进一步对马尔柯夫链在一般随机过程中的位置有所了解,我们将引入下面的定义;随机过程的一般理论的创立归功于 A. H. Колмогоров[8],以下所引入的定义就是依照他的方法来叙述的.

"设 S 是某一体系,它可以处于状态 $x, y, z, \cdots$;而 F 是以 $x, y, z, \cdots$ 为元素所组成的各种集合 $\mathscr{E}$ 的系统. 如果对于任意选择的状态 x,集合 $\mathscr{E}$ 与时刻 t_1, $t_2(t_1 < t_2)$,事件'在时刻 t_1 具有状态 x 的前提之下,在时刻 t_2 出现 $\mathscr{E}$ 中的一个状态'恒有确定的概率 $P(t_1, x, t_2, \mathscr{E})$①,那么我们就称体系 S 的变化过程对于 F 而言是随机地确定了."

由 A. H. Колмогоров 所提出的最早的名词"随机确定的过程" 到后来变成了"无后效的随机过程". A. Я. Хинчин 建议称这种过程为马尔柯夫过程[42].

从 A. H. Колмогоров 的定义中可以很清楚地看出,链 C_n 是"可能状态 $x, y, z, \cdots$ 的数目有限并且时间疏散的无后效的随机过程". A. H. Колмогоров 称之为狭义马尔柯夫链,并且把所有那些时间疏散的无后效的过程的概型称为广义马尔柯夫链.

所有以上定义出的链 C_n 概念的各种扩充,都被包含在无后效的随机过程这一概念之中,同时也就构成了这一概念的全部内容. 但是所有这些,就连无后效的随机过程这个一般概念在内,都只不过是随机过程一般概念的特殊情形. 关于随机过程的一般概念,A. Я. Хинчин 定义如下[45]:

"随机过程是依赖于一个参数的随机变量 $x_t(-\infty < t < +\infty)$ 的总体;为了要确定这个过程,必须对于任何有限的一组值 $t_1, t_2, \cdots, t_n$ 给出相应的变量 $x_{t_1}, x_{t_2}, \cdots, x_{t_n}$ 的 n 维分布律,而这样定义出来的分布律在其相互关系上应满足概率论中的全部要求."

2. 随机矩阵 在本书所采用的疏散的马尔柯夫链的理论的讲述系统之中,非负矩阵中被我们称为随机矩阵的这一类矩阵占有重要位置. 因此,首先我们就来叙述随机矩阵中某些将为我们后来所需要的性质.

---

① 若遵照一般的表示法,即给定 A 之后 B 的条件概率记作 $P(B/A)$,则这一条件概率可用 $P(\mathscr{E}, t_2/x, t_1)$ 来表示.

正矩阵与非负矩阵是 G. I. Frobenius 的论文[44.1][44.2]与[44.3]的主题.关于正矩阵与非负矩阵的很多材料,读者也可以在 Ф. Р. Гантмахер 与 М. Г. Крейн 的书[1] 中找到(参阅译者附注 1).

如果一个矩阵中所有的元素都是非负的,那么称这个矩阵是非负的;如果一个矩阵中所有的元素都是正的,那么称这个矩阵是正的.我们要研究的差不多只是正方的矩阵,并对 n 级的非负矩阵采用以下记法

$$\boldsymbol{A}=\mathrm{Mt}(a_{\alpha\beta})=\begin{pmatrix} a_{11} & a_{12} & \cdots & a_{1n} \\ a_{21} & a_{22} & \cdots & a_{2n} \\ \vdots & \vdots & & \vdots \\ a_{n1} & a_{n2} & \cdots & a_{nn} \end{pmatrix}$$

如果 n 级的非负矩阵

$$\boldsymbol{P}=\mathrm{Mt}(p_{\alpha\beta})$$

满足以下两个条件:

1° $\sum_{\beta} p_{\alpha\beta}=1,\alpha=\overline{1,n}.$

2° 在矩阵的每一纵列中至少有一个元素 $p_{\alpha\beta}$ 不等于 0.

那么我们就称之为随机的.

当矩阵 $\boldsymbol{P}$ 是链 C_n 的规律的时候,以上的条件具有简单的随机意义.根据条件 1°,在矩阵 $\boldsymbol{P}$ 的任何一横行之内不可能所有的概率都等于 0.这就说明在链 C_n 之中,在某时刻 T_k,体系 S 无论发生任何状态 A_α,到了下一个时刻 T_{k+1},它总至少可以转变成某一个状态.条件 2° 是说矩阵 $\boldsymbol{P}$ 不能有一个 0 列.这就意味着对于体系 S 不存在如下的这种状态:于时刻 $T_1,T_2,\cdots$,它在任何状态之后都不可能发生,因而它只有在初始时刻 T_0 或许可能发生,假如说它的初始概率不是 0 的话.具有这种状态的体系在过了初始时刻之后也就变成不具有这种状态的体系了,因而这种体系没有什么意思.可见我们对随机矩阵所加的条件 2° 是十分自然的.

3. 非负矩阵的基本性质 设以 $\boldsymbol{E}=\mathrm{Mt}(e_{\alpha\beta})$ 表示 n 级单位矩阵.我们称行列式

$$A(\lambda)=|\lambda\boldsymbol{E}-\boldsymbol{A}| \text{ 与 } P(\lambda)=|\lambda\boldsymbol{E}-\boldsymbol{P}|$$

为矩阵 $\boldsymbol{A}$ 与 $\boldsymbol{P}$ 的特征行列式,而称方程

$$A(\lambda)=0 \text{ 与 } P(\lambda)=0$$

为矩阵 $\boldsymbol{A}$ 与 $\boldsymbol{P}$ 的特征方程,至于这些方程的根,则称为矩阵 $\boldsymbol{A}$ 与 $\boldsymbol{P}$ 的根或特征数.

3. I 若 $\boldsymbol{A}>\boldsymbol{0}$,则存在数 $r>0$,使得数 r 是矩阵 $\boldsymbol{A}$ 的单根,并且数 r 大于矩阵 $\boldsymbol{A}$ 的所有其他的根的绝对值.

这个数 r 称为矩阵 $\boldsymbol{A}$ 的最大根.

3. II 若 $\mathbf{A}>\mathbf{0}$,则当 $\lambda \geqslant r$ 时,全部 $A_{\alpha\beta}(\lambda)>0$.

在这里以及下文中各处,$A_{\alpha\beta}(\lambda)$ 总是表示行列式 $A(\lambda)$ 的对应于元素 $\lambda e_{\alpha\beta}-a_{\alpha\beta}$ 的(代数)余子式.

我们引进这些定理,但不给出证明①.

根据连续性原理,从定理 3. Ⅰ 可以推知,对于非负的矩阵 $\mathbf{A}$ 也存在最大根 r,但这一回可能就不是单根了,并且只是不小于矩阵 $\mathbf{A}$ 的所有其他的根的模,而当 $\lambda \geqslant r$ 时,全部余子式 $A_{\alpha\beta}(\lambda)\geqslant 0$.

3. III 若 $\mathbf{A}>\mathbf{0}$,则最大根 r 介于以下诸和数

$$a_{\alpha}=\sum_{\beta} a_{\alpha\beta} \quad (\alpha=\overline{1,n})$$

中的最小者与最大者之间:$\min\limits_{1\leqslant\alpha\leqslant n} a_{\alpha}\leqslant r\leqslant \max\limits_{1\leqslant\alpha\leqslant n} a_{\alpha}$;特别当 $\min\limits_{1\leqslant\alpha\leqslant n} a_{\alpha}\neq \max\limits_{1\leqslant\alpha\leqslant n} a_{\alpha}$ 时,以上不等式中的等号可以取消,即 $\min\limits_{1\leqslant\alpha\leqslant n} a_{\alpha}<r<\max\limits_{1\leqslant\alpha\leqslant n} a_{\alpha}$.

实际上,把行列式 $A(\lambda)$ 的各纵列一齐加到具有附标 β 的那一纵列,然后再将 $A(\lambda)$ 按照这一纵列的元素展开,就得到

$$0=A(r)=\sum_{\alpha}(r-a_{\alpha})A_{\alpha\beta}(r)$$

因为全部 $A_{\alpha\beta}(r)>0$,所以,以上等式只有在 $\min\limits_{1\leqslant\alpha\leqslant n} a_{\alpha}\leqslant r\leqslant \max\limits_{1\leqslant\alpha\leqslant n} a_{\alpha}$ 的情况下才可能成立;而当 $\min\limits_{1\leqslant\alpha\leqslant n} a_{\alpha}\neq \max\limits_{1\leqslant\alpha\leqslant n} a_{\alpha}$ 时,以上等式只有在 $\min\limits_{1\leqslant\alpha\leqslant n} a_{\alpha}<r<\max\limits_{1\leqslant\alpha\leqslant n} a_{\alpha}$ 的情况下才可能成立.

这个定理可推广如下,这对以后甚为重要.

3. III′ 对于矩阵 $\mathbf{A}\geqslant\mathbf{0}$,有 $\min\limits_{1\leqslant\alpha\leqslant n} a_{\alpha}\leqslant r\leqslant \max\limits_{1\leqslant\alpha\leqslant n} a_{\alpha}$. 若 $\mathbf{A}$ 不可分解,则当 $\min\limits_{1\leqslant\alpha\leqslant n} a_{\alpha}\neq \max\limits_{1\leqslant\alpha\leqslant n} a_{\alpha}$ 时,有 $\min\limits_{1\leqslant\alpha\leqslant n} a_{\alpha}<r<\max\limits_{1\leqslant\alpha\leqslant n} a_{\alpha}$;若 $\mathbf{A}$ 可分解,则即使 $\min\limits_{1\leqslant\alpha\leqslant n} a_{\alpha}\neq \max\limits_{1\leqslant\alpha\leqslant n} a_{\alpha}$,以上不等式中等号仍可能成立.

一个矩阵我们称为是不可分解的,假使它不可能通过行与列的同样调动(这种调动不改变矩阵的根)而化成以下形式

$$\mathbf{A}=\begin{pmatrix}\mathbf{P} & \mathbf{O}\\ \mathbf{Q} & \mathbf{R}\end{pmatrix}$$

其中 $\mathbf{P}$ 与 $\mathbf{R}$ 是两个异于零的正方子阵,$\mathbf{Q}$ 一般也是一个异于零的子阵,但有可能是零子阵,而 $\mathbf{O}$ 则是零子阵. 反之一个矩阵我们称为是可分解的,假使它可以通过行与列的同样调动而化成以上形式.

这个定理的证明完全类似于定理 3. III 的证明,并且主要是根据非负不可分解矩阵 $\mathbf{A}$ 的一项性质,这项性质是说 $\mathbf{A}$ 的特征行列式的所有子式 $A_{\alpha\beta}(\lambda)$ 在

① 读者在文献[42]90-92 页上可以找到简单的证明.

$\lambda \geqslant r$ 时都是正的. 这一性质在下文中将加以证明. 据此立即可以看出，当矩阵 $\boldsymbol{A} \geqslant \boldsymbol{0}$ 并且不可分解时，若 $\min\limits_{1\leqslant\alpha\leqslant n} a_\alpha \neq \max\limits_{1\leqslant\alpha\leqslant n} a_\alpha$，则我们仍有 $\min\limits_{1\leqslant\alpha\leqslant n} a_\alpha < r < \max\limits_{1\leqslant\alpha\leqslant n} a_\alpha$. 但若 $\boldsymbol{A}$ 可分解，则即使 $\min\limits_{1\leqslant\alpha\leqslant n} a_\alpha \neq \max\limits_{1\leqslant\alpha\leqslant n} a_\alpha$，仍然可能有 $r=\max\limits_{1\leqslant\alpha\leqslant n} a_\alpha$ 或 $r=\min\limits_{1\leqslant\alpha\leqslant n} a_\alpha$，为了实现这一点，例如只需令矩阵 $\boldsymbol{P}$ 的每一横行元素的和数 a_α 皆等于 $\max\limits_{1\leqslant\alpha\leqslant n} a_\alpha$.

3. IV 为了使非负矩阵 $\boldsymbol{A}$ 是可分解的，必须而且只需，在 $\lambda = r$ 时行列式 $A(\lambda)$ 的诸主子式之中有一个等于零①.

3. V 如果 $\boldsymbol{A} \geqslant \boldsymbol{0}$ 是不可分解的，那么当 $\lambda \geqslant r$ 时，全部子式 $A_{\alpha\beta}(\lambda) > 0$.

实际上，根据前一定理，非负的不可分解的矩阵 $\boldsymbol{A}$ 的所有子式 $A_{\alpha\alpha}(\lambda)(\alpha=\overline{1,n})$ 在 $\lambda=r$ 时皆不等于零，因而当 $\lambda=r$ 时皆是正的. 但是我们有以下的恒等式（参阅译者附注 3）

$$A(\lambda)A_{\alpha\beta|\alpha\beta}(\lambda) = A_{\alpha\alpha}(\lambda)A_{\beta\beta}(\lambda) - A_{\alpha\beta}(\lambda)A_{\beta\alpha}(\lambda)$$

其中 $A_{\alpha\beta|\alpha\beta}(\lambda)$ 表示行列式 $A(\lambda)$ 的二级子式. 由此立即推知，当 $\lambda=r$ 时，所有子式 $A_{\alpha\beta}(\lambda) > 0$，因而当 $\lambda > r$ 时，亦有 $A_{\alpha\beta}(\lambda) > 0$.

这样一来，定理 3. III′ 的证明中我们所引据的非负的不可分解的矩阵 $\boldsymbol{A}$ 的那一项性质就得到了证明.

4. 随机矩阵的基本性质 现在我们来证明随机矩阵的若干基本定理.

4. I 每一随机矩阵 $\boldsymbol{P}$ 皆具有最大根 $\lambda_0=1$；如果 $\boldsymbol{P} > \boldsymbol{0}$，那么这个最大根是单根且大于所有其他根的模，同时行列式 $P(\lambda)$ 的所有子式 $P_{\alpha\beta}(\lambda)$ 对于 $\lambda \geqslant 1$ 皆是正的；而如果 $\boldsymbol{P} \geqslant \boldsymbol{0}$，那么 $P_{\alpha\beta}(\lambda)$ 对于 $\lambda \geqslant 1$ 皆是非负的.

这个定理乃是定理 3. Ⅰ ～ 3. III 的直接推论. 实际上，因为

$$\sum_\beta p_{\alpha\beta} = 1 \quad (\alpha = \overline{1,n})$$

所以根据定理 3. Ⅰ，矩阵 $\boldsymbol{P}$ 存在最大根，而根据定理 3. III，它等于 1. 定理4. Ⅰ 的其余断言可以从定理 3. Ⅰ 与 3. II 推出.

4. II 如果随机矩阵 $\boldsymbol{P}$ 是可分解的，并化成了以下形式

$$\boldsymbol{P} = \begin{pmatrix} \boldsymbol{Q} & \boldsymbol{O} \\ \boldsymbol{R} & \boldsymbol{S} \end{pmatrix}$$

其中 $\boldsymbol{R} \neq \boldsymbol{O}$，而 $\boldsymbol{S}$ 是不可分解的，那么矩阵 $\boldsymbol{S}$ 的最大根小于 1.

实际上，在这种情形下，与矩阵 $\boldsymbol{S}$ 相对应的，即只取 $\boldsymbol{S}$ 的各横行元素而作成的诸和数

$$\sum_\beta p_{\alpha\beta}$$

① 这个定理的证明可在 G. I. Frobenius 的[44. 3] 第 459 页找到.

之中，有小于 1 的并且任何一个皆不大于 1. 因此根据定理 3. III′ 推知我们的断言成立.

定理 4. Ⅰ 也可以很容易地直接加以证明. 以下我们就给出直接证明.

不论矩阵 $\boldsymbol{P}$ 是正的还是非负的，把 $P(\lambda)$ 中除第一纵列以外各纵列都加到第一纵列上之后，我们总可以写出

$$P(\lambda)=\begin{vmatrix} \lambda-1 & -p_{12} & \cdots & -p_{1n} \\ \lambda-1 & \lambda-p_{22} & \cdots & -p_{2n} \\ \vdots & \vdots & & \vdots \\ \lambda-1 & -p_{n2} & \cdots & \lambda-p_{nn} \end{vmatrix}$$

由此显见，$\lambda_0=1$ 是 $\boldsymbol{P}$ 的根.

然后我们取线性方程组

$$\lambda x_\beta=\sum_\alpha x_\alpha p_{\alpha\beta}\quad(\beta=\overline{1,n})\tag{4.1}$$

这个方程组我们称为 $\boldsymbol{P}$ 的第一共轭线性方程组①. 假如 λ' 是 $\boldsymbol{P}$ 的根，则方程组 (4.1) 有非零解 x'_β，$\beta=\overline{1,n}$，于是我们就可写出

$$|\lambda'|\sum_\beta|x'_\beta|\leqslant\sum_\alpha|x'_\alpha|\sum_\beta p_{\alpha\beta}=\sum_\alpha|x'_\alpha|$$

因此 $|\lambda'|\leqslant 1$，即推得 $\lambda_0=1$ 是矩阵 $\boldsymbol{P}$ 的最大根.

现在设 $\boldsymbol{P}>\boldsymbol{0}$. 那么方程组(4.1) 就有非零解 x^0_β，$\beta=\overline{1,n}$，其中所有的 $x^0_\beta\neq 0$ 并且具有相同的符号. 为了证明这一断言，我们由方程组(4.1) 导出另一个方程组，这个方程组在以后也还是有用的.

假定 $\lambda=|\lambda|(\cos\theta+\mathrm{i}\sin\theta)$ 是矩阵 $\boldsymbol{P}$ 的根，并且

$$x_\beta=|x_\beta|(\cos\theta_\beta+\mathrm{i}\sin\theta_\beta)\quad(\beta=\overline{1,n})$$

是相应的方程组(4.1) 的非零解. 于是从方程组(4.1) 即得出以下等式

$$|\lambda||x_\beta|\cos(\theta+\theta_\beta)=\sum_\alpha|x_\alpha|p_{\alpha\beta}\cos\theta_\alpha$$

$$|\lambda||x_\beta|\sin(\theta+\theta_\beta)=\sum_\alpha|x_\alpha|p_{\alpha\beta}\sin\theta_\alpha$$

由此推得一个新的方程组

$$|\lambda||x_\beta|=\sum_\alpha|x_\alpha|p_{\alpha\beta}\cos(\theta_\alpha-\theta_\beta-\theta)\quad(\beta=\overline{1,n})\tag{4.2}$$

这就是我们所要求的.

因为 $p_{\alpha\beta}$ 皆是实数，所以当 $\lambda=1,\theta=0$ 时，我们可以把 x^0_β 皆取成实数，也就是说可以把 θ_α 皆取成 0 或 π. 于是我们就应该有

---

① 我们称以下方程组为 $\boldsymbol{P}$ 的第二共轭线性方程组

$$\lambda y_\alpha=\sum_\beta p_{\alpha\beta}y_\beta\quad(\alpha=\overline{1,n})$$

$$\cos(\theta_\alpha - \theta_\beta - \theta) = \pm 1$$

但当 $\lambda = 1$ 时,由(4.2)可得

$$\sum_\beta |x_\beta^0| = \sum_\alpha |x_\alpha^0| \sum_\beta p_{\alpha\beta} \cos(\theta_\alpha - \theta_\beta)$$

所以所有的 $\cos(\theta_\alpha - \theta_\beta)$ 全都等于 1,亦即所有的 θ_α 或是全等于 0 或是全等于 π;由此推知所有的 x_β^0(不全是零)具有同样的符号. 最后我们注意,任何一个 x_β 都不可能等于零;因为如若不然,则对于某个 $x_\beta^0 = 0$ 我们就有

$$0 = x_\beta^0 = \sum_\alpha x_\alpha^0 p_{\alpha\beta}$$

因而所有的 x_β^0 就都等于零,但是由于 $x_\beta^0, \beta = \overline{1,n}$ 是非零解,所以这是不可能的.

这样一来,当 $\lambda = 1$ 时,(4.1)的非零解中的 x_β^0 全都是不等于零的实数并且还具有相同的符号. 因为(4.1)的非零解可以有任意的常系数,所以所有的 x_β^0 可以认为皆是正的.

从刚才所得到的结果可以得出两个推论:对于 $\boldsymbol{P} > \boldsymbol{0}$,$\lambda_0 = 1$ 是单根,并且当 $\lambda \geqslant 1$ 时,所有的子式 $P_{\alpha\beta}(\lambda) > 0$.

实际上,我们有

$$x_1^0 : x_2^0 : \cdots : x_n^0 = P_{1\beta}(1) : P_{2\beta}(1) : \cdots : P_{n\beta}(1) \tag{4.3}$$

其中 $\beta = \overline{1,n}$. 另外,$\boldsymbol{P}$ 的第二共轭线性方程组

$$\lambda y_\alpha = \sum_\beta p_{\alpha\beta} y_\beta \quad (\alpha = \overline{1,n})$$

当 $\lambda = 1$ 时有显而易见的解

$$y_1^0 = y_2^0 = \cdots = y_n^0 = 1$$

这就推出

$$P_{\alpha 1}(1) = P_{\alpha 2}(1) = \cdots = P_{\alpha n}(1) \tag{4.4}$$

其中 $\alpha = \overline{1,n}$. 由于等式(4.3)与(4.4),同时由于所有的 $x_\beta^0 \neq 0$ 并且具有相同的符号,即可推知所有的 $P_{\alpha\beta}(1)(\alpha, \beta = \overline{1,n})$ 皆不为零并且具有相同的符号.

因为

$$\frac{\mathrm{d}P(\lambda)}{\mathrm{d}\lambda} = \sum_\alpha P_{\alpha\alpha}(\lambda)$$

所以由上式可知当 $\lambda = 1$ 时有

$$\frac{\mathrm{d}P(\lambda)}{\mathrm{d}\lambda} \neq 0$$

这就推出 $\lambda_0 = 1$ 是矩阵 $\boldsymbol{P}$ 的单根.

最后,如果 $\boldsymbol{P} > \boldsymbol{0}$,那么除 1 以外 $\boldsymbol{P}$ 的所有的根的模全都小于 1,并且当 $\lambda \geqslant 1$ 时所有的子式 $P_{\alpha\beta}(\lambda) > 0$.

先来证明第一句话.我们用反证法,假定有一个根 $\lambda_1 \neq 1$ 而 $|\lambda_1|=1$.对于 λ_1,P 的第一共轭线性方程组应具有非零解 x'_β,$\beta=\overline{1,n}$,我们假定其中 $x'_h \neq 0$.于是方程组(4.2)只有在条件

$$\sum_\beta p_{h\beta}\cos(\theta_h-\theta_\beta-\theta)=1$$

之下方能成立,因为如若不然,则恒等式

$$\sum_\beta |x'_\beta|=\sum_\alpha |x'_\alpha| \sum_\beta p_{\alpha\beta}\cos(\theta_\alpha-\theta_\beta-\theta)$$

就不可能成立了.由以上的条件立即推知,对于所有的 $x'_h \neq 0$,我们应该有

$$\theta_h-\theta_\beta-\theta=0 \quad (\beta=\overline{1,n})$$

因此应该有 $\theta=0$,亦即 $\lambda_1=1$,这就和我们的假定矛盾了.由此推知,当 $\boldsymbol{P}>\boldsymbol{0}$ 时,除去 1 以外矩阵 $\boldsymbol{P}$ 的所有的根的模确实都小于 1.

第二句话的证明如下.我们来考察一个方程 $P_{\alpha\alpha}(\lambda)=0$,例如就是 $P_{11}(\lambda)=0$.假设 λ_1 是这个方程的一个根,并且 $\lambda_1 \neq 0$.方程组

$$\lambda_1 x_\beta=\sum_{\alpha=2}^{x} x_\alpha p_{\alpha\beta} \quad (\beta=\overline{2,n})$$

应具有非零解 x'_β,$\beta=\overline{2,n}$.利用这个解我们就得到了以下的不等式

$$|\lambda_1| \sum_\beta |x'_\beta| \leqslant \sum_\alpha |x'_\alpha| \sum_\beta p_{\alpha\beta} < \sum_\alpha |x'_\alpha|$$

(因为 $\boldsymbol{P}>\boldsymbol{0}$,所以所有的和数

$$\sum_\beta p_{\alpha\beta} \quad (\alpha,\beta=\overline{2,n})$$

都小于 1.)由此显见,方程 $P_{11}(\lambda)=0$ 的所有的根的模皆小于 1.由此还可推出当 $\lambda \geqslant 1$ 时,$P_{11}(\lambda)>0$.因为假使对某 $\lambda' \geqslant 1$ 有 $P_{11}(\lambda')<0$,则因

$$\lim_{\lambda\to+\infty} P_{11}(\lambda)=+\infty$$

所以根据 $P_{11}(\lambda)$ 的连续性,在 $(1,+\infty)$ 中 $P_{11}(\lambda)$ 必定有根,这与以上所得结果不符.此时可知当 $\lambda \geqslant 1$ 时,所有的 $P_{\alpha\beta}(\lambda)>0$,因为前面我们已经看到,所有的 $P_{\alpha\beta}(1) \neq 0$ 且符号相同(参阅译者附注 2).

为要完成定理 4.Ⅰ 的证明,只需指出,如果矩阵 $\boldsymbol{P}$ 仅仅是非负的,那么根据连续性原理,当 $\lambda \geqslant 1$ 时,子式 $P_{\alpha\beta}(\lambda)$ 也是非负的.

这样一来,定理 4.Ⅰ 已不依赖于定理 3.Ⅰ ~ 3.Ⅲ 而完全得证.不过定理 4.Ⅰ 的证明还可以大大简化,假如我们引据下面这个简单而重要的 C.A.Гершгорин[2] 定理:

任何一个矩阵

$$\boldsymbol{A}=\mathrm{Mt}(a_{\alpha\beta}) \quad (\alpha,\beta=\overline{1,n})$$

的根都在一个闭域 G 上,这个闭域 G 是由以 $a_{\alpha\alpha}$ 为圆心,以

$$R_\alpha = \sum_{\beta \neq \alpha} | a_{\alpha\beta} |$$

为半径的诸圆所组成的(参阅译者附注 3).

从这一定理立刻可以看出,矩阵 $\boldsymbol{P}$ 所有的根的模不大于 1,并且如果 $\boldsymbol{P} > \boldsymbol{0}$,那么除去 1 以外其所有的根的模皆小于 1.

4. III 欲使不可分解的矩阵 $\boldsymbol{P}$ 具有异于 1 而模等于 1 的根,必须其对角线上所有的项 $p_{\alpha\alpha}$ 皆等于零.

4. IV 如果 $\boldsymbol{P} \geqslant \boldsymbol{0}$,那么行列式 $P(\lambda)$ 的所有的各级主子式在 $\lambda \geqslant 1$ 时皆是非负的.

实际上,我们随便取出这个行列式的某一个若干级的主子式,例如

$$P_{\alpha\beta\cdots\delta|\alpha\beta\cdots\delta}(\lambda)$$

然后对它作出第一共轭线性方程组.借助于这个方程组就不难推出这个子式的根的模不大于 1,但因这个子式对于充分大的 λ 是正的,所以显而易见,当 $\lambda \geqslant 1$ 时这个子式不小于零.

4. V 欲使 $\lambda_0 = 1$ 是矩阵 $\boldsymbol{P}$ 的 m 重根,必须而且只需行列式 $P(\lambda)$ 的所有的 $n-1$ 级,$n-2$ 级,$\cdots$,$n-m+1$ 级子式在 $\lambda=1$ 时皆等于零,而 $n-m$ 级子式中至少有一个在 $\lambda = 1$ 时不等于零.

根据以下的显然等式

$$\frac{\mathrm{d}^r P(\lambda)}{\mathrm{d}\lambda^r} = \sum_{\alpha_1 \cdots \alpha_r} P_{\alpha_1\alpha_2\cdots\alpha_\gamma|\alpha_1\alpha_2\cdots\alpha_\gamma}(\lambda) \quad (r=1,2,\cdots)$$

以及定理 4. IV,即可推知这个定理是正确的.

4. VI 欲使矩阵 $\boldsymbol{P}$ 是可分解的,必须而且只需,在 $\lambda = 1$ 时行列式 $P(\lambda)$ 的主子式中有一个等于零.

这个定理乃是定理 3. IV(G. I. Frobenius) 的简单推论,但是可以不依赖于定理 3. IV 而加以证明.

假若矩阵 $\boldsymbol{P}$ 是可分解的,那么它就可以表示成以下形式

$$\boldsymbol{P} = \begin{pmatrix} \boldsymbol{Q} & \boldsymbol{O} \\ \boldsymbol{R} & \boldsymbol{S} \end{pmatrix}$$

其中 $\boldsymbol{Q}$ 与 $\boldsymbol{S}$ 是正方矩阵,$\boldsymbol{O}$ 是零矩阵,$\boldsymbol{R}$ 是非零矩阵但也可能是零矩阵.矩阵 $\boldsymbol{P}$ 的这种形式可以借助于行与列的同样调动而得出,众所周知,行与列的同样调动并不改变矩阵的特征行列式.把 $\boldsymbol{P}$ 表示成以上形式后,$\boldsymbol{P}$ 的特征行列式即具有如下的形式

$$P(\lambda) = Q(\lambda) S(\lambda)$$

由此立刻就可以看出定理 4. VI 的条件的必要性.

现在我们来证明定理 4. VI 的条件的充分性.假设行列式 $P(\lambda)$ 的主子式中有一个在 $\lambda=1$ 时等于零,例如说这个主子式是 $Q(\lambda)$.矩阵 $\boldsymbol{P}$ 可以化成以下形式

$$\boldsymbol{P}=\begin{pmatrix}\boldsymbol{Q} & \boldsymbol{Q}'\\ \boldsymbol{R} & \boldsymbol{S}\end{pmatrix}$$

我们来证明这时矩阵 $\boldsymbol{Q}'$ 中必定有若干横行完全是零.

实际上,因为 $Q(1)=0$,所以不难看出 1 是矩阵 $\boldsymbol{Q}$ 的最大根. 假定 λ_1 是矩阵 $\boldsymbol{Q}$ 的某一个根,并且假定以 α_q 与 β_q 来表示矩阵 $\boldsymbol{Q}$ 的组成元素 $p_{\alpha\beta}$ 的下标. 于是方程组

$$\lambda_1\chi_{\beta_q}=\sum_{\alpha_q}x_{\alpha_q}p_{\alpha_q\beta_q}$$

具有非零解,对于这个非零解我们有

$$|\lambda_1|\sum_{\beta_q}|x_{\beta_q}|\leqslant\sum_{\alpha_q}|x_{\alpha_q}|\sum_{\beta_q}p_{\alpha_q\beta_q}\leqslant\sum_{\alpha_q}|x_{\alpha_q}|$$

因此 $|\lambda_1|\leqslant 1$. 这就显示出 1 是矩阵 $\boldsymbol{Q}$ 的最大根.

由此可知,方程组

$$x_{\beta_q}=\sum_{\alpha_q}x_{\alpha_q}p_{\alpha_q\beta_q}$$

具有非零解,同时还可以把这个非零解认为是非负的. 关于这一断言的正确性的证明,与之前定理 4. Ⅰ 中类似断言的正确性的证明完全一样. 我们总可以假定这个非零而且非负的解是由下列各数组成的

$$x_1^0>0,x_2^0>0,\cdots,x_h^0>0;x_{h+1}^0=\cdots=x_k^0=0$$

其中 k 是矩阵 $\boldsymbol{Q}$ 的级. 为了把这个解排成这样一个次序,只需适当地在 $\boldsymbol{Q}$ 中作行与列的同样调动,而这并不影响 $\boldsymbol{Q}$ 的根. 现在我们有

$$x_\beta^0=\sum_{\alpha=1}^{h}x_\alpha^0p_{\alpha\beta}\quad(\beta=\overline{1,h})$$

由此即得

$$\sum_{\beta=1}^{h}x_\beta^0=\sum_{\alpha=1}^{h}x_\alpha^0\sum_{\beta=1}^{h}p_{\alpha\beta}$$

因为

$$\sum_{\beta=1}^{h}p_{\alpha\beta}\leqslant 1\quad(\alpha=\overline{1,h})$$

并且

$$x_\alpha^0>0\quad(\alpha=\overline{1,h})$$

所以最后这个等式只有当

$$\sum_{\beta=1}^{h}p_{\alpha\beta}=1\quad(\alpha,\beta=\overline{1,h})$$

时方能成立. 由此便可推知,我们应该有

$$\sum_{\beta=h+1}^{h}p_{\alpha\beta}=0\quad(\alpha=\overline{1,h})$$

但为要使这些等式能够成立,必须有

$$p_{\alpha\beta}=0 \quad (\alpha=\overline{1,h},\beta=\overline{h+1,n})$$

换句话说,亦即矩阵 $\boldsymbol{P}$ 必须具有以下形式

$$\boldsymbol{P}=\begin{pmatrix}\boldsymbol{Q}'' & \boldsymbol{O}\\ \boldsymbol{R} & \boldsymbol{S}\end{pmatrix}$$

这里的 $\boldsymbol{O}$ 是由刚才所说的那些零元素所组成的矩阵,而 $\boldsymbol{Q}''$ 是正方矩阵

$$\boldsymbol{Q}''=\mathrm{Mt}(p_{\alpha\beta}) \quad (\alpha,\beta=\overline{1,h})$$

这样一来,定理 4. VI 的条件的充分性也就得到了证明.

由定理 4. VI 可以推知,定理 3. III′ 可应用到可分解的矩阵 $\boldsymbol{P}$ 上去,换句话说,也就是定理 4. II 确实是正确的.

5. Perron **公式**　现在我们引入一个著名的公式,这个公式对于马尔柯夫链的理论极为重要.

我们任意取一个正方的矩阵

$$\mathbf{A}=\mathrm{Mt}(a_{\alpha\beta}) \quad (\alpha,\beta=\overline{1,h})$$

并且来研究它的正整数次方,比如说,k 次方

$$\mathbf{A}^k=\mathrm{Mt}(a_{\alpha\beta}^{(k)})$$

不难验证

$$\mathbf{A}^k=\mathbf{A}^{k-1}\mathbf{A}=\mathbf{A}\mathbf{A}^{k-1}$$

亦即

$$a_{\alpha\beta}^{(k)}=\sum_{\gamma}a_{\alpha\gamma}^{(k-1)}a_{\gamma\beta}=\sum_{\gamma}a_{\alpha\gamma}a_{\gamma\beta}^{(k-1)}$$

其中 $a_{\alpha\beta}^{(1)}=a_{\alpha\beta}$. 根据这个公式或是根据这个公式的一种容易证得的推广

$$a_{\alpha\beta}^{(l+m)}=\sum_{\gamma}a_{\alpha\gamma}^{(l)}a_{\gamma\beta}^{(m)}=\sum_{\gamma}a_{\alpha\gamma}^{(m)}a_{\gamma\beta}^{(l)}$$

其中 l 与 m 是任意正整数,我们就可以通过矩阵 $\mathbf{A}$ 的元素来计算 $a_{\alpha\beta}^{(k)}$. 而 Perron 公式(参看[19],第 257 页)则使得我们可以通过矩阵 $\mathbf{A}$ 的根以及行列式 $A(\lambda)$ 的子式来计算 $a_{\alpha\beta}^{(k)}$.

5. I　设

$$\lambda_1,\lambda_2,\cdots,\lambda_\mu$$

分别是矩阵 $\mathbf{A}$ 的 $m_1,m_2,\cdots,m_\mu$ 重根,并设函数 $\psi_i(\lambda)$ 是由下列方程决定的

$$A(\lambda)=(\lambda-\lambda_i)^{m_i}\psi_i(\lambda) \quad (i=\overline{1,\mu})$$

因而 $\psi_i(\lambda)$ 乃是 λ 的 $n-m_i$ 次多项式,且当 $\lambda=\lambda_i$ 时不等于零. 此时我们有以下恒等式

$$a_{\alpha\beta}^{(k)}=\sum_{i=1}^{\mu}\frac{1}{(m_i-1)!}D_{\lambda}^{m_i-1}\left[\frac{\lambda^k A_{\beta\alpha}(\lambda)}{\psi_i(\lambda)}\right]_{\lambda=\lambda_i} \tag{5.1}$$

并且 $D_{\lambda}^{m_i-1}$ 是对 λ 微分 m_i-1 次的运算符号,替换 $\lambda=\lambda_i$ 应该在微分之后进行.

为导出公式(5.1),首先注意

$$(\lambda\boldsymbol{E}-\boldsymbol{A})\mathrm{Mt}(A_{\beta\alpha}(\lambda))=\mathrm{Mt}(A_{\beta\alpha}(\lambda))(\lambda\boldsymbol{E}-\boldsymbol{A})=\boldsymbol{E}A(\lambda)$$

这一等式不难由其中所出现的矩阵的直接相乘而得以证明. 从这个等式推知,我们可以写

$$\frac{\boldsymbol{E}A(\lambda)}{\lambda\boldsymbol{E}-\boldsymbol{A}}=\mathrm{Mt}(A_{\beta\alpha}(\lambda)) \tag{5.2}$$

我们还知道,在 J. A. Serret 的众所周知的《高等代数教程(第一卷)》中(参看[38],条目 222),提出了一个将有理函数展开为最简单分式的新方法,根据这个方法我们对任意的 $k=1,2,3,\cdots$ 以及任意的多项式 $A(x)$ 可以写出

$$\frac{x^k}{A(x)}=P(x)+\sum_{i=1}^{\mu}\frac{1}{(m_i-1)!}D_{\xi}^{m_i-1}\left[\frac{\xi^{m_i}(\lambda_i+\xi)^k}{(x-\lambda_i-\xi)A(\lambda_i+\xi)}\right]_{\xi=0}$$

其中 $P(x)$ 表示分式 $\frac{x^k}{A(x)}$ 的整有理部分,而 $\lambda_i(i=\overline{1,\mu})$ 表示多项式 $A(x)$ 的 m_i 重根. 设 $\psi_i(\lambda)$ 的意义如前所述,在以上等式中令 $\lambda_i+\xi=\lambda$,并在等式两侧都乘以 $A(x)$,我们就得到

$$x^k=P(x)A(x)+\sum_{i=1}^{\mu}\frac{1}{(m_i-1)!}D_{\lambda}^{m_i-1}\left[\frac{\lambda^k}{\psi_i(\lambda)}\frac{A(x)}{x-\lambda}\right]_{\lambda=\lambda_i}$$

显而易见

$$D_{\lambda}^{m_i-1}\left[\frac{\lambda^k}{\psi_i(\lambda)}\frac{A(\lambda)}{x-\lambda}\right]_{\lambda=\lambda_i}=D_{\lambda}^{m_i-1}\left[\lambda^k\cdot\frac{(\lambda-\lambda_i)^{m_i}}{x-\lambda}\right]_{\lambda=\lambda_i}=0$$

因此我们可以写

$$x^k=P(x)A(x)+\sum_{i=1}^{\mu}\frac{1}{(m_i-1)!}D_{\lambda}^{m_i-1}\left[\frac{\lambda^k}{\psi_i(\lambda)}\frac{A(\lambda)-A(x)}{\lambda-x}\right]_{\lambda=\lambda_i}$$

现在,在这个等式中把 $A(\lambda)$ 取作矩阵 $\boldsymbol{A}$ 的特征行列式并令 $\boldsymbol{x}=\boldsymbol{A}$. 于是根据众所周知的 Hamilton-Cayley 定理,$A(\boldsymbol{A})=0$,我们就得出下式

$$\boldsymbol{A}^k=\sum_{i=1}^{\mu}\frac{1}{(m_i-1)!}D_{\lambda}^{m_i-1}\left[\frac{\lambda^k}{\psi_i(\lambda)}\frac{\boldsymbol{E}A(\lambda)}{\lambda\boldsymbol{E}-\boldsymbol{A}}\right]_{\lambda-\lambda_i}$$

或者引用(5.2),上式就变成

$$\boldsymbol{A}^k=\sum_{i=1}^{\mu}\frac{1}{(m_i-1)!}D_{\lambda}^{m_i-1}\left[\frac{\lambda^k}{\psi_i(\lambda)}\mathrm{Mt}(A_{\beta\alpha}(\lambda))\right]_{\lambda=\lambda_i} \tag{5.3}$$

把这个关于矩阵的等式化成矩阵的元素之间的等式,我们就得到了 Perron 公式(5.1).

我们推导 Perron 公式时的出发点是 Serret 公式,而 Serret 公式对于 $k=0$ 也成立,于是等式(5.3) 对于 $k=0$ 也成立,只需在其中令 $\boldsymbol{A}^0=\boldsymbol{E}$. 因此如果设

$$a_{\alpha\beta}^{0}=\begin{cases}0 & (\text{若 } \beta\neq\alpha)\\ 1 & (\text{若 } \beta=\alpha)\end{cases}$$

那么等式(5.1) 对于 $k=0$ 也成立.

我们指出,Perron 公式可以用另外的方法导出,也就是说可解以下的线性差分方程组(其中 k 为变数)

$$a_{\alpha\beta}^{(k+1)}=\sum_{\gamma}a_{\alpha\gamma}a_{\gamma\beta}^{(k)}\quad(\beta=\overline{1,n})\tag{5.4}$$

而其初始条件是

$$a_{\alpha\alpha}^{(0)}=1,a_{\alpha\beta}^{(0)}=0\quad(\alpha=\overline{1,n}\text{ 但 }\alpha\neq\beta)$$

其中 β 是 $1,2,\cdots,n$ 中的某数.

很多学者曾经致力于方程组(5.4)的研究.我们在这里特别指出Fréchet的书[43],此书书尾的附录 A,B,C 中有这些研究的结果以及其他作者的论著索引.

6. 关于链 C_n 的一些基本公式 现在我们仍然来研究链 C_n,其定义与符号同于条目 1.

转移概率 $p_{\alpha\beta}$ 可以称为体系 S 的一步转移概率并且相应地记作 $p_{\alpha\beta}^{(1)}$. 自然而然,我们随之就引进所谓两步转移概率,三步转移概率,……,k 步转移概率,并且相应地引进符号 $p_{\alpha\beta}^{(2)},p_{\alpha\beta}^{(3)},\cdots,p_{\alpha\beta}^{(k)}$;其中 $p_{\alpha\beta}^{(k)}$ 是表示体系 S 的如下的一种转移的概率:在某一时刻 T_h,体系 S 处于状态 A_α,到了时刻 T_{h+k},体系 S 就转移成状态 A_β,至于在时刻 $T_{h+1},T_{h+2},\cdots,T_{h+k-1}$,体系 S 的中间状态则不予考虑.

根据概率的加法定理与乘法定理,立刻就可得出以下关于转移概率 $p_{\alpha\beta}^{(k)}$ 的基本关系式

$$\sum_{\beta}p_{\alpha\beta}^{(k)}=1\quad(\alpha=\overline{1,n})\tag{6.1}$$

$$p_{\alpha\beta}^{(k+1)}=\sum_{\gamma}p_{\alpha\gamma}^{(k)}p_{\gamma\beta}=\sum_{\gamma}p_{\alpha\gamma}p_{\gamma\beta}^{(k)}\quad(\alpha=\overline{1,n})\tag{6.2}$$

以上公式对于 $k=1,2,3,\cdots$ 皆成立;并且如果令

$$p_{\alpha\beta}^{(0)}=e_{\alpha\beta}\quad(\alpha,\beta=\overline{1,n})$$

其中 $e_{\alpha\beta}$ 是单位矩阵 $\boldsymbol{E}$ 的元素,那么对于 $k=0$ 亦成立,把转移概率的概念推广到 $p_{\alpha\beta}^{(0)}$ 有时候是有益处的.

由等式(6.2)还可推知,以下等式

$$p_{\alpha\beta}^{(l+m)}=\sum_{\gamma}p_{\alpha\gamma}^{(l)}p_{\gamma\beta}^{(m)}=\sum_{\gamma}p_{\alpha\gamma}^{(m)}p_{\gamma\beta}^{(l)}=p_{\alpha\beta}^{(m+l)}\tag{6.3}$$

对于所有的 α 与 β 以及所有的非负整数 l 与 m 皆成立.这个等式直接从任意步的转移概率的定义来考虑,也是显而易见的.最后,由等式(6.3)或由等式(6.2)还可以推出以下的关系式

$$p_{\alpha\beta}^{(k)}=\sum_{\gamma_1\gamma_2\cdots\gamma_{k-1}}p_{\alpha\gamma_1}p_{\gamma_1\gamma_2}\cdots p_{\gamma_{k-1}\beta}\tag{6.4}$$

其中求和的范围是从 1 到 n,并且 $\gamma_1,\gamma_2,\cdots,\gamma_{k-1}$ 彼此是独立无关的.

从等式(6.2)也可以推出以下这一极端重要的事实:转移概率 $p_{\alpha\beta}^{(k)}$ 乃是矩

阵 $\boldsymbol{P}$ 的 k 次幂的元素. 这样一来,我们便可写出

$$\mathrm{Mt}(p_{\alpha\beta}^{(k)})=\boldsymbol{P}^{k}\quad(k=0,1,2,\cdots)\tag{6.5}$$

根据这一事实,我们就得到了对于整个这本书有着根本重要意义的、通过矩阵 $\boldsymbol{P}$ 的根及其特征行列式 $P(\lambda)$ 的子式来独立①表示转移概率 $p_{\alpha\beta}^{(k)}$ 的方法. 这个方法是由 Perron 公式直接推得的,可表示成下式

$$p_{\alpha\beta}^{(k)}=\frac{1}{(m_0-1)!}D_{\lambda}^{m_0-1}\left[\frac{\lambda^{k}P_{\beta\alpha}(\lambda)}{p_0(\lambda)}\right]_{\lambda=1}+\sum_{i=1}^{\mu}\frac{1}{(m_i-1)!}D_{\lambda}^{m_i-1}\left[\frac{\lambda^{k}P_{\beta\alpha}(\lambda)}{p_i(\lambda)}\right]_{\lambda=\lambda_i}\tag{6.6}$$

其中

$$\lambda_0=1,\lambda_1,\cdots,\lambda_n$$

是矩阵 $\boldsymbol{P}$ 的根,并且

$$m_0,m_1,\cdots,m_{\mu}$$

是这些根的重数,因此 $m_0+m_1+\cdots+m_{\mu}=n$,其中

$$p_0(\lambda),p_1(\lambda),\cdots,p_{\mu}(\lambda)$$

是一些多项式,这些多项式是由以下各等式来定义的

$$P(\lambda)=(\lambda-1)^{m_0}p_0(\lambda)=(\lambda-\lambda_i)^{m_i}p_i(\lambda)\quad(i=\overline{1,\mu})$$

并且

$$p_0(1)\neq 0,p_i(\lambda_i)\neq 0\quad(i=\overline{1,\mu})$$

以后我们将会看到,根 $\lambda_0=1$ 是矩阵 $\boldsymbol{P}$ 的单根这一情形,对于链 C_n 具有特殊的重要性. 在这一情形下,公式(6.6)采取如下形式

$$p_{\alpha\beta}^{(k)}=p_{\beta}+\sum_{i=1}^{\mu}\frac{1}{(m_i-1)!}D_{\lambda}^{m_i-1}\left[\frac{\lambda^{k}P_{\beta\alpha}(\lambda)}{p_i(\lambda)}\right]_{\lambda=\lambda_i}\tag{6.7}$$

其中

$$p_{\beta}=\frac{P_{\beta\beta}(1)}{P'(1)}\tag{6.8}$$

实际上,对于 $\lambda=1$ 我们有等式(4.4)

$$P_{1\beta}(1)=P_{2\beta}(1)=\cdots=P_{n\beta}(1)\quad(\beta=\overline{1,n})$$

其中所有的 $P_{\alpha\beta}(1)\geqslant 0$,并且不是所有的 $P_{\beta\beta}(1)=0$,这是因为当 $\lambda_0=1$ 是矩阵 $\boldsymbol{P}$ 的单根时

$$P'(1)=\sum_{\beta}P_{\beta\beta}(1)\neq 0$$

由此尚可推知,非负且不全为零的这些数 p_{β} 满足以下等式

① 这就是说可以不利用递推关系式(6.2)而得出 $p_{\alpha\beta}^{(k)}$.

$$\sum_{\beta=1}^{n} p_{\beta}=1 \tag{6.9}$$

为了书写简便，我们将等式(6.7)写成以下形式(参阅译者附注4)

$$p_{\alpha\beta}^{(k)}=p_{\beta}+\sum_{i=1}^{\mu} Q_{\beta\alpha i}(k)\lambda_{i}^{k} \tag{6.10}$$

其中

$$\frac{1}{(m_i-1)!}D_{\lambda}^{m_i-1}\left[\frac{\lambda^k P_{\beta\alpha}(\lambda)}{\lambda_i^k P_i(\lambda)}\right]_{\lambda=\lambda_i}=Q_{\beta\alpha i}(k)_3 \tag{6.11}$$

显而易见，$Q_{\beta\alpha i}(k)$ 乃是 k 的不高于 m_i-1 次的多项式，所以我们可以写

$$Q_{\beta\alpha i}(k)=\sum_{h=0}^{m_i-1} Q_{\beta\alpha i}^{(h)}k^h \tag{6.12}$$

其中 $Q_{\beta\alpha i}^{(h)}$ 是不依赖于 k 的某个确定的数.

7. 链 C_n 的基本公式的若干推论 从前面的各基本公式可得出一系列的推论，这些推论对于马尔柯夫链的理论有着巨大的意义.

设根 $\lambda_0=1$ 是矩阵 $\boldsymbol{P}$ 的单根，并设其他的根的模皆小于1. 那么根据等式(6.10)

$$p_{\alpha\beta}^{(k)}=p_{\beta}+\sum_{i=1}^{\mu} Q_{\beta\alpha i}(k)\lambda_{i}^{k}$$

并且注意 $Q_{\beta\alpha i}(k)$ 是 k 的有限次多项式，立即推得

$$\lim_{k\to+\infty} p_{\alpha\beta}^{(k)}=p_{\beta}\quad(\beta=\overline{1,n})$$

其中 α 是1,2,…,n 中的任一个数. 因此，如果 $\lambda_0=1$ 是矩阵 $\boldsymbol{P}$ 的单根而其他的根的模皆小于1，那么我们称数 p_{β} 为体系 S 的终极(或极限)转移概率，称链 C_n 的规律，即矩阵 $\boldsymbol{P}$ 为正则的①. 此时我们就可以叙述出下列定理：

7.I 对于具有正则规律的链 C_n，体系 S 的终极转移概率等于

$$p_{\beta}=\frac{P_{\beta\beta}(1)}{\sum_{\alpha} P_{\alpha\alpha}(1)}\quad(\beta=\overline{1,n}) \tag{7.1}$$

并且它只依赖于体系 S 的终极状态.

换句话说，在这种情形下，无论取什么时刻作为初始时刻，到了充分久远的时刻之后，体系 S 的状态变化情形就差不多不总依赖于其初始时刻的状态了，而且将差不多等同于如下的一种体系：这种体系具有独立随机状态 A_{β}，状态 A_{β} 的概率由等式(7.1)确定. 马尔柯夫之所以采取了链 C_n 作为独立试验与独立随机变量中的第一个与最重要的研究对象，这一事实曾是其主要原因之一. 这一事实也可以用别的观点来推得，以下我们来讲这一点.

---

① 此时链 C_n 也称为正则的.

所谓在时刻 T_k 体系 S 的状态 A_β 的绝对概率是指:不考虑在时刻 T_k 以前的所有时刻 $T_0,T_1,\cdots,T_{k-1}$ 的状态,体系 S 在时刻 T_k 呈现状态 A_β 的概率. 我们用符号 $p_{k|\beta}$ 来记这一绝对概率. 从这个定义立即可以推出以下各关系式

$$p_{k+1|\beta}=\sum_\alpha p_{k|\alpha}p_{\alpha\beta}\quad(\beta=\overline{1,n})\tag{7.2}$$

$$p_{k+m|\beta}=\sum_\alpha p_{k|\alpha}p_{\alpha\beta}^{(r)}=\sum_\alpha p_{m|\alpha}p_{\alpha\beta}^{(k)}=p_{m+k|\beta}\quad(\beta=\overline{1,n})\tag{7.3}$$

$$p_{k|\beta}=\sum_\alpha p_{0\alpha}p_{\alpha\beta}^{(k)}\quad(\beta=\overline{1,n})\tag{7.4}$$

$$\sum_\beta p_{k|\beta}=1\tag{7.5}$$

这些式子对于所有的非负整数 k 与 m 皆成立.

因为

$$\sum_\alpha p_{0\alpha}=1$$

所以根据等式(6.10) 我们就得到了绝对概率的独立表达式

$$p_{k|\beta}=p_\beta+\sum_{i=1}^{\mu}R_{\beta i}(k)\lambda_i^k\tag{7.6}$$

其中

$$R_{\beta i}(k)=\sum_\alpha p_{0\alpha}Q_{\beta\alpha i}(k)\tag{7.7}$$

既是 λ_i 的有理函数,同时还是关于 k 的不高于 m_i-1 次的多项式.

当 $\lambda_0=1$ 是单根时,等式(7.6) 成立;如果还假定矩阵 $\boldsymbol{P}$ 所有其他的根的模小于 1,也就是说假定链 C_n 是正则的,那么由等式(7.6) 立即推知

$$\lim_{k\to+\infty}p_{k|\beta}=p_\beta\quad(\beta=\overline{1,n})\tag{7.8}$$

这时如果我们把数 p_β 也称为体系 S 的终极(或极限) 绝对概率(我们所引入的全部概念以及与这些概念相关联的那些事实,永远都是对于链 C_n 而言的),那么我们即得以下的结论:

7. II 对于具有正则规律的体系 S,终极绝对概率存在,它等于数 p_β(终极转移概率),且不依赖于初始概率.

换句话说,具有正则规律的体系 S,其极限状态不依赖于初始状态,而是一些具有概率 p_α(p_α 的定义见(7.1)) 的独立状态 A_α.

在这里我们还要引进一个重要的概念. 如果链 C_n 具有终极绝对概率 p_β,而在任意一个时刻 T_k,$k=1,2,\cdots$,其绝对概率总与相应的终极概率相等,也就是说如果

$$p_{k|\beta}=p_\beta\quad(k=1,2,\cdots)$$

那么我们即称链 C_n 是平稳的(或稳定的),这时体系 S 亦称为是平稳的.

对于链 C_n(或体系 S) 的平稳性,我们有以下的充分条件:

7. III 对于正则的链 C_n（或正则的体系 S），平稳性的充分条件是：链 C_n 的初始概率等于终极概率，亦即

$$p_{0\alpha}=p_{\alpha}\quad(\alpha=\overline{1,n})\tag{7.9}$$

条件(7.9)的充分性可由下列等式看出

$$p_{1|\beta}=\sum_{\alpha}p_{0\alpha}p_{\alpha\beta}=\sum_{\alpha}p_{\alpha}p_{\alpha\beta}=p_{\beta}$$

$$p_{2|\beta}=\sum_{\alpha}p_{1|\alpha}p_{\alpha\beta}=\sum_{\alpha}p_{\alpha}p_{\alpha\beta}=p_{\beta}$$

依此类推，因而恒有

$$p_{k|\beta}=p_{\beta}\quad(k=1,2,\cdots)$$

在这里我们利用了等式

$$p_{\beta}=\sum_{\alpha}p_{\alpha}p_{\alpha\beta}\quad(\beta=\overline{1,n})\tag{7.10}$$

对于正则的链 C_n，这个等式可在等式(7.2)中令 $k\to+\infty$ 而推得.

我们指出，马尔柯夫在研究联结成简单链的诸试验的初始情形时[12]，最先采取的就是平稳链，而其后依照 А. М. Ляпунов 的意见（参见[12]中的第 78 页）才转而研究非平稳链.

根据链 C_n 的各基本公式，还可以推出关于行列式 $P(\lambda)$ 的子式 $P_{\alpha\beta}(\lambda)$ 以及关于 $Q_{\beta\alpha i}(k)$ 的一系列的重要公式.

我们选取一个具有单根 $\lambda_0=1$ 的链 C_n. 不论它的其余的根如何，我们对于 $k=0,1,2,\cdots$ 恒有等式(6.10)与(6.11). 因为

$$\sum_{\beta}p_{\alpha\beta}^{(k)}=\sum_{\beta}p_{\beta}=1\quad(k=0,1,2,\cdots)$$

所以由等式(6.10)推得以下等式

$$\sum_{i}\lambda_i^k\sum_{\beta}Q_{\beta\alpha i}(k)=0\quad(k=0,1,2,\cdots)$$

由此就得出了一个新的必然结论（参阅译者附注 5）

$$\sum_{\beta}Q_{\beta\alpha i}(k)=0\quad(i=\overline{1,\mu};k=0,1,2,\cdots)\tag{7.11}$$

但是根据等式(6.11)我们有

$$\begin{aligned}&(m_i-1)!\ \lambda_i^kQ_{\beta\alpha i}(k)\\&=D_{\lambda}^{m_i-1}\left[\frac{\lambda^k}{p_i(\lambda)}P_{\beta\alpha}(\lambda)\right]_{\lambda=\lambda_i}\\&=\left[P_{\beta\alpha}(\lambda)D_{\lambda}^{m_i-1}\left(\frac{\lambda^k}{p_i(\lambda)}\right)+\frac{m_i-1}{1}D_{\lambda}P_{\beta\alpha}(\lambda)D_{\lambda}^{m_i-2}\left(\frac{\lambda^k}{p_i(\lambda)}\right)+\cdots+\right.\\&\left.D_{\lambda}^{m_i-1}P_{\beta\alpha}(\lambda)\cdot\frac{\lambda^k}{p_i(\lambda)}\right]_{\lambda=\lambda_i}\end{aligned}$$

同时根据等式(7.11)，上式右侧对 β 求和时，无论 $k=0,1,2,\cdots$，皆应等于零；所以显而易见，我们应有（参阅译者附注 6）

$$\sum_{\beta} P_{\beta\alpha}(\lambda_i) = 0$$
$$\sum_{\beta} D_\lambda P_{\beta\alpha}(\lambda_i) = 0$$
$$\vdots$$
$$\sum_{\beta} D_\lambda^{m_i-1} P_{\beta\alpha}(\lambda_i) = 0 \quad (i = \overline{1,\mu}) \tag{7.12}$$

然后写出以下公式

$$p_{\alpha\beta}^{(k+m)} = \sum_{\gamma} p_{\alpha\gamma}^{(k)} p_{\gamma\beta}^{(m)}$$

这一公式应对任何链 C_n，所有的 $\alpha,\beta=\overline{1,n}$ 以及 $k,m=0,1,2,\cdots$ 皆成立. 对于具有单根 $\lambda_0=1$ 的链 C_n，我们在以上公式中引用等式(6.10)来对 $p_{\alpha\beta}^{(k+m)}$，$p_{\alpha\gamma}^{(k)}$，$p_{\gamma\beta}^{(m)}$ 作替换，即得

$$\begin{aligned} & p_\beta + \sum_i Q_{\beta\alpha i}(k+m)\lambda_i^{k+m} \\ &= \sum_\gamma \left(p_\gamma + \sum_i Q_{\gamma\alpha i}(k)\lambda_i^k\right)\left(p_\beta + \sum_i Q_{\beta\gamma i}(m)\lambda_i^m\right) \\ &= \sum_\gamma \left(p_\gamma + \sum_i Q_{\gamma\alpha i}(m)\lambda_i^m\right)\left(p_\beta + \sum_i Q_{\beta\gamma i}(k)\lambda_i^k\right) \end{aligned}$$

因为这个等式应该对于 k 与 m 的任何非负整值(包含零在内)都成立，所以我们除前面得到的关系式(7.11)之外还有

$$\begin{aligned} Q_{\beta\alpha i}(k+m) &= \sum_\gamma Q_{\gamma\alpha i}(k) Q_{\beta\gamma i}(m) \\ &= \sum_\gamma Q_{\gamma\alpha i}(m) Q_{\beta\gamma i}(k) \quad (i=\overline{1,\mu}) \end{aligned} \tag{7.13}$$

$$\begin{cases} \sum_\gamma Q_{\gamma\alpha i}(k) Q_{\beta\gamma h}(m) = 0 \\ \sum_\gamma Q_{\gamma\alpha i}(m) Q_{\beta\gamma h}(k) = 0 \end{cases} \quad (i,h=\overline{1,\mu};h\neq i) \tag{7.14}$$

$$\sum_\gamma p_\gamma Q_{\beta\gamma i}(k) = 0 \quad (i=\overline{1,\mu}) \tag{7.15}$$

以上各式对于 $\alpha,\beta=\overline{1,n}$ 以及 $k,m=0,1,\cdots$ 都成立.

根据等式(7.15)及等式(7.7)，对于平稳的链 C_n 我们有

$$R_{\beta i}(k) = 0 \quad (\beta=\overline{1,n};i=\overline{1,\mu};k=0,1,\cdots)$$

在本书以下各章中，我们要按照体系 S 的各种不同的特点以及这些特点在链 C_n 的规律(即矩阵 $\boldsymbol{P}$)的性质中的反映，来对链 C_n 进行研究. 在这里，以矩阵 $\boldsymbol{P}$ 的性质为出发点研究比较方便，虽然如此，这却丝毫没有妨碍我们像 A. H. Колмогоров 在其论文[10]中那样，采取体系 S 的特点来作为基础. 前一研究路线更多的是遵循一般的方法，即矩阵的方法. 我们现在即是应用这个方法来研究链 C_n，这个方法总是在对链 C_n 的性质进行定性分析的同时还给出关于这些

性质的定量表达式. 在 A. H. Колмогоров 的路线中可以不必去研究矩阵 $\boldsymbol{P}$,即可给出绝大部分定性方面的性质的推导方法,而关于定量方面相应的结果的推导方法则没有提出. 但是把以上两种路线联系起来是很有趣味并且是很有裨益的,因此本章以下两节就来讲述 A. H. Колмогоров 的概念及其与马尔柯夫链研究中的矩阵方法的联系.

8. 体系 S 的状态的主要类与次要类以及矩阵 $\boldsymbol{P}$ 的可分解性与不可分解性

按照 A. H. Колмогоров 的命名法,如果对于体系 S 的状态 A_α 存在状态 A_β 与正整数 k,使得 $p_{\alpha\beta}^{(k)}>0$,而 $p_{\beta\alpha}^{(l)}=0, l=1,2,\cdots$,那么称状态 A_α 为次要的. 换句话说,如果体系 S 经过若干步之后可由状态 A_α 转化为某一状态 A_β,而反过来体系 S 从状态 A_β 无论经过多少步也不能变回到状态 A_α,那么称状态 A_α 为次要的.

体系 S 除次要的状态之外的所有状态,皆称为主要的状态. 因此假使状态 A_α 是主要的,且有正整数 k 使得 $p_{\alpha\beta}^{(k)}>0$,那么总可以找到正整数 l,使得 $p_{\beta\alpha}^{(l)}>0$. 如果 A_α 与 A_β 是两个主要的状态,那么当存在 k 使 $p_{\alpha\beta}^{(k)}>0$ 时,必定存在 l 使 $p_{\beta\alpha}^{(l)}>0$,反之亦然;并且这时这两个主要的状态 A_α 与 A_β 称为相通的,因为体系 S 可从 A_α 转化到 A_β 并且反过来体系 S 从 A_β 经过若干步又可变回到 A_α.

由相通的状态的定义即可明显看出,如果 A_α 与 A_β 相通,而 A_β 与 A_γ 相通,那么 A_α 就与 A_γ 相通. 故此体系 S 的所有主要状态可以分解成这样一些类(或组) $B_1, B_2, \cdots, B_k$,使得属于同一类(或组) 的状态是相通的,而属于不同类(或组) 的状态是不相通的. 对于我们所研究的状态数目有限的体系 S,这些类的数目也是有限的.

一般说来,$B_1, B_2, \cdots, B_k$ 这些组并未概括体系 S 的所有状态,因为还可能有次要的状态. 假定对体系 S 确有次要的状态存在. 可以把这些次要状态也分解成如下的一些组

$$B_{k+1}, B_{k+2}, \cdots, B_{k+m}$$

使得体系 S 不能够从组 $B_{k+h}, h=\overline{1,m}$ 变到下列各组

$$B_{k+h+1}, B_{k+h+2}, \cdots, B_{k+m}$$

但是仍可变到组 B_{k+h} 或转变到组 $B_{k+i}, i=\overline{1,h-1}$,或转变到下列各组

$$B_1, B_2, \cdots, B_k$$

体系 S 一旦进入到 $B_1, B_2, \cdots, B_k$ 这些组中的一个,那么就再也不能够出来,而要永远停留在这一组中了.

我们称组

$$B_1, B_2, \cdots, B_k$$

为主要的,亦称为孤立的;而称组

$$B_{k+1}, B_{k+2}, \cdots, B_{k+m}$$

为次要的，亦称为非孤立的. 显而易见，体系 S 的主要状态与次要状态的任何其他种分组法是不可能有了（参阅译者附注 7）.

不仅如此，我们还可看出，体系 S 的状态可分解成主要组 $B_g(g=\overline{1,k})$ 与次要组 $B_{k+h}(h=\overline{1,m})$ 的充要条件乃是：链 C_n 的规律可以表示成以下形式

$$\boldsymbol{P}=\begin{pmatrix} \boldsymbol{Q}_{11} & \cdots & \boldsymbol{O} & \boldsymbol{O} & \boldsymbol{O} & \cdots & \boldsymbol{O} \\ \boldsymbol{O} & \cdots & \boldsymbol{O} & \boldsymbol{O} & \boldsymbol{O} & \cdots & \boldsymbol{O} \\ \vdots & & \vdots & \vdots & \vdots & & \vdots \\ \boldsymbol{O} & \cdots & \boldsymbol{Q}_{kk} & \boldsymbol{O} & \boldsymbol{O} & \cdots & \boldsymbol{O} \\ \boldsymbol{Q}_{k+1,1} & \cdots & \boldsymbol{Q}_{k+1,k} & \boldsymbol{Q}_{k+1,k+1} & \boldsymbol{O} & \cdots & \boldsymbol{O} \\ \vdots & & \vdots & \vdots & \vdots & & \vdots \\ \boldsymbol{Q}_{k+m,1} & \cdots & \boldsymbol{Q}_{k+m,k} & \boldsymbol{Q}_{k+m,k+1} & \boldsymbol{Q}_{k+m,k+2} & \cdots & \boldsymbol{Q}_{k+m,k+m} \end{pmatrix} \tag{8.1}$$

其中 $\boldsymbol{Q}_{11}, \boldsymbol{Q}_{22}, \cdots, \boldsymbol{Q}_{k+m,k+m}$ 表示正方子阵，$\boldsymbol{Q}_{11}, \boldsymbol{Q}_{22}, \cdots, \boldsymbol{Q}_{kk}$ 不等于零而 $\boldsymbol{Q}_{k+1,k+1}, \cdots, \boldsymbol{Q}_{k+m,k+m}$ 中的某几个可能等于零，不过 $\boldsymbol{Q}_{k+m,k+m}$ 是一个例外（根据对于任一随机矩阵 $\boldsymbol{P}$ 所附加的条件，这一子阵不可能等于零）；其余子阵一般说来是长方的，对于任何一个 $h(1 \leqslant h \leqslant m)$，子阵 $\boldsymbol{Q}_{k+h,g}(g=\overline{1,k+h})$ 不都等于零，而所有其余的 $\boldsymbol{Q}_{ij}=\boldsymbol{O}$（因而当 $i \neq j, j=1,2,\cdots,i-1,i+1,\cdots,k+m; i=\overline{1,k}$ 时以及当 $i \neq j, j=i+1,i+2,\cdots,k+m; i=k+1,k+2,\cdots,k+m$ 时，$\boldsymbol{Q}_{ij}=\boldsymbol{O}$）. 这个条件的充分性是显而易见的，其必要性亦不难看出，因为假若这个条件不成立，则前所述及的体系 S 分为主要组与次要组的那种分解法就成为不可能的了.

这一断言的完整证明稍后将给出. 根据这一断言，体系 S 可分解成以下各组

$$B_1, B_2, B_3, \cdots, B_{k+m}$$

与矩阵 $\boldsymbol{P}$ 表示成(8.1)的形式完全等价. 分解式(8.1)是下一章的研究对象，在下一章中我们来讲具有可依前述样式分解的体系 S 的链 C_n，以及具有不可依前述样式分解的体系 S 的链 C_n. 这两种链 C_n 我们将分别称为可分解的与不可分解的.

9. 体系 S 的主要状态的子组与循环矩阵 我们还继续阐述 A. H. Колмогоров 的概念.

试考察体系 S 的某一主要状态 A_α（由于体系 S 的状态数目有限以及在条目 2 中对矩阵 $\boldsymbol{P}$ 所加的两个条件，可知主要状态必定存在）. 我们用 $M(\alpha)$ 来表示一些正整数 k 的集合，对于这些正整数 k 有 $p_{\alpha\alpha}^{(k)}>0$. 因为状态 A_α 是主要的，故 $M(\alpha)$ 不是空集合. 并且如若 k 与 m 皆属于 $M(\alpha)$，则 $k+m$ 也属于 $M(\alpha)$.

现在设 d_α 是 $M(\alpha)$ 中所有的数的最高公因子（于是 $M(\alpha)$ 就仅是由能被 d_α 所整除的一些数所组成的了）. 借助于数论中的简单考虑，可知所有充分大的能

被 d_α 整除的数皆在 $M(\alpha)$ 中. 实际上,设

$$k=k_1d_\alpha,m=m_1d_\alpha$$

是 $M(\alpha)$ 中的两个数,而其中的 k_1 与 m_1 互质(参阅译者附注 8). 那么任何一个数 N,只要它大于某一个与 k_1 及 m_1 有关的常数,就可以表示成以下形式

$$N=k_1x+m_1y$$

其中 x 与 y 是正整数. 现在由以下不等式

$$p_{\alpha\alpha}^{(Nd_\alpha)}\geqslant p_{\alpha\alpha}^{(k_1xd_\alpha)}p_{\alpha\alpha}^{(m_1yd_\alpha)}=p_{\alpha\alpha}^{(kx)}p_{\alpha\alpha}^{(my)}\geqslant[p_{\alpha\alpha}^{(k)}]^x\cdot[p_{\alpha\alpha}^{(m)}]^y>0$$

即可看出我们的断言是成立的.

A. A. Колмогоров 称数 d_α 为状态 A_α 的周期. 可以证明,属于同一个组 B_g 的状态 A_α 具有同一周期,这一公共的周期我们称为组 B_g 的周期,并记作 d_g. 实际上,假定 A_α,A_β 是属于同一个组 B_g 的主要状态,并且 k 与 m 是这样的两个数

$$p_{\alpha\beta}^{(k)}>0,p_{\beta\alpha}^{(m)}>0$$

再设 d_α 与 d_β 是 A_α 与 A_β 的周期,根据以上所作的断言,对于任何充分大的数 N 皆有 $p_{\beta\beta}^{(Nd_\beta)}>0$,于是

$$p_{\alpha\alpha}^{(Nd_\beta+k+m)}\geqslant p_{\alpha\beta}^{(k)}p_{\beta\beta}^{(Nd_\beta)}p_{\beta\alpha}^{(m)}>0$$

这就说明所有的数 $Nd_\beta+k+m$ 皆属于 $M(\alpha)$,因而皆可被 d_α 整除. 但是 $k+m$ 也属于 $M(\alpha)$,所以也可被 d_α 整除. 因为 N 是任意的,故由此推知 d_β 应该能够被 d_α 整除. 由于我们可以同样地论证 d_α 应该能够被 d_β 整除,因此显而易见,$d_\alpha=d_\beta$. 这一等式对于组 B_g 中任何两个主要状态 A_α 与 A_β 都成立,即证明了我们断言的正确性.

对于组 B_g 中的两个状态 A_α 与 A_β,只有当 $k+m\equiv0(\bmod d_g)$ 的时候,才可能同时有

$$p_{\alpha\beta}^{(k)}>0,p_{\beta\alpha}^{(m)}>0$$

因此,在组 B_g 中取定了某一个确定的状态 A_α 之后,我们对这同一个组 B_g 中的任意一个状态 A_β 就可以找到一个完全确定的数 h,使得 h 属于下面这一串数

$$1,2,\cdots,d_g$$

并且使得仅是对于充分大的

$$k\equiv h(\bmod d_g)$$

我们才有

$$p_{\alpha\beta}^{(k)}>0$$

反之,无论我们在下面这一串数

$$1,2,\cdots,d_g$$

中选取怎样的一个数 h,都可以找到一个 A_β,使得对于充分大的 $k\equiv h(\bmod d_g)$ 恒有 $p_{\alpha\beta}^{(k)}>0$. 实际上,我们可以取到一个 A_β,使得 $p_{\alpha\beta}^{(k)}>0$. 设 $k=Nd_g+h$,则当 k 充分大时 N 就充分大,于是 $Nd_g\in M(\alpha)$,所以此时即有

$$p_{\alpha\beta}^{(k)} = p_{\alpha\beta}^{(Nd_g+h)} \geqslant p_{\alpha\alpha}^{(Nd_g)} p_{\alpha\beta}^{(h)} > 0$$

根据以上所论，组 B_g 可分解成 d_g 个子组 B_{gh}，每一个子组 B_{gh} 是由这样一些状态 A_β 组成的，对于这些 A_β 当 $k \equiv h (\bmod d_g)$ 充分大时恒有 $p_{\alpha\beta}^{(k)} > 0$，此处 h 表示 $1,2,3,\cdots,d_g$ 诸数中的任何一个. 显然，组 B_g 分解成怎样的子组 B_{gh} 与选择哪一个 A_α 作为出发点无关，这种分解法乃是唯一确定的.

这样一来，主要组 B_g 中的状态就分成了这样一些子组 B_{gh}，$h=1,2,\cdots,d_g$，使得体系 S 在某一时刻如果处于子组 B_{gh} 中的一个状态，那么到了下一个时刻它总是转变到子组 $B_{g,h+1}$ 中去(如果在某一时刻处于子组 B_{gd_g} 中的一个状态，那么到了下一个时刻它总是转变到子组 B_{g1} 中去). 此时，如果 A_α 与 A_β 分别属于子组 B_{gh_1} 与 B_{gh_2}，那么欲使

$$p_{\alpha\beta}^{(k)} > 0$$

必须

$$k \equiv h_2 - h_1 (\bmod d_g)$$

而对于满足这个条件的充分大的 k，事实上我们也确有

$$p_{\alpha\beta}^{(k)} > 0$$

当 $d_g=1$ 时，可以找到一个正整数 k_0，使得对于每一个 $k > k_0$ 以及组 B_g 中任何两个状态 A_α 与 A_β 恒有

$$p_{\alpha\beta}^{(k)} > 0$$

这将在下文中予以证明.

现在我们来指出，上述的把体系 S 的状态分成组与子组的那种分解，是与矩阵 $\boldsymbol{P}$ 的某个性质相当的. 我们首先来考察这种情况，即体系 S 的状态只有一个主要组而无次要组，并且这一主要组可按上述的方法分解为 r 个子组. 此时可以证明，矩阵 $\boldsymbol{P}$ 是不可分解的，并且可以表示成

$$\boldsymbol{P} = \begin{pmatrix} \boldsymbol{O} & \boldsymbol{Q}_{12} & \boldsymbol{O} & \cdots & \boldsymbol{O} \\ \boldsymbol{O} & \boldsymbol{O} & \boldsymbol{Q}_{23} & \cdots & \boldsymbol{O} \\ \vdots & \vdots & \vdots & & \vdots \\ \boldsymbol{O} & \boldsymbol{O} & \boldsymbol{O} & \cdots & \boldsymbol{Q}_{r-1,r} \\ \boldsymbol{Q}_{r1} & \boldsymbol{O} & \boldsymbol{O} & \cdots & \boldsymbol{O} \end{pmatrix} \tag{9.1}$$

其中对角线上的零子阵皆是方阵，而整个矩阵 $\boldsymbol{P}$ 中只有用 $\boldsymbol{Q}_{12},\boldsymbol{Q}_{23},\cdots,\boldsymbol{Q}_{r1}$ 标出的那些子阵才是非零子阵. 反之，假使不可分解的矩阵 $\boldsymbol{P}$ 可表示成(9.1)的形式，那么体系 S 的状态可归成一个主要组，而这个主要组可分成 r 个子组.

实际上，体系 S 的状态可以分解成子组

$$B_1 = (A_1, A_2, \cdots, A_{n_1})$$

$$B_2 = (A_{n_1+1}, A_{n_1+2}, \cdots, A_{n_1+n_2})$$

$$\vdots$$

$$B_r=(A_{n_1+\cdots+n_{r-1}+1},\cdots,A_n)$$

以及子阵 $\boldsymbol{Q}_{12},\boldsymbol{Q}_{23},\cdots,\boldsymbol{Q}_{r1}$ 分别是由

$$\begin{gathered}n_1\text{ 横行与 }n_2\text{ 纵列}\\n_2\text{ 横行与 }n_3\text{ 纵列}\\\vdots\\n_r\text{ 横行与 }n_1\text{ 纵列}\end{gathered}$$

构成的，这两件事彼此非常相似，因而我们所断言的正确性就差不多是显然的了.

如果体系 S 的状态可分成若干个主要组 B_g，那么每一个主要组 B_g 就与一个孤立子阵 $\boldsymbol{Q}_{gg}\neq\boldsymbol{O}$ 相对应；并且如果组 B_g 可以分解成子组 B_{gh}，$h=\overline{1,r}$，那么子阵 $\boldsymbol{Q}_{gg}$ 可以化成(9.1)的形式. 反之亦然：如果 $\boldsymbol{Q}_{gg}$ 可以化成(9.1)的形式，那么组 B_g 可以分解成相应的子组 B_{gh}，$h=\overline{1,r}$.

10. 链 C_n 的分类 由以上两个条目所讲的 A. H. Колмогоров 的概念，引出链 C_n 的以下分类.

第 Ⅰ 种类型. 不可分解的链 C_n—— 体系 S 的状态无次要组而只有一个主要组.

这一类型的链 C_n 又可分为两个子类.

Ⅰa. 不可分解的链 C_n，其唯一的主要组只有一个子组，即此子组与主要组重合(体系 S 的状态构成一个具有周期 1 的主要组). 这种链我们称为非循环的.

Ⅰb. 不可分解的链 C_n，其唯一的主要组有 $r\geqslant 2$ 个子组(体系 S 的所有状态只构成一个主要组，此主要组有 r 个子组). 这种链我们称为循环的. 在下文中将会看到，循环的链还可分为单循环的与复循环的.

第 II 种类型. 可分解的链 C_n—— 具有一个或多个主要组，并且具有一个或多个次要组(主要组与次要组的区别见条目 8).

可分解的链可以按照其体系 S 的状态的各主要组的结构(每一主要组的结构总与一不可分解的链的主要组的结构相似) 而分成许许多多的子类. 不过基本上说来，这些子类的研究到头来都可归结成子类 Ⅰa 或子类 Ⅰb(即不可分解的非循环链或不可分解的循环链) 的研究，仅只是第 II 种类型的链的若干固有的特性不在此列.

现在所讲的链 C_n 的分类法是根据体系 S(其状态的变换遵从链 C_n 的规律 P) 的某些基本性质. 但是这个分类法也可以由考虑链 C_n 的规律(即转移概率矩阵) 的基本性质而获得. 这一途径曾被本书著者于论文[23] 中采用.

我们再引入另外一种链 C_n 的分类法，这种分类法的着眼点在于转移概率 $p_{\alpha\beta}^{(k)}$ 及绝对概率 $p_{k|\beta}$ 在 k 无限增加时的各种性质.

我们已经看见过了，在某种场合下，这些概率在 $k\to+\infty$ 时有一个共同的极限 $p_\beta\geqslant 0$，并且对于转移概率 $p_{\alpha\beta}^{(k)}$ 而言，它不依赖于出发状态 A_α，而对于绝对概率 $p_{k|\beta}$ 而言，它不依赖于体系 S 的初始概率. 在这种情形下，我们称链 C_n 是正则的. 如果链 C_n 的转移概率 $p_{\alpha\beta}^{(k)}$ 及绝对概率 $p_{k|\beta}$ 没有极限，或是虽有极限但对于 $p_{\alpha\beta}^{(k)}$ 而言，它依赖于出发状态 A_α，对于 $p_{k|\beta}^{(k)}$ 而言，它依赖于体系 S 的初始概率，那么我们就称链 C_n 是非正则的. 以后我们会看到，链 C_n 的正则性与非正则性将怎样和可分解性与不可分解性以及循环性与非循环性发生联系.

最后，一个正则链，如果它的极限概率 p_β 中有等于 0 的，那么称为非负的正则链，而如果所有的 p_β 全都是正的，那么称为正的正则链. 对于最后这一情形，如果所有的 p_β 彼此相等(即 $p_\beta=\dfrac{1}{n},\beta=\overline{1,n}$)，那么称之为完全正则链.

正的正则链我们也称为常态链. 以后我们会看到，不可分解的非循环链即常态链.

第二章

可分解与不可分解的非循环链 C_n

11. 可分解与不可分解的随机矩阵　马尔柯夫链的很多重要性质是与其随机矩阵(即其规律)的可分解与不可分解性有关的. 可分解矩阵的定义,早已在条目 3 中给出,此处不再重复. 现在,我们来建立可分解矩阵与不可分解矩阵的基本性质,以及体系 S 的状态系统与链 C_n 的相应性质.

假设矩阵 $\boldsymbol{P}$ 是可分解的,并表示成如下的形式

$$\boldsymbol{P}=\begin{pmatrix}\boldsymbol{Q} & \boldsymbol{O}\\ \boldsymbol{R} & \boldsymbol{S}\end{pmatrix} \tag{11.1}$$

其中 $\boldsymbol{O}$ 表示零阵;$\boldsymbol{Q}$ 与 $\boldsymbol{S}$ 为非零的方阵;$\boldsymbol{R}$ 为长方的,一般地说不是零阵,但也可能是零阵. 对于随机矩阵 $\boldsymbol{P}$ 来说 $\boldsymbol{Q}$ 与 $\boldsymbol{S}$ 不可能为零阵.

若子阵(以后我们常称之为子块)$\boldsymbol{Q}$ 与 $\boldsymbol{S}$ 的阶分别为

$$n_1 \text{ 与 } n_2 \quad (n_1+n_2=n)$$

则体系 S 的状态可以分解为两组

$$B_1=(A_1,A_2,\cdots,A_{n_1})$$

$$B_2=(A_{n_1+1},\cdots,A_n)$$

矩阵 $\boldsymbol{P}$ 的结构式(11.1)表明,体系 S 不可能从组 B_1 中的状态转变到组 B_2 中的状态,因为所有相应的转移概率

$$p_{\alpha\beta} \quad (\alpha=\overline{1,n_1};\beta=\overline{n_1+1,n})$$

都等于零. 因而,假如一旦体系 S 处在组 B_1 中的一个状态,那么它就再也不会变出 B_1 之外了. 所以,很自然地,称 B_1 为体系 S 的孤立组. 若矩阵 $\boldsymbol{Q}$ 为不可分解的,则 B_1 就是体系 S 的主要类,关于这一点,以后将加以阐述.

若 $\boldsymbol{R}\neq\boldsymbol{O}$, 则就可以从组 B_1 变到组 B_2 中去. 事实上,这

时至少存在一个不等于零的概率[①] $p_{\alpha\beta} \subset \boldsymbol{R}$. 这就是说，如果体系 S 在某一时刻处在状态 $A_\alpha \subset B_2$，那么在下一时刻它就能以概率 $p_{\alpha\beta}$ 转移到状态 $A_\beta \subset B_1$. 由此，组 B_1 我们称为非孤立的或者可转移的. 按照 A. H. Колмогоров 用的术语，它是由次要的状态所组成的次要组. 若 $\boldsymbol{R}=\boldsymbol{O}$，则它是孤立的. 这时

$$\boldsymbol{P}=\begin{pmatrix}\boldsymbol{Q} & \boldsymbol{O}\\ \boldsymbol{O} & \boldsymbol{S}\end{pmatrix} \tag{11.2}$$

这就是说，体系 S 的形式，或者说体系 S 的“命运”，完全要看在初始时刻它所处的是什么状态. 如果它处在组 B_1 中的某一状态，那么以后它就永远停留在 B_1 里；而如果它处在组 B_2 中，那么以后它就永远停留在 B_2 里.

我们可以看到，在(11.2) 的情形下，体系 S 不是蜕缩到组 B_1 或蜕缩到组 B_2，而是视其初始状态而定. 而在(11.1) 的情形下，体系 S 可蜕缩到 B_1. 所以，很自然地，当转移概率的矩阵可分解时，我们称体系 S 为可蜕缩的.

显而易见，若体系 S 可蜕缩到孤立组 B_1，而 B_1 不包含体系 S 的全部状态，则矩阵 $\boldsymbol{P}$ 必呈(11.1) 的形式，即 $\boldsymbol{P}$ 是可分解的. 这样一来，我们就推得以下简单的结论：

11.I 欲使体系 S 可蜕缩到状态组

$$B_1=(A_1, A_2, \cdots, A_{n_1}) \quad (n_1<n)$$

其充要条件是矩阵 $\boldsymbol{P}$ 可分解，并可化成(11.1) 的形式，其中

$$\boldsymbol{Q}=\mathrm{Mt}(p_{\alpha\beta}) \quad (\alpha, \beta=\overline{1, n_1})$$

可能分解式(11.1) 中的子块 $\boldsymbol{Q}$ 亦为可分解矩阵，而组 B_1 可蜕缩成一个状态数目小于 n_1 的新组. 矩阵 $\boldsymbol{P}$ 的这种分解过程，可以一直进行到不能进行为止，这时矩阵 $\boldsymbol{P}$ 就化成了以下的形式

$$\boldsymbol{P}=\begin{pmatrix}
\boldsymbol{Q}_{11} & \cdots & \boldsymbol{O} & \boldsymbol{O} & \boldsymbol{O} & \cdots & \boldsymbol{O}\\
\boldsymbol{O} & \cdots & \boldsymbol{O} & \boldsymbol{O} & \boldsymbol{O} & \cdots & \boldsymbol{O}\\
\vdots & & \vdots & \vdots & \vdots & & \vdots\\
\boldsymbol{O} & \cdots & \boldsymbol{Q}_{kk} & \boldsymbol{O} & \boldsymbol{O} & \cdots & \boldsymbol{O}\\
\boldsymbol{Q}_{k+1,1} & \cdots & \boldsymbol{Q}_{k+1,k} & \boldsymbol{Q}_{k+1,k+1} & \boldsymbol{O} & \cdots & \boldsymbol{O}\\
\vdots & & \vdots & \vdots & \vdots & & \vdots\\
\boldsymbol{Q}_{m1} & \cdots & \boldsymbol{Q}_{mk} & \boldsymbol{Q}_{m,k+1} & \boldsymbol{Q}_{m,k+2} & \cdots & \boldsymbol{Q}_{mm}
\end{pmatrix} \tag{11.3}$$

其中对角线上的全部子块 $\boldsymbol{Q}_{\alpha\alpha}$ $(\alpha=\overline{1, n})$ 表示不可分解的非零方阵. 对角线上子块 $\boldsymbol{Q}_{\alpha\alpha}$ 的右边的子块全为零，但在对角线上子块 $\boldsymbol{Q}_{\alpha\alpha}$ 的左边的子块 $\boldsymbol{Q}_{\alpha\beta}$ 对应于

$$\boldsymbol{Q}_{11}, \boldsymbol{Q}_{22}, \boldsymbol{Q}_{33}, \cdots, \boldsymbol{Q}_{kk}$$

---

① 在下文中，为了书写简便，我们将把“包含”记号，既作为“包含”记号用，又作为“属于”记号来用.

的一部分都是零，而对应于

$$Q_{k+1,k+1},\cdots,Q_{mm}$$

的一部分不是零. 在 $\boldsymbol{P}$ 的这个分解式中，子块

$$Q_{11},Q_{22},\cdots,Q_{kk}$$

是孤立的，不可分解的. 而子块

$$Q_{k+1,k+1},\cdots,Q_{mm}$$

是非孤立的，不可分解的. 设子块 $Q_{\alpha\alpha}$ 的阶为 $n_\alpha,\alpha=\overline{1,m},\sum n_\alpha=n$. 此时，显然体系 S 可分解成组

$$B_h=(A_{s_{h-1}+1},A_{s_{h-1}+2},\cdots,A_{s_h})\quad (s_h=n_1+\cdots+n_h;h=\overline{1,m})$$

其中组

$$B_1,B_2,\cdots,B_k \tag{11.4}$$

具有这样的性质：体系 S 一旦进入它们之中的一个组以后，就永远停留在这个组里，也就是说蜕缩到这个组里来了，而且这个组不能再继续分解，因为对应的子块 $Q_{\alpha\alpha},\alpha=\overline{1,k}$ 是不可分解的；至于另一些组

$$B_{k+1},B_{k+2},\cdots,B_m \tag{11.5}$$

体系 S 就可以从它们的每一个中转变出去，变出之后，就既不能再回来，也不能变到具有（比原指标）更大的指标的组中去，仅仅只能变到具有较小指标的组中去.

这样一来，在分解式(11.3)的情况下，体系 S 可蜕缩到(11.4)的一个组中，而以后就不能再蜕缩了. 反之，若体系 S 能分解成组(11.4)(11.5)，则矩阵 $\boldsymbol{P}$ 可以表示成(11.3)的形式. 我们称(11.3)为可分解矩阵 $\boldsymbol{P}$ 的标准形式. 而与分解式(11.3)相对应的组(11.4)与(11.5)的总体，称为可蜕缩体系 S 的标准结构. 组(11.4)我们称为体系 S 的孤立组；组(11.5)称为可转移组；组(11.4)也称为终极组（它的意义以后再解释）. 按照 А. Н. Колмогоров 用的术语，组(11.4)是主要组，而组(11.5)是次要组.

12. 矩阵 P 可分解与不可分解的条件 具有可分解矩阵或不可分解矩阵的链 C_n 有一系列重要的性质，所以矩阵 $\boldsymbol{P}$ 可分解与不可分解的条件有特殊重要的意义. 下面我们就来讲这个条件.

12. I 若行列式 $P(\lambda)$ 的某一个主子式，在 $\lambda=1$ 时等于零，则所有包含它的主子式，在 $\lambda=1$ 时都等于零.

首先，我们可以假定，在行列式 $P(\lambda)$ 的主子式中，当 $\lambda=1$ 时等于零的主子式是

$$P_k(\lambda)=\begin{vmatrix}\lambda-p_{11} & -p_{12} & \cdots & -p_{1k}\\ -p_{21} & \lambda-p_{22} & \cdots & -p_{2k}\\ \vdots & \vdots & & \vdots\\ -p_{k1} & -p_{k2} & \cdots & \lambda-p_{kk}\end{vmatrix}$$

这样做并不损失一般性,其次,假设矩阵

$$\boldsymbol{P}_k = \begin{pmatrix} p_{11} & p_{12} & \cdots & p_{1k} \\ \vdots & \vdots & & \vdots \\ p_{k1} & p_{k2} & \cdots & p_{kk} \end{pmatrix}$$

是不可分解的,则

$$p_{\alpha\beta} = 0 \quad (\alpha = \overline{1,k}, \beta = \overline{k+1,n}) \tag{12.1}$$

因为,假如它们之中至少有一个不等于零,则按定理 3. III′,我们有 $P_k(1) \neq 0$.

现在取子式

$$P_{k+1}(\lambda) = \begin{vmatrix} \lambda - p_{11} & \cdots & -p_{1k} & -p_{1,k+1} \\ \vdots & & \vdots & \vdots \\ -p_{k1} & \cdots & \lambda - p_{kk} & -p_{k,k+1} \\ -p_{k+1,1} & \cdots & -p_{k+1,k} & \lambda - p_{k+1,k+1} \end{vmatrix}$$

由等式(12.1)有

$$P_{k+1}(1) = (1 - p_{k+1,k+1}) P_k(1) = 0 \tag{12.2}$$

依此类推,可知

$$P_{k+h}(1) = 0 \quad (h = 2, 3, \cdots, n-k) \tag{12.3}$$

这个结果也可直接得出,因为,根据式(12.1),我们有

$$P_{k+h}(\lambda) = P_k(\lambda) \begin{vmatrix} \lambda - p_{k+1,k+1} & \cdots & -p_{k+1,k+h} \\ \vdots & & \vdots \\ -p_{k+h,k+1} & \cdots & \lambda - p_{k+h,k+h} \end{vmatrix}$$

若矩阵 $\boldsymbol{P}_k$ 是可分解的,则可把它表示成像式(11.3)那样的标准形式(或者简单些,把它表示成(11.1)的形式).因此 $\boldsymbol{P}_k$ 对角线左上方的第一个子块是不可分解的矩阵,而且,这个子块的特征行列式在 $\lambda = 1$ 时等于零.于是,我们又得到刚才所研究过的情形.

这样一来,我们就证明了定理 12. Ⅰ.

系 12.1 若行列式 $P(\lambda)$ 的某一个主子式在 $\lambda = 1$ 时不等于零,则这个主子式(自己)的所有主子式,在 $\lambda = 1$ 时都不等于零.

12. II 矩阵 $\boldsymbol{P}$ 可分解的充要条件是当 $\lambda = 1$ 时,行列式 $P(\lambda)$ 有一个主子式等于零.

若把可分解矩阵 $\boldsymbol{P}$ 表示成标准形式(11.3),我们立刻可得恒等式

$$P(\lambda) = Q_{11}(\lambda) Q_{22}(\lambda) \cdots Q_{mm}(\lambda)$$

由此可见,条件的必要性显然成立.

为了证明它的充分性,假定在行列式 $P(\lambda)$ 的各个主子式中,当 $\lambda = 1$ 时等于零的主子式就是前面所定义过的那个主子式 $P_k(\lambda)$.若 $P_k(\lambda)$ 是不可分解的

(这就是说,对应的矩阵 $\boldsymbol{P}_k$ 是不可分解的),则从这个假定出发,可以推出等式(12.1),这就表明了矩阵 $\boldsymbol{P}$ 的可分解性. 若 $\boldsymbol{P}_k$ 是可分解的,则把它表示成像(11.3)那样的标准形式,由于它的对角线的最上面的一个小子块的不可分解性,就又重新得到完全类似于(12.1)的等式,只不过这一回是和 $\boldsymbol{P}_k$ 左上角的主子块相对应罢了,于是这就证明了矩阵 $\boldsymbol{P}$ 是可分解的.

系 12.2 若行列式 $P(\lambda)$,当 $\lambda=1$ 时,有某一个主子式等于零,而这个主子式(自己)的任何一个主子式都不等于零,则这个主子式所对应的矩阵,乃是(把这个主子式的行与列做适当的同样调动后)矩阵 $\boldsymbol{P}$ 的对角线上的、孤立的、不可分解的子块之一.

这个推论从系 12.1 与定理 12.II 即可得出.

定理 12.II 给出了确定矩阵 $\boldsymbol{P}$ 的可分解性或不可分解性的方法,但当 n 相当大时,在实践上,这是一个繁复的方法. 实际上,利用从可分解矩阵的定义直接推得的一条规则(见下),却常常是更方便的.

若在矩阵 $\boldsymbol{P}$ 中

$$p_{\alpha_i\beta_j}=0 \quad (i=\overline{1,k},j=\overline{1,n-k})$$

则 $\boldsymbol{P}$ 可分解,且其分解式中有一子块是

$$\begin{pmatrix} p_{\alpha_1\alpha_1} & \cdots & p_{\alpha_1\alpha_k} \\ \vdots & & \vdots \\ p_{\alpha_k\alpha_1} & \cdots & p_{\alpha_k\alpha_k} \end{pmatrix}$$

例如,考察矩阵

$$\begin{pmatrix}
\times & \times & \times & 0 & \times & 0 & 0 & 0 \\
0 & \times & 0 & 0 & \times & 0 & 0 & \times \\
\times & \times & \times & 0 & \times & 0 & 0 & \times \\
0 & \times & 0 & 0 & \times & 0 & \times & 0 \\
\times & \times & \times & 0 & \times & 0 & 0 & \times \\
\times & \times & 0 & \times & \times & \times & 0 & \times \\
0 & \times & \times & 0 & \times & \times & \times & \times \\
\times & \times & \times & 0 & \times & 0 & 0 & \times
\end{pmatrix}$$

其中“×”号表示不等于零的元素,在第 4,6,7 纵列上的第 1,2,3,5,8 横行的元素都等于零,因而它是可分解的. 事实上,对调 4,8 两行与 4,8 两列,我们得到矩阵

$$\left(\begin{array}{ccccc:ccc}
\times & \times & \times & 0 & \times & 0 & 0 & 0 \\
0 & \times & 0 & \times & \times & 0 & 0 & 0 \\
\times & \times & \times & \times & \times & 0 & 0 & 0 \\
\times & \times & \times & \times & \times & 0 & 0 & 0 \\
\times & \times & \times & \times & \times & 0 & 0 & 0 \\
\hdashline
\times & \times & 0 & \times & \times & \times & 0 & \times \\
0 & \times & \times & \times & \times & \times & \times & 0 \\
0 & \times & 0 & 0 & \times & 0 & \times & 0
\end{array}\right)$$

至此已不能再分解下去了,因此它是标准形式.对应于它的状态系统

$$(A_1, A_2, \cdots, A_8)$$

可分解成孤立组

$$B_1 = (A_1, A_2, \cdots, A_5)$$

与可转移的非孤立组

$$B_2 = (A_6, A_7, A_8)$$

系 12.3 若矩阵 $\boldsymbol{P}$ 不可分解,则 $\lambda_0 = 1$ 是它的单根,而当 $\lambda \geqslant 1$ 时,所有的子式 $P_{\alpha\beta}(\lambda)$ 都是正的.

系的第一个判断,可以从这个事实推出:对于不可分解的矩阵 $\boldsymbol{P}$,当 $\lambda \geqslant 1$ 时,行列式 $P(\lambda)$ 的所有各级主子式皆不等于零(因而是正的).我们有恒等式

$$P(\lambda)P_{\alpha\beta|\alpha\beta}(\lambda) = P_{\alpha\alpha}(\lambda)P_{\beta\beta}(\lambda) - P_{\alpha\beta}(\lambda)P_{\beta\alpha}(\lambda)$$

令 $\lambda = 1$,即推出所有的 $P_{\alpha\beta}(\lambda) \neq 0(\lambda \geqslant 1)$.因而,根据等式(4.4),全部 $P_{\alpha\beta}(\lambda) > 0(\lambda \geqslant 1)$.

12.III 若矩阵 $\boldsymbol{P}$ 不可分解,则对任意的 α, β,以下各数

$$p_{\alpha\beta}^{(0)}, p_{\alpha\beta}^{(1)}, \cdots, p_{\alpha\beta}^{(n-1)} \tag{12.4}$$

不能全等于零($p_{\alpha\beta}^{(0)}$ 的定义如下:当 $\alpha \neq \beta$ 时,$p_{\alpha\beta}^{(0)} = 0$;当 $\alpha = \beta$ 时,$p_{\alpha\beta}^{(0)} = 1$).

事实上,我们有恒等式

$$\frac{P(\lambda) - P(x)}{\lambda - x} = \sum_{h=0}^{n-1} C_h x^h$$

其中 C_h 表示确定的 λ 的实多项式,由此推出

$$\frac{\boldsymbol{E}P(\lambda) - P(\boldsymbol{P})}{\lambda\boldsymbol{E} - \boldsymbol{P}} = \sum_h C_h \boldsymbol{P}^h$$

或

$$P_{\alpha\beta}(\lambda) = \sum_h C_h p_{\beta\alpha}^{(h)} \quad (\alpha, \beta = \overline{1, n})$$

从最后的恒等式显见,若 $\boldsymbol{P}$ 是不可分解的矩阵,则对于每一双记号 α, β,(12.4)中的数不能全等于零;因为对于不可分解的矩阵 $\boldsymbol{P}$,所有的 $P_{\alpha\beta}(1) > 0$.

从已证的定理推出,如果矩阵 $\boldsymbol{P}$ 不可分解,那么从体系 S 的任意一个状态

A_α 出发，至多不过 $n-1$ 步必有可能（即具有正的概率）转移到任何一个状态 A_β. 这样一来，体系 S 仅仅只有主要状态. 同时容易建立 A. H. Колмогоров 所用的术语与前节对于可蜕缩体系 S 的组所用的术语的等价性.

对于定理12. III 尚可附带指出，对可分解矩阵 $\boldsymbol{P}$，总可找到 α 与 β，使得所有的转移概率 $p_{\alpha\beta}^{(h)}$，$h=1,2,\cdots$，都等于零. 例如若

$$\boldsymbol{P}=\begin{pmatrix}\boldsymbol{Q} & \boldsymbol{O}\\ \boldsymbol{R} & \boldsymbol{S}\end{pmatrix}$$

及

$$\boldsymbol{Q}=\begin{pmatrix}p_{11} & \cdots & p_{1k}\\ \vdots & & \vdots\\ p_{k1} & \cdots & p_{kk}\end{pmatrix}$$

则

$$p_{\alpha\beta}^{(h)}=0 \quad (\alpha=\overline{1,k},\beta=\overline{k+1,n} \text{ 及 } h=1,2,\cdots)$$

因为，对所有的 $h\geqslant 1$，我们有

$$\boldsymbol{P}^h=\begin{pmatrix}\boldsymbol{Q}^h & \boldsymbol{O}\\ \boldsymbol{R}^h & \boldsymbol{S}^h\end{pmatrix}$$

12. IV 欲使矩阵 $\boldsymbol{P}$ 可分解，并表示成在对角线上具有 k 个孤立子块的标准形式，其充要条件为 $\lambda_0=1$ 是 $P(\lambda)$ 的 k 重根.

若可分解矩阵 $\boldsymbol{P}$ 表示成(11.3) 的形式，并具有 k 个孤立的、不可分解的子块 $\boldsymbol{Q}_{\alpha\alpha}$，$\alpha=\overline{1,k}$，及 $m-k$ 个非孤立的、不可分解的子块 $\boldsymbol{Q}_{\alpha\alpha}$，$\alpha=\overline{k+1,h}$，则我们有恒等式

$$P(\lambda)=Q_{11}(\lambda)Q_{22}(\lambda)\cdots Q_{mm}(\lambda)$$

此外还有

$$Q_{\alpha\alpha}(1)=0 \quad (\alpha=\overline{1,k});Q_{\beta\beta}(1)\neq 0 \quad (\beta=\overline{k+1,m})$$

（按定理 3. III′）. 显然由此可得条件的必要性.

现在假设$\lambda_0=1$是矩阵$\boldsymbol{P}$的k 重根，则按定理4. V 与 12. II，矩阵$\boldsymbol{P}$是可分解的，并且应该在对角线上恰有 k 个孤立的不可分解的子块，因为如果不然，那么 $\lambda_0=1$ 就不再是 $\boldsymbol{P}$ 的 k 重根了，所以条件是充分的.

12. V 欲使可分解矩阵 $\boldsymbol{P}$ 只具有孤立的不可分解的子块 $\boldsymbol{P}_{\alpha\alpha}$，$\alpha=\overline{1,k}$，其必要条件为方程组

$$\boldsymbol{X}=\boldsymbol{XP} \tag{12.5}$$

可以分解成 k 个独立的方程组，其中每一个方程组皆有正解，其充分条件为方程组(12.5) 具有正解.

注意，(12.5) 是方程组

$$x_\beta=\sum_\alpha x_\alpha p_{\alpha\beta} \quad (\alpha,\beta=\overline{1,n})$$

的矩阵形式.

为了简化叙述,假定 $k=3$,而

$$\boldsymbol{P}=\begin{pmatrix}\boldsymbol{Q} & \boldsymbol{O} & \boldsymbol{O}\\ \boldsymbol{R} & \boldsymbol{S} & \boldsymbol{O}\\ \boldsymbol{T} & \boldsymbol{U} & \boldsymbol{V}\end{pmatrix}$$

设其中方阵 $\boldsymbol{Q},\boldsymbol{S}$ 与 $\boldsymbol{V}$ 的阶分别等于 n_1,n_2 与 n_3,且

$$\boldsymbol{X}=\boldsymbol{X}_1+\boldsymbol{X}_2+\boldsymbol{X}_3$$
$$\boldsymbol{X}_1=(x_1,x_2,\cdots,x_{n_1})$$
$$\boldsymbol{X}_2=(x_{n_1+1},\cdots,x_{n_1+n_2})$$
$$\boldsymbol{X}_3=(x_{n_1+n_2+1},\cdots,x_n)$$

于是方程组(12.5)可写成

$$\boldsymbol{X}_1=\boldsymbol{X}_1\boldsymbol{Q}+\boldsymbol{X}_2\boldsymbol{R}+\boldsymbol{X}_3\boldsymbol{T}$$
$$\boldsymbol{X}_2=\boldsymbol{X}_2\boldsymbol{S}+\boldsymbol{X}_3\boldsymbol{U}$$
$$\boldsymbol{X}_3=\boldsymbol{X}_3\boldsymbol{V} \tag{12.6}$$

若可分解矩阵 $\boldsymbol{P}$ 的子块 $\boldsymbol{Q},\boldsymbol{S}$ 与 $\boldsymbol{V}$ 是孤立的,则 $\boldsymbol{R},\boldsymbol{T}$ 与 $\boldsymbol{U}$ 都是零阵,而方程组(12.6)可分离成三个独立的方程组

$$\boldsymbol{X}_1=\boldsymbol{X}_1\boldsymbol{Q},\boldsymbol{X}_2=\boldsymbol{X}_2\boldsymbol{S},\boldsymbol{X}_3=\boldsymbol{X}_3\boldsymbol{V} \tag{12.7}$$

再有,假如 $\boldsymbol{Q},\boldsymbol{S}$ 与 $\boldsymbol{V}$ 不可分解,则这三个矩阵中的每一个都以 $\lambda_0=1$ 为单根,于是根据系 12.3,行列式 $Q(1),S(1),V(1)$ 的所有子式都大于 0,所以(12.7)中每一个方程组皆有正解.这样一来,就证明了我们定理中的必要条件.

现在来证明充分性(和以上一样,都是在 $\boldsymbol{P}$ 可分解的假定之下).设方程组(12.5),或是与它完全一样的组(12.6)有正解

$$\boldsymbol{X}^0=\boldsymbol{X}_1^0+\boldsymbol{X}_2^0+\boldsymbol{X}_3^0\quad(\boldsymbol{X}_i^0>\boldsymbol{0},i=1,2,3)$$

它的共轭方程组

$$\boldsymbol{Y}=\boldsymbol{P}\boldsymbol{Y}$$

可以写成下面的形式

$$\boldsymbol{Y}_1=\boldsymbol{Q}\boldsymbol{Y}_1$$
$$\boldsymbol{Y}_2=\boldsymbol{R}\boldsymbol{Y}_1+\boldsymbol{S}\boldsymbol{Y}_2$$
$$\boldsymbol{Y}_3=\boldsymbol{T}\boldsymbol{Y}_1+\boldsymbol{U}\boldsymbol{Y}_2+\boldsymbol{V}\boldsymbol{Y}_3$$

其中假定

$$\boldsymbol{Y}_1=(y_1,\cdots,y_{n_1}),\boldsymbol{Y}_2=(y_{n_1+1},\cdots,y_{n_1+n_2})$$
$$\boldsymbol{Y}_3=(y_{n_1+n_2+1},\cdots,y_n)$$

于是显然有如下的正解

$$y_\alpha^0=1\quad(\alpha=\overline{1,n})$$

我们有

$$\boldsymbol{X}_1^0\boldsymbol{Y}_1^0=\boldsymbol{X}_1^0\boldsymbol{Q}\boldsymbol{Y}_1^0+\boldsymbol{X}_2^0\boldsymbol{R}\boldsymbol{Y}_1^0+\boldsymbol{X}_3^0\boldsymbol{T}\boldsymbol{Y}_1^0=\boldsymbol{X}_1^0\boldsymbol{Y}_1^0+\boldsymbol{X}_2^0\boldsymbol{R}\boldsymbol{Y}_1^0+\boldsymbol{X}_3^0\boldsymbol{T}\boldsymbol{Y}_1^0$$

所以

$$\boldsymbol{X}_2^0\boldsymbol{R}\boldsymbol{Y}_1^0+\boldsymbol{X}_3^0\boldsymbol{T}\boldsymbol{Y}_1^0=\boldsymbol{O}$$

但因

$$\boldsymbol{X}_2^0>\boldsymbol{0},\boldsymbol{X}_3^0>\boldsymbol{0}\text{ 与 }\boldsymbol{Y}_1^0>\boldsymbol{0}$$

故由此推得

$$\boldsymbol{R}=\boldsymbol{O}\text{ 与 }\boldsymbol{T}=\boldsymbol{O}$$

我们可以写出

$$\boldsymbol{X}_2^0\boldsymbol{Y}_2^0=\boldsymbol{X}_2^0\boldsymbol{S}\boldsymbol{Y}_2^0+\boldsymbol{X}_3^0\boldsymbol{U}\boldsymbol{Y}_2^0=\boldsymbol{X}_2^0\boldsymbol{Y}_2^0+\boldsymbol{X}_3^0\boldsymbol{U}\boldsymbol{Y}_2^0$$

由此推得 $\boldsymbol{X}_3^0\boldsymbol{U}\boldsymbol{Y}_2^0=\boldsymbol{O}$,因而 $\boldsymbol{U}=\boldsymbol{O}$.

这样一来,若方程组(12.5)有正解,而矩阵 $\boldsymbol{P}$ 可以写成上面的分解式,则在这个分解式中

$$\boldsymbol{R}=\boldsymbol{O},\boldsymbol{T}=\boldsymbol{O},\text{并且 }\boldsymbol{U}=\boldsymbol{O}$$

因而条件的充分性得证.

12. VI 若不可分解的矩阵 $\boldsymbol{P}$ 的某一个乘幂 $\boldsymbol{P}^m$(m 是正整数)可以分解,则 $\boldsymbol{P}^m$ 可完全分解.

其中可完全分解的矩阵,这一词的含意是:它的分解式仅仅只有孤立的子块.

假设 $\boldsymbol{P}$ 是不可分解的矩阵,则方程组 $\boldsymbol{X}=\boldsymbol{X}\boldsymbol{P}$ 有正解 $\boldsymbol{X}^0>\boldsymbol{0}$. 关于它,我们恒有

$$\boldsymbol{X}^0=\boldsymbol{X}^0\boldsymbol{P},\boldsymbol{X}^0=\boldsymbol{X}^0\boldsymbol{P}^2,\cdots,\boldsymbol{X}^0=\boldsymbol{X}^0\boldsymbol{P}^m$$

在最后一个等式中,$\boldsymbol{P}^m$ 是可分解的矩阵,因而根据定理 12. Ⅴ,它可完全分解.

例如,给定不可分解矩阵

$$\boldsymbol{P}=\begin{pmatrix}\boldsymbol{O} & \boldsymbol{Q}_{12} & \boldsymbol{O}\\ \boldsymbol{O} & \boldsymbol{O} & \boldsymbol{Q}_{23}\\ \boldsymbol{Q}_{31} & \boldsymbol{O} & \boldsymbol{O}\end{pmatrix}$$

它除子块 $\boldsymbol{Q}_{12},\boldsymbol{Q}_{23},\boldsymbol{Q}_{31}$ 以外,所有的子块都等于零,并且对角线上的子块都是方的. 它的乘幂如下

$$\boldsymbol{P}^2=\begin{pmatrix}\boldsymbol{O} & \boldsymbol{O} & \boldsymbol{Q}'_{13}\\ \boldsymbol{Q}'_{21} & \boldsymbol{O} & \boldsymbol{O}\\ \boldsymbol{O} & \boldsymbol{Q}'_{32} & \boldsymbol{O}\end{pmatrix}$$

$$\boldsymbol{P}^3=\begin{pmatrix}\boldsymbol{Q}''_{11} & \boldsymbol{O} & \boldsymbol{O}\\ \boldsymbol{O} & \boldsymbol{Q}''_{22} & \boldsymbol{O}\\ \boldsymbol{O} & \boldsymbol{O} & \boldsymbol{Q}''_{33}\end{pmatrix}$$

其中

$$Q'_{13}=Q_{12}Q_{23},Q'_{21}=Q_{23}Q_{31},Q'_{32}=Q_{31}Q_{12}$$
$$Q''_{11}=Q'_{13}Q_{31},Q''_{22}=Q'_{21}Q_{12},Q''_{33}=Q'_{32}Q_{23}$$

乘幂 $\boldsymbol{P}^2$ 不可分解,但乘幂 $\boldsymbol{P}^3$ 可分解,并且正如我们所见,它可完全分解.

12. VII 可分解矩阵 $\boldsymbol{P}$ 不可能有两个不同的标准分解式.

换句话说,矩阵 $\boldsymbol{P}$ 的分解式(11.3)是唯一的.

事实上,假如矩阵 $\boldsymbol{P}$ 能分解成两个不同的(11.3)型的标准形式,并设 $\boldsymbol{Q}'$ 与 $\boldsymbol{Q}''$ 分别是两个分解式的对角线上的、不可分解的子块,而它们有共同的行与列(这样的两个子块显然存在,并且其中第一个分解式中的子块 $\boldsymbol{Q}'$ 还可以任意地取).若 $\boldsymbol{Q}'\neq\boldsymbol{Q}''$,则这两个子块可以有两种典型的相关部位,如图 12.1((a)与(b))所示.对于这两种相关部位,根据等式(12.1),图中有斜线的子块都应当是零子块.因而,子块 $\boldsymbol{Q}''$ 可分解,但这是不可能的.仅仅在 $\boldsymbol{Q}'=\boldsymbol{Q}''$ 的情形下,我们才不会破坏 $\boldsymbol{Q}',\boldsymbol{Q}''$ 的不可分解性.由此显见,$\boldsymbol{P}$ 的两个标准分解式应该是恒等的.

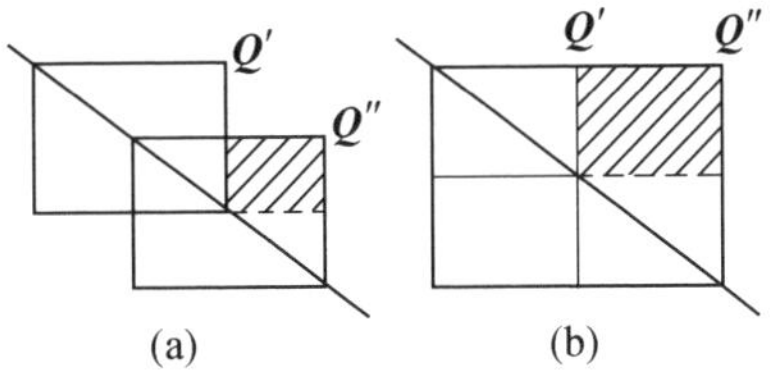

图 12.1

13. 正则链 C_n 在链 C_n 的性质的研究中,占有重要位置的是它的转移概率与绝对概率($p_{\alpha\beta}^{(k)}$ 与 $p_{k|\beta}$)当 k 无限增大时的性质.因为

$$p_{k|\beta}=\sum_{\alpha}p_{0\alpha}p_{\alpha\beta}^{(k)}$$

所以绝对概率 $p_{k|\beta}$ 的性质由转移概率 $p_{\alpha\beta}^{(k)}$ 的性质来决定,因而我们集中主要精力来研究后者.我们以基本公式

$$p_{\alpha\beta}^{(k)}=p_{\beta}+\sum_{i=1}^{\mu}Q_{\beta\alpha i}(k)\lambda_i^k \tag{13.1}$$

为出发点,这个公式的条件是:$\lambda_0=1$ 是矩阵 $\boldsymbol{P}$ 的单根;并且其中

$$p_{\beta}=\frac{P_{\beta\beta}(1)}{\sum\limits_{\beta}P_{\beta\beta}(1)}\quad(\beta=\overline{1,n})$$

表示不全等于零的非负数.

我们也写作

$$p_{\alpha\beta}^{(k)}=p_{\beta}+q_{\alpha\beta}^{(k)} \tag{13.2}$$

其中

$$q_{\alpha\beta}^{(k)}=\sum_{i=1}^{\mu}Q_{\beta\alpha i}(k)\lambda_i^k \tag{13.3}$$

读者注意,假如概率 $p_{\alpha\beta}^{(k)}$ 在 $k\to+\infty$ 时的极限存在,而且它不依赖于 α,而只依赖于 β,则称链 C_n 是正则的.根据等式 $\sum\limits_{\beta}p_{\alpha\beta}^{(k)}=1,k=1,2,\cdots$,这些极限必

须不全等于零. 当它们全不等于零时，称链 C_n 为正的正则的，若除此之外，它们又彼此相等，即都等于 $\frac{1}{n}$ 时，则称为完全正则的.

下面我们的目标是研究链 C_n 的正则性的条件.

13. I 欲使链 C_n 是正的正则的，其充要条件为：矩阵 $\boldsymbol{P}$ 是不可分解的，并且是正则的.

假设 $\boldsymbol{P}$ 不可分解并且是正则的，则根据系 12.3 及 $\boldsymbol{P}$ 的正则性的定义(条目 7)，$\lambda_0=1$ 是矩阵 $\boldsymbol{P}$ 的单根，并且所有其他的根的模都小于 1. 这时由等式 (13.1)，立刻可见

$$\lim_{k\to+\infty} p_{\alpha\beta}^{(k)}=p_\beta \quad (\beta=\overline{1,n}) \tag{13.4}$$

且所有的 $p_\beta>0$. 定理的充分条件得证.

条件的必要性的证明是这样的，假定(13.4) 的极限存在，且都是正的. 由关系式

$$p_{\alpha\beta}^{(k+1)}=\sum_\gamma p_{\alpha\gamma}^{(k)}p_{\gamma\beta}$$

我们可见，方程组 $\boldsymbol{X}=\boldsymbol{XP}$ 有正解

$$\boldsymbol{X}^0=(p_1,p_2,\cdots,p_n)$$

因而，根据等式

$$p_1:p_2:\cdots:p_n=P_{1\beta}(1):P_{2\beta}(1):\cdots:P_{n\beta}(1) \tag{13.5}$$

$$P_{\alpha1}(1)=P_{\alpha2}(1)=\cdots=P_{\alpha n}(1) \tag{13.6}$$

得知，所有的 $P_{\alpha\beta}(1)>0$. 所以矩阵 $\boldsymbol{P}$ 不可分解，而 $\lambda_0=1$ 是它的单根(根据定理 12. II 与系 12.3). 因为所有的 $p_\beta>0$，故从某一个 k 开始所有的 $p_{\alpha\beta}^{(k)}>0$，即从某一个 k 开始所有的幂 $\boldsymbol{P}^k>\boldsymbol{0}$. 取定一个 k，使 $\boldsymbol{P}^k>\boldsymbol{0}$，于是 $\lambda_0=1$ 是其单根，而其他 $n-1$ 个根的模都小于 1(根据定理 4. Ⅰ). 因为矩阵 $\boldsymbol{P}^k$ 的根是矩阵 $\boldsymbol{P}$ 的根的 k 次幂，所以 $\lambda_0=1$ 是 $\boldsymbol{P}$ 的唯一的模等于 1 的根，而且是单根，故 $\boldsymbol{P}$ 是正则的. 关于 $\boldsymbol{P}$ 的不可分解性已经证明过了，于是条件的必要性也就得证了.

根据定理 13. Ⅰ 的证明，再加其他的考虑，容易推出这样的定理：

13. II 链 C_n 的正的正则性的充要条件是：方程组 $\boldsymbol{X}=\boldsymbol{XP}$ 有唯一的标准化的正解，且矩阵是正则的.

所谓标准化的正解是指方程组 $\boldsymbol{X}=\boldsymbol{XP}$ 的这样的正解

$$\boldsymbol{X}^0=(x_1^0,x_2^0,\cdots,x_n^0)$$

对于它有

$$\sum_\beta x_\beta^0=1$$

显而易见，方程组 $\boldsymbol{X}=\boldsymbol{XP}$ 的每一个正解都是可以标准化的.

为要证明条件的充分性，可以不用标准化正解 $\boldsymbol{X}^0$ 的唯一性，事实上，根据

$\boldsymbol{P}$ 的正则性与正解 $\boldsymbol{X}^0$ 的存在性，由定理 12. Ⅴ 即可推知，$\boldsymbol{P}$ 是不可分解的，并且是正则的，因而链 C_n 是正的正则的.

条件的必要性可以从这样的理由推出来：若(13.4)的极限存在，并且都是正的，则它们就构成方程组 $\boldsymbol{X}=\boldsymbol{XP}$ 的一组标准化正解，而且应该是唯一的，因为根据 $\boldsymbol{P}$ 的正则性，这个方程组的每一个其他的标准化正解都应该与解$(p_1, p_2, p_3, \cdots, p_n)$重合.

现在我们来指出，对于简单的正则链 C_n 的充要条件.

13. III 欲使链 C_n 有极限概率

$$p_1>0, p_2>0, \cdots, p_m>0$$
$$p_{m+1}=p_{m+2}=\cdots=p_n=0$$

(因而链 C_n 是正则的)，其充要条件为：矩阵 $\boldsymbol{P}$ 是正则的，而且可分解成以下形式

$$\boldsymbol{P}=\begin{pmatrix}\boldsymbol{Q} & \boldsymbol{O}\\ \boldsymbol{R} & \boldsymbol{S}\end{pmatrix}$$

其中矩阵 $\boldsymbol{Q}$ 是不可分解的，其阶数为 m.

条件的充分性的证明如下，设矩阵 $\boldsymbol{P}$ 是正则的，$\boldsymbol{Q}$ 是 m 阶不可分解的子块，此时因为 $\lambda_0=1$ 是矩阵 $\boldsymbol{P}$ 的单根，故 $S(1)$ 不能等于零(因而 $\boldsymbol{R}\neq\boldsymbol{O}$). 现在设

$$\boldsymbol{X}=\boldsymbol{X}_1+\boldsymbol{X}_2$$
$$\boldsymbol{X}_1=(x_1, x_2, \cdots, x_m)$$
$$\boldsymbol{X}_2=(x_{m+1}, \cdots, x_n)$$

于是方程组 $\boldsymbol{X}=\boldsymbol{XP}$ 可写成下面的形式

$$\boldsymbol{X}_1=\boldsymbol{X}_1\boldsymbol{Q}+\boldsymbol{X}_2\boldsymbol{R}$$
$$\boldsymbol{X}_2=\boldsymbol{X}_2\boldsymbol{S}$$

但因 $S(1)\neq 0$，故 $\boldsymbol{X}_2=\boldsymbol{O}$. 因而

$$\boldsymbol{X}_1=\boldsymbol{X}_1\boldsymbol{Q}$$

由此我们可以断定这个方程组有解 $\boldsymbol{X}_1^0>\boldsymbol{0}$ 存在，因为 $\boldsymbol{Q}$ 是不可分解的正则随机矩阵(根据定理 13. Ⅰ).

于是对方程组 $\boldsymbol{X}=\boldsymbol{XP}$，我们有解 $\boldsymbol{X}_1^0>\boldsymbol{0}, \boldsymbol{X}_2^0=\boldsymbol{0}$. 因为

$$x_1^0 : x_2^0 : \cdots : x_n^0=P_{1\beta}(1) : P_{2\beta}(1) : \cdots : P_{n\beta}(1)$$
$$P_{\alpha 1}(1)=P_{\alpha 2}(1)=\cdots=P_{\alpha n}(1)$$

由此推出

$$P_{\alpha\beta}(1)=0 \quad (\beta=\overline{1, n}, \alpha=\overline{m+1, n})$$
$$P_{\alpha\beta}(1)>0 \quad (\beta=\overline{1, n}, \alpha=\overline{1, m})$$

因为 $p_\beta=\dfrac{P_{\beta\beta}(1)}{\sum P_{\beta\beta}(1)}$，所以显而易见，有

$$p_1>0, p_2>0, \cdots, p_m>0 \tag{13.7}$$

$$p_{m+1}=p_{m+2}=\cdots=p_n=0 \tag{13.8}$$

现在来证明定理 13.III 条件的必要性. 设极限概率(13.7) 与(13.8) 存在，则方程组 $\boldsymbol{X}=\boldsymbol{XP}$ 有解

$$\boldsymbol{X}^0=\boldsymbol{X}_1^0+\boldsymbol{X}_2^0$$

$$\boldsymbol{X}_1^0=(p_1,p_2,\cdots,p_m)$$

$$\boldsymbol{X}_2^0=(0,0,\cdots,0)$$

若把 $\boldsymbol{P}$ 写成以下形式

$$\boldsymbol{P}=\begin{pmatrix}\boldsymbol{Q} & \boldsymbol{R}\\ \boldsymbol{S} & \boldsymbol{T}\end{pmatrix}$$

其中 $\boldsymbol{Q}$ 是 m 阶正方子块，则我们有恒等式

$$\boldsymbol{X}_1^0=\boldsymbol{X}_1^0\boldsymbol{Q}+\boldsymbol{X}_2^0\boldsymbol{S}$$

$$\boldsymbol{X}_2^0=\boldsymbol{X}_1^0\boldsymbol{R}+\boldsymbol{X}_2^0\boldsymbol{T}$$

从这个恒等式推知

$$\boldsymbol{X}_1^0=\boldsymbol{X}_1^0\boldsymbol{Q},\boldsymbol{X}_1^0\boldsymbol{R}=\boldsymbol{O}$$

因为 $\boldsymbol{X}_1^0>\boldsymbol{0}$，所以我们有 $\boldsymbol{R}=\boldsymbol{O}$. 考虑以 $\boldsymbol{Q}$ 为随机矩阵的链 C_n，我们不难看出，这个链是正的正则的. 因而根据定理 13.I，$\boldsymbol{Q}$ 是不可分解的正则随机矩阵.

现在我们来考察矩阵 $\boldsymbol{T}$，由等式(13.7) 与(13.8) 不难推出 $T(1)\neq 0$. 实际上，只有当 $\boldsymbol{T}$ 是 $\boldsymbol{P}$ 的不可分解的孤立子块的时候，以及当 $\boldsymbol{T}$ 可分解而其分解式的对角线上有对 $\boldsymbol{T}$ 而言的不可分解的孤立子块的时候，才能有 $T(1)=0$. 但在这两种情形之下，我们有

$$\lim_{k\to+\infty} p_{\alpha\beta}^{(k)}>0$$

其中 $\alpha=\overline{m+1,n}$，$\beta=\overline{m+1,n}$，或者 α,β 取这些值的一部分. 但这是不可能的，因为我们有

$$\lim_{k\to+\infty} p_{\alpha\beta}^{(k)}=0 \quad (\alpha=\overline{1,n},\beta=\overline{m+1,n})$$

因而 $T(1)\neq 0$，所以注意到上面关于 $\boldsymbol{Q}$ 的结论，我们就可看出定理的条件确实是必要的.

附注：不可分解矩阵 $\boldsymbol{P}$ 有单根 $\lambda_0=1$，但还可能有其他的模等于 1 的单根，即 $\boldsymbol{P}$ 可以不是正则的，此时 $\boldsymbol{P}$ 可以表示成(9.1) 型，并且在下一章中将要证明，$p_{\alpha\beta}^{(k)}$ 在 $k\to+\infty$ 时，不存在与 α 无关并与 k 取什么值无关的极限，所以我们根据极限概率(13.7) 与(13.8) 的存在性来证明 $T(1)\neq 0$ 的时候，首先我们可以肯定矩阵 $\boldsymbol{T}$ 中对于 $\boldsymbol{P}$ 而言的不可分解孤立的部分是正则的，因而可推知以下诸极限

$$\lim_{k\to+\infty} p_{\alpha\beta}^{(k)} \quad (\alpha=\overline{1,n},\beta=\overline{m+1,n})$$

中必有大于 0 的. 这样，就违反了(13.7) 与(13.8) 的假定.

所以定理 13. III 可以换成：

13. III′ 欲使链 C_n 有极限转移概率

$$p_1>0,p_2>0,\cdots,p_m>0$$
$$p_{m+1}=p_{m+2}=\cdots=p_n=0$$

其充要条件为矩阵 $\boldsymbol{P}$ 可分解，但其分解式中唯一的不可分解的正则孤立子块的阶数为 m.

这个定理的证明从略.

13. IV 欲使链 C_n 有极限转移概率

$$p_1>0,p_2>0,\cdots,p_m>0$$
$$p_{m+1}=p_{m+2}=\cdots=p_n=0$$

其充要条件是：行列式 $P(1)$ 的子式满足以下各等式

$$\begin{cases}P_{\alpha\beta}(1)>0 & (\beta=\overline{1,n},\alpha=\overline{1,m})\\ P_{\alpha\beta}(1)=0 & (\beta=\overline{1,n},\alpha=\overline{m+1,n})\end{cases} \tag{13.9}$$

而且矩阵 $\boldsymbol{P}$ 是正则的.

充分性 若 $\boldsymbol{P}$ 是正则的，且有等式(13.9)，则我们可以写出等式

$$p_{\alpha\beta}^{(k)}=p_\beta+\sum_{i=1}^{\mu}Q_{\beta\alpha i}(k)\lambda_i^k$$

这里 $|\lambda_i|<1,i=\overline{1,\mu}$，根据这个等式及(13.9)我们就得到

$$\lim_{k\to+\infty}p_{\alpha\beta}^{(k)}=p_\beta\quad(\alpha=\overline{1,n})$$

并且

$$p_\beta>0\quad(\beta=\overline{1,m}),p_\beta=0\quad(\beta=\overline{m+1,n})$$

必要性 若最后这个等式成立，则根据定理 13. III，矩阵 $\boldsymbol{P}$ 是正则的、可分解的，且其分解式呈以下形式

$$\boldsymbol{P}=\begin{pmatrix}\boldsymbol{Q} & \boldsymbol{O}\\ \boldsymbol{R} & \boldsymbol{S}\end{pmatrix}$$

其中 $\boldsymbol{Q}$ 是 m 阶不可分解的正则子块. 但是我们在定理 13. III 的第一部分证明中已证明了条件(13.9)必然满足.

我们再来证明以下关于完全正则链 C_n 的定理：

13. V 欲使正的正则链是完全正则的，其充要条件为：以下等式

$$\sum_\alpha p_{\alpha\beta}=1\quad(\beta=\overline{1,n}) \tag{13.10}$$

都成立.

充分性 对于正的正则链 C_n，我们有

$$P_{\alpha\beta}(1)>0\quad(\alpha,\beta=\overline{1,n}) \tag{13.11}$$

若等式(13.10)成立，则方程组 $\boldsymbol{X}=\boldsymbol{XP}$ 有解

$$\boldsymbol{X}=(1,1,\cdots,1)$$

由此对 $\beta=\overline{1,n}$，有

$$P_{1\beta}(1)=P_{2\beta}(1)=\cdots=P_{n\beta}(1)$$

除此之外对 $\alpha=\overline{1,n}$，有

$$P_{\alpha 1}(1)=P_{\alpha 2}(1)=\cdots=P_{\alpha n}(1)$$

这些等式与等式(13.11) 表明

$$p_{\beta}=\frac{P_{\beta\beta}(1)}{\sum\limits_{\beta}P_{\beta\beta}(1)}=\frac{1}{n}\quad(\beta=\overline{1,n})$$

因而

$$\lim_{k\to+\infty}p_{\alpha\beta}^{(k)}=\frac{1}{n}\quad(\alpha,\beta=\overline{1,n})$$

必要性 假定链是完全正则的，且

$$\lim_{k\to+\infty}p_{\alpha\beta}^{(k)}=\frac{1}{n}\quad(\alpha,\beta=\overline{1,n})$$

那么 $\boldsymbol{P}$ 就是不可分解的正则矩阵(根据定理 13. Ⅰ)，因而由定理 7. Ⅰ 推出

$$P_{11}(1)=P_{22}(1)=\cdots=P_{nn}(1)=a>0$$

由于

$$P_{1\beta}(1)=P_{2\beta}(1)=\cdots=P_{n\beta}(1)\quad(\beta=\overline{1,n})$$

因此，所有的 $P_{\alpha\beta}(1)$ 都相等而且等于 a. 所以方程组 $\boldsymbol{X}=\boldsymbol{XP}$ 有解 $\boldsymbol{X}=(a,a,\cdots,a)$，即

$$a=\sum_{\alpha}a p_{\alpha\beta}\quad(\beta=\overline{1,n})$$

故有等式(13.10).

14. 链 C_n 的正则性的其他条件 除前面各定理所指出的链 C_n 的正则性的各基本条件之外，还存在着其他的条件，现在我们就来研究它们.

14. Ⅰ 欲使链 C_n 是正则的，其充要条件为：存在正整数 m 及 $1\leqslant\beta\leqslant n$，使得

$$p_{\alpha\beta}^{(m)}\neq 0\quad(\alpha=\overline{1,n})\tag{14.1}$$

换句话说，矩阵 $\boldsymbol{P}$ 一定有这样一个幂 $\boldsymbol{P}^m$ 存在，使得这个幂 $\boldsymbol{P}^m$ 的第 β 纵列仅由正的转移概率 $p_{\alpha\beta}^{(m)}$ 组成，因而体系 S 一定有这样一个状态 A_β 存在，使得从任意一个状态 A_α 出发，经过一定的 m 步之后总可能达到 A_β(即具有正的概率).

从定理的条件的最后这个叙述形式来看，条件的必要性已很明显，因为如果链 C_n 是正则的，则我们有等式

$$\lim_{k\to+\infty}p_{\alpha\beta}^{(k)}=p_\beta>0\quad(\alpha=\overline{1,n})$$

它至少对某一个数 β 成立，由此推知，必存在这样一个 $k=m$，使得 $p_{\alpha\beta}^{(m)}>0$.

条件的充分性的证明也很简单，事实上，从条件(14.1)马上推出，矩阵 $\boldsymbol{P}^m$ 不可能完全分解，而仅可能，或者根本不可分解或者只可分解成以下的最简单的形式

$$\boldsymbol{P}^m = \begin{pmatrix} \boldsymbol{Q} & \boldsymbol{O} \\ \boldsymbol{R} & \boldsymbol{S} \end{pmatrix}$$

其中 $\boldsymbol{Q}$ 是不可分解的方阵，并且 $S(1) \neq 0$. 因而 $\lambda_0 = 1$ 是矩阵 $\boldsymbol{P}^m$ 的单根. 同时由于我们有(14.1)，故根据定理 4. III，$\boldsymbol{P}^m$ 没有其他模等于 1 的根. 由此推知，$\boldsymbol{P}$ 以 $\lambda_0 = 1$ 为单根，而且没有其他模等于 1 的根，即 $\boldsymbol{P}$ 是正则的. 因此根据定理7. Ⅰ，链 C_n 必然是正则的.

14. II 欲使链 C_n 是正的正则的，其充要条件是：存在矩阵 $\boldsymbol{P}$ 的幂

$$\boldsymbol{P}^m > \boldsymbol{0}$$

这个条件的必要性的推出与定理 14. Ⅰ 条件的必要性的证明是类似的. 至于充分性是这样得出的：若 $\boldsymbol{P}^m > \boldsymbol{0}$，则 $\boldsymbol{P}^m$ 是不可分解的正则矩阵，因此 $\boldsymbol{P}$ 也是这样的矩阵，所以链 C_n 是正的正则的(根据定理 13. Ⅰ).

14. III(条件 Hostinsky 推广的) 欲使链 C_n 是正的正则的，其充要条件是：存在着矩阵 $\boldsymbol{P}$ 的幂 $\boldsymbol{P}^m$，它的主对角线上所有的元素 $p_{\alpha\alpha}^{(m)}$，$\alpha = \overline{1,n}$ 与它的两个相邻的对角线上所有的元素

$$p_{\alpha,\alpha+1}^{(m)}, p_{\alpha+1,\alpha}^{(m)} \quad (\alpha = \overline{1,n-1})$$

都是正的.

条件的必要性显然可由此推出：对于正的正则链 C_n，必然存在着幂 $\boldsymbol{P}^m > \boldsymbol{0}$(定理 14. II).

充分性是这样证明的：定理的条件是属于 Fréchet 的([40]，35 页)，并且它是 $m=1$ 时 B. Hostinsky 的充分条件的推广([43]，33 页). 这个条件的成立意味着经某一个一定的 m 步后，可以从体系 S 的任何一个状态 A_α 以正的概率转移到 $A_\alpha, A_{\alpha+1}, A_{\alpha-1}$. 但若这个条件对某一个 m 成立，则它对 $m+h$(h 是任意的正整数)都是成立的. 由此推出，经过 $m+h$ 步之后，任意一个状态 A_α 能以一个正的概率转移到状态

$$A_\alpha, A_{\alpha+1}, \cdots, A_{\alpha+h} \text{ 与 } A_{\alpha-1}, A_{\alpha-2}, \cdots, A_{\alpha-h}$$

此处 h 为任意正整数，不过这里假定 $\alpha+h \leqslant n, \alpha-h \geqslant 1$，如若不然，则因体系 S 只有 $A_1, A_2, \cdots, A_n$ 这 n 个状态，于是上面所列出的状态中其下标大于 n 或小于 1 的都没有意义，此时当然应该把它们除去. 所以经过充分多的步数后，体系 S 的任意一个状态总能以一个正的概率变到其他任意的一个状态(包括出发时的状态在内)，也就是说：矩阵 $\boldsymbol{P}$ 的幂 $\boldsymbol{P}^m$ 是正的，由此按前述定理，链 C_n 是正的正则的.

15. 正则链 C_n 中体系 S 的状态彼此之间的影响 若链 C_n 是正则的，则 k 步

转移概率 $p_{\alpha\beta}^{(k)}$ 可写成下列形式

$$p_{\alpha\beta}^{(k)}=p_\beta+q_{\alpha\beta}^{(k)} \tag{15.1}$$

其中 $q_{\alpha\beta}^{(k)}$ 由等式(13.3)确定，并且当 $k\to+\infty$ 时，对所有的 α 及 β 它都趋向于零，而 p_β 表示转移概率的极限，它不全为零且满足条件

$$\sum_\beta p_\beta=1$$

若链 C_n 是按 Bernoulli 概型进行的过程，在任意时刻 T_k，状态 A_β 的基本概率为 p_β，则对任何 α,k，转移概率 $p_{\alpha\beta}^{(k)}$ 都等于 p_β. 因此等式(15.1)的左边的第一项完全决定了体系 S 在任意一个时刻 T_k 的独立性质；而第二项 $q_{\alpha\beta}^{(k)}$ 可以视为这样的一个数(显然是实数)，它表示状态 A_α 经过 k 步后对 A_β 的影响. 我们就把这个数 $q_{\alpha\beta}^{(k)}$ 称为 A_α 经过 k 步后对 A_β 的影响，它表示由 A_α 的实现而产生的 k 步后实现 A_β 的概率与概率 p_β 之间的变差.

现在来研究 $q_{\alpha\beta}^{(k)}$ 的若干性质.

15.I A_α 经过任意多步对 A_β 的影响，乃是一个被包含在区间 $[-1,+1]$ 之中的数. 当 A_α 到 A_β 之间的步数无限增加时，它趋于 0.

事实上，$q_{\alpha\beta}^{(k)}=p_{\alpha\beta}^{(k)}-p_\beta$，故

$$|q_{\alpha\beta}^{(k)}|=|p_{\alpha\beta}^{(k)}-p_\beta|\leqslant 1$$

另外，正则链的转移矩阵是正则矩阵(定理13.III)，故 $q_{\alpha\beta}^{(k)}\to 0$(实际上这就是定理7.Ⅰ).

15.II A_α 对 A_β 的影响是均匀的，即它与从 A_α 到 A_β 的时间区间的起点无关，只与这个时间区间的长度有关.

$q_{\alpha\beta}^{(k)}$ 的这个性质是由转移概率 $p_{\alpha\beta}^{(k)}$ 的相应性质所决定的.

15.III 任意一个 A_α，经过任意固定的步数，对所有的 A_β 的影响的总和等于零.

事实上

$$\sum_\beta q_{\alpha\beta}^{(k)}=\sum_\beta p_{\alpha\beta}^{(k)}-\sum_\beta p_\beta=1-1=0$$
$$(\alpha=1,h;k=1,2,3,\cdots) \tag{15.2}$$

这样一来，A_α 经过某一个固定的步数，对 $A_1,A_2,\cdots,A_n$ 的影响中，若有一个是正的，则必有另一个是负的. 下面我们将要考察(为马尔柯夫首先研究的)链 C_n 的一些简单情形，那时我们就会看到，如果固定了 α 与 β，那么当 k 变动时，A_α 对 A_β 的影响可能不变号，也可能变号.

15.IV 状态 $A_1,A_2,\cdots,A_n$，经过任意多步，对它们之中的任一状态的平均极限影响等于 0.

所谓状态 $A_1,A_2,\cdots,A_n$，经过 k 步，对它们之中的任一状态 A_β 的平均极限影响系表示和数 $\sum_\alpha p_\alpha q_{\alpha\beta}^{(k)}$. 如果我们把 $q_{\alpha\beta}^{(k)}$ 看成疏散的随机变量，其各个值的

概率为 p_α（即 A_α 影响 A_β 的极限概率），则上述和数即 $q_{\alpha\beta}^{(k)}$ 的数学期望.

定理的证明非常简单. 在式(15.1) 的两边乘以 p_α，而按 $\alpha=\overline{1,n}$ 相加，就得到

$$\sum p_\alpha p_{\alpha\beta}^{(k)}=p_\beta+\sum_\alpha p_\alpha q_{\alpha\beta}^{(k)}$$

我们若设初始概率 $p_{0\alpha}$ 等于终极概率 p_α，则根据定理 7. III，链 C_n 是平稳的，因而，$\sum_\alpha p_\alpha p_{\alpha\beta}^{(k)}=p_{k|\beta}=p_\beta$，由此推出

$$\sum_\alpha p_\alpha q_{\alpha\beta}^{(k)}=0\quad(\beta=\overline{1,n};k=1,2,3,\cdots)\tag{15.3}$$

15. V $q_{\alpha\beta}^{(k)}$ 有以下的递推关系

$$q_{\alpha\beta}^{(k+1)}=\sum_\gamma q_{\alpha\gamma}q_{\gamma\beta}^{(k)}=\sum_\gamma q_{\alpha\gamma}^{(k)}q_{\gamma\beta}\tag{15.4}$$

$$q_{\alpha\beta}^{(k+1)}=\sum_\gamma p_{\alpha\gamma}q_{\gamma\beta}^{(k)}=\sum_\gamma q_{\alpha\gamma}^{(k)}p_{\gamma\beta}\tag{15.5}$$

$$(\alpha,\beta=\overline{1,n};k=1,2,3,\cdots;q_{\alpha\beta}=q_{\alpha\beta}^{(1)}=p_{\alpha\beta}-p_\beta)$$

事实上

$$q_{\alpha\beta}^{(k+1)}=\sum_\gamma p_{\alpha\gamma}^{(k)}p_{\gamma\beta}-p_\beta=\sum_\gamma(p_\gamma+q_{\alpha\gamma}^{(k)})p_{\gamma\beta}-p_\beta=\sum_\gamma q_{\alpha\gamma}^{(k)}p_{\gamma\beta}$$

这里用到 $\sum_\gamma p_\gamma p_{\gamma\beta}-p_\beta=0$，这是因为 $p_\beta(\beta=\overline{1,n})$ 是方程组 $\boldsymbol{X}=\boldsymbol{XP}$ 的解，由此即得

$$q_{\alpha\beta}^{(k+1)}=\sum_\gamma q_{\alpha\gamma}^{(k)}p_{\gamma\beta}=\sum_\gamma q_{\alpha\gamma}^{(k)}(p_\beta+q_{\gamma\beta})=\sum_\gamma q_{\alpha\gamma}^{(k)}q_{\gamma\beta}$$

仿此，我们有

$$q_{\alpha\beta}^{(k+1)}=\sum_\gamma p_{\alpha\gamma}p_{\gamma\beta}^{(k)}-p_\beta=\sum_\gamma p_{\alpha\gamma}(p_\beta+q_{\gamma\beta}^{(k)})-p_\beta=\sum_\gamma p_{\alpha\gamma}q_{\gamma\beta}^{(k)}$$

由此又有

$$q_{\alpha\beta}^{(k+1)}=\sum_\gamma p_{\alpha\gamma}q_{\gamma\beta}^{(k)}=\sum_\gamma(p_\gamma+q_{\alpha\gamma})q_{\gamma\beta}^{(k)}=\sum_\gamma q_{\alpha\gamma}q_{\gamma\beta}^{(k)}$$

以 $q_{\alpha\beta}$ 为元素组成的矩阵记作 $\boldsymbol{Q}$，我们可将递推关系式(15.4)(15.5) 表示成以下形式

$$\boldsymbol{Q}^{k+1}=\boldsymbol{QQ}^k=\boldsymbol{Q}^k\boldsymbol{Q}$$
$$\boldsymbol{Q}^{k+1}=\boldsymbol{PQ}^k=\boldsymbol{Q}^k\boldsymbol{P}$$

这些关系式很容易推广成

$$\boldsymbol{Q}^{k+m}=\boldsymbol{Q}^k\boldsymbol{Q}^m=\boldsymbol{Q}^m\boldsymbol{Q}^k$$
$$\boldsymbol{Q}^{k+m}=\boldsymbol{P}^k\boldsymbol{Q}^m=\boldsymbol{Q}^m\boldsymbol{P}^k$$

16. 例：原始的马尔柯夫链 马尔柯夫在其名著[12] 中(这是第一篇研究构成链的试验序列的文章) 研究了链 C_2，按照本书中的符号记法，它的规律是随机矩阵

$$\boldsymbol{P}=\begin{pmatrix}p_{11} & p_{12}\\ p_{21} & p_{22}\end{pmatrix}$$

我们把链 C_2 拿来作为上面所得到的各种结论的实例.

首先来考察最基本的情形:这些元素 $p_{11},p_{12},p_{21},p_{22}$ 都是正的,此时我们将得到正的正则链,它具有特征行列式

$$\begin{aligned}P(\lambda)&=\begin{vmatrix}\lambda-p_{11} & -p_{12}\\ -p_{21} & \lambda-p_{22}\end{vmatrix}=\begin{vmatrix}\lambda-1 & -p_{12}\\ \lambda-1 & \lambda-p_{22}\end{vmatrix}\\ &=\begin{vmatrix}\lambda-1 & -p_{12}\\ 0 & \lambda+p_{12}-p_{22}\end{vmatrix}\\ &=(\lambda-1)(\lambda+p_{12}-p_{22})\end{aligned}\tag{16.1}$$

与特征值(根)

$$\lambda_0=1,\lambda_1=\delta=p_{22}-p_{12}=p_{11}-p_{21}\tag{16.2}$$

(δ 是马尔柯夫记号).

子式 $P_{\alpha\beta}(\lambda)$ 以及当 $\lambda=\lambda_0$ 与 $\lambda=\lambda_1$ 时它的数值,可列成表 16.1.

表 16.1

β	$P_{\alpha\beta}(\lambda)$		$P_{\alpha\beta}(1)$		$P_{\alpha\beta}(\delta)$	
	α					
	1	2	1	2	1	2
1	$\lambda-p_{22}$	p_{12}	p_{21}	p_{12}	$-p_{12}$	p_{12}
2	p_{21}	$\lambda-p_{11}$	p_{21}	p_{12}	p_{21}	$-p_{21}$

利用这个表可求出终极转移概率与终极绝对概率

$$\lim_{k\to+\infty}p_{\alpha1}^{(k)}=\lim_{k\to+\infty}p_{k|1}=p_1=\frac{P_{11}(1)}{P_{11}(1)+P_{22}(1)}=\frac{p_{21}}{p_{21}+p_{12}}$$

$$\lim_{k\to+\infty}p_{\alpha2}^{(k)}=\lim_{k\to+\infty}p_{k|2}=p_2=\frac{P_{22}(1)}{P_{11}(1)+P_{22}(1)}=\frac{p_{12}}{p_{21}+p_{12}}$$

不难把它们表示成这样的形式

$$p_1=\frac{p_{21}}{p_{11}-\delta+p_{12}}=\frac{p_{21}}{1-\delta},p_2=\frac{p_{12}}{1-\delta}$$

由此即得用极限概率表达基本转移概率的马尔柯夫公式

$$p_{11}=p_1+p_2\delta,p_{12}=p_2-p_2\delta$$

$$p_{21}=p_1-p_1\delta,p_{22}=p_2+p_1\delta$$

事实上,我们根据(6.7)有以下公式(注意此时 $p_1(\delta)=\delta-1$)

$$p_{\alpha\beta}^{(k)}=p_\beta+\frac{\delta^kP_{\beta\alpha}(\delta)}{\delta-1}$$

由此可将转移概率 $p_{\alpha\beta}^{(k)}$ 一一写出

$$p_{11}^{(k)}=p_1+p_2\delta^k, p_{12}^{(k)}=p_2-p_2\delta^k$$
$$p_{21}^{(k)}=p_1-p_1\delta^k, p_{22}^{(k)}=p_2+p_1\delta^k$$
而以上的马尔柯夫公式即最后这些公式是在 $k=1$ 时的一个特殊情形.

在时刻 T_k 的绝对概率为

$$p_{k|1}=p_1+(p_{01}-p_1)\delta^k, p_{k|2}=p_2-(p_{01}-p_1)\delta^k$$

它们是由一般的等式

$$p_{k|\beta}=\sum_\alpha p_{0\alpha}p_{\alpha\beta}^{(k)}$$

或由等式

$$p_{k|\beta}=p_\beta+\sum_\alpha p_{0\alpha}q_{\alpha\beta}^{(k)}$$

得出的,此处 $q_{\alpha\beta}^{(k)}$ 有以下的一般形式

$$q_{\alpha\beta}^{(k)}=\frac{\delta^k P_{\beta\alpha}(\delta)}{\delta-1}$$

而其具体的值为

$$q_{11}^{(k)}=-q_{12}^{(k)}=p_2\delta^k$$
$$-q_{21}^{(k)}=q_{22}^{(k)}=p_1\delta^k$$

从最后这些等式,我们看到:假如 $\delta>0$,那么 A_1 之后出现 A_1 的概率大于 A_2 之后出现 A_1 的概率,则 A_1 对 A_1 的影响及 A_2 对 A_2 的影响,无论经过多少步,总是正的;而 A_1 对 A_2 的影响及 A_2 对 A_1 的影响就总是负的.若 $\delta<0$,则所有的影响都随步数而改变符号.

设概率 $p_{11}, p_{12}, p_{21}, p_{22}$ 中有等于零的,这时,典型的情形就是链具有规律

$$\boldsymbol{P}_1=\begin{pmatrix}1 & 0\\ p_{21} & p_{22}\end{pmatrix}\quad(p_{21}\neq 0, p_{22}\neq 0)$$
$$\boldsymbol{P}_2=\begin{pmatrix}1 & 0\\ 0 & 1\end{pmatrix}, \boldsymbol{P}_3=\begin{pmatrix}0 & 1\\ 1 & 0\end{pmatrix}$$

在规律 $\boldsymbol{P}_1$ 的情形下,我们可以利用上面的公式,在其中令 $p_{11}=1, p_{12}=0$,即得

$$\delta=p_{22}$$
$$p_1=1, p_2=0$$
$$p_{11}^{(k)}=1, p_{12}^{(k)}=0$$
$$p_{21}^{(k)}=1-\delta^k, p_{22}^{(k)}=\delta$$
$$p_{k|1}=1-p_{02}\delta^k, p_{k|2}=p_{02}\delta^k$$

在以前情形($\boldsymbol{P}>\boldsymbol{0}$)下,链 C_2 是正的正则的,但在规律 $\boldsymbol{P}_1$ 的情形下,就仅仅是正则的了.

对具有规律 $\boldsymbol{P}_2, \boldsymbol{P}_3$ 的链 C_2,不能再利用正则情形下的公式,因为规律 $\boldsymbol{P}_2$, $\boldsymbol{P}_3$ 不是正则的,事实上,对于它们,有

$$P_2(\lambda)=(\lambda-1)^2, P_3(\lambda)=\lambda^2-1$$

所以 $\lambda_0=1$ 是 $\boldsymbol{P}_2$ 的二重根，而对于 $\boldsymbol{P}_3$，则除了根 $\lambda_0=1$ 外，还有模等于 1 的根 $\lambda_1=-1$.

然而对于具有规律 $\boldsymbol{P}_2$ 与 $\boldsymbol{P}_3$ 的链 C_2，不难利用 $p_{\alpha\beta}^{(k)}$ 的一般公式(6.6)来加以研究.

对于具有规律 $\boldsymbol{P}_2$ 的链 C_2，公式(6.6)给出

$$p_{\alpha\beta}^{(k)}=D_\lambda\left[\frac{\lambda^k P_{\beta\alpha}(\lambda)}{p_0(\lambda)}\right]_{\lambda=\lambda_0=1}$$

因 $p_0(\lambda)=\dfrac{P_2(\lambda)}{(\lambda-1)^2}=1$，故有

$$p_{\alpha\beta}^{(k)}=kP_{\beta\alpha}(1)+P'_{\beta\alpha}(1)$$

不难算出

$$P_{11}(\lambda)=P_{22}(\lambda)=\lambda-1, P_{12}(\lambda)=P_{21}(\lambda)=0$$

由此即得

$$P_{11}(1)=P_{12}(1)=P_{21}(1)=P_{22}(1)=0$$

$$P'_{11}(1)=P'_{22}(1)=1, P'_{12}(1)=P'_{21}(1)=0$$

因此

$$p_{11}^{(k)}=p_{22}^{(k)}=1, p_{12}^{(k)}=p_{21}^{(k)}=0$$

$$p_{k|1}=p_{01}, p_{k|2}=p_{02}$$

这些公式，当然也可以从规律 $\boldsymbol{P}_2$ 本身直接看出来.

对于具有规律 $\boldsymbol{P}_3$ 的链 C_2，我们可以得出以下的结果

$$p_3(\lambda)=\lambda^2-1, p_0(\lambda)=\lambda+1, p_1(\lambda)=\lambda-1$$

$$p_{\alpha\beta}^{(k)}=\frac{\lambda_0^k P_{\beta\alpha}(\lambda_0)}{p_0(\lambda_0)}+\frac{\lambda_1^k P_{\beta\alpha}(\lambda_1)}{p_1(\lambda_1)}=\frac{P_{\beta\alpha}(1)-(-1)^k P_{\beta\alpha}(-1)}{2}$$

$$P_{11}(\lambda)=P_{22}(\lambda)=\lambda, P_{12}(\lambda)=P_{21}(\lambda)=1$$

$$P_{11}(1)=P_{22}(1)=P_{12}(1)=P_{21}(1)=1$$

$$P_{11}(-1)=P_{22}(-1)=-1$$

$$P_{12}(-1)=P_{21}(-1)=1$$

$$p_{11}^{(k)}=p_{22}^{(k)}=\frac{1+(-1)^k}{2}, p_{12}^{(k)}=p_{21}^{(k)}=\frac{1-(-1)^k}{2}$$

$$p_{k|1}=\frac{1}{2}+\frac{(-1)^k}{2}(p_{01}-p_{02}), p_{k|2}=\frac{1}{2}-\frac{(-1)^k}{2}(p_{01}-p_{02})$$

此时概率 $p_{\alpha\beta}^{(k)}$ 与 $p_{k|\beta}$ 在 $k\to+\infty$ 时没有极限.

17. 链 C_n 的留守子块与转移子块　我们来继续研究可分解的链 C_n，并先引进若干辅助概念与关系式.

把体系 S 的状态用某种方法分解成 m 个状态组

$$B_1, B_2, \cdots, B_m \tag{17.1}$$

其中

$$\left.\begin{aligned} B_1 &= (A_1, A_2, \cdots, A_{n1}) \\ B_2 &= (A_{n_1+1}, A_{n_1+2}, \cdots, A_{n_1+n_2}) \\ &\vdots \\ B_m &= (A_{n_1+\cdots+n_{m-1}+1}, \cdots, A_n) \end{aligned}\right. \quad (n_1 + n_2 + \cdots + n_m = n) \tag{17.2}$$

矩阵 $\boldsymbol{P}$ 可以和这个分解法相对应地表示成以下形式

$$\boldsymbol{P} = \begin{pmatrix} \boldsymbol{Q}_{11} & \boldsymbol{Q}_{12} & \cdots & \boldsymbol{Q}_{1m} \\ \boldsymbol{Q}_{21} & \boldsymbol{Q}_{22} & \cdots & \boldsymbol{Q}_{2m} \\ \vdots & \vdots & & \vdots \\ \boldsymbol{Q}_{m1} & \boldsymbol{Q}_{m2} & \cdots & \boldsymbol{Q}_{mm} \end{pmatrix} \tag{17.3}$$

其中子块

$$\boldsymbol{Q}_{11}, \boldsymbol{Q}_{22}, \cdots, \boldsymbol{Q}_{mm}$$

系阶数为

$$n_1, n_2, \cdots, n_m$$

的方子块,其余的子块 $\boldsymbol{Q}_{gh}$ 一般说来是长方子块.

不难给出表达式(17.3)中的子块以确定的概率解释:子块 $\boldsymbol{Q}_{gg}$ 是从组 B_g 中的某一个状态 $A_\alpha(A_\alpha \subset B_g)$ 到这同一个组的某一状态 $A_\beta(A_\beta \subset B_g)$ 的转移概率 $p_{\alpha_g\beta_g}$ 的矩阵. 这个事实,我们也可以采用较简洁的说法:子块 $\boldsymbol{Q}_{gg}$ 是从状态 A_{α_g} 到 A_{β_g} 的转移概率 $p_{\alpha_g\beta_g}$ 的矩阵,在这里 α_g, β_g 仅仅表示属于组 B_g 的那些状态的下标.

如果我们作出矩阵 $\boldsymbol{Q}_{gg}$ 的任意正整数次幂 $\boldsymbol{Q}_{gg}^k$ 来,则其元素 $p_{\alpha_g\beta_g}^{(k)}$ 显然乃是:从 A_{α_g} 出发,经过 k 步,并且保持不越出组 B_g,而到达 A_{β_g} 的转移概率. 因此我们称子块 $\boldsymbol{Q}_{gg}$ 是组 B_g 的留守子块.

取子块 $\boldsymbol{Q}_{gh}, g \neq h$,显然它是从状态 A_{α_g} 到 A_{β_h} 的转移概率 $p_{\alpha_g\beta_h}$ 的矩阵,因此,我们称它为从组 B_g 到组 $B_h(B_h \neq B_g)$ 的转移子块.

我们来指出留守子块与转移子块的若干性质:

17. I 对于正整数 k,有

$$\boldsymbol{P}^k = \mathrm{Mt}(\boldsymbol{Q}_{gh}^{(k)}) \quad (g, h = \overline{1, m}) \tag{17.4}$$

其中

$$\begin{gathered} \boldsymbol{Q}_{gh}^{(k)} = \sum_i \boldsymbol{Q}_{gi} \boldsymbol{Q}_{ih}^{(k-1)} = \sum_i \boldsymbol{Q}_{gi}^{(k-1)} \boldsymbol{Q}_{ih} \\ \boldsymbol{Q}_{gh}^{(1)} = \boldsymbol{Q}_{gh}, \boldsymbol{Q}_{gh}^{(0)} = \boldsymbol{E} \end{gathered} \tag{17.5}$$

这些等式是很显然的,它们之所以能够成立,要点在于子块 $\boldsymbol{Q}_{gg}$ 是正方形的. 我们指出,$\boldsymbol{Q}_{gh}^{(k)}$ 系表示从组 B_g 经过 k 步到 B_h 的转移概率矩阵.

现在假设，某一个组 B，例如组 B_g 是次要的，并且是不可蜕缩的，这就是说，在矩阵

$$Q_{g1}, Q_{g2}, \cdots, Q_{gm}$$

中，总有非零转移矩阵 Q_{gh} $(g \neq h)$，并且矩阵 $Q_{gg} \neq O$ 是不可分解的. 此时我们有以下的定理：

17. II 体系 S 从某一时刻 T_k 起留守在次要的且不可蜕缩的组 B_g 中的概率，随留守时间的增加而趋于零.

体系 S 从时刻 T_k 到 T_{k+k_1} 总停留在组 B_g 中的概率为

$$\sum_{\alpha_g, \beta_g} p_{k|\alpha_g} p_{\alpha_g \beta_g}^{(k_1)} \tag{17.6}$$

其中 $\sum\limits_{\alpha_g, \beta_g}$ 表示对所有的值 α_g 与 β_g 求和，亦即对应于所有的 $A_\alpha \subset B_g$ 与 $A_\beta \subset B_g$ 来求和. 我们注意，概率 $p_{\alpha_g \beta_g}^{(k_1)}$ 乃是矩阵 $Q_{gg}^{(k1)}$ 的元素，因为矩阵 Q_{gg} 根据定理的条件是不可分解的，并且矩阵 Q_{gh} $(h \neq g)$ 不全是空的，故按定理 3. III′，矩阵 Q_{gg} 的最大根 r 满足不等式 $0 < r < 1$，而所有其余的根的模都不大于 r. 所以把 Perron 公式应用到概率 $p_{\alpha_g \beta_g}$，对于所有的 α_g 与 β_g 我们得到

$$\lim_{k_1 \to +\infty} p_{\alpha_g \beta_g}^{(k_1)} = 0$$

亦即

$$\lim_{k_1 \to +\infty} Q_{gg}^{k_1} = O$$

由此显然，概率(17.6) 在 $k_1 \to +\infty$ 时以零为极限，而定理 17. II 成立.

现在，我们来研究可分解的链 C_n，设其矩阵 P 表示成我们所熟知的标准形式

$$P = \begin{pmatrix} Q_{11} & O & \cdots & O & O & O & \cdots & O \\ O & Q_{22} & \cdots & O & O & O & \cdots & O \\ \vdots & \vdots & & \vdots & \vdots & \vdots & & \vdots \\ O & O & \cdots & Q_{kk} & O & O & \cdots & O \\ Q_{k+1,1} & Q_{k+1,2} & \cdots & Q_{k+1,k} & Q_{k+1,k+1} & O & \cdots & O \\ \vdots & \vdots & & \vdots & \vdots & \vdots & & \vdots \\ Q_{m1} & Q_{m2} & \cdots & Q_{mk} & Q_{m,k+1} & Q_{m,k+2} & \cdots & Q_{mm} \end{pmatrix} \tag{17.7}$$

我们在这里再提一下，子块 $Q_{11}, Q_{22}, \cdots, Q_{kk}$ 不可分解，并且是孤立的，而子块 $Q_{k+1,k+1}, \cdots, Q_{mm}$ 也不可分解，但非孤立的.

由等式(17.5) 易知，矩阵 P 的 v 次幂，有与(17.7) 完全相似的形式，且我们可写成

$$\boldsymbol{P}^v=\begin{pmatrix}\boldsymbol{Q}_{11}^v & \cdots & \boldsymbol{O} & \boldsymbol{O} & \cdots & \boldsymbol{O}\\ \vdots & & \vdots & \vdots & & \vdots\\ \boldsymbol{O} & \cdots & \boldsymbol{Q}_{kk}^v & \boldsymbol{O} & \cdots & \boldsymbol{O}\\ \boldsymbol{Q}_{k+1,1}^{(v)} & \cdots & \boldsymbol{Q}_{k+1,k}^{(v)} & \boldsymbol{Q}_{k+1,k+1}^v & \cdots & \boldsymbol{O}\\ \vdots & & \vdots & \vdots & & \vdots\\ \boldsymbol{Q}_{m1}^{(v)} & \cdots & \boldsymbol{Q}_{mk}^{(v)} & \boldsymbol{Q}_{m,k+1}^{(v)} & \cdots & \boldsymbol{Q}_{mm}^v\end{pmatrix} \tag{17.8}$$

因为

$$\boldsymbol{Q}_{gg}^{(v)}=\boldsymbol{Q}_{gg}^v \quad (g=\overline{1,m})$$

体系 S 在初始时刻 T_0,或者处在以下各组

$$B_1,B_2,\cdots,B_k \tag{17.9}$$

中的一个组[①](因而以后也总要停留在这个组里),或者处在以下各组

$$B_{k+1},B_{k+2},\cdots,B_m \tag{17.10}$$

中的一个组.假设体系 S 在初始时刻处在(17.10)中的某一个组,例如在组 B_{m_1} 中($m_1\leqslant m$).此时因

$$\lim_{v\to+\infty}\boldsymbol{Q}_{gg}^v=\boldsymbol{O}\quad (g=\overline{h+1,m})$$

故对充分大的 v,我们有充分大(接近于1)的概率,使得体系 S 在时刻 T_v 进入到(17.9)中的某一个组(并且以后就永远停留在这个组里),或者进入(17.10)中组 B_{m_1} 的前面的任一个组(在 B_{m_1} 后面的任一个组,体系 S 都不能进入).若 v 充分大,使矩阵

$$\boldsymbol{Q}_{gg}^v\quad (g=\overline{k+1,m})$$

的每一个都充分地逼近于零,则显然至多到时刻 $T_{(m_1-h)v}$,我们就总有充分接近于1的概率,使得体系 S 到达(17.9)中的一个组.如果在时刻 T_0,S 不处于组 B_{m_1},而处于(17.10)中的任意其他的一个组,则我们也可以得出同样的结论.因此,显然我们有如下的定理:

17.III 若可分解链 C_n 具有形如(17.7)的矩阵 $\boldsymbol{P}$,并且体系 S 在最初不处于组

$$B_1,B_2,\cdots,B_k$$

中的某一个组,那么我们有充分接近于1的概率,使得体系 S 在充分长的时间之后,处于它们之中的某一个组,随之就永远停留在这个组里,而链 C_n 则蜕缩到一个新的链,其规律是以下各矩阵

$$\boldsymbol{Q}_{11},\boldsymbol{Q}_{22},\cdots,\boldsymbol{Q}_{kk}$$

中的一个.

---

① 假设每一个状态组 $B_i(i=\overline{1,m})$ 中所有状态的初始概率都不全为零.

这个定理,可称为可分解的链 C_n 的蜕缩(或简化)定律.

我们还指出,关于表示成形如(17.8)的矩阵 $\boldsymbol{P}^v$ 的以下性质:

17.IV 当 $v \to +\infty$ 时,每一个矩阵

$$\begin{gathered}\boldsymbol{Q}_{k+2,k+1}^{(v)} \\ \boldsymbol{Q}_{k+3,k+1}^{v},\boldsymbol{Q}_{k+3,k+2}^{(v)} \\ \vdots \\ \boldsymbol{Q}_{m,k+1}^{(v)},\boldsymbol{Q}_{m,k+2}^{(v)},\cdots,\boldsymbol{Q}_{m,m-1}^{(v)}\end{gathered} \tag{17.11}$$

都趋向于零.

事实上,取出它们之间的任一矩阵

$$\boldsymbol{Q}_{k+h_1+h_2,k+h_1}^{(v)}$$

这里数 h_1,h_2 满足以下条件

$$k+2 \leqslant k+h_1+h_2 \leqslant m, k+1 \leqslant k+h_1 \leqslant m-1$$

若当 $v \to +\infty$ 时,它不趋于零极限矩阵,则无论 v 如何大,我们总有大到一定程度的概率,使得体系 S 从组 $B_{k+h_1+h_2}$ 转移到组 B_{k+h_1},并且随之在其中或长或短地停留一些时间.但这是不可能的,因按定理 17.III,当 v 充分大时,体系 S 停留在 B_{k+h_1} 中的概率应任意小.所以

$$\lim_{v \to +\infty} \boldsymbol{Q}_{k+h_1+h_2,k+h_1}^{(v)} = \boldsymbol{O}$$

对于(17.11)的每一个矩阵都成立.

亦可借助于估计矩阵

$$\boldsymbol{Q}_{k+1,k+1}^{v},\cdots,\boldsymbol{Q}_{mm}^{v} \tag{17.12}$$

当 v 增加时逼近于零的级,并利用由(17.5)给出的矩阵(17.11)的递推公式,从而证明定理 17.IV.

先来估计,当 $v \to +\infty$ 时,矩阵 $\boldsymbol{Q}_{gg}^{v}$ $(g=\overline{k+1,m})$ 逼近于零的级.

取定(17.12)中的一个矩阵 $\boldsymbol{Q}_{gg}^{(v)}$,$k+1 \leqslant g \leqslant m$.在前面已指出,矩阵 $\boldsymbol{Q}_{gg}$ 的最大根 r_g 介于 0 与 1 之间,而所有其余的根的模不大于 r_g.然后注意,矩阵 $\boldsymbol{Q}_{gg}$ 是不可分解的,所以 r_g 是一个单根.若它是非循环矩阵,则 r_g 是唯一的模等于 r_g 的根,而所有其余的根的模都小于 r_g;若它是循环矩阵,则它还有若干个模为 r_g 的单根.这一点,将在下一章中讲到.对于不可分解矩阵 $\boldsymbol{Q}_{gg}$,其他的可能性是没有的.因此矩阵 $\boldsymbol{Q}_{gg}^{v}$ 的元素 $p_{\alpha_g\beta_g}^{(v)}$,若按(5.1)而展开,则当 v 充分大时,展开式中最大项有以下形式

$$A_{gv} r_g^v$$

其中 A_{gv} 的意义如下:若矩阵 $\boldsymbol{Q}_{gg}$ 是不可分解的,非循环的,则它表示一个不依赖于 v 的确定的非负数;若矩阵 $\boldsymbol{Q}_{gg}$ 是不可分解的,循环的,则它表示一个依赖

于 v,但对所有的 v 值一致有界的(复)数①.因而我们可以写出等式

$$\boldsymbol{Q}_{gg}^{v}=O(r_{g}^{v}) \tag{17.13}$$

这就估计出 $\boldsymbol{Q}_{gg}^{v}$ 逼近于零的级.顺便指出(17.13)仅仅是一种缩写,实际上它表示对于 $\boldsymbol{Q}_{gg}^{v}$ 中所有的元素的估值方程组

$$p_{\alpha_g\beta_g}^{(v)}=O(r_{g}^{v}) \tag{17.14}$$

现在利用递推公式(17.5),来说明矩阵 $\boldsymbol{Q}_{k+h_1+h_2,k+h_1}^{v}$ 趋近于 $\boldsymbol{O}$.对于分解式(17.7),递推公式(17.5)给出

$$\boldsymbol{Q}_{k+h_1+h_2,k+h_1}^{(v+1)}=\sum_{i=k+h_1}^{k+h_1+h_2}\boldsymbol{Q}_{k+h_1+h_2,i}\boldsymbol{Q}_{i,k+h_1}^{(v)}$$

因为当 $i=\overline{1,k+h_1-1}$ 时,矩阵 $\boldsymbol{Q}_{i,k+h_1}^{(v)}$ 为 $\boldsymbol{O}$,当 $i=\overline{k+h_1+h_2+1,m}$ 时,矩阵 $\boldsymbol{Q}_{h+h_1+h_2,i}$ 为 $\boldsymbol{O}$.然后对于上面的等式屡次利用关系式(17.5),即可推出下面的公式

$$\begin{aligned}\boldsymbol{Q}_{s+h_2,s}^{(v+1)}=\sum_{(k,v)}&\boldsymbol{Q}_{s+h_2,s+k_1}\boldsymbol{Q}_{s+k_1,s+k_1}^{v_1}\times\\&\boldsymbol{Q}_{s+k_1,s+k_2}\boldsymbol{Q}_{s+k_2,s+k_2}^{v_2}\times\cdots\times\\&\boldsymbol{Q}_{s+k_{\mu-1},s+k_\mu}\boldsymbol{Q}_{s+k_\mu,s+k_\mu}^{v_\mu}\boldsymbol{Q}_{s+k_\mu s}\end{aligned} \tag{17.15}$$

其中 $s=k+h_1$,而和数 $\sum\limits_{(k,v)}$ 是对所有的正整数 $k_1,k_2,\cdots,k_\mu$ 与 $v_1,v_2,\cdots,v_\mu$ 来取的,此处 $k_1,k_2,\cdots,k_\mu$ 应满足以下不等式

$$0\leqslant k_\mu<k_{\mu-1}<\cdots<k_1\leqslant h_2\quad(\mu=\overline{1,h_2})$$

而数 $v_1,v_2,\cdots,v_\mu$ 是方程

$$v_1+v_2+\cdots+v_\mu=v-\mu$$

的所有正整数解.

为了说明这些公式,我们来看一些特殊情形,为了书写简便,采用了缩写记号

$$(k+2,k+1)^{(v)}=\boldsymbol{Q}_{k+2,k+1}^{(v)},(k+2,k+2)^{(v)}=\boldsymbol{Q}_{k+2,k+2}^{(v)}$$

等等,这时我们有

$$\begin{aligned}(k+2,k+1)^{(v+1)}=&(k+2,k+2)^{v}(k+2,k+1)+\\&(k+2,k+1)(k+1,k+1)^{v}+\\&\sum(k+2,k+2)^{v_1}(k+2,k+1)(k+1,k+1)^{v_2}\end{aligned}$$

(其中和数 $\sum$ 是对方程 $v_1+v_2=v-1$ 的所有正整数解 v_1 与 v_2 来取的.)

$$(k+5,k+3)^{(v+1)}=(k+5,k+5)^{v}(k+5,k+3)+$$

① 下一章中较深入地研究了不可分解的循环链 C_n 之后,读者就可明了系数 A_{gv} 的性质了.

$$(k+5,k+4)(k+4,k+4)^{v-1}(k+4,k+3)+$$
$$(k+5,k+3)(k+3,k+3)^{v}+$$
$$\sum\nolimits_1 (k+5,k+5)^{v_1}(k+5,k+4)(k+4,k+4)^{v_2}(k+4,k+3)+$$
$$\sum\nolimits_2 (k+5,k+5)^{v_1}(k+5,k+3)(k+3,k+3)^{v_2}+$$
$$\sum\nolimits_3 (k+5,k+4)(k+4,k+4)^{v_1}(k+4,k+3)(k+3,k+3)^{v_2}+$$
$$\sum\nolimits_4 (k+5,k+5)^{v_1}(k+5,k+4)(k+4,k+4)^{v_2}\times$$
$$(k+4,k+3)(k+3,k+3)^{v_3}$$

（$\sum_1$ 按 $v_1+v_2=v$ 求和；$\sum_2$ 按 $v_1+v_2=v$ 求和；$\sum_3$ 按 $v_1+v_2=v-1$ 求和；$\sum_4$ 按 $v_1+v_2+v_3=v-1$ 求和.）

若我们注意到体系 S 仅仅能在子块 $\boldsymbol{Q}_{gg}$ 中停留，而在子块 $\boldsymbol{Q}_{k+h_1+h_2,k+h_1}$ 中只能出现一次，则我们对一般的公式(17.15)就不难有一个直观的了解.

把矩阵等式(17.15)换写成元素间的等式，我们就对转移概率 $p^{(v+1)}_{\alpha_{s+h_2}\beta_s}$ 得到这样的表达式

$$\begin{aligned}(\alpha_{s+h_2},\beta_s)^{(v+1)}=&\sum_{k,v}\sum_{(\gamma)}(\alpha_{s+h_2},\gamma^{(1)}_{s+k_1})(\gamma^{(1)}_{s+k_1},\gamma^{(2)}_{s+k_1})^{(v_1)}\times\\&(\gamma^{(2)}_{s+k_1},\gamma^{(3)}_{s+k_2})(\gamma^{(3)}_{s+k_2},\gamma^{(4)}_{s+k_2})^{(v_2)}\times\cdots\times\\&(\gamma^{(\mu)}_{s+k_{\mu-1}},\gamma^{(\mu+1)}_{s+k_\mu})(\gamma^{(\mu+1)}_{s+k_\mu},\gamma^{(\mu+2)}_{s+k_\mu})(\gamma^{(\mu+2)}_{s+k_\mu},\beta_s)\end{aligned}\tag{17.16}$$

这里的和数 $\sum\limits_{(k,v)}$，按照在等式(17.15)中所讲的那样来取，而和数 $\sum\limits_{(\gamma)}$ 按照所有与组 $B_{s+k_1},B_{s+k_2},\cdots,B_{s+k_\mu}$ 相对应的

$$\gamma^{(1)}_{s+k_1},\gamma^{(2)}_{s+k_1},\gamma^{(3)}_{s+k_2},\gamma^{(4)}_{s+k_3},\cdots,\gamma^{(\mu+2)}_{s+k_\mu}$$

来取，此外我们还采用了缩写记号

$$(\alpha_{s+h_2},\beta_s)^{(v+1)}=p^{(v+1)}_{\alpha_{s+h_2}\beta_s}$$
$$(\gamma^{(1)}_{s+k_1},\gamma^{(2)}_{s+k_1})^{(v_1)}=p^{(v_1)}_{\gamma^{(1)}_{s+k_1}\gamma^{(2)}_{s+k_1}}$$

等等.

现在已不难证实，当 $v\to+\infty$ 时，对于任何一个概率

$$p^{(v+1)}_{\alpha_{k+h_1+h_2}\beta_{k+h_1}}$$

都有

$$p^{(v+1)}_{\alpha_{k+h_1+h_2}\beta_{k+h_1}}\to 0$$

事实上，取定和数 $\sum\limits_{(\gamma)}$ 中的一项. 于是其中含有概率

$$(\gamma_{s+k_i},\gamma'_{s+k_i})^{v_i}\quad (i=1,2,\cdots,\mu)\tag{17.17}$$

的乘积，若把这个乘积按(5.1)展开，则展式中的最大项为

$$\prod A_{s+k_i,v_i} r_{s+k_i}^{v_i}$$

它不大于

$$r^{v-\mu}\prod A_{s+k_i,v_i}$$

此处

$$r=\max(r_{k+1},r_{k+2},\cdots,r_m)$$

因为 $i\leqslant h_2+1\leqslant m-k$，故 $\prod A_{s+k_i,v_i}$ 对所有的值 $v_i(i=\overline{1,n})$ 都有界，所以概率(17.17) 的乘积是展式中的最大项，按其趋近于 0 的级而言不大于 $r^{v-\mu}$，而 $r^{v-\mu}$ 在 $v\to+\infty$ 时趋于 0. 概率(17.17) 的乘积，在和数 $\sum\limits_{(\gamma)}$ 中，还要乘上有限多项形如($\gamma_{s+k_i}^{(i+1)},\gamma_{s+k_i+1}^{(i+2)}$) 的概率的乘积，这个乘积不大于 1. 所以当 $v\to+\infty$ 时和数 $\sum\limits_{(\gamma)}$ 的每一项都趋向于零.

现在来计算和数 $\sum\limits_{(\gamma)}$ 与 $\sum\limits_{(k,v)}$ 中的项数，首先注意和数中每一个指标 $\gamma_{s+k_i}^{(i+1)}$ 都不大于 n_0^{μ}，这里 n_0 表示数 $n_{k+1},\cdots,n_m$（组 $B_{k+1},B_{k+2},\cdots,B_m$ 中所含状态的个数）中的最大者. 注意，若取固定的 μ，则在 $\sum\limits_{(k,v)}$ 中具有此固定的 μ 的项数为 $C_{h_2+1}^{\mu}$，于是我们看到，复合和数 $\sum\limits_{(k,v)}\sum\limits_{(\gamma)}$ 中有的项数不大于

$$C_{h_2+1}^{1}n_0+C_{h_2+1}^{2}n_0^2+\cdots+C_{h_2+1}^{h_1+1}n_0^{h_1+1}=(n_0+1)^{h_2+1}-1$$

不用说，对于项数的这一估值，任一个 v 值都成立.

把这个结论和前面所得的结论联系起来，即可看出，事实上确有

$$P_{\alpha_{k+h_1+h_2}\beta_{k+h_1}}^{(v+1)}\to 0\quad(v\to+\infty)$$

由此显然可知，定理 17. IV 是正确的.

18. 对于可分解的链 C_n，概率 $P_{\alpha_g\beta_h}^{(v)}$ 的独立表达式　设可分解的链 C_n 的矩阵 $\boldsymbol{P}$，表示成了标准形式(17.7). 关于子块 $\boldsymbol{Q}_{gg}$，$g=\overline{1,m}$，除它是不可分解的以外，我们暂时不作任何其他的假定，现在，我们来证明矩阵 $\boldsymbol{P}$ 的以下各个性质：

18. I　若矩阵 $\boldsymbol{P}$ 表示成(17.7) 的形式，其中子块 $\boldsymbol{Q}_{gg}(g=\overline{1,m})$ 不可分解，而且前 k 个是孤立的，则行列式 $P(\lambda)$ 的子式将有下列性质：

a. $P_{\alpha_g\beta_h}(\lambda)\equiv 0,g=\overline{1,m},h=\overline{1,k},g\neq h$；

b. $P_{\alpha_g\beta_h}(1)=P'_{\alpha_g\beta_h}(1)=P''_{\alpha_g\beta_h}(1)=\cdots=P_{\alpha_g\beta_h}^{(k-1)}=0,g=\overline{1,m},h=\overline{1,m}$；

c. $P_{\alpha_g\beta_h}^{(k-1)}(1)=0,g=\overline{k+1,m},h=\overline{k+1,m},g=\overline{1,m},h=\overline{1,k},g\neq h$；

d. $P_{\alpha_g\beta_h}^{(k-1)}(1)\neq 0,g=\overline{1,k},h=\overline{k+1,m},g=h=\overline{1,k}$.

在这些等式中 $P'_{\alpha\beta}(\lambda),P''_{\alpha\beta}(\lambda),\cdots$ 表示子式 $P_{\alpha\beta}(\lambda)$ 对 λ 的各级导数.

若我们引进矩阵

$$\boldsymbol{R}_{11}=\begin{pmatrix}\boldsymbol{Q}_{11} & \cdots & \boldsymbol{Q}_{1k}\\ \vdots & & \vdots\\ \boldsymbol{Q}_{k1} & \cdots & \boldsymbol{Q}_{kk}\end{pmatrix},\boldsymbol{R}_{12}=\begin{pmatrix}\boldsymbol{Q}_{1,k+1} & \cdots & \boldsymbol{Q}_{1m}\\ \vdots & & \vdots\\ \boldsymbol{Q}_{k,k+1} & \cdots & \boldsymbol{Q}_{km}\end{pmatrix}$$

$$\boldsymbol{R}_{21}=\begin{pmatrix}\boldsymbol{Q}_{k+1,1} & \cdots & \boldsymbol{Q}_{k+1,k}\\ \vdots & & \vdots\\ \boldsymbol{Q}_{m1} & \cdots & \boldsymbol{Q}_{mk}\end{pmatrix},\boldsymbol{R}_{22}=\begin{pmatrix}\boldsymbol{Q}_{k+1,k+1} & \cdots & \boldsymbol{Q}_{k+1,m}\\ \vdots & & \vdots\\ \boldsymbol{Q}_{m,k+1} & \cdots & \boldsymbol{Q}_{mm}\end{pmatrix}$$

那么

$$\boldsymbol{P}=\begin{pmatrix}\boldsymbol{R}_{11} & \boldsymbol{R}_{12}\\ \boldsymbol{R}_{21} & \boldsymbol{R}_{22}\end{pmatrix}$$

而对于分解式(17.7)来说,此时即有

$$\boldsymbol{R}_{11}=\begin{pmatrix}\boldsymbol{Q}_{11} & \boldsymbol{O} & \cdots & \boldsymbol{O}\\ \boldsymbol{O} & \boldsymbol{Q}_{22} & \cdots & \boldsymbol{O}\\ \boldsymbol{O} & \boldsymbol{O} & \cdots & \boldsymbol{Q}_{kk}\end{pmatrix},\boldsymbol{R}_{12}=\begin{pmatrix}\boldsymbol{O} & \cdots & \boldsymbol{O}\\ \vdots & & \vdots\\ \boldsymbol{O} & \cdots & \boldsymbol{O}\end{pmatrix}$$

$$\boldsymbol{R}_{21}=\begin{pmatrix}\boldsymbol{Q}_{k+1,1} & \cdots & \boldsymbol{Q}_{k+1,k}\\ \vdots & & \vdots\\ \boldsymbol{Q}_{m1} & \cdots & \boldsymbol{Q}_{mk}\end{pmatrix}$$

$$\boldsymbol{R}_{22}=\begin{pmatrix}\boldsymbol{Q}_{k+1,k+1} & \boldsymbol{O} & \cdots & \boldsymbol{O}\\ \boldsymbol{Q}_{k+2,k+1} & \boldsymbol{Q}_{k+2,k+2} & \cdots & \boldsymbol{O}\\ \vdots & \vdots & & \vdots\\ \boldsymbol{Q}_{m,k+1} & \boldsymbol{Q}_{m,k+2} & \cdots & \boldsymbol{Q}_{mm}\end{pmatrix}$$

现在定理 18.I 可以这样来叙述:

18.I′ 在定理 18.I的关于矩阵 $\boldsymbol{P}$ 的分解式的假定之下,行列式 $P(\lambda)$ 的子式具有下列性质:

a. 在矩阵 $\boldsymbol{R}_{11},\boldsymbol{R}_{21}$ 中,除去子块 $\boldsymbol{Q}_{11},\cdots,\boldsymbol{Q}_{kk}$,在所有其他子块上,恒有 $P_{\alpha\beta}(\lambda)\equiv 0$.

b. 在矩阵 $\boldsymbol{P}$ 的所有子块上恒有

$$P_{\alpha\beta}(1)=P'_{\alpha\beta}(1)=\cdots=P_{\alpha\beta}^{k-2}(1)=0$$

c. 在矩阵 $\boldsymbol{R}_{11},\boldsymbol{R}_{21}$ 及 $\boldsymbol{R}_{22}$ 中,除去子块 $\boldsymbol{Q}_{11},\boldsymbol{Q}_{22},\cdots,\boldsymbol{Q}_{kk}$,在所有其他的子块上恒有 $P_{\alpha\beta}^{(k-1)}(1)=0$.

d. 在矩阵 $\boldsymbol{R}_{12}$ 的所有子块上,及在子块 $\boldsymbol{Q}_{11},\cdots,\boldsymbol{Q}_{kk}$ 上恒有 $P_{\alpha\beta}^{(k-1)}(1)\neq 0$.

定理 18.I 可证明如下:

a. 当 $g=\overline{1,m},h=\overline{1,k},g\neq h$ 时,子式 $P_{\alpha\beta}(\lambda)$ 是从行列式 $P(\lambda)$ 中去掉通过 $\boldsymbol{Q}_{hh}$ 的一个纵列与一个不通过 $\boldsymbol{Q}_{hh}$ 的横行而得到的,于是子块 $\boldsymbol{Q}_{hh}$ 就剩下 n_h-1 个非空的纵列与 n_h 个非空的横行,因此若应用 Laplace 定理,将 $P_{\alpha_g\beta_h}(\lambda)$ 按照通过 $\boldsymbol{Q}_{hh}$ 的各横行的元素所组成的那些 n_h 阶子式而展开,并注意到这些子式都

恒等于 0,即 $P_{\alpha_g\beta_h}(\lambda)\equiv 0$. 因此性质 a 得证.

在继续进行证明我们的定理之前,先来考察一下,当去掉 $P(\lambda)$ 中的一行一列,从而得出子式 $P_{\alpha_g\beta_h}(\lambda)$ 时,究竟有几种可能? 现在我们把子式 $P_{\alpha_g\beta_h}(\lambda)$ 分成以下四种情形来分别进行研究

1.1 $\quad g=h=\overline{1,k}$

1.2 $\quad g=\overline{1,k},h=\overline{1,k},g\neq h$

2 $\quad g=\overline{k+1,m},h=\overline{1,k}$

3 $\quad g=\overline{1,k},h=\overline{k+1,m}$

4 $\quad g=\overline{k+1,m},h=\overline{k+1,m}$

情形 1.1,1.2 是在子块 $\boldsymbol{R}_{11}$ 中划去行与列;情形 2 是在 $\boldsymbol{R}_{21}$ 中划去行与列;情形 3 是在 $\boldsymbol{R}_{12}$ 中划去行与列;情形 4 是在 $\boldsymbol{R}_{22}$ 中划去行与列. 换言之,情形 1.1 与 1.2 的子式 $P_{\alpha_g\beta_h}(\lambda)$ 属于子块 $\boldsymbol{R}_{11}$,至于情形 2,3 与 4 则分别属于子块 $\boldsymbol{R}_{21}$,$\boldsymbol{R}_{12}$ 与 $\boldsymbol{R}_{22}$.

不难看出,在情形 1.2 与 2 之下,性质 b 可直接由性质 a 推得;此时 $P_{\alpha_g\beta_h}(\lambda)$ 的各级导数,对于任意的 λ 都恒等于 0. 现在我们只要来证明,在情形 1.1,3 与 4 之下,性质 b 仍然成立.

在情形 1.1 中可以直接看出,子式 $P_{\alpha_g\beta_h}(\lambda)(g=\overline{1,k})$ 可表示成

$$\begin{aligned}P_{\alpha_g\beta_g}(\lambda)&=Q_{11}(\lambda)\cdots Q_{g-1,g-1}(\lambda)Q_{gg|\alpha_g\beta_g}(\lambda)Q_{g+1,g+1}(\lambda)\cdot\cdots\cdot\\&\quad Q_{kk}(\lambda)Q_{k+1,k+1}(\lambda)\cdots Q_{mm}(\lambda)\\&=Q_{11}(\lambda)\cdots Q_{g-1,g-1}(\lambda)Q_{g+1,g+1}(\lambda)\cdots Q_{kk}(\lambda)R(\lambda)\end{aligned}\tag{18.1}$$

在情形 4 也很容易看出

$$P_{\alpha_g\beta_h}(\lambda)=Q_{11}(\lambda)\cdots Q_{kk}(\lambda)S(\lambda)\tag{18.2}$$

而在情形 3,适当地应用 Laplace 定理,即可得出

$$P_{\alpha_g\beta_h}(\lambda)=Q_{11}(\lambda)\cdots Q_{g-1,g-1}(\lambda)Q_{g+1,g+1}(\lambda)\cdots Q_{kk}(\lambda)T(\lambda)\tag{18.3}$$

其中,$R(\lambda)$,$S(\lambda)$ 与 $T(\lambda)$ 表示一些确定的多项式,它们在 $\lambda=1$ 时,不等于 0.

从等式(18.1)(18.2)与(18.3)可明显看出,在情形 1.1,3 与 4 之下,性质 b 也成立,于是就证明了性质 b 对于矩阵 $\boldsymbol{P}$ 的所有子块都成立. 等式(18.1)与(18.3)同时还证明了性质 d,而性质 c 则可由等式(18.2)与性质 a 推出.

这样一来,定理 18.I 得证.

18.II 若在表达式(17.7)中的矩阵

$$\boldsymbol{Q}_{gg}\quad(g=\overline{1,m})$$

不可分解,而前 k 个是孤立的,并且还是正则的(即 $\lambda=1$ 是单根,且是唯一的模等于 1 的根),则若设

$$\frac{1}{(k-1)!}D_\lambda^{k-1}\left[\frac{\lambda^v P_{\beta\alpha}(\lambda)}{p_0(\lambda)}\right]=\lambda^v A_{\alpha\beta}(\lambda)+\lambda^{v-1}A_{\alpha\beta}^{(1)}(\lambda)+\cdots+\lambda^{v-k+1}A_{\alpha\beta}^{(k-1)}(\lambda)\tag{18.4}$$

此处 $p_0(\lambda)=P(\lambda)(\lambda-1)^{-k}$，$k$ 是矩阵 $\boldsymbol{P}$ 的根 $\lambda=1$ 的重数，我们即有：

a. $A_{\alpha\beta}^{(1)}(1)=A_{\alpha\beta}^{(2)}(1)=\cdots=A_{\alpha\beta}^{(k-1)}(1)=0(\alpha,\beta=\overline{1,n})$；

b. 当 (α,β) 在矩阵 $\boldsymbol{R}_{11},\boldsymbol{R}_{12}$ 与 $\boldsymbol{R}_{22}$ 中除去子块 $\boldsymbol{Q}_{11},\cdots,\boldsymbol{Q}_{kk}$ 的其他所有子块的时候，恒有 $A_{\alpha\beta}(1)=0$；

c. 当 (α,β) 在子块 $\boldsymbol{Q}_{11},\cdots,\boldsymbol{Q}_{kk}$ 上，及在矩阵 $\boldsymbol{R}_{21}$ 的所有子块上的时候，恒有 $A_{\alpha\beta}(1)>0$，并且在子块 $\boldsymbol{Q}_{gg}(g=\overline{1,k})$ 的每一纵列上，$A_{\alpha\beta}(1)$ 保持定值

$$A_{\alpha_g\beta_g}(1)=p_{\beta_g}>0\quad(g=1,k)\tag{18.5}$$

d. $A_{\alpha\beta}(1)$ 是方程组

$$\boldsymbol{X}=\boldsymbol{XP}\text{ 与 }\boldsymbol{Y}=\boldsymbol{PY}$$

的解.

定理的性质 a，可以从定理 18. Ⅰ 性质 b 推出，因为根据(18.4)，数

$$A_{\alpha\beta}^{(1)}(\lambda),A_{\alpha\beta}^{(2)}(\lambda),\cdots,A_{\alpha\beta}^{(k-1)}(\lambda)$$

都是数

$$P_{\alpha\beta}(\lambda),P'_{\alpha\beta}(\lambda),\cdots,P_{\alpha\beta}^{(k-2)}(\lambda)$$

的线性齐次函数.

根据等式(18.4)和本定理的性质 a，以及定理 18. Ⅰ 的性质 b，我们有

$$A_{\alpha\beta}(1)=\frac{1}{(k-1)!}\frac{P_{\beta\alpha}^{(k-1)}(1)}{p_0(1)}$$

由此再引用定理 18.Ⅰ的性质 c 即可推得本定理的性质 b.

因为 $\boldsymbol{Q}_{gg}(g=\overline{1,k})$ 是不可分解的正则矩阵，故 $\boldsymbol{P}$ 除 $\lambda=1$ 以外没有模等于 1 的根，于是我们有

$$\begin{aligned}p_{\alpha\beta}^{v}&=\frac{1}{(k-1)!}D_{\lambda}^{k-1}\left[\frac{\lambda^{v}P_{\beta\alpha}(\lambda)}{p_0(\lambda)}\right]_{\lambda=1}+B_{\alpha\beta}(v)\\&=A_{\alpha\beta}(1)+B_{\alpha\beta}(v)\end{aligned}\tag{18.6}$$

$$\lim_{v\to+\infty}B_{\alpha\beta}(v)=0\quad(\alpha,\beta=\overline{1,n})$$

因而

$$\lim_{v\to+\infty}p_{\alpha\beta}^{(v)}=A_{\alpha\beta}(1)\quad(\alpha,\beta=\overline{1,n})\tag{18.7}$$

由此根据定理18.Ⅰ的性质d，即可推得本定理的性质c中的第一项断言. 在考虑 $p_{\alpha_g\beta_g}^{(v)}(g=\overline{1,k})$ 时，可以把链 C_n 的规律算为 $\boldsymbol{Q}_{gg}$，$g=\overline{1,k}$，因而链 C_n 就成为正的正则链了. 由此立即推得本定理性质 c 的第二项断言

$$\lim_{v\to+\infty}p_{\alpha_g\beta_g}^{(v)}=A_{\alpha_g\beta_g}(1)=p_{\beta_g}>0\quad(g=\overline{1,k})\tag{18.8}$$

最后，根据 $p_{\alpha\beta}^{(v)}$ 的基本递推公式，亦即根据等式

$$\boldsymbol{P}^{v+1}=\boldsymbol{PP}^{v}=\boldsymbol{P}^{v}\boldsymbol{P}$$

同时再根据等式(18.6)，我们可见，对所有的 $\alpha,\beta=\overline{1,n}$ 有

$$A_{\alpha\beta}(1)=\sum_{\gamma}A_{\alpha\gamma}(1)p_{\gamma\beta} \text{ 与 } A_{\alpha\beta}(1)=\sum_{\gamma}p_{\alpha\gamma}A_{\gamma\beta}(1)$$

由此性质 d 得证.

现在利用我们上面的结论来作若干推论. 从等式(18.6) 与定理 18. I 性质 a 立即可见,除了在子块 $\boldsymbol{Q}_{11},\cdots,\boldsymbol{Q}_{kk}$ 上,在矩阵 $\boldsymbol{R}_{11}$ 与 $\boldsymbol{R}_{12}$ 的其他所有子块上,恒有

$$p_{\alpha\beta}^{(v)}=0 \quad (v=1,2,3,\cdots)$$

这个结果从(17.8) 来看也是显然的. 从等式(18.7) 与定理 18. II 的 b 与 c 两条性质推知,极限转移概率在 $\boldsymbol{R}_{12}$ 及 $\boldsymbol{R}_{22}$ 中等于 0;在 $\boldsymbol{R}_{12}$ 中等于 0;在子块 $\boldsymbol{Q}_{gg}(g=\overline{1,k})$ 中的第 β_g 列上等于 p_{β_g}.

关于在子块 $\boldsymbol{R}_{21}$ 中的极限转移概率,我们还可以得出一些结果. 首先,可以证明

$$r_{\alpha_g\beta_h}=r_{\alpha g}^{(h)}p_{\beta_h} \tag{18.9}$$

此处 $r_{\alpha_g\beta_h}$ 表示 $p_{\alpha_g\beta_h}^{(v)}(v\to+\infty)$ 的极限;而 $r_{\alpha_g}^{(h)}$ 表示某一确定的非负数,其确切的意义到下面再讲.

事实上,先取定数

$$r_{\alpha_g\beta_h} \quad (g=k+1,h=\overline{1,k})$$

按等式(17.5) 有

$$\boldsymbol{Q}_{k+1,h}^{(v+1)}=\boldsymbol{Q}_{k+1,h}^{(v)}\boldsymbol{Q}_{hh}+\boldsymbol{Q}_{k+1,k+1}^{(v)}\boldsymbol{Q}_{k+1,h}$$

但我们知道

$$\lim_{v\to+\infty}\boldsymbol{Q}_{k+1,k+1}^{(v)}=\boldsymbol{O}$$

并由(18.7) 与定理 18. II c 推知, $\lim\limits_{v\to+\infty}\boldsymbol{Q}_{k+1,h}^{(v)}$ 存在且大于 $\boldsymbol{O}$. 因此若采用记号

$$\boldsymbol{Q}_{k+1,h}^{(\infty)}=\lim_{v\to+\infty}\boldsymbol{Q}_{k+1,h}^{(v)}$$

即有

$$\boldsymbol{Q}_{h+1,h}^{(\infty)}=\boldsymbol{Q}_{k+1,h}^{(\infty)}\boldsymbol{Q}_{hh}$$

由此又有

$$\boldsymbol{Q}_{k+1,h}^{(\infty)}=\boldsymbol{Q}_{k+1,h}^{(\infty)}\boldsymbol{Q}_{hh}^{s}$$

其中 $s=1,2,3,\cdots$,设以 $\boldsymbol{Q}_{hh}^{(\infty)}$ 表示 $\lim\limits_{v\to+\infty}\boldsymbol{Q}_{hh}^{s}$,则有

$$\boldsymbol{Q}_{k+1,h}^{(\infty)}=\boldsymbol{Q}_{k+1,h}^{(\infty)}\boldsymbol{Q}_{hh}^{(\infty)}$$

把这个矩阵等式换成矩阵元素之间的等式,并利用记号 $r_{\alpha_g\beta_h}$,我们就得到

$$r_{\alpha_{k+1}\beta_h}=\sum_{r_h}r_{\alpha_{k+1}\gamma_h}p_{\beta_h}$$

或写作

$$\gamma_{\alpha_{k+1}\beta_h}=r_{\alpha_{k+1}}^{(h)}p_{\beta_h} \tag{18.10}$$

其中

$$r_{\alpha_{k+1}}^{(h)}=\sum_{\gamma_h}r_{\alpha_{k+1}\gamma_h} \tag{18.11}$$

我们可以看出，数 $r_{\alpha_{k+1}}^{(h)}$ 乃是从状态 $A_{\alpha_{k+1}}$ 转移到组 $B_h(h=\overline{1,k})$ 中去的极限转移概率，而等式(18.10)表示，从状态 $A_{\alpha_{k+1}}$ 到状态 $A_{\beta_h}(h=\overline{1,k})$ 的极限转移概率等于从状态 $A_{\alpha_{k+1}}$ 到组 B_h 的极限转移概率与从组 B_h 的任意一个状态到状态 A_{β_h} 的极限转移概率的乘积；等式(18.10)的这个说明，在直观上是很明显的.

数 $p_{\alpha_{k+1}}^{(h)}$ 可以利用等式

$$p_{\alpha_{k+1}}^{(h)}=\sum_{\gamma_h}A_{\alpha_{k+1}\gamma_h}(1)=\frac{1}{(k-1)!}\sum_{\gamma_h}\frac{P^{(k-1)}(1)}{p_0(1)}$$

来进行计算，但若利用定理 18.II d，则计算可大大简化. 实际上，由于 $A_{\alpha\beta}(1)=\lim\limits_{v\to+\infty}p_{\alpha\beta}^{(v)}$ 是方程组

$$\boldsymbol{Y}=\boldsymbol{PY}$$

的解，同时再注意到矩阵 $\boldsymbol{P}$ 的结构，我们可以写出

$$r_{\alpha_{k+1}\beta_h}=\sum_{\gamma_h}p_{\alpha_{k+1}\gamma_h}p_{\beta_h}+\sum_{\gamma_{k+1}}p_{\alpha_{k+1}\gamma_{k+1}}r_{\gamma_{k+1}}p_{\beta_h}$$

或者借助于等式(18.10)，而写成

$$r_{\alpha_{k+1}}^{(h)}=\sum_{\gamma_h}p_{\alpha_{k+1}\gamma_h}+\sum_{\gamma_{k+1}}p_{\alpha_{k+1}\gamma_{k+1}}r_{\gamma_{k+1}}^{(h)}\tag{18.12}$$

这个方程组的行列式等于 $Q_{k+1,k+1}(1)$，因为矩阵 $\boldsymbol{Q}_{k+1,k+1}$ 不可分解，且其最大根小于 1，故 $Q_{k+1,k+1}(1)$ 及其全部子式都是正的. 因此在从组 B_{k+1} 的状态到组 B_h 的状态的转移概率中，只要有一个不等于 0(因此和数 $\sum\limits_{\gamma_h}p_{\alpha_{k+1}\gamma_h}$ 不全等于零)，则所有的概率 $r_{\alpha_{k+1}}^{(h)}$ 就都是正的，并且可由(18.12)计算出来. 若从 B_{k+1} 根本不可能转变到 B_h，则所有的 $r_{\alpha_{k+1}}^{(h)}=0$.

现在来看一般情形：考虑概率 $r_{\alpha_{k+l}}^{(h)}$，此处 l 表示数 $1,2,\cdots,(m-k)$ 中的一个，h 表示数 $1,2,\cdots,k$ 中的一个. 根据关系式(17.5)，我们有等式

$$\boldsymbol{Q}_{k+l,h}^{(v+1)}=\sum_{i=h}^{k+l}\boldsymbol{Q}_{k+l,i}^{(v)},\boldsymbol{Q}_{ih}$$

在这个等式中，令 $v\to+\infty$，因为

$$\lim_{v\to+\infty}\boldsymbol{Q}_{k+l,i}^{(v)}=\boldsymbol{O}\quad(i=\overline{h+1,k+l})$$

故得

$$\boldsymbol{Q}_{k+l,h}^{(\infty)}=\boldsymbol{Q}_{k+l,h}^{(\infty)}\boldsymbol{Q}_{hh}$$

因而又有

$$\boldsymbol{Q}_{k+l,h}^{(\infty)}=\boldsymbol{Q}_{k+l,h}^{(\infty)}\boldsymbol{Q}_{hh}^{s}$$

与

$$\boldsymbol{Q}_{k+l,h}^{(\infty)}=\boldsymbol{Q}_{k+1,h}^{(\infty)}\boldsymbol{Q}_{hh}^{(\infty)}$$

由此即得

$$r_{\alpha_{k+l}\beta_h}=r_{\alpha_{k+l}}^{(h)}p_{\beta_h}$$

这就说明等式(18.9)恒成立.在这个等式中

$$r_{\alpha_{h+l}}^{(h)}=\sum_{\gamma_h}r_{\alpha_{k+l}\gamma_h}=\sum_{\gamma_h}\frac{1}{(k-1)!}\frac{P_{\alpha_{k+l}\gamma_h}^{(k-1)}(1)}{p_0(1)}$$
$$=\sum_{\gamma_h}A_{\alpha_{k+1}\gamma_h}(1)$$

并且它是方程组 $\boldsymbol{Y}=\boldsymbol{PY}$ 的解.由此可以推出下列关系式

$$r_{\alpha_{k+l}}^{(h)}=\sum_{\gamma_h}p_{\alpha_{k+l}\gamma_h}+\sum_{\gamma_{k+1}}p_{\alpha_{k+l}\gamma_{k+1}}r_{\gamma_{k+1}}^{(h)}+\sum_{\gamma_{k+2}}p_{\alpha_{k+l}\gamma_{k+2}}r_{\gamma_{k+2}}^{(h)}+\cdots+\sum_{\gamma_{k+l}}p_{\alpha_{k+l}\gamma_{k+l}}r_{\gamma_{k+l}}^{(h)}\tag{18.13}$$

如对所有的数值 α_{k+l}(即对所有的状态 $A_\alpha\subset B_{k+l}$),写出这个关系式,我们就得到关于 $r_{\alpha_{k+l}}^{(h)}$ 的非齐次的线性方程组,其行列式 $Q_{k+l,k+1}(1)>0$.而这就使得我们有可能通过 $p_{\alpha\beta}$ 与 $r_{\alpha_{k+1}}^{(h)},r_{\alpha_{k+2}}^{(h)},\cdots,r_{\alpha_{k+l-1}}^{(h)}$ 来表示 $r_{\alpha_{k+l}}^{(h)}$.至于 $r_{\alpha_{k+1}}^{(h)},r_{\alpha_{k+2}}^{(h)},\cdots,r_{\alpha_{k+l-1}}^{(h)}$ 可以这样来求:先在(18.13)中,令 $l=1$ 求出 $r_{\alpha_{k+1}}^{(h)}$;然后在(18.13)中,令 $l=2$ 求出 $r_{\alpha_{k+2}}^{(h)}$(它依赖于 $r_{\alpha_{k+1}}^{(h)}$),依此类推.

等式(18.13)的概率意义是很明显的.

总结以上所述,我们作出以下重要的结论:

18.III 假设链 C_n 的规律 $\boldsymbol{P}$ 形如(17.7),并且满足18.II的条件,则其转移概率 $p_{\alpha\beta}^{(v)},v=1,2,3,\cdots$ 如下:

a.在矩阵 $\boldsymbol{R}_{12}$ 中的所有子块上,在矩阵 $\boldsymbol{R}_{22}$ 中的对角线以上的所有子块上,以及在矩阵 $\boldsymbol{R}_{11}$ 中的所有非对角线子块上恒有 $p_{\alpha\beta}^{(v)}\equiv 0$.

b. $p_{\alpha_g\beta_h}^{(v)}=p_{\beta_h}+\sum\limits_{i=1}^{\mu}Q_{\beta_h\alpha_g i}(v)\lambda_i^v,g=h=\overline{1,k}$.

c. $p_{\alpha_g\beta_h}^{(v)}=p_{\alpha_g}^{(h)}p_{\beta_h}+\sum\limits_{i=1}^{\mu}Q_{\beta_h\alpha_g i}(\gamma)\lambda_i^v,g=k+l,l=1,2,3,\cdots,m-k,h=\overline{1,k}$.

d. $p_{\alpha_g\beta_h}^{(v)}=\sum\limits_{i=1}^{\mu}Q_{\beta_h\alpha_g i}(v)\lambda_i^v,g=k+l,l=\overline{1,m-k},h=\overline{k+1,k+l}$.

在a,d的情形下,极限转移概率等于0.在b的情形下,极限转移概率等于

$$p_{\beta_h}=\frac{1}{(k-1)!}\frac{P_{\beta_h\alpha_h}^{(k-1)}(1)}{p_0(1)}$$

并且可以作为方程组

$$\boldsymbol{X}=\boldsymbol{XQ}_{hh}$$

的标准化正解而求得.在c的情形下,极限转移概率等于

$$p_{\alpha_g\beta_h}^{(\infty)}\equiv r_{\alpha_g\beta_h}=r_{\alpha_g}^{(h)}p_{\beta_h}=\frac{1}{(k-1)!}\frac{P_{\beta_g\alpha_h}^{(k-1)}(1)}{p_0(1)}$$

并且借助于方程组(18.13)($g=k+l,l=1,2,\cdots,m-k$)，这些极限转移概率可以通过 $r_{\alpha_g}^{(h)}$ 来求.

如果已知转移概率，那么根据一般公式

$$p_{v|\beta}=\sum_{\alpha}p_{0\alpha}p_{\alpha\beta}^{(v)}$$

就不难求出绝对概率. 我们在此只来看一下极限绝对概率. 设以 $p_{\infty|\beta}$ 表示极限绝对概率，我们就有

$$p_{\infty|\beta_h}=0 \quad (h=\overline{k+1,m})$$

与

$$p_{\infty|\beta_h}=\left(q_h+\sum_{l=1}^{m-k}\sum_{\alpha_{k+1}}p_{0\alpha_{k+l}}r_{\alpha_{k+l}}^{(h)}\right)p_{\beta_h} \quad (h=\overline{1,k})$$

此处

$$q_h=\sum_{\alpha_h}p_{0\alpha_h}$$

我们指出，只有在体系 S 的初始状态是主要状态，亦即体系 S 在初始时刻处在组 $B_h(h=\overline{1,k})$ 中的时候，极限转移概率才在某种程度上与体系 S 的初始状态无关；而在其他情形下，则没有这种无关性.

关于概率 $r_{\alpha_{k+l}}^{(h)}$(从状态 $A_{\alpha_{k+l}}$ 转移到组 $B_h(h=\overline{1,k})$ 的极限转移概率)，我们对它还指出以下的一个性质

$$\sum_{h=1}^{k}r_{\alpha_{k+l}}^{(h)}=1 \tag{18.14}$$

这个等式由直观看来是很明显的，它可由基本关系式

$$\sum_{\beta}p_{\alpha\beta}^{(v)}=1$$

立即推出. 事实上，我们从这个基本关系式可得

$$\sum_{\beta=1}^{h}p_{\alpha\beta}^{(\infty)}=\sum_{h=1}^{k}r_{\alpha_{k+l}}^{(h)}\sum_{\beta_h}p_{\beta_h}=\sum_{h=1}^{k}r_{\alpha_{k+l}}^{(h)}=1 \quad (l=\overline{1,m-k})$$

由此可知，数

$$q_h+\sum_{l=1}^{m-k}\sum_{\alpha_{k+1}}p_{0\alpha_{k+l}}r_{\alpha_{k+l}}^{(h)}$$

(它表示在对体系 S 于任何时刻 T_k 的状态都不加限定的条件下，体系 S 处在组 $B_h(h=\overline{1,k})$ 的极限绝对概率) 满足以下条件

$$\sum_{h=1}^{k}\left(q_h+\sum_{l=1}^{m-k}\sum_{\alpha_{k+l}}p_{0\alpha_{k+l}}r_{\alpha_{k+l}}^{(h)}\right)=1$$

这由(18.14) 及等式 $\sum_{\alpha}p_{0\alpha}=1$ 立即可以推得.

第三章 不可分解的循环链 C_n

19. 循环随机矩阵 假定链 C_n 是不可蜕缩的(不可分解的),那么它的矩阵 $\boldsymbol{P}$ 就是不可分解的.所以此时在 $\boldsymbol{P}$ 的任何第 α 行中总可找到一个元素 $p_{\alpha\beta}\neq 0$,而 $\beta\neq\alpha$.实际上,如果对于任何 $\beta\neq\alpha$ 皆有 $p_{\alpha\beta}=0$,而 $p_{\alpha\alpha}\neq 0$,那么就意味着链是可蜕缩的,体系 S 有孤立状态 A_α,并且矩阵 $\boldsymbol{P}$ 是可分解的.先取定 $p_{\alpha\beta}\neq 0,\beta\neq\alpha$;然后我们进一步取 $p_{\beta\gamma}\neq 0,\gamma\neq\beta$,此处 γ 也可能等于 α 也可能不等于 α.假如 $\gamma\neq\alpha$,则我们更进一步取 $p_{\gamma\delta}\neq 0,\delta\neq\gamma$,此处 γ 也可能等于 α 或 β,也可能不等于 α 或 β.我们指出,不可能对于任何具有上述性质的 $\gamma\neq\beta$ 与 $\delta\neq\gamma$ 恒有 $\delta=\beta$,因为否则链 C_n 就是可蜕缩的而矩阵 $\boldsymbol{P}$ 就是可分解的了.所以,存在正的

$$p_{\alpha\beta},p_{\beta\gamma},p_{\gamma\delta}$$

其中,β,γ,δ 彼此不等,而 δ 可能等于 α 也可能不等于 α.

如此类推下去,我们最终必会得出以下的结论:在不可分解的链 C_n 的随机矩阵 $\boldsymbol{P}$ 中,对于每一个 α 我们可找到一串正的元素

$$p_{\alpha\beta_1},p_{\beta_1\beta_2},\cdots,p_{\beta_{s-1}\alpha} \tag{19.1}$$

其中,$\beta_1,\beta_2,\cdots,\beta_{s-1}$ 彼此互异(因而 $s\leqslant n$).序列(19.1)称为矩阵 $\boldsymbol{P}$ 的 s 级环路.环路(19.1)的随机意义是很明显的,它表明对于不可蜕缩的体系 S 而言,如果在某一时刻出现某一状态 A_α,则通过有限 s 步而返回到这个状态的概率 $p_{\alpha\alpha}^{(s)}$ 是正的,因为

$$p_{\alpha\alpha}^{(s)}\geqslant p_{\alpha\beta_1}p_{\beta_1\beta_2}\cdots p_{\beta_{s-1}\alpha}>0$$

根据 A. H. Колмогоров 的命名法，数 s 称为状态 A_α 的一个周期. 对于 S 的每一个状态 A_α 存在环路(19.1)，这是不可分解的链 C_n 的一项特点，因为假使对于某个 A_α 不存在环路(19.1)，则 A_α 就是次要状态，而链 C_n 就是可分解的.

数值 s 可以视 α 及中间状态 $A_{\beta_i}(i=\overline{1,s-1})$ 的选择而有各种不同的值. 特别是若 $p_{\alpha\alpha}=0,\alpha=\overline{1,n}$，则对于所有的 α 有 $s\geqslant 2$.

假定所有的 $p_{\alpha\alpha}=0,\alpha=\overline{1,n}$，并假定所有的周期 s 具有最高公因子 r. 在 $p_{\alpha\alpha}$ 不全是 0 的时候，r 当然一定等于 1，但是即使是所有的 $p_{\alpha\alpha}$ 全等于 0，r 仍然可能等于 1. 现在我们假定 $r\neq 1$. 此时我们称矩阵 $\boldsymbol{P}$ 及链 C_n 具有循环指标 r. 以下定理表示出循环指标的一项基本性质：

19. I 不可分解且具有循环指标 r 的矩阵 $\boldsymbol{P}$，可以唯一地化成以下形式

$$\boldsymbol{P}=\begin{pmatrix} \boldsymbol{O} & \boldsymbol{Q}_{12} & \boldsymbol{O} & \cdots & \boldsymbol{O} \\ \boldsymbol{O} & \boldsymbol{O} & \boldsymbol{Q}_{23} & \cdots & \boldsymbol{O} \\ \vdots & \vdots & \vdots & & \vdots \\ \boldsymbol{O} & \boldsymbol{O} & \boldsymbol{O} & \cdots & \boldsymbol{Q}_{r-1,r} \\ \boldsymbol{Q}_{r1} & \boldsymbol{O} & \boldsymbol{O} & \cdots & \boldsymbol{O} \end{pmatrix} \tag{19.2}$$

其中对角线上的子块是方子阵，并且只有子块 $\boldsymbol{Q}_{12},\boldsymbol{Q}_{23},\cdots,\boldsymbol{Q}_{r-1,r},\boldsymbol{Q}_{r1}$ 才是非零的.

矩阵 $\boldsymbol{P}$ 的这种形式，我们称为标准循环形式. 定理 19. I 的正确性可由相应的关于循环的非负矩阵的 Frobenius 定理[44.3] 而推得，但是我们对于循环随机矩阵可以独立地证明一下.

首先我们注意，假使体系 S 的状态可分成以下的组

$$B_1=(A_1,A_2,\cdots,A_{n_1})$$
$$B_2=(A_{n_1+1},\cdots,A_{n_1+n_2})$$
$$\vdots$$
$$B_r=(A_{n_1+\cdots+n_{r-1}+1},\cdots,A_n)\quad (n=n_1+n_2+\cdots+n_r)$$

使得体系 S 如果在某一时刻处于组 $B_g,g=\overline{1,r-1}$(或组 B_r) 的状态，则在下一个时刻就必然要转成组 B_{g+1}(或组 B_1) 的状态(根据随机矩阵 $\boldsymbol{P}$ 的定义，组 $B_g(g=\overline{1,r})$ 是非空的)；那么这时定理 19. I 的正确性就不难直接看出了.

实际上，假使体系 S 的状态不能这样分组的话，那么把体系 S 的状态适当地重新编号(这相当于在随机矩阵 $\boldsymbol{P}$ 中作行与列的同样调动)之后，总可以使得能够这样分组. 关于这一点，可以从给出主要组的子组的定义的条目 9 中明显看出. 但亦可说明如下.

我们任意取定一个状态 A_α，作出所有自 A_α 起始的环路

$$p_{\alpha\beta_{k1}},p_{\beta_{k1}\beta_{k2}},\cdots,p_{\beta_{ks_k-1},\alpha}\quad (k=1,2,\cdots)$$

其中 $s_k \equiv 0 (\bmod r)$. 因为所有的状态构成一个主要组,故由 A_α 出发可转移到任何一个状态,并且可由这个状态转回到 A_α;由此可见,$A_{\beta_{ki}}(k=1,2,\cdots;1 \leqslant i \leqslant s_{k-1})$ 历尽所有的状态. 现在把所有的状态分成组 $B_g, g=\overline{1,r}$

$$B_g = \{A_{\beta_{ki}} \mid k=1,2,\cdots,1 \leqslant i \leqslant s_{k-1}, i \equiv g (\bmod r)\}$$

于是不难看出,由组 $B_g(g=\overline{1,r-1})$ 的状态出发(或由组 B_r 的状态出发),转移一步之后,只能到达组 B_{g+1}(或组 B_1)的状态. 实际上,如果有

$$p_{\beta_{ki}\beta_{k'i'}} > 0 \quad (i \equiv g (\bmod r) \text{ 而 } i' \not\equiv g+1 (\bmod r))$$

则我们即可写出以下环路

$$p_{\alpha\beta_{k1}}, p_{\beta_{k1}\beta_{k2}}, \cdots, p_{\beta_{k(i-1)}\beta_{hi}}, p_{\beta_{ki}\beta_{k'i'}}, \cdots, p_{\beta_{k's_{k'}-1},\alpha}$$

但周期 $(s_{k'} - i' + 1) + i \not\equiv 0 (\bmod r)$,故为矛盾. 因此我们只需把所有的状态重新编号,使得组 B_{g+1} 中的状态的号码大于组 B_g 中的状态的号码,并在矩阵 $\boldsymbol{P}$ 中相应地作行与列的同样调动,则我们就得出了(19.2)的形式.

当我们实际来化一个矩阵 $\boldsymbol{P}$ 成为(19.2)的形式时,手续可能简化一些. 我们用一个例子来加以说明,在这个例子里我们只需考察一些简单的环路.

设给定链 C_n,其随机矩阵为

$$\boldsymbol{P} = \begin{pmatrix} 0 & \times & 0 & 0 & 0 & 0 & \times \\ 0 & 0 & \times & 0 & \times & 0 & 0 \\ \times & 0 & 0 & \times & 0 & \times & 0 \\ 0 & \times & 0 & 0 & 0 & 0 & \times \\ \times & 0 & 0 & \times & 0 & \times & 0 \\ 0 & \times & 0 & 0 & 0 & 0 & \times \\ 0 & 0 & \times & 0 & \times & 0 & 0 \end{pmatrix}$$

其中 $\times$ 号表示非零元素. 现在为了写法简便,我们只用号码来表示环路;不难看出,我们有以下一些环路

12,23,31	12,25,51
12,23,34,47,75,51	12,25,54,47,73,31
12,23,36,67,75,51	12,25,56,67,73,31
17,73,31	17,75,51
17,73,34,42,25,51	17,75,54,42,23,31
17,73,36,62,25,51	17,75,56,62,23,31

这些环路的周期具有最高公因子 3. 因此,我们所考察的矩阵 $\boldsymbol{P}$ 是具有循环指标 3 的循环矩阵.

现在我们写出以上各环路中第一项与第四项的前一个号码,第二项与第五项的前一个号码,以及第三项与第六项的前一个号码,即得以下的号码组

$$N_1 = (1,4,6), N_2 = (2,7), N_3 = (3,5)$$

然后按照以下的变换

$$T=\begin{pmatrix}1&4&6&2&7&3&5\\1&2&3&4&5&6&7\end{pmatrix}$$

来调动矩阵 $\boldsymbol{P}$ 的行与列. 于是矩阵 $\boldsymbol{P}$ 就化成了标准循环形式

$$\begin{pmatrix}0&0&0&\times&\times&0&0\\0&0&0&\times&\times&0&0\\0&0&0&\times&\times&0&0\\0&0&0&0&0&\times&\times\\0&0&0&0&0&\times&\times\\\times&\times&\times&0&0&0&0\\\times&\times&\times&0&0&0&0\end{pmatrix}$$

我们注意,为要定出号码组 N_1,N_2,N_3 以及变换 T,只需考察上面所写出的环路中的前三个就已经够了;这前三个环路的特点在于它们已然包罗了所有的号码. 所以可以只考察这三个环路,并且定出 N_1,N_2,N_3 及 T,随即就直接进行矩阵 $\boldsymbol{P}$ 的最终变形. 不过,这套办法不一定能够行得通,因为可能发生这种情形,即虽然存在一组环路,包罗了所有的号码,但是矩阵 $\boldsymbol{P}$ 不是循环矩阵,因而也就不能化成标准循环形式. 为要得出这一类情形,例如只要在以上所考察的矩阵 $\boldsymbol{P}$ 中把某些 0 换成 × 就行了①.

20. 关于不可分解的循环矩阵的根的基本定理 为要研究链 C_n 的各种性质,以下的关于不可分解的循环矩阵的根的定理极为重要.

20. I 欲使方程

$$\lambda^r-1=0 \tag{20.1}$$

的所有的根恰恰就是不可分解的随机矩阵 $\boldsymbol{P}$ 的所有模等于 1 的根,充分而且必要的条件是:$\boldsymbol{P}$ 具有循环指标 r.

这个定理是一个更一般的、关于非负循环矩阵的定理[22] 的特殊情形. 一个不可分解的非负矩阵

$$\mathbf{A}=\mathrm{Mt}(\alpha_{\alpha\beta})\quad(\alpha,\beta=\overline{1,n})$$

若其所有由正元素所组成的环路

$$a_{\alpha\beta_1},a_{\beta_1\beta_2},\cdots,a_{\beta_{s-1}\alpha}$$

的周期 s 具有最高公因子 r,则我们称矩阵 $\mathbf{A}$ 具有循环指标 r. 对于这种矩阵,我们有以下的定理:

20. II 设以 R 表示不可分解的非负矩阵 $\mathbf{A}$ 的最大根. 欲使方程

---

① 在这里自然就发生了这样的有趣的问题,即关于与循环链差别不多的那些链 C_n 中的体系 S 的性质问题. 但是我们在这里仅是提一下这样的问题,并不去深入研究.

$$\lambda^r - R^r = 0 \tag{20.2}$$

的所有的根恰恰就是 $\boldsymbol{A}$ 的所有模等于 R 的根，充分而且必要的条件是：$\boldsymbol{A}$ 具有循环指标 r.

充分性的证明：设

$$A(\lambda) = |\lambda \boldsymbol{E} - \boldsymbol{A}|$$

则行列式 $A(\lambda)$ 可表示成以下形式

$$A(\lambda) = \lambda^n + \sum_{h=1}^{n} (-1)^n \lambda^{n-h} \sum_{\alpha(h)} [\alpha_1 \alpha_2 \cdots \alpha_n] a'_{1\alpha_1} a'_{2\alpha_2} \cdots a'_{n\alpha_n}$$

其中，$\alpha_1, \alpha_2, \alpha_3, \cdots, \alpha_n$ 是由 $1,2,3,\cdots,n$ 重新排列而得，视其中有偶数个颠倒或奇数个颠倒而分别有 $[\alpha_1\alpha_2\cdots\alpha_n] = +1$ 或 -1；其中 $\sum_{\alpha(h)}$ 表示在和数中取所有这样的排列 $\alpha_1, \alpha_2, \cdots, \alpha_n$，使得在这个排列中有 $n-h$ 个 $\alpha_i = i$，而这 $n-h$ 个 α_i 采取所有的组合；在乘积 $a'_{1\alpha_1} a'_{2\alpha_2} \cdots a'_{n\alpha_n}$ 中，若 $\alpha_i = i$，则 $a'_{i\alpha_i} = 1$；若 $\alpha_i \neq i$，则 $a'_{i\alpha_i} = a_{i\alpha_i}$.

因为 $\boldsymbol{A}$ 是具有循环指标 r 的循环矩阵，所以和数符号 $\sum_{\alpha(h)}$ 之下的那些乘积，只有当去掉其中下标 $i = \alpha_i$ 的那些因子后其他因子可排成一个或几个环路的时候，才不等于零. 因此若 $\sum_{\alpha(h)} \neq 0$，则 r 能够整除 h，于是 $A(\lambda)$ 就可以写成以下形式

$$A(\lambda) = \lambda^n + A_1 \lambda^{n-r} + A_2 \lambda^{n-2r} + \cdots + A_\mu \lambda^{n-\mu r}$$

其中 $\mu r \leqslant n$. 这个等式也可以从我们熟知的恒等式

$$A(\lambda) = \lambda^n - \frac{\lambda^{n-1}}{1!} \sum_r a_{\alpha_1\alpha_1} + \frac{\lambda^{n-2}}{2!} \sum \begin{vmatrix} a_{\alpha_1\alpha_1} & a_{\alpha_1\alpha_2} \\ a_{\alpha_2\alpha_1} & a_{\alpha_2\alpha_2} \end{vmatrix} - \cdots$$

推得，现在假定 $\lambda_1^r = R^r, \lambda_1 \neq R$，那么就有

$$\begin{aligned} A(\lambda_1) &= \lambda_1^n R^{-n} [R^n + A_1 R^{n-r} + \cdots + A_\mu R^{n-\mu r}] \\ &= \lambda_1^n R^{-n} A(R) = 0 \end{aligned}$$

此即说明方程 $\lambda' - R^r = 0$ 的根皆是 A 的根.

为要完成证明只需再说明 A 的模等于 R 的根不超过 r 个就成了. 因为 A 具有循环指标 r，故经过适当的行与列的调动后，它可以表示成以下形式

$$\boldsymbol{A} = \begin{pmatrix} \boldsymbol{O} & \boldsymbol{Q}_{12} & \boldsymbol{O} & \cdots & \boldsymbol{O} \\ \boldsymbol{O} & \boldsymbol{O} & \boldsymbol{Q}_{23} & \cdots & \boldsymbol{O} \\ \vdots & \vdots & \vdots & & \vdots \\ \boldsymbol{O} & \boldsymbol{O} & \boldsymbol{O} & \cdots & \boldsymbol{Q}_{r-1,r} \\ \boldsymbol{Q}_{r1} & \boldsymbol{O} & \boldsymbol{O} & \cdots & \boldsymbol{O} \end{pmatrix}$$

由此易知，$\boldsymbol{A}^r$ 具有下列形式

$$\boldsymbol{A}^r=\begin{pmatrix}\boldsymbol{A}_1 & & & \boldsymbol{O}\\ & \boldsymbol{A}_2 & & \\ & & \ddots & \\ \boldsymbol{O} & & & \boldsymbol{A}_r\end{pmatrix}$$

其中$\boldsymbol{A}_1,\boldsymbol{A}_2,\cdots,\boldsymbol{A}_r$是不可分解的方阵，并具有循环指标1. 因此我们可以取充分大的m，使得

$$\boldsymbol{A}^{mr}=\begin{pmatrix}\boldsymbol{A}_1^m & & & \boldsymbol{O}\\ & \boldsymbol{A}_2^m & & \\ & & \ddots & \\ \boldsymbol{O} & & & \boldsymbol{A}_r^m\end{pmatrix}$$

并且其中，$\boldsymbol{A}_1^m>\boldsymbol{0},\boldsymbol{A}_2^m>\boldsymbol{0},\cdots,\boldsymbol{A}_r^m>\boldsymbol{0}$. 根据定理3. Ⅰ，正矩阵$\boldsymbol{A}_1^m,\cdots,\boldsymbol{A}_r^m$各只有一个根具有最大模，所以$\boldsymbol{A}^{mr}$的具有最大模的根不超过$r$个. 但是我们知道，$\boldsymbol{A}^{mr}$的所有的根乃是$A$的所有的根的$mr$次幂(参看Φ. P. Гантмахер著的《矩阵论》第四章 §4定理3或第六章 §7定理9的特殊论断1)，由此推知$\boldsymbol{A}$的具有最大模R的根不超过r个.

必要性的证明：若$\boldsymbol{A}$具有循环指标r'，而$r'\neq r$，则$\boldsymbol{A}$的所有具有最大模R的根恰为方程$\lambda^{r'}-R^{r'}=0$的所有的根，而非方程$\lambda^r-R^r=0$的所有的根. 证完.

定理20. II既已证实，由此立即可以推出定理20. Ⅰ.

假使不可分解的非负矩阵$\boldsymbol{A}$的最大根是R，而其他所有的根的模皆小于R，则我们称矩阵$\boldsymbol{A}$为原矩阵. 假使除去R还有其他的根的模也等于R，则我们称矩阵$\boldsymbol{A}$为非原矩阵. 对于不可分解的随机矩阵$\boldsymbol{P}$，我们也根据其除去1以外的所有的根的模都小于1及存在异于1而模等于1的根这两种情形，而分别称之为原矩阵或非原矩阵. 因此，不可分解的正则矩阵$\boldsymbol{P}$就是原矩阵，并且反之原矩阵$\boldsymbol{P}$也就是不可分解的与正则的(或者说是不可分解的与非循环的)；不可分解的循环矩阵$\boldsymbol{P}$就是非原矩阵，并且非原矩阵$\boldsymbol{P}$就是不可分解的循环矩阵.

从定理20. II易得如下的推论：

20. III 欲使不可分解的非负矩阵$\boldsymbol{A}$是非原矩阵并且在它的根中包含了方程

$$\lambda^r-R^r=0$$

的所有的根(R表示$\boldsymbol{A}$的最大根，$r>1$)，充分且必要的条件是：其特征方程具有以下形式

$$A(\lambda)\equiv\lambda^n+A_1\lambda^{n-r}+A_2\lambda^{n-2r}+\cdots+A_\mu\lambda^{n-\mu r}=0$$

其中，$A_1,A_2,\cdots,A_\mu$是常系数并且$\mu r\leqslant n$.

从这里又推知：

20. IV 不可分解并具有循环指标r的非负矩阵$\boldsymbol{A}$，其特征方程可表示成

以下形式

$$A(\lambda)\equiv\lambda^{v}(\lambda^{r}-R^{r})(\lambda^{r}-C_1R^{r})^{m_1}\cdots(\lambda^{r}-C_{\mu}R^{r})^{m_{\mu}}=0$$

其中

$$v\geqslant 0, v+r(1+m_1+\cdots+m_{\mu})=n$$

并且

$$0<|C_i|<1\quad(i=\overline{1,\mu})$$

当$\boldsymbol{P}$是不可分解的并且具有循环指标r的随机矩阵的时候，我们对于$P(\lambda)$也有类似的分解式，仅只是将R改换成1.

21. 不可分解的循环链C_n的行列式$P(\lambda)$的子式的性质 设矩阵$\boldsymbol{P}$是不可分解的，具有循环指标r并表示成了标准循环形式(19.2). 现在我们来考察关于行列式$P(\lambda)$的子式的一些性质，这些性质对于以后极为重要. 设矩阵$\boldsymbol{P}$中的零子阵$\boldsymbol{Q}_{gg}(g=\overline{1,r})$的阶数分别为$n_g, g=\overline{1,r}$，并且为了方便起见我们引入符号$N_g, g=\overline{1,r}$，其意义如下

$$N_1=(1,2,\cdots,n_1)$$

$$N_g=(s_{g-1}+1,s_{g-1}+2,\cdots,s_g)\quad(g=\overline{2,r})$$

其中

$$s_g=n_1+n_2+\cdots+n_g$$

因此N_g就是表示构成组B_g的那些状态的下标的总体.

21. I 若随机矩阵$\boldsymbol{P}$具有形式(19.2)，则对于任何一个$\alpha=\overline{1,n}$以及方程$\lambda^{r}-1=0$的任何一个根$\lambda_1\neq 1$，行列式$P(\lambda)$的子式$P_{\alpha\beta}(\lambda)$恒满足以下三组关系式

$$\begin{aligned}&P_{\alpha 1}(\lambda_1)=P_{\alpha 2}(\lambda_1)=\cdots=P_{\alpha n_1}(\lambda_1)\\&P_{\alpha,n_1+1}(\lambda_1)=P_{\alpha,n_1+2}(\lambda_1)=\cdots=P_{\alpha,n_1+n_2}(\lambda_1)\\&\qquad\vdots\\&P_{\alpha,s_{r-1}}(\lambda_1)=P_{\alpha,s_{r-1}+1}(\lambda_1)=\cdots=P_{\alpha n}(\lambda_1)\end{aligned}\tag{21.1}$$

$$\begin{aligned}&P_{\alpha,n_1+1}(\lambda_1)=\lambda_1P_{\alpha 1}(\lambda_1)\\&P_{\alpha,n_1+n_2+1}(\lambda_1)=\lambda_1^2P_{\alpha 1}(\lambda_1)\\&\qquad\vdots\\&P_{\alpha,s_{r-1}+1}(\lambda_1)=\lambda_1^{r-1}P_{\alpha 1}(\lambda_1)\end{aligned}\tag{21.2}$$

$$\sum_{h=1}P_{\alpha\beta_h}(\lambda_1)=0\quad(s_{h-1}<\beta_h\leqslant s_h, h=\overline{1,r})\tag{21.3}$$

为要证明定理21. Ⅰ，我们注意，方程组$\lambda\boldsymbol{Y}=\boldsymbol{P}\boldsymbol{Y}$可以写成以下的形式

$$\lambda\boldsymbol{Y}_1=\boldsymbol{Q}_{12}\boldsymbol{Y}_2, \lambda\boldsymbol{Y}_2=\boldsymbol{Q}_{23}\boldsymbol{Y}_3,\cdots,\lambda\boldsymbol{Y}_r=\boldsymbol{Q}_{r1}\boldsymbol{Y}_1\tag{21.4}$$

其中

$$\boldsymbol{Y}_1=(y_1,y_2,\cdots,y_{n_1})$$

$$\boldsymbol{Y}_2=(y_{n_1+1},\cdots,y_{n_1+n_2})$$
$$\vdots$$
$$\boldsymbol{Y}_r=(y_{s_{r-1}+1},\cdots,y_n)$$

这是由于矩阵 $\boldsymbol{P}$ 具有形式(19.2)的缘故.现在设 λ_1 是方程 $\lambda^r-1=0$ 的一个不等于1的根.因为 λ_1 是单根,故

$$\frac{\mathrm{d}P(\lambda_1)}{\mathrm{d}\lambda}=\sum_{\alpha}P_{\alpha\alpha}(\lambda_1)\neq 0$$

即 $P_{\alpha\alpha}(\lambda_1)$ 不全是零.由此显见(参阅译者附注1),如果不计常数因子,那么方程组(21.4)有唯一的非零解;不难看出,这个非零解可以取成

$$y_1^0=y_2^0=\cdots=y_{n_1}^0=1$$
$$y_{n_1+1}^0=y_{n_1+2}^0=\cdots=y_{n_1+n_2}^0=\lambda_1$$
$$\vdots$$
$$y_{s_{r-1}+1}^0=y_{s_{r-1}+2}^0=\cdots=y_n^0=\lambda_1^{r-1}$$

或取成

$$y_k^0=P_{\alpha k}(\lambda_1)\quad(k=\overline{1,n})$$

因此

$$y_1^0:y_2^0:\cdots:y_n^0=P_{\alpha 1}(\lambda_1):P_{\alpha 2}(\lambda_1):\cdots:P_{\alpha n}(\lambda_1)$$

由此立即可以推得关系式(21.1)及(21.2).并且据此也就不难导出(21.3)

$$\sum_{h=1}^{r}P_{\alpha\beta_h}(\lambda_1)=C\sum_{h=1}^{r}y_{\beta_h}^0=C(1+\lambda_1+\lambda_1^2+\cdots+\lambda_1^{r-1})$$
$$=C\frac{1-\lambda_1^r}{1-\lambda_1}=0$$

(其中 C 为一非零常数).

21. II 设不可分解的随机矩阵 $\boldsymbol{P}$ 具有形式(19.2),并设 λ_1 是 $\boldsymbol{P}$ 的任意一个根,$|\lambda_1|\neq 1$,则对所有的 $\beta=\overline{1,n}$,恒有

$$\sum_{\alpha_g\subset N_g}P_{\alpha_g\beta}(\lambda_1)=0\quad(g=\overline{1,r})\tag{21.5}$$

为要证明这一定理,我们来考察方程组 $\lambda_1\boldsymbol{X}=\boldsymbol{XP}$,设

$$\boldsymbol{X}_1=(x_1^{(1)},x_2^{(1)},\cdots,x_{n_1}^{(1)})$$
$$\boldsymbol{X}_2=(x_{n_1+1}^{(1)},x_{n_1+2}^{(1)},\cdots,x_{n_1+n_2}^{(1)})$$
$$\vdots$$
$$\boldsymbol{X}_r=(x_{s_{r-1}}^{(1)},\cdots,x_n^{(1)})$$

是非零解,于是

$$\lambda_1\boldsymbol{X}_2=\boldsymbol{X}_1\boldsymbol{Q}_{12},\lambda_1\boldsymbol{X}_3=\boldsymbol{X}_2\boldsymbol{Q}_{23},\cdots,\lambda_1\boldsymbol{X}_1=\boldsymbol{X}_r\boldsymbol{Q}_{r1}\tag{21.6}$$

并且我们可以把这个非零解取的满足以下关系式

$$x_1^{(1)} : x_2^{(1)} : \cdots : x_n^{(1)} = P_{1\beta}(\lambda_1) : P_{2\beta}(\lambda_1) : \cdots : P_{n\beta}(\lambda_1)$$
$$(\beta = \overline{1,n}) \tag{21.7}$$

但是

$$\sum_{\beta_g} p_{\alpha\beta_g} = 1, \alpha \subset N_{g-1}(N_0 \equiv N_r) \quad (g = \overline{1,r})$$

故由(21.6)得出

$$\lambda_1 \sum_{\alpha_2} x_{\alpha_2}^{(1)} = \sum_{\alpha_1} x_{\alpha_1}^{(1)}$$
$$\lambda_1 \sum_{\alpha_3} x_{\alpha_3}^{(1)} = \sum_{\alpha_2} x_{\alpha_2}^{(1)}$$
$$\vdots$$
$$\lambda_1 \sum_{\alpha_1} x_{\alpha_1}^{(1)} = \sum_{\alpha_r} x_{\alpha_r}^{(1)}$$

因此，我们有

$$\sum_{\alpha_1} x_{\alpha_1}^{(1)} = \lambda_1 \sum_{\alpha_2} x_{\alpha_2}^{(1)} = \lambda_1^2 \sum_{\alpha_3} x_{\alpha_3}^{(1)} = \cdots = \lambda_1^{r-1} \sum_{\alpha_r} x_{\alpha_r}^{(1)}$$

由此推知

$$\lambda_1^r \sum_{\alpha_r} x_{\alpha_r}^{(1)} = \sum_{\alpha_r} x_{\alpha_r}^{(1)}$$

这就说明和数

$$\sum_{\alpha_r} x_{\alpha_r}^{(1)}$$

等于零，因而所有的和数

$$\sum_{\alpha_g} x_{\alpha_g}^{(1)} \quad (g = \overline{1,r})$$

都等于零. 于是根据(21.7)推知定理的论断是正确的.

这个定理还可以推广如下：

21. II′ 如果保持定理21. II的条件不变，而设λ_1是m重根，那么我们不但有(21.5)，而且还有以下的关系式

$$\sum_{\alpha_g} P_{\alpha_g\beta}^{(k)}(\lambda_1) = 0 \quad (k = \overline{1, m-1}, g = \overline{1,r})$$

实际上，我们选取矩阵 $\boldsymbol{P}$ 的第二个根λ_2，$|\lambda_2| \neq 1$，对于它等式(21.5)成立，于是我们可得

$$\sum_{\alpha_g} \frac{P_{\alpha_g\beta}(\lambda_1) - P_{\alpha_g\beta}(\lambda_2)}{\lambda_1 - \lambda_2} = 0$$

由此可见，当$\lambda_2 \to \lambda_1$时，我们有

$$\sum_{\alpha_g} P'_{\alpha_g\beta}(\lambda_1) = 0$$

迭次应用这个办法，即可推知定理中等式确能成立.

21. III 对于具有形式(19.2)的不可分解的随机矩阵 $\boldsymbol{P}$,我们有

$$\sum_{\alpha_g \subset N_g} P_{\alpha_g \beta_g}(1) = \frac{1}{r} P'(1) \tag{21.8}$$

实际上,方程组 $\boldsymbol{X} = \boldsymbol{XP}$ 具有正解

$$\boldsymbol{X}^0 = (X_1^0, X_2^0, \cdots, X_r^0)$$

其中

$$\boldsymbol{X}_g^0 = (x_{g1}^0, x_{g2}^0, \cdots, x_{gn}^0) \quad (g = \overline{1, r})$$

利用在定理 21. II 的证明中使用过的方法,不难推得

$$\sum_{\beta=1}^{n_1} x_{1\beta}^0 = \sum_{\beta=1}^{n_2} x_{2\beta}^0 = \cdots = \sum_{\beta=1}^{n_r} x_{r\beta}^0$$

因此,对于任意的 $\beta = \overline{1, n}$,我们都有

$$\sum_{\alpha_1 \subset N_1} P_{\alpha_1 \beta}(1) = \sum_{\alpha_2 \subset N_2} P_{\alpha_2 \beta}(1) = \cdots = \sum_{\alpha_r \subset N_r} P_{\alpha_r \beta}(1) \tag{21.9}$$

但是从另一方面来说,方程组 $\boldsymbol{Y} = \boldsymbol{PY}$ 具有显然的解

$$Y_1^0 = Y_2^0 = \cdots = Y_n^0 = 1$$

所以对于任意的 $\alpha = \overline{1, n}$,我们都有

$$P_{\alpha 1}(1) = P_{\alpha 2}(1) = \cdots = P_{\alpha n}(1) \tag{21.10}$$

从(21.9)与(21.10)推知,所有以下的和数

$$\sum_{\alpha_g \subset N_g} P_{\alpha_g \alpha_g}(1) \quad (g = \overline{1, r})$$

都等于同一个常数;而由等式

$$\sum_{\alpha=1}^{n} P_{\alpha\alpha}(1) = P'(1)$$

可知,这个常数就等于 $\frac{1}{r} P'(1)$,即所欲证明的.

21. IV 若 P 是具有形式(19.2)的不可分解循环随机矩阵,则其特征行列式 $P(\lambda)$ 的子式可按照 λ 的幂次展开如下

$$P_{\alpha\alpha}(\lambda) = \lambda^{n-1} + \sum_{i=1}^{\left[\frac{n-1}{r}\right]} (-1)^{ir} \frac{\lambda^{n-ir-1}}{(ir)!} S_{\alpha\alpha}^{(ir)}$$

$$(\alpha = \overline{1, n}) \tag{21.11}$$

$$P_{\alpha_h \beta_g}(\lambda) = (-1)^{h-g-1} \frac{\lambda^{n-h+g-1}}{(h-g-1)!} S_{\alpha_h \beta_g}^{(h-g-1)} +$$

$$(-1)^{h-g-1+r} \frac{\lambda^{n-h+g-1-r}}{(h-g-1+r)!} S_{\alpha_h \beta_g}^{(h-g-1+r)} + \cdots$$

$$(\alpha_h \subset N_h, \beta_g \subset N_g, h > g) \tag{21.12}$$

$$P_{\alpha_h \beta_g}(\lambda) = (-1)^{r+h-g-1} \frac{\lambda^{n-r-h+g-1}}{(r+h-g-1)!} S_{\alpha_h \beta_g}^{(r+h-g-1)} +$$

$$(-1)^{2r+h-g-1}\frac{\lambda^{n-2r-h+g-1}}{(2r+h-g-1)!}S_{\alpha_h\beta_g}^{(2r+h-g-1)}+\cdots$$

$$(\alpha_h\subset N_h,\beta_g\subset N_g,h\leqslant g,\alpha_h\neq\beta_g)\tag{21.13}$$

特别当 $p_{\beta_g\alpha_h}\neq 0$ 时,(21.12) 与(21.13) 可化成以下的较简形式

$$P_{\alpha_h\beta_g}(\lambda)=p_{\beta_g\alpha_h}\lambda^{n-2}+(-1)^r\frac{\lambda^{n-2-r}}{r!}S_{\alpha_h\beta_g}^{(r)}+\cdots\tag{21.14}$$

在(21.11) 到(21.14) 这几个等式中

$$S_{\alpha\alpha}^{(m)}=\sum_{\alpha_1,\cdots,\alpha_m}{}'\begin{vmatrix}p_{\alpha_1\alpha_1}&\cdots&p_{\alpha_1\alpha_m}\\\vdots&&\vdots\\p_{\alpha_m\alpha_1}&\cdots&p_{\alpha_m\alpha_m}\end{vmatrix}$$

$$S_{\alpha\beta}^{(0)}=p_{\beta\alpha}$$

$$S_{\alpha\beta}^{(m)}=\sum_{\alpha_1,\cdots,\alpha_m}{}''\begin{vmatrix}p_{\beta\alpha}&p_{\beta\alpha_1}&\cdots&p_{\beta\alpha_m}\\p_{\alpha_1\alpha}&p_{\alpha_1\alpha_1}&\cdots&p_{\alpha_1\alpha_m}\\\vdots&\vdots&&\vdots\\p_{\alpha_m\alpha}&p_{\alpha_m\alpha_1}&\cdots&p_{\alpha_m\alpha_m}\end{vmatrix}\quad(m>0)$$

此处符号 $\sum\limits_{\alpha_1,\cdots,\alpha_m}{}'$ 表示求和数时下标 $\alpha_1,\cdots,\alpha_m$ 取 $1,\cdots,\alpha-1,\alpha+1,\cdots,n$ 中 m 个数的所有可能的组合,而符号 $\sum\limits_{\alpha_1,\alpha_2,\cdots,\alpha_m}{}''$ 表示下标 $\alpha_1,\cdots,\alpha_m$ 取除 α,β 之外的 $1,2,\cdots,n$ 中的各值的所有可能的组合.

等式(21.12) 与(21.13) 也可以合并成一个等式

$$P_{\alpha_h\beta_g}(\lambda)=\sum_i(-1)^{ir+h-g-1}\frac{\lambda^{n-ir-h+g-1}}{(ir+h-g-1)!}S_{\alpha_h\beta_g}^{(ir+h-g-1)}$$

$$(\alpha_h\neq\beta_g)$$

其中和数符号 $\sum\limits_i$ 中的 i 的取值范围为 $0\leqslant ir+h-g-1\leqslant n-2$.

为要导出等式(21.11) 至(21.14),我们需要注意,一般而言我们有

$$P_{\alpha\alpha}(\lambda)=\lambda^{n-1}-\frac{\lambda^{n-2}}{1!}S_{\alpha\alpha}^{(1)}+\frac{\lambda^{n-3}}{2!}S_{\alpha\alpha}^{(2)}-\cdots$$

以及

$$P_{\alpha\beta}(\lambda)=\lambda^{n-2}S_{\alpha\beta}^{(0)}-\frac{\lambda^{n-3}}{1!}S_{\alpha\beta}^{(1)}+\frac{\lambda^{n-4}}{2!}S_{\alpha\beta}^{(2)}-\cdots$$

由以上两等式的前一个可以很容易地就导出等式(21.11);实际上我们只要注意到矩阵 $\boldsymbol{P}$ 的循环性,即可推知所有以下行列式

$$\begin{vmatrix}p_{\alpha_1\alpha_1}&\cdots&p_{\alpha_1\alpha_h}\\\vdots&&\vdots\\p_{\alpha_h\alpha_1}&\cdots&p_{\alpha_h\alpha_h}\end{vmatrix}\quad(h\not\equiv 0(\bmod r))$$

都等于零，因而与之相应的那些和数 $S_{\alpha\alpha}^{(h)}$ 也就都等于零.

为要证明等式(21.12) 与(21.13)，我们来考察以下的行列式

$$\Delta^{(m)}=\begin{vmatrix} p_{\beta\alpha} & p_{\beta\alpha_1} & \cdots & p_{\beta\alpha_m} \\ p_{\alpha_1\alpha} & p_{\alpha_1\alpha_1} & \cdots & p_{\alpha_1\alpha_m} \\ \vdots & \vdots & & \vdots \\ p_{\alpha_m\alpha} & p_{\alpha_m\alpha_1} & \cdots & p_{\alpha_m\alpha_m} \end{vmatrix}$$

行列式 $\Delta^{(m)}$ 的展式是由以下形式的一些项组成的

$$M=\pm p_{\beta\alpha_1'}p_{\alpha_1\alpha_2'}\cdots p_{\alpha_m\alpha_{m+1}'}$$

此处 $\alpha'_1,\alpha'_2,\cdots,\alpha'_{m+1}$ 是下标 $\beta,\alpha_1,\alpha_2,\cdots,\alpha_{m+1}$ 的某一种排列. 但是借助于调动 M 中的因子，我们总能把 M 写成如下的形式

$$M=\pm(p_{\beta\gamma_1}p_{\gamma_1\gamma_2}\cdots p_{\gamma_{k-1}\alpha})(p_{\gamma_k\gamma_{k+1}}p_{\gamma_{k+1}\gamma_{k+2}}\cdots p_{\gamma_{l-1}\gamma_k})\cdots$$

这就显示出 M 的因子是由一些环路以及最前面的那个不完全循环的因式所构成的. 首先，我们注意，欲使 M 不等于零，这只有在 M 的因子依序属于矩阵 $\boldsymbol{P}$ 的以下诸子块

$$\boldsymbol{Q}_{12},\boldsymbol{Q}_{23},\cdots,\boldsymbol{Q}_{r-1,r},\boldsymbol{Q}_{r1}$$

的时候，方为可能. 这样一来，如果 $\beta\subset N_g,\alpha\subset N_h$，我们就应该有

$$p_{\beta\gamma_1}\subset\boldsymbol{Q}_{g,g+1},p_{\gamma_1\gamma_2}\subset\boldsymbol{Q}_{g+1,g+2},\cdots,p_{\gamma_{k-1}\alpha}\subset\boldsymbol{Q}_{h-1,h}$$

并且无论 h 与 g 取什么值，总应有以下的关系

$$k\equiv h-g(\mathrm{mod}\ r)$$

其次，我们再来考察 M 中的循环因式. 欲使这些循环因式，亦即环路，不等于零，环路的级数必须能被 r 整除，因为矩阵 $\boldsymbol{P}$ 的循环指标是 r.

于是我们就看出，欲使行列式 $\Delta^{(m)}$ 不等于零，因而这种行列式的和数 $S_{\alpha\beta}^{(m)}(\beta\subset N_g,\alpha\subset N_h)$ 不等于零，必须

$$m+1\equiv h-g(\mathrm{mod}\ r)$$

因此当 $h>g$ 时及当 $h\leqslant g$ 时，我们分别有(21.12) 及(21.13).

如果 $p_{\beta_g\alpha_h}\neq 0$，则当 $h>g$ 时应有 $h=g+1$，当 $h\leqslant g$ 时应有 $h=1,g=r$；因此(21.12) 与(21.13) 显然就都化成了(21.14). 至此定理 21.Ⅳ 已经证明完毕.

现在我们指出，在等式(21.12)(21.13) 与(21.14) 中若固定 g 与 h，则对于所有的 $\alpha_h\subset N_h$ 与 $\beta_g\subset N_g$，λ 的最低的幂次总是同一个数；实际上 λ 的最低幂次是

$$n-h+g-ar-1$$

其中

$$a=\left[\frac{n-h+g-1}{r}\right]$$

由此显见不依赖于 α_h 与 β_g. 所以，假使用 $\varphi_{\alpha\alpha}(\lambda^r)$ 与 $\varphi_{\alpha_h\beta_g}(\lambda^r)$ 来表示 λ^r 的某些

多项式，我们就有

$$
\begin{aligned}
&P_{\alpha\alpha}(\lambda)=\lambda^{\sigma}\varphi_{\alpha\alpha}(\lambda^{r}) \quad (\alpha=\overline{1,n}) \\
&P_{\alpha_h\beta_g}(\lambda)=\lambda^{\tau}\varphi_{\alpha_h\beta_g}(\lambda^{r}) \quad (h,g=\overline{1,r})
\end{aligned} \tag{21.15}
$$

其中 σ 与 τ 的意义如下，当 $n\equiv 0(\bmod r)$ 时

$$
\begin{cases}
\sigma=r-1 \\
\tau=r-h+g-1 \quad (\text{若 } h>g) \\
\tau=g-h-1 \quad (\text{若 } h<g) \\
\tau=r-1 \quad (\text{若 } h=g)
\end{cases} \tag{21.16}
$$

当 $n\equiv v\not\equiv 0(\bmod r)$ 时

$$
\begin{cases}
\sigma=\gamma-1 \\
\tau=v-h+g-1 \quad (\text{若 } v>h-g,h>g) \\
\tau=r+v-h+g-1 \quad (\text{若 } v\leqslant h-g,h>g) \\
\tau=v-h+g-1 \quad (\text{若 } v<r+h-g+1,h\leqslant g) \\
\tau=v-h+g-r-1 \quad (\text{若 } v\geqslant r+h-g+1,h\leqslant g)
\end{cases} \tag{21.17}
$$

在(21.15)中若取 λ 等于方程 $\lambda^{r}-1=0$ 的任何一个根，则多项式 $\varphi_{\alpha\alpha}(\lambda^{r})$ 与 $\varphi_{\alpha_h\beta_g}(\lambda^{r})$ 就化为常量 $\varphi_{\alpha\alpha}(1)$ 与 $\varphi_{\alpha_h\beta_g}(1)$.

如果把矩阵 $\boldsymbol{P}$ 写成以下的形式

$$
\boldsymbol{P}=\begin{pmatrix}
\boldsymbol{Q}_{11} & \cdots & \boldsymbol{Q}_{1r} \\
\vdots & & \vdots \\
\boldsymbol{Q}_{r1} & \cdots & \boldsymbol{Q}_{rr}
\end{pmatrix}
$$

则等式(21.15)中的 λ 的最低幂次，可以与子块 $\boldsymbol{Q}_{ij}$ 相对应地列阵如下：当 $n\equiv 0(\bmod r)$ 时

$$
\begin{matrix}
r-1 & 0 & 1 & \cdots & r-2 \\
r-2 & r-1 & 0 & \cdots & r-3 \\
\vdots & \vdots & \vdots & & \vdots \\
0 & 1 & 2 & \cdots & r-1
\end{matrix} \tag{21.18}
$$

当 $n\equiv v\not\equiv 0(\bmod r)$ 时

$$
\begin{matrix}
v-1 & v & v+1 & \cdots & v-r-1 \\
v-2 & v-1 & v & \cdots & v-r-2 \\
\vdots & \vdots & \vdots & & \vdots \\
v-r & v-r+1 & v-r+2 & \cdots & v-1
\end{matrix} \tag{21.19}
$$

(21.18)与(21.19)的形式是很整齐的，在 mod r 的意义下，其中每一横行构成一个公差为1的上升等差级数，而每一纵列构成一个公差为1的下降等差级数；不过应该注意，在(21.19)中出现了一些负数，这仅仅是为了简便才这样写的，实际上(21.15)的 λ 最低幂次当然不会是负数，为要求出(21.15)的 λ 最低幂次的真值，应把(21.19)

中的负数皆换成在 mod r 的意义下与之相等的最小正数.

22. 不可分解循环矩阵 $\boldsymbol{P}$ 的幂 设 $\boldsymbol{P}$ 是一个不可分解循环矩阵，具有循环指标 r，并化成了形式(19.2). 此时 $\boldsymbol{P}$ 的正整数次幂即呈以下形式

$$\boldsymbol{P}=\begin{pmatrix} \boldsymbol{O} & \boldsymbol{Q}_{12}^{(1)} & \boldsymbol{O} & \cdots & \boldsymbol{O} \\ \boldsymbol{O} & \boldsymbol{O} & \boldsymbol{Q}_{23}^{(1)} & \cdots & \boldsymbol{O} \\ \vdots & \vdots & \vdots & & \vdots \\ \boldsymbol{Q}_{r1}^{(1)} & \boldsymbol{O} & \boldsymbol{O} & \cdots & \boldsymbol{O} \end{pmatrix} \quad (\boldsymbol{Q}_{gh}^{(v)} \equiv \boldsymbol{Q}_{gh})$$

或者简单一些，只记出各横行中的非零子阵来，那么就可写成

$$\boldsymbol{P}=(\boldsymbol{Q}_{12}^{(1)},\boldsymbol{Q}_{23}^{(1)},\cdots,\boldsymbol{Q}_{r1}^{(1)})$$

又有

$$\boldsymbol{P}^2=\begin{pmatrix} \boldsymbol{O} & \boldsymbol{O} & \boldsymbol{Q}_{13}^{(2)} & \boldsymbol{O} & \boldsymbol{O} & \cdots & \boldsymbol{O} \\ \boldsymbol{O} & \boldsymbol{O} & \boldsymbol{O} & \boldsymbol{Q}_{24}^{(2)} & \boldsymbol{O} & \cdots & \boldsymbol{O} \\ \vdots & \vdots & \vdots & \vdots & \vdots & & \vdots \\ \boldsymbol{Q}_{r-1,1}^{(2)} & \boldsymbol{O} & \boldsymbol{O} & \boldsymbol{O} & \boldsymbol{O} & \cdots & \boldsymbol{O} \\ \boldsymbol{O} & \boldsymbol{Q}_{r2}^{(2)} & \boldsymbol{O} & \boldsymbol{O} & \boldsymbol{O} & \cdots & \boldsymbol{O} \end{pmatrix}$$

或者照以上的简单记法，即是

$$\boldsymbol{P}^2=(\boldsymbol{Q}_{13}^{(2)},\boldsymbol{Q}_{24}^{(2)},\cdots,\boldsymbol{Q}_{r-1,1}^{(2)},\boldsymbol{Q}_{r2}^{(2)})$$

一般地说，当 $1\leqslant s<r$ 时我们有

$$\boldsymbol{P}^s=(\boldsymbol{Q}_{1,s+1}^{(s)},\boldsymbol{Q}_{2,s+2}^{(s)},\cdots,\boldsymbol{Q}_{r-s,r}^{(s)},\boldsymbol{Q}_{r-s+1,1}^{(s)},\boldsymbol{Q}_{r-s+2,2}^{(s)},\cdots,\boldsymbol{Q}_{rs}^{(s)}) \tag{22.1}$$

而当 $s>r$ 时我们有

$$\boldsymbol{P}^s=(\boldsymbol{Q}_{1,s_1+1}^{(s)},\boldsymbol{Q}_{2,s_1+2}^{(s)},\cdots,\boldsymbol{Q}_{r-s_1,r}^{(s)},\boldsymbol{Q}_{r-s_1+1,1}^{(s)},\boldsymbol{Q}_{r-s_1+2,2}^{(s)},\cdots,\boldsymbol{Q}_{rs_1}^{(s)})$$
$$(s=ir+s_1,0\leqslant s_1\leqslant r-1)$$

这就是说，只要把(22.1)中的下标 s 换成 s_1 就行了. 最后我们指出，如果 $s=ir$，$i=1,2,3,\cdots$，则上式就化为

$$\boldsymbol{P}^{ir}=(\boldsymbol{Q}_{11}^{(ri)},\boldsymbol{Q}_{22}^{(ri)},\cdots,\boldsymbol{Q}_{rr}^{(ri)}) \tag{22.2}$$

在这些公式中，存在以下的递推关系

$$\boldsymbol{Q}_{g,g+s+1}^{(s+1)}=\boldsymbol{Q}_{g,g+s}^{(s)}\boldsymbol{Q}_{g+s,g+s+1}^{(1)} \quad (g=\overline{1,r}) \tag{22.3}$$

如果其中

$$g+s+1=ir+h \quad (0<h\leqslant r)$$

那么就应该把 $g+s+1$ 换成 h，并且相应地把 $g+s$ 换成 $h-1$(假若 $h=1$，则 $g+h$ 应换成 r).

公式(22.1)(22.2)及(22.3)不难由矩阵的乘法规则直接验证. 同时这些公式亦可借助于以下的简单考虑而推得：一个不可分解循环链 C_n，若其规律 $\boldsymbol{P}$ 具有形式(19.2)，则幂 $\boldsymbol{P}^s$ 应该是由 s 步的转移概率所组成的，并且从某一个状态组 $B_g(g=\overline{1,r})$ 出发之后，经过 s 步应该转移到并且也只能转移到一个状态组

B_h，此处 h,g 与 s 满足以下的关系

$$g+s=ir+h \quad (0<h\leqslant r)$$

因此 h 应该是 $g+s$ 被 r 除所得的余数，而当余数是零的时候我们把余数算作 r；也就是说，在给定的 g 与 s 之下，h 应该是 $1,2,\cdots,r$ 诸数中满足下列关系

$$g+s\equiv h(\bmod r)$$

的那个数.

下面我们指出一些关于循环矩阵 $\boldsymbol{P}$ 的幂的定理，这些定理乃是关于非负循环矩阵的幂的相应的 Frobenius 定理的特殊情形.

22. I 如果 $\boldsymbol{P}$ 是原矩阵，则存在一个幂 $\boldsymbol{P}^s$，使得 $\boldsymbol{P}^s>\mathbf{0}$，并且所有以后的幂 $\boldsymbol{P}^{s+1},\boldsymbol{P}^{s+2},\cdots$ 皆大于 $\mathbf{0}$. 反之，如果 $\boldsymbol{P}$ 的某一个幂是正的，则 $\boldsymbol{P}$ 是原矩阵.

22. II 在非原矩阵 $\boldsymbol{P}$ 中，所有的主对角线上的元素 $p_{\alpha\alpha}$ 一概都是零.

22. III 如果 $\boldsymbol{P}$ 是原矩阵，则其每一个幂皆是原矩阵；如果 $\boldsymbol{P}$ 的幂

$$\boldsymbol{P},\boldsymbol{P}^2,\cdots,\boldsymbol{P}^n$$

（其中 n 是 $\boldsymbol{P}$ 的阶数）皆是不可分解的，则 $\boldsymbol{P}$ 是原矩阵.

22. IV 设不可分解矩阵 $\boldsymbol{P}$ 的特征行列式为

$$P(\lambda)=\lambda^n+a'\lambda^{n'}+a''\lambda^{n''}+\cdots$$

其中 $n>n'>n''>\cdots$，并且 $a',a'',\cdots$ 皆不等于零；此外再设 r 为诸差数 $n-n'$，$n'-n''$，$\cdots$ 的最大公因数. 此时如果 $r=1$，则 $\boldsymbol{P}$ 是原矩阵；如果 $r>1$，则 $\boldsymbol{P}$ 是非原矩阵，并且 $\boldsymbol{P}^r$ 是具有以下特点的 $\boldsymbol{P}$ 的最低次的幂

$$\boldsymbol{P}^r=(\boldsymbol{A}_{11},\boldsymbol{A}_{22},\cdots,\boldsymbol{A}_{rr})$$

其中 $\boldsymbol{A}_{ii}(i=\overline{1,r})$ 皆是原矩阵. 假如把 $P(\lambda)$ 写成以下形式

$$P(\lambda)=\lambda^n+a_1\lambda^{n-r}+a_2\lambda^{n-2r}+\cdots+a_m\lambda^{n-mr}$$

则方程

$$\lambda^m+a_1\lambda^{m-1}+a_2\lambda^{m-2}+\cdots+a_m=0$$

具有根 $\lambda=1$，它是单根，并且大于这一方程的所有其他根的模.

22. V 设 $\boldsymbol{P}$ 是不可分解非原矩阵，并设 $\boldsymbol{P}^r$ 是具有以下特点的 $\boldsymbol{P}$ 的最低次的幂

$$\boldsymbol{P}^r=(\boldsymbol{A}_{11},\boldsymbol{A}_{22},\cdots,\boldsymbol{A}_{rr})$$

其中 $\boldsymbol{A}_{ii}(i=\overline{1,r})$ 皆是原矩阵，那么借助于行与列的同样调动，矩阵 $\boldsymbol{P}$ 可化成标准循环形式(19.2)，有

$$\boldsymbol{P}=(\boldsymbol{Q}_{12},\boldsymbol{Q}_{23},\cdots,\boldsymbol{Q}_{r1})$$

关于这些定理，只要有了本章以前所讲的那些材料，都不难分别给出证明，我们在这里就从略了.

23. 不可分解循环链 C_n 的转移概率与绝对概率 我们还是设 $\boldsymbol{P}$ 是不可分解循环矩阵，具有循环指标 r，并已化成标准循环形式(19.2). 前节所得出的那

些结果，使得我们可以很容易地求出 s 步转移概率与绝对概率的公式具有些什么形式.

我们先来考察转移概率 $p_{\alpha_h\beta_g}^{(s)}$. 设 v 是以 r 除 n 所得的余数，$0\leqslant v<r$；则对于链 C_n，我们有

$$P(\lambda)=\lambda^v(\lambda^r-1)(\lambda^r-a_1)^{m_1}\cdots(\lambda^r-a_\mu)^{m_\mu}$$

其中 $|a_i|<1,i=\overline{1,\mu}$. 于是根据一般的等式(6.10)，我们可以写

$$p_{\alpha_h\beta_g}^{(s)}=p_{\alpha_h\beta_g}^{1(s)}+p_{\alpha_h\beta_g}^{2(s)}+p_{\alpha_h\beta_g}^{3(s)} \tag{23.1}$$

其中

$$p_{\alpha_h\beta_g}^{1(s)}=\sum_{j=0}^{r-1}\lambda_{0j}^s\frac{P_{\beta_g\alpha_h}(\lambda_{0j})}{P'(\lambda_{0j})} \tag{23.2}$$

$$p_{\alpha_h\beta_g}^{2(s)}=\sum_{i=1}^{\mu}\sum_{j=0}^{r-1}Q_{\beta_g\alpha_h ij}(s)\lambda_{ij}^s \tag{23.3}$$

$$p_{\alpha_h\beta_g}^{3(s)}=\frac{1}{(v-1)!}D_\lambda^{v-1}\left[\frac{\lambda^sP_{\beta_g\alpha_h}(\lambda)}{p(\lambda)}\right]_{\lambda=0} \tag{23.4}$$

在这几个式子里，λ_{0j} 表示方程 $\lambda^r-1=0$ 的一个根；λ_{ij} 表示方程 $\lambda^r-a_i=0(i=\overline{1,\mu})$ 的一个根；此外

$$p(\lambda)=\frac{P(\lambda)}{\lambda^v}$$

$$Q_{\beta_g\alpha_h ij}(s)=\frac{1}{(m_i-1)!}D_\lambda^{m_i-1}\left[\frac{\lambda^sP_{\beta_g\alpha_h}(\lambda)}{\lambda_{ij}^sp_{ij}(\lambda)}\right]_{\lambda=\lambda_{ij}}$$

$$p_{ij}(\lambda)=\frac{P(\lambda)}{(\lambda-\lambda_{ij})^{m_i}}$$

现在我们对等式(23.1)的右侧来逐项进行考察. 如果注意到关系式(21.15)～(21.17)，则不难证明，对于 r,h,g,s 的所有的值，我们总可写出以下等式

$$p_{\alpha_h\beta_g}^{1(s)}=\frac{\varphi_{\beta_g\alpha_h}(1)}{\sum_\alpha\varphi_{\alpha\alpha}(1)}\sum_{j=0}^{r-1}\lambda_{0j}^{s-g+h}$$

因此，根据单位根的众所周知的性质，即得

$$p_{\alpha_h\beta_g}^{1(s)}=\begin{cases}\dfrac{\varphi_{\beta_g\alpha_h}(1)}{\sum_\alpha\varphi_{\alpha\alpha}(1)}\cdot r & (\text{若 } s\equiv g-h(\bmod r))\\ 0 & (\text{若 } s\not\equiv g-h(\bmod r))\end{cases}$$

但是，在等式(21.15)～(21.17)中如果令 $\lambda=1$，则立即可以看出

$$\frac{\varphi_{\beta_g\alpha_h}(1)}{\sum_\alpha\varphi_{\alpha\alpha}(1)}=\frac{P_{\beta_g\alpha_h}(1)}{\sum_\alpha P_{\alpha\alpha}(1)}$$

另外，由于矩阵 $\boldsymbol{P}$ 不可分解，因而全部的 $P_{ij}(1)>0$，并且

$$P_{i1}(1)=P_{i2}(1)=\cdots=P_{in}(1)$$

所以我们可以写

$$\frac{P_{\beta_g\alpha_h}(1)}{\sum_{\alpha}P_{\alpha\alpha}(1)}=p_{\beta_g}>0$$

最后，我们就有

$$p^{1(s)}_{\alpha_h\beta_g}=\begin{cases}rp_{\beta_g} & (\text{若 } s\equiv g-h(\bmod r))\\ 0 & (\text{若 } s\not\equiv g-h(\bmod r))\end{cases} \tag{23.5}$$

在等式(23.3)中，$Q_{\beta_g\alpha_h^{ij}}(s)$ 是关于 s 的一个不高于 m_i-1 次的多项式，而 $|\lambda_{ij}|=\sqrt[m_i]{|a_i|}<1$，故对于所有的 α_h，β_g 恒有

$$\lim_{s\to+\infty}p^{2(s)}_{\alpha_h\beta_g}=0\quad(h,g=\overline{1,r}) \tag{23.6}$$

再来看最后的一项

$$p^{3(s)}_{\alpha_h\beta_g}=\frac{1}{(v-1)!}D_{\lambda}^{v-1}\left[\frac{\lambda^sP_{\beta_g\alpha_h}(\lambda)}{p(\lambda)}\right]_{\lambda=0}$$

当 $s>v-1$ 时，它恒等于零，而当 $s\leqslant v-1$ 时它可能不等于零.

这样一来，我们就得出了以下的重要定理：

23.I 设不可分解循环链 C_n 的规律具有标准循环形式(19.2)，并设 $A_\alpha\subset B_h$，$A_\beta\subset B_g$，则由状态 A_α 出发，通过 s 步而转移到状态 A_β 的转移概率 $p^{(s)}_{\alpha_h\beta_g}$，可写成下式

$$p^{(s)}_{\alpha_h\beta_g}=p^{1(s)}_{\alpha_h\beta_g}+p^{2(s)}_{\alpha_h\beta_g}+p^{3(s)}_{\alpha_h\beta_g}$$

其中右侧各项是用(23.2)～(23.4)各式来定义的，并且具有如下的性质：

a. $$p^{1(s)}_{\alpha_h\beta_g}=\begin{cases}rp_{\beta_g} & (\text{若 } s\equiv g-h(\bmod r))\\ 0 & (\text{若 } s\not\equiv g-h(\bmod r))\end{cases}$$

此处

$$p_{\beta_g}=\frac{P_{\beta_g\beta_g}(1)}{P'(1)}>0$$

$$(g=\overline{1,r};\beta_g=s_{g-1}+1,s_{g-1}+2,\cdots,s_g)$$

b. $\lim\limits_{s\to+\infty}p^{2(s)}_{\alpha_h\beta_g}=0$，对于所有的 α_h 及 β_g.

c. $p^{3(s)}_{\alpha_h\beta_g}=0$，对于 $s>v-1$.

因此，当 s 取值为

$$g-h,g-h+r,g-h+2r,\cdots$$

而趋于 $+\infty$ 时，我们有

$$\lim_{s\to+\infty}p^{(s)}_{\alpha_h\beta_g}=rp_{\beta_g}$$

当 s 取其他的值而趋于 $+\infty$ 时，我们有

$$\lim_{s\to+\infty} p_{\alpha_h\beta_g}^{(s)} = 0$$

定理 23. Ⅰ 所给出的这些结果，使得我们可以很容易地来研究绝对概率 $p_{s|\beta_g}$ 在 s 变化时的性质. 实际上，我们有

$$p_{s|\beta_g} = \sum_{\alpha=1}^{n} p_{0\alpha} p_{\alpha\beta_g}^{(s)} = \sum_{\alpha=1}^{n} p_{0\alpha} \sum_{i=1}^{3} p_{\alpha\beta_g}^{i(s)}$$

故依定理 23.Ⅰ，推得

$$p_{s|\beta_g} = q_h r p_{\beta_g} + \sum_{\alpha=1}^{n} p_{0\alpha} p_{\alpha\beta_g}^{2(s)} + \sum_{\alpha=1}^{n} p_{0\alpha} p_{\alpha\beta_g}^{3(s)}$$

其中

$$q_h = \sum_{\alpha_h} p_{0\alpha_h}$$

这里的 h 是在给定的 s 与 g 之下用下式来定义的

$$s + h - g \equiv 0 (\mathrm{mod}\ r)$$

当 $s\to+\infty$ 时，和数

$$\sum_{\alpha=1}^{n} p_{0\alpha} p_{\alpha\beta_g}^{2(s)} \text{ 与 } \sum_{\alpha=1}^{n} p_{0\alpha} p_{\alpha\beta_g}^{3(s)}$$

趋于零，如果 $s\to+\infty$ 时其所采取的值对于 mod r 而言恒相等，则这时 h 保持不变，而绝对概率 $p_{s|\beta_g}$ 即有极限 $q_h r p_{\beta_g}$；如果 $s\to+\infty$ 时其所采取的值在任何时刻以后皆不能对 mod r 保持恒等，则 h 不能保持不变，故此时绝对概率 $p_{s|\beta_g}$ 不一定有极限.

作为本条目的收尾，我们来引入循环链 C_n 的平稳性的概念. 我们称循环链 C_n 为平稳的，假若对于所有的 $s=1,2,\cdots$ 我们恒有

$$p_{s|\beta_g} = p_{\beta_g}$$

我们来证明下面的定理：

23. Ⅱ 欲使不可分解循环链 C_n 是平稳的，其充分条件是初始概率 $p_{0\alpha}$ 等于数 p_α

$$p_{0\alpha} = p_\alpha \quad (\alpha = \overline{1,n})$$

证 首先我们指出

$$p_{\beta_{g+1}} = \sum_{\alpha_g} p_{\alpha_g} p_{\alpha_g\beta_{g+1}} \quad (g = \overline{1,r}) \tag{23.7}$$

(如果 $g=r$，则其中的 $g+1$ 应改为 1.) 实际上，我们对于 $s=1,2,\cdots$ 恒有

$$p_{s+1|\beta_{g+1}} = \sum_{\alpha_g} p_{s|\alpha_g} p_{\alpha_g\beta_{g+1}}$$

故当 s 对 mod r 而言保持恒等而趋于 $+\infty$ 时，即得

$$q_h r p_{\beta_{g+1}} = \sum_{\alpha_g} q_h r p_{\alpha_g} p_{\alpha_g\beta_{g+1}}$$

这就是我们先前所指出的(23.7)，因为

$$q_h = \sum_{\alpha_h} p_{0\alpha_h} = \sum_{\alpha_h} p_{\alpha_h} = \frac{1}{r}$$

现在根据(23.7)即可得出

$$p_{1|\beta_{g+1}} = \sum_{\alpha_g} p_{\alpha_g} p_{\alpha_g \beta_{g+1}} = p_{\beta_{g+1}}$$

$$p_{2|\beta_{g+1}} = \sum_{\alpha_g} p_{1|\alpha_g} p_{\alpha_g \beta_{g+1}} = \sum_{\alpha_g} p_{\alpha_g} p_{\alpha_g \beta_{g+1}} = p_{\beta_{g+1}}$$

依此类推，即证得

$$p_{s|\beta_g} = p_{\beta_g} \quad (s = 1, 2, \cdots)$$

24. 例子　设链 C_n 的转移概率矩阵如下

$$\boldsymbol{P} = \begin{pmatrix} 0 & 0 & 0.3 & 0.7 & 0 & 0 \\ 0 & 0 & 0.4 & 0.6 & 0 & 0 \\ 0 & 0 & 0 & 0 & 0.1 & 0.9 \\ 0 & 0 & 0 & 0 & 0.6 & 0.4 \\ 0.2 & 0.8 & 0 & 0 & 0 & 0 \\ 0.7 & 0.3 & 0 & 0 & 0 & 0 \end{pmatrix}$$

显而易见，此矩阵不可分解并具有循环指标 3. 因为它是满秩矩阵，故 $\lambda = 0$ 不是它的根. 实际上，不难验算

$$P(\lambda) = (\lambda^3 - 1)(\lambda^3 + 0.025)$$

故其根为

$$\lambda_{00} = 1, \lambda_{01} = e^{2\pi i/3}, \lambda_{02} = e^{4\pi i/3}$$

$$\lambda_{10} = \sigma, \lambda_{11} = \sigma\lambda_{01}, \lambda_{12} = \sigma\lambda_{02}$$

$$(\sigma = -\sqrt[3]{0.025})$$

现在我们来求这个链的转移概率 $p_{\alpha\beta}^{(s)}$ 与绝对概率 $p_{s|\beta}$.

首先，我们作出行列式 $P(\lambda)$ 的子式 $P_{\alpha\beta}(\lambda)$ 的表(表 24.1).

表 24.1　$P_{\alpha\beta}(\lambda)$

α	β		
	1	2	3
1	$\lambda^5 - 0.5\lambda^2$	$0.5\lambda^2$	$0.065\lambda^3 - 0.15$
2	$0.525\lambda^2$	$\lambda^3 - 0.475\lambda^2$	$0.35\lambda^3 + 0.175$
3	$0.3\lambda^4 + 0.06\lambda$	$0.4\lambda^4 - 0.04\lambda$	$\lambda^5 - 0.64\lambda^2$
4	$0.7\lambda^4 - 0.035\lambda$	$0.6\lambda^4 + 0.065\lambda$	$0.665\lambda^2$
5	$0.45\lambda^3 - 0.015$	$0.4\lambda^3 + 0.035$	$0.1\lambda^4 + 0.335\lambda$
6	$0.55\lambda^3 + 0.04$	$0.6\lambda^3 - 0.01$	$0.9\lambda^4 - 0.31\lambda$

续表 24.1

α	β		
	4	5	6
1	$0.4\lambda^3+0.1$	$0.2\lambda^4+0.3\lambda$	$0.7\lambda^4-0.2\lambda$
2	$0.6\lambda^3-0.075$	$0.8\lambda^4-0.275\lambda$	$0.3\lambda^4+0.225\lambda$
3	$0.36\lambda^2$	$0.38\lambda^3-0.02$	$0.33\lambda^3+0.03$
4	$\lambda^5-0.335\lambda^2$	$0.62\lambda^3+0.045$	$0.67\lambda^3-0.005$
5	$0.6\lambda^4-0.165\lambda$	$\lambda^5-0.565\lambda^2$	$0.435\lambda^2$
6	$0.4\lambda^4+0.19\lambda$	$0.59\lambda^2$	$\lambda^5-0.41\lambda^2$

由此我们求得以下各数值

$$P_{1\beta}(1)=0.500$$
$$P_{2\beta}(1)=0.525$$
$$P_{3\beta}(1)=0.360$$
$$P_{4\beta}(1)=0.665$$
$$P_{5\beta}(1)=0.435$$
$$P_{6\beta}(1)=0.590$$

其中$\beta=\overline{1,6}$，并且所求出的值是完全精确的.利用这些数值就可以算出p_β如下

$$\begin{cases} p_1=\dfrac{P_{11}(1)}{\sum P_{\alpha\alpha}(1)}=\dfrac{500}{3\,075},p_2=\dfrac{525}{3\,075},p_3=\dfrac{360}{3\,075} \\ p_4=\dfrac{665}{3\,075}, \qquad p_5=\dfrac{435}{3\,075},p_6=\dfrac{590}{3\,075} \end{cases} \tag{24.1}$$

由表24.1还可以算出$P_{\alpha\beta}(\lambda_{01})$的值，下表(表24.2)所列就是它们的值，不过这些值都是乘以常倍数后所得的值，表中最后一列即所乘的常倍数.

表 24.2　$P_{\alpha\beta}(\lambda_{01})$

α	β						
	1	2	3	4	5	6	倍　数
1	λ_{01}^2	λ_{01}^2	1	1	λ_{01}	λ_{01}	0.500
2	λ_{01}^2	λ_{01}^2	1	1	λ_{01}	λ_{01}	0.525
3	λ_{01}	λ_{01}	λ_{01}^2	λ_{01}^2	1	1	0.360
4	λ_{01}	λ_{01}	λ_{01}^2	λ_{01}^2	1	1	0.665
5	1	1	λ_{01}	λ_{01}	λ_{01}^2	λ_{01}^2	0.435
6	1	1	λ_{01}	λ_{01}	λ_{01}^2	λ_{01}^2	0.590

如果在表 24.2 中把 λ_{01} 换成 λ_{02}，则我们就得到了 $P_{\alpha\beta}(\lambda_{02})$ 的表.

现在我们再来求 $P_{\alpha\beta}(\lambda_{ij})$，$j=0,1,2$. 由表 24.1 不难算出这些值来，表 (24.3) 列出 $P_{\alpha\beta}(\lambda_{10})$ 的值.

表 24.3 $P_{\alpha\beta}(\lambda_{10})=P_{\alpha\beta}(\sigma)$

α	β					
	1	2	3	4	5	6
1	$-0.525\sigma^2$	$0.5\sigma^2$	$-0.166\,25$	0.09	0.295σ	$-0.217\,5\sigma$
2	$0.525\sigma^2$	$-0.5\sigma^2$	$0.166\,25$	-0.09	-0.295σ	$0.217\,5\sigma$
3	$0.052\,5\sigma$	-0.05σ	$0.665\sigma^2$	0.36	$-0.029\,5$	$0.021\,75$
4	$-0.052\,5\sigma$	0.05σ	$0.665\sigma^2$	$-0.36\sigma^2$	$0.029\,5$	$-0.021\,75$
5	$-0.026\,25$	0.025	$0.332\,5\sigma$	-0.18σ	$-0.59\sigma^2$	$0.435\sigma^2$
6	$0.026\,25$	-0.025	$-0.332\,5\sigma$	0.18σ	$0.59\sigma^2$	$-0.435\sigma^2$

由表24.3可以求出 $P_{\alpha\beta}(\lambda_{11})$ 与 $P_{\alpha\beta}(\lambda_{12})$ 的值，为此只需将其中的 $\sigma^0=1,\sigma,\sigma^2$ 分别换成

$$\lambda_{11}^0=1,\lambda_{11}=\lambda_{01}\sigma,\lambda_{11}^2=\lambda_{01}^2\sigma^2$$

与

$$\lambda_{12}^0=1,\lambda_{12}=\lambda_{02}\sigma,\lambda_{12}^2=\lambda_{02}\sigma^2$$

即可.

现在我们根据前节所得的公式来计算 $p_{\alpha\beta}^{(s)}$. 此时因为 $P(\lambda)$ 无零根，故公式中的 $p_{\alpha\beta}^{3(s)}$ 不出现. 此外我们有

$$p_{\alpha_h\beta_g}^{1(s)}=\begin{cases}3p_{\beta_g} & (若\ s\equiv g-h(\mathrm{mod}\ 3))\\ 0 & (若\ s\not\equiv g-h(\mathrm{mod}\ 3))\end{cases}$$

在此情形下，组 B_g 是这样的

$$B_1=(A_1,A_2),B_2=(A_3,A_4),B_3=(A_5,A_6)$$

例如

$$p_{\alpha\alpha}^{1(3n)}=3p_\alpha,\alpha=\overline{1,6}\quad(n=1,2,\cdots)$$
$$p_{13}^{1(3n)}=p_{13}^{1(3n+1)}=0,p_{13}^{1(3n+2)}=3p_3\quad(n=1,2,\cdots)$$
$$p_{26}^{1(3n)}=p_{26}^{1(3n+2)}=0,p_{26}^{1(3n+1)}=3p_6\quad(n=1,2,\cdots)$$

当然，这里的 p_α,p_3,p_6 是由等式(24.1) 所规定的那些数.

至于数 $p_{\alpha\beta}^{2(s)}$，在我们的情形下，应由以下公式来计算

$$p_{\alpha\beta}^{2(s)}=\sum_{h=0}^{2}\frac{\lambda_{1h}^{s}P_{\beta\alpha}(\lambda_{1h})}{p_{1h}(\lambda_{1h})}$$

其中

$$p_{1h}(\lambda_{1h})=\left[\frac{dP(\lambda)}{d\lambda}\right]_{\lambda=\lambda_{1h}}=[3\lambda^2(\lambda^3+0.025)+$$

$$3\lambda^2(\lambda^3-1)]_{\lambda=\lambda_{1h}}=3\lambda_{1h}^2(\lambda_{1h}^3-1)=-3.075\lambda_{1h}^2$$

并且

$$P_{\beta\alpha}(\lambda_{1h})=\lambda_{1h}^{m_{\beta\alpha}}P_{\beta\alpha}$$

式中的 $m_{\beta\alpha}$ 是表示表 24.3 中 σ 的幂次，而 $P_{\beta\alpha}$ 是表示这个幂的常系数. 于是 $p_{\alpha\beta}^{2(s)}$ 就可以表示成以下形式

$$p_{\alpha\beta}^{2(s)}=-\frac{P_{\beta\alpha}}{3.075}\sum_{h=0}^{2}\lambda_{1h}^{s+m_{\beta\alpha}-2}$$

不难看出，数 $m_{\beta\alpha}$ 不是别的，恰恰就是在(21.17) 中的那些数；它们可列成下表(表 24.4).

表 24.4 $m_{\alpha\beta}$

α	β					
	1	2	3	4	5	6
1	2	2	0	0	1	1
2	2	2	0	0	1	1
3	1	1	2	2	0	0
4	1	1	2	2	0	0
5	0	0	1	1	2	2
6	0	0	1	1	2	2

和数 $\sum_{h=0}^{2}\lambda_{1h}^{s+m_{\beta\alpha}-2}$ 当 $s+m_{\beta\alpha}-2$ 为 3 的整倍数时等于 $3\sigma^{s+m_{\beta\alpha}-2}$，而当 $s+m_{\beta\alpha}-2$ 不为 3 的整倍数时等于零. 因而我们有

$$p_{\alpha\beta}^{2(s)}=\begin{cases}\dfrac{-\sigma^{s+m_{\beta\alpha}-2}}{1.025}P_{\beta\alpha} & (\text{若 } s+m_{\beta\alpha}-2\equiv 0(\bmod 3))\\ 0 \quad (\text{若 } s+m_{\beta\alpha}-2\not\equiv 0(\bmod 3))\end{cases}\tag{24.2}$$

例如，对于 $\alpha=\beta=\overline{1,6}$，我们有 $m_{\beta\alpha}=2$ 以及

$$p_{\alpha\alpha}^{2(3n)}=-\frac{\sigma^{3n}}{1.025}P_{\alpha\alpha}\quad(\alpha=\overline{1,6};n=1,2,\cdots))$$

于是

$$p_{11}^{2(3n)}=\frac{525}{1\,025}\sigma^{3n},p_{22}^{2(3n)}=\frac{500}{1\,025}\sigma^{3n}$$

$$p_{33}^{2(3n)}=\frac{665}{1\,025}\sigma^{3n},p_{44}^{2(3n)}=\frac{360}{1\,025}\sigma^{3n}$$

$$p_{55}^{2(3n)}=\frac{590}{1\,025}\sigma^{3n},p_{66}^{2(3n)}=\frac{435}{1\,025}\sigma^{3n}$$

并且

$$p_{\alpha\alpha}^{2(3n+1)}=p_{\alpha\alpha}^{2(3n+2)}=0 \quad (\alpha=\overline{1,6};n=1,2,\cdots)$$

既然会计算 $p_{\alpha\beta}^{1(s)}$ 与 $p_{\alpha\beta}^{2(s)}$，那么

$$p_{\alpha\beta}^{(s)}=p_{\alpha\beta}^{1(s)}+p_{\alpha\beta}^{2(s)}$$

与

$$p_{s|\beta}=\sum_{\alpha=1}^{\sigma}p_{0\alpha}p_{\alpha\beta}^{(s)}$$

也就很容易算了.

我们试来考察 $p_{\alpha\beta}^{1(s)}$ 与 $p_{\alpha\beta}^{2(s)}$ 的概率意义：数 $p_{\alpha\beta}^{1(s)}$ 表示由状态 A_α 出发，经过 s 步而转移成状态 A_β 的转移概率 $p_{\alpha\beta}^{(s)}$ 之中，不受初始状态 A_α 的影响的部分；但是数 $p_{\alpha\beta}^{1(s)}$ 依赖于时间，并且随着时间而循环变化. 数 $p_{\alpha\beta}^{2(s)}$ 也是转移概率 $p_{\alpha\beta}^{(s)}$ 之中的一个组成部分，数 $p_{\alpha\beta}^{2(s)}$ 主要是依赖于初始状态 A_α 并且同时也依赖于时间，它表示出了在不同的时间初始状态 A_α 的影响. 这些解释不但适用于我们目前的实例，而且也适用于前面 $p_{\alpha\beta}^{(s)}$ 的公式的一般情形. 不过在一般公式中，初始状态 A_α 的影响是用和数

$$p_{\alpha\beta}^{2(s)}+p_{\alpha\beta}^{3(s)}$$

来表达的.

25. 循环链 C_n 中概率 $p_{\alpha\beta}^{(s)}$ 的另一计算法 为了计算概率 $p_{\alpha\beta}^{(s)}$，我们可以应用另一种方法，这一方法主要是根据条目 22 中所给出的关于循环矩阵 $\boldsymbol{P}$ 的正整数次幂的表达式. 这一方法实际上常常比条目 23 中所讲的方法要来得简单，下面我们就来介绍这种方法.

概率 $p_{\alpha\beta}^{(s)}$ 是矩阵 $\boldsymbol{P}^s$ 的元素，若设

$$s=nr+t$$

则 $\boldsymbol{P}^s$ 可写成下式

$$\boldsymbol{P}^s=\boldsymbol{P}^{nr}\cdot\boldsymbol{P}^t$$

然后我们可以把 $\boldsymbol{P}^{nr}$ 表示成以下形式

$$\boldsymbol{P}^{nr}=(\boldsymbol{Q}_{11}^{(r)n},\boldsymbol{Q}_{22}^{(r)n},\cdots,\boldsymbol{Q}_{rr}^{(r)n})$$

并且借助于条目 6 中的一般公式求出矩阵 $\boldsymbol{Q}_{\alpha\alpha}^{(r)n}$ 的元素，因而也就求出了 $\boldsymbol{P}^{nr}$ 的元素；此时，为了求出 $\boldsymbol{Q}_{\alpha\alpha}^{(r)n}$ 的元素，显然只需求 $\boldsymbol{Q}_{\alpha\alpha}^{(r)}$ 的元素及其特征根，还有其特征行列式的各个子式对于这些特征根的值. 至于矩阵 $\boldsymbol{P}^t$ 则应直接根据等式 (22.3) 来计算. 在矩阵 $\boldsymbol{P}^{nr}$ 与 $\boldsymbol{P}^t$ 都已计算出来后，只要把它们再相乘起来，就可以求出 $p_{\alpha\beta}^{(s)}$.

例 我们把这个方法用到前一条目所举的那个例子上去.

对于 $s=1,2,3$ 我们有

$$\boldsymbol{P}=(\boldsymbol{Q}_{12}^{(1)},\boldsymbol{Q}_{23}^{(1)},\boldsymbol{Q}_{31}^{(1)})$$

$$\boldsymbol{P}^2=(\boldsymbol{Q}_{13}^{(2)},\boldsymbol{Q}_{21}^{(2)},\boldsymbol{Q}_{32}^{(2)})$$

$$\boldsymbol{P}^3=(\boldsymbol{Q}_{11}^{(3)},\boldsymbol{Q}_{22}^{(3)},\boldsymbol{Q}_{33}^{(3)})$$

其中

$$\boldsymbol{Q}_{12}^{(1)}=\begin{pmatrix}0.3 & 0.7\\0.4 & 0.6\end{pmatrix}=0.1\begin{pmatrix}3 & 7\\4 & 6\end{pmatrix}$$

$$\boldsymbol{Q}_{23}^{(1)}=0.1\begin{pmatrix}1 & 9\\6 & 4\end{pmatrix}$$

$$\boldsymbol{Q}_{31}^{(1)}=0.1\begin{pmatrix}2 & 8\\7 & 3\end{pmatrix}$$

$$\begin{aligned}\boldsymbol{Q}_{13}^{(2)}&=\boldsymbol{Q}_{12}^{(1)}\boldsymbol{Q}_{23}^{(1)}\\&=0.01\begin{pmatrix}3 & 7\\4 & 6\end{pmatrix}\begin{pmatrix}1 & 9\\6 & 4\end{pmatrix}\\&=0.01\begin{pmatrix}45 & 55\\40 & 60\end{pmatrix}\end{aligned}$$

$$\boldsymbol{Q}_{21}^{(2)}=\boldsymbol{Q}_{23}^{(1)}\boldsymbol{Q}_{31}^{(1)}=0.01\begin{pmatrix}65 & 35\\40 & 60\end{pmatrix}$$

$$\boldsymbol{Q}_{32}^{(2)}=\boldsymbol{Q}_{31}^{(1)}\boldsymbol{Q}_{12}^{(1)}=0.01\begin{pmatrix}38 & 62\\33 & 67\end{pmatrix}$$

$$\begin{aligned}\boldsymbol{Q}_{11}^{(3)}&=\boldsymbol{Q}_{13}^{(2)}\boldsymbol{Q}_{31}^{(1)}\\&=0.001\begin{pmatrix}45 & 55\\40 & 60\end{pmatrix}\begin{pmatrix}2 & 8\\7 & 3\end{pmatrix}\\&=0.001\begin{pmatrix}475 & 525\\500 & 500\end{pmatrix}\end{aligned}$$

$$\boldsymbol{Q}_{22}^{(3)}=\boldsymbol{Q}_{21}^{(2)}\boldsymbol{Q}_{12}^{(1)}=0.001\begin{pmatrix}335 & 665\\360 & 640\end{pmatrix}$$

$$\boldsymbol{Q}_{33}^{(3)}=\boldsymbol{Q}_{32}^{(2)}\boldsymbol{Q}_{23}^{(1)}=0.001\begin{pmatrix}410 & 590\\435 & 565\end{pmatrix}$$

我们再来求矩阵$\boldsymbol{Q}_{11}^{(3)}$,$\boldsymbol{Q}_{22}^{(3)}$与$\boldsymbol{Q}_{33}^{(3)}$的特征方程.这些矩阵的特征行列式很容易就可写出

$$Q_{11}^{(3)}(\lambda)=\begin{vmatrix}\lambda-0.475 & -0.525\\-0.500 & \lambda-0.500\end{vmatrix}$$

$$Q_{22}^{(3)}(\lambda)=\begin{vmatrix}\lambda-0.335 & -0.665\\-0.360 & \lambda-0.640\end{vmatrix}$$

$$Q_{33}^{(3)}(\lambda)=\begin{vmatrix}\lambda-0.410 & -0.590\\-0.435 & \lambda-0.565\end{vmatrix}$$

由此易见,这些矩阵的特征方程皆为

$$(\lambda-1)(\lambda+0.025)=0$$

故其特征根皆为

$$\lambda_0=1 \text{ 与 } \lambda_1=-0.025$$

设以

$$Q'_{\alpha\beta}(\lambda), Q''_{\alpha\beta}(\lambda), Q'''_{\alpha\beta}(\lambda)$$

分别表示 $Q_{11}^{(3)}(\lambda), Q_{22}^{(3)}(\lambda), Q_{33}^{(3)}(\lambda)$ 的子式,这些子式对于根 $\lambda_0=1$ 与 $\lambda_1=-0.025$ 的值可列成下表(表 25.1)

表 25.1

α	$Q'_{\alpha\beta}(1)$		$Q''_{\alpha\beta}(1)$		$Q'''_{\alpha\beta}(1)$	
	β					
	1	2	1	2	1	2
1	0.500	0.500	0.360	0.360	0.435	0.435
2	0.525	0.525	0.665	0.665	0.590	0.590

α	$Q'_{\alpha\beta}(-0.025)$		$Q''_{\alpha\beta}(-0.025)$		$Q'''_{\alpha\beta}(-0.025)$	
	β					
	1	2	1	2	1	2
1	−0.525	0.500	−0.665	0.360	−0.590	0.435
2	0.525	−0.500	0.665	−0.360	0.590	−0.435

现在我们可以进行矩阵的计算

$$\boldsymbol{P}^{3n}=(\boldsymbol{Q}_{11}^{(3)n}, \boldsymbol{Q}_{22}^{(3)n}, \boldsymbol{Q}_{33}^{(3)n})=\begin{pmatrix}\boldsymbol{Q}_{11}^{(3)n} & \boldsymbol{O} & \boldsymbol{O}\\ \boldsymbol{O} & \boldsymbol{Q}_{22}^{(3)n} & \boldsymbol{O}\\ \boldsymbol{O} & \boldsymbol{O} & \boldsymbol{Q}_{33}^{(3)n}\end{pmatrix}$$

为此我们先求出矩阵 $\boldsymbol{Q}_{11}^{(3)n}, \boldsymbol{Q}_{22}^{(3)n}, \boldsymbol{Q}_{33}^{(3)n}$. 以 $q_{\alpha\beta}^{1(n)}, q_{\alpha\beta}^{2(n)}, q_{\alpha\beta}^{3(n)}$ 分别表示它们的元素,根据 Perron 公式不难求得这些元素的值,例如

$$q_{\alpha\beta}^{1(n)}=\frac{\lambda_0^n Q'_{\beta\alpha}(\lambda_0)}{D_\lambda Q_{11}^{(3)}(\lambda_0)}+\frac{\lambda_1^n Q'_{\beta\alpha}(\lambda_1)}{D_\lambda Q_{11}^{(3)}(\lambda_1)}$$
$$=\frac{Q'_{\beta\alpha}(1)}{1.025}-\frac{\sigma^{3n}Q'_{\beta\alpha}(-0.025)}{1.025}$$

($\sigma^3=-0.025$). 照这样来算,即得下列结果

$$\boldsymbol{Q}_{11}^{(3)n}=\frac{1}{1\,025}\begin{pmatrix}500+525\sigma^{3n} & 525-525\sigma^{3n}\\ 500-500\sigma^{3n} & 525+500\sigma^{3n}\end{pmatrix}$$

$$\boldsymbol{Q}_{22}^{(3)n}=\frac{1}{1\,025}\begin{pmatrix}360+665\sigma^{3n} & 665-665\sigma^{3n}\\ 360-360\sigma^{3n} & 665+360\sigma^{3n}\end{pmatrix}$$

$$\boldsymbol{Q}_{33}^{(3)n}=\frac{1}{1\,025}\begin{pmatrix}435+590\sigma^{3n} & 590-590\sigma^{3n}\\ 435-435\sigma^{3n} & 590+435\sigma^{3n}\end{pmatrix}$$

最后，利用前面所求出的矩阵 $\boldsymbol{P}$ 与 $\boldsymbol{P}^2$ 的值，以及这里列出的矩阵 $\boldsymbol{Q}_{gg}^{(3)n}$ 的值，还有以下的等式

$$\boldsymbol{P}^{3n+1}=\boldsymbol{P}^{3n}\boldsymbol{P},\boldsymbol{P}^{3n+2}=\boldsymbol{P}^{3n}\boldsymbol{P}^2$$

即可毫无困难地求出概率 $p_{\alpha\beta}^{(s)}$. 例如，对于 $\alpha,\beta=1,2$ 以及 $s=3n$，概率 $p_{\alpha\beta}^{(3n)}$ 等于矩阵 $\boldsymbol{Q}_{11}^{(3)n}$ 中相应的元素

$$p_{11}^{(3n)}=\frac{500+525\sigma^{3n}}{1\ 025},p_{12}^{(3n)}=\frac{525-525\sigma^{3n}}{1\ 025}$$

$$p_{21}^{(3n)}=\frac{500-500\sigma^{3n}}{1\ 025},p_{22}^{(3n)}=\frac{525+500\sigma^{3n}}{1\ 025}$$

对于 $\alpha,\beta=3,4$ 以及 $s=3n$，概率 $p_{\alpha\beta}^{(3n)}$ 等于矩阵 $\boldsymbol{Q}_{22}^{(3)n}$ 中相应的元素；对于 $\alpha,\beta=5,6$ 以及 $s=3n$，概率 $p_{\alpha\beta}^{(3n)}$ 等于矩阵 $\boldsymbol{Q}_{33}^{(3)n}$ 中相应的元素；对于 $s=3n+1$，当 $\alpha=1,2$ 并且 $\beta=1,2,5,6$ 时，概率 $p_{\alpha\beta}^{(3n+1)}$ 等于零，而当 $\alpha=1,2$ 并且 $\beta=3,4$ 时，概率 $p_{\alpha\beta}^{(3n+1)}$ 等于下列的矩阵乘积中的相应元素

$$\boldsymbol{Q}_{11}^{(3)n}\boldsymbol{Q}_{12}^{(1)}=\frac{0.1}{1\ 025}\begin{pmatrix}500+525\sigma^{3n} & 525-525\sigma^{3n}\\ 500-500\sigma^{3n} & 525+500\sigma^{3n}\end{pmatrix}\begin{pmatrix}3 & 7\\ 4 & 6\end{pmatrix}$$

$$=\frac{1}{1\ 025}\begin{pmatrix}360-52.5\sigma^{3n} & 665+52.5\sigma^{3n}\\ 360+50.0\sigma^{3n} & 665-50.0\sigma^{3n}\end{pmatrix}$$

$$p_{13}^{(3n+1)}=\frac{360-52.5\sigma^{3n}}{1\ 025},p_{14}^{(3n+1)}=\frac{665+52.5\sigma^{3n}}{1\ 025}$$

$$p_{23}^{(3n+1)}=\frac{360+50.0\sigma^{3n}}{1\ 025},p_{24}^{(3n+1)}=\frac{665-50.0\sigma^{3n}}{1\ 025}$$

与此相类似地可列出如下的一张关于矩阵的完全的表（表 25.2），借助于这个表可以立即写出概率

$$p_{\alpha\beta}^{(s)}\quad(\text{对于 } s=3n,3n+1,3n+2 \text{ 及 } \alpha,\beta=\overline{1,6})$$

在这个表中也附带列出了与不等于零的 $p_{\alpha\beta}^{(s)}$ 相对应的那些 α,β 的值.

表 25.2

$s=3n$
$\boldsymbol{Q}_{11}^{(3)n}=\frac{1}{1\ 025}\begin{pmatrix}500+525\sigma^{3n} & 525-525\sigma^{3n}\\ 500-500\sigma^{3n} & 525+500\sigma^{3n}\end{pmatrix},\quad\begin{pmatrix}\alpha=1,2\\ \beta=1,2\end{pmatrix}$
$\boldsymbol{Q}_{22}^{(3)n}=\frac{1}{1\ 025}\begin{pmatrix}360+665\sigma^{3n} & 665-665\sigma^{3n}\\ 360-360\sigma^{3n} & 665+360\sigma^{3n}\end{pmatrix},\quad\begin{pmatrix}\alpha=3,4\\ \beta=3,4\end{pmatrix}$
$\boldsymbol{Q}_{33}^{(3)n}=\frac{1}{1\ 025}\begin{pmatrix}435+590\sigma^{3n} & 590-590\sigma^{3n}\\ 435-435\sigma^{3n} & 590+435\sigma^{3n}\end{pmatrix},\quad\begin{pmatrix}\alpha=5,6\\ \beta=5,6\end{pmatrix}$

续表 25.2

$s=3n+1$
$Q_{11}^{(3)n}Q_{12}^{(1)}=\frac{1}{1\,025}\begin{pmatrix}360-52.5\sigma^{3n} & 665+52.5\sigma^{3n}\\ 360+50.0\sigma^{3n} & 665-50.0\sigma^{3n}\end{pmatrix},\quad\begin{pmatrix}\alpha=1,2\\ \beta=3,4\end{pmatrix}$
$Q_{22}^{(3)n}Q_{23}^{(1)}=\frac{1}{1\,025}\begin{pmatrix}435-332.5\sigma^{3n} & 590+332.5\sigma^{3n}\\ 435+180\sigma^{3n} & 590-180\sigma^{3n}\end{pmatrix},\quad\begin{pmatrix}\alpha=3,4\\ \beta=5,6\end{pmatrix}$
$Q_{33}^{(3)n}Q_{31}^{(1)}=\frac{1}{1\,025}\begin{pmatrix}500-295\sigma^{3n} & 525+295\sigma^{3n}\\ 500+217.5\sigma^{3n} & 525-217.5\sigma^{3n}\end{pmatrix},\quad\begin{pmatrix}\alpha=5,6\\ \beta=1,2\end{pmatrix}$
$s=3n+2$
$Q_{11}^{(3)}Q_{13}^{(2)}=\frac{1}{1\,025}\begin{pmatrix}435+26.25\sigma^{3n} & 590-26.25\sigma^{3n}\\ 435-25.00\sigma^{3n} & 590+25.00\sigma^{3n}\end{pmatrix},\quad\begin{pmatrix}\alpha=1,2\\ \beta=5,6\end{pmatrix}$
$Q_{22}^{(3)n}Q_{21}^{(2)}=\frac{1}{1\,025}\begin{pmatrix}500+166.25\sigma^{3n} & 525-166.25\sigma^{3n}\\ 500-90.00\sigma^{3n} & 525+90.00\sigma^{3n}\end{pmatrix},\quad\begin{pmatrix}\alpha=3,4\\ \beta=1,2\end{pmatrix}$
$Q_{33}^{(3)n}Q_{32}^{(2)}=\frac{1}{1\,025}\begin{pmatrix}360+29.50\sigma^{3n} & 665-29.50\sigma^{3n}\\ 360-21.75\sigma^{3n} & 665+21.75\sigma^{3n}\end{pmatrix},\quad\begin{pmatrix}\alpha=5,6\\ \beta=3,4\end{pmatrix}$

26. 复循环链 体系 S 由某一个状态出发，可以循不同的途径再变回到这个状态，因此，链 C_n 的循环性可以有多种不同的类型，并且可以是非常复杂的. 我们立即就会看到，可以有各式各样的复循环链 C_n.

现在我们称前面所研究的循环链 C_n 为单循环链. 单循环链的特征在于：在这种链中体系 S 由某一状态组 B_g 出发后，下一步必然就要变到组 B_{g+1} 中，再下一步就要变到组 B_{g+2} 中，诸如此类，一言以蔽之，遵照一个严格的、有着完全确定的次序的序列

$$B_g, B_{g+1}, B_{g+2}, \cdots, B_r, B_1, B_2, \cdots, B_r, B_1, \cdots$$

而变化下去(假定我们所研究的是具有循环指标 r 的不可分解循环链). 易见，经过最先有限个组以后，再下去就总是重复着同一环路

$$B_1, B_2, \cdots, B_r$$

现在我们来看下面的一个例子. 设给定链 C_n，其规律如下

$$\boldsymbol{P}=\begin{pmatrix}\boldsymbol{O} & \boldsymbol{Q}_{12} & \boldsymbol{O} & \boldsymbol{Q}_{14} & \boldsymbol{O} & \boldsymbol{O} & \boldsymbol{O}\\ \boldsymbol{O} & \boldsymbol{O} & \boldsymbol{Q}_{23} & \boldsymbol{O} & \boldsymbol{O} & \boldsymbol{O} & \boldsymbol{O}\\ \boldsymbol{Q}_{31} & \boldsymbol{O} & \boldsymbol{O} & \boldsymbol{O} & \boldsymbol{O} & \boldsymbol{O} & \boldsymbol{O}\\ \boldsymbol{O} & \boldsymbol{O} & \boldsymbol{O} & \boldsymbol{O} & \boldsymbol{Q}_{45} & \boldsymbol{O} & \boldsymbol{O}\\ \boldsymbol{O} & \boldsymbol{O} & \boldsymbol{O} & \boldsymbol{O} & \boldsymbol{O} & \boldsymbol{Q}_{56} & \boldsymbol{O}\\ \boldsymbol{O} & \boldsymbol{O} & \boldsymbol{O} & \boldsymbol{O} & \boldsymbol{O} & \boldsymbol{O} & \boldsymbol{Q}_{67}\\ \boldsymbol{Q}_{71} & \boldsymbol{O} & \boldsymbol{O} & \boldsymbol{O} & \boldsymbol{O} & \boldsymbol{O} & \boldsymbol{O}\end{pmatrix} \tag{26.1}$$

这个矩阵里对角线上的子块都是方阵，并且除子块

$$\boldsymbol{Q}_{12},\boldsymbol{Q}_{23},\boldsymbol{Q}_{31},\boldsymbol{Q}_{14},\boldsymbol{Q}_{45},\boldsymbol{Q}_{56},\boldsymbol{Q}_{67},\boldsymbol{Q}_{71}$$

之外其他子块全都是零子块.令

$$n_1,n_2,\cdots,n_7 \quad \left(\sum n_i = n\right)$$

表示对角子阵的阶数.将体系 S 的状态 A_α 分划成 7 组

$$B_1 = (A_1,A_2,\cdots,A_{n_1})$$
$$B_2 = (A_{n_1+1},\cdots,A_{n_1+n_2})$$
$$\vdots$$
$$B_7 = (A_{s_6+1},\cdots,A_n)$$

$(s_6 = n_1 + \cdots + n_6)$,易见,由于在我们的链 C_n 中状态的变更是遵循规律(26.1)的,所以状态组 $B_g(g=1,2,\cdots,7)$ 是随着时刻 $T_0,T_1,T_2,\cdots$ 而彼此交相迭替的.

如果初始状态属于组 B_1,那么下一步体系 S 就或是变到组 B_2 或是变到组 B_4.矩阵 $\boldsymbol{P}$ 告诉我们,如果体系 S 变到组 B_2,则更下一步就必定要变到组 B_3,而由组 B_3 就必定要再变回到组 B_1,这样就构成一个环路

$$B_1,B_2,B_3,B_1$$

从另一方面来说,如果体系 S 由初始状态变到了组 B_4,那么以后就必然要走以下的环路

$$B_1,B_4,B_5,B_6,B_7,B_1$$

这样一来,在这个链中,体系 S 可以有两种环路,每一种环路只要一开始走进去,就必须按照一定的次序一直走到头,只有在初始时刻,即体系 S 处于组 B_1 时,下一步变到那一组去才是随机的.我们称这种链为双循环链,而称组 B_1 为链的临界组或分歧组(参阅译者附注 2).

现在很容易看出,我们用类似的办法可以构造出具有任意多个环路的复循环链;这里所说的环路其意义较前稍广,任何一个从一个临界组开始,中途再没有临界组(即体系 S 要遵照唯一可能的途径演变下去),最后又回到初始的临界组或是到达另外一个临界组的路,我们都算为一个环路.例如,三条环路不外乎有以下两种概型(图 25.1(a)(b)):

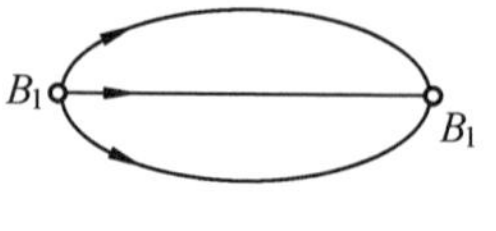

(a)

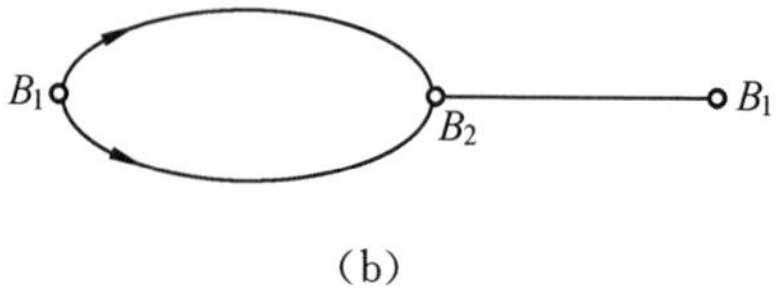

(b)

图 25.1

图 25.1 中的小圈表示临界组. 对于前一种概型我们可以举以下的实例(图 25.2):

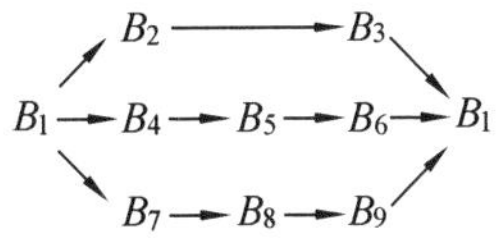

图 25.2

体系 S 从组 B_1 可以转移到组 B_2, B_4, B_7 中的任一个组, 而其后就要按照相应的那条环路行进, 到达环路的尽头组 B_1 以后, 就又面临着三种可能的选择了. 对于这种概型, 不难写出其转移概率矩阵的一般形式.

至于后一种概型, 我们可以举以下的实例(图 25.3):

$$B_1 \nearrow B_2 \longrightarrow B_3 \searrow \quad B_7 \to B_8 \to B_9 \to B_1$$
$$\searrow B_4 \to B_5 \to B_6 \nearrow$$

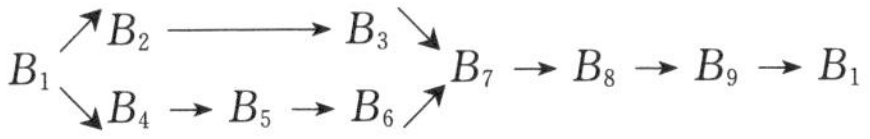

图 25.3

按照这个概型, 体系 S 从组 B_1 可以转移到组 B_2 或组 B_4, 然后沿着环路

$$B_2, B_3, B_7 \text{ 或 } B_4, B_5, B_6, B_7$$

行进, 而最后则一定走上环路

$$B_7, B_8, B_9, B_1$$

这种概型的研究结果表明, 虽然起初看起来这种概型好像可以归入双循环链, 但是实际上这是不行的, 因为这种概型具有某些特性, 而这些特性在双循环链的情形中是看不到的.

具有四条环路的链不外乎有以下几种概型(图 25.4(a)(b)(c)(d)(e)):

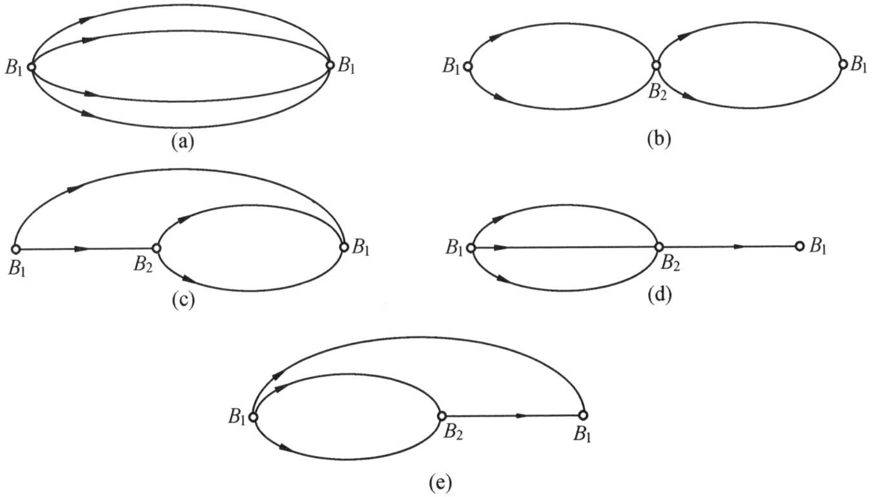

图 25.4

以下我们仅对双循环链进行详细研究，至于具有更多的环路的复循环链，我们就不去讲了，只是在最后对于它们作一些总的说明. 在此我们还要指出，单是复循环链这一概念就已经显示出，循环随机过程是何等的复杂，其种类又是何等的纷繁. 化学的链状过程或地球物理学中的某些现象皆可作为这种循环随机过程的实例. 在自然界中，循环过程占有着很重要的位置，而自然界中的这些循环过程又差不多全都带有随机的特点. 因此，关于一般循环过程的理论的建立，特别是关于一般循环过程中最便于研究的一种 —— 复循环的链状过程的理论的建立，必将在最近的未来成为概率论的重要问题之一.

27. 双循环链 现在我们来比较详尽地考察双循环链，不过关于双循环链的许多定理的证明，我们将予以省略①.

现在假定链 C_n 的状态 $A_\alpha(\alpha=\overline{1,n})$ 可分成 m 个组 B_g，$g=\overline{1,m}$，并且构成两个环路

$$Ц_1: B_1, B_2, \cdots, B_a, B_1$$

及

$$Ц_2: B_1, B_{n+1}, \cdots, B_m, B_1$$

其中 B_1 为临界组；这样，链 C_n 就是一个双循环链，并且可以用符号 $C_n(Ц_1, Ц_2)$ 来表示. 数 a 及数 $b=m+1-a$ 称为环路 $Ц_1$ 与 $Ц_2$ 的长度. 组 B_g 的构成成分可由下式来表示

$$B_g=(A_{s_{g-1}+1}, A_{s_{g-1}+2}, \cdots, A_{s_g}) \quad (g=\overline{1,m})$$

$(s_g=n_1+n_2+\cdots+n_g)$. 链 $C_n(Ц_1, Ц_2)$ 的矩阵我们假定已表示成标准循环形式

$$\boldsymbol{P}=\mathrm{Mt}(\boldsymbol{Q}_{gh}) \quad (g, h=\overline{1,m})$$

其中只有子阵

$$\boldsymbol{Q}_{12}, \boldsymbol{Q}_{23}, \cdots, \boldsymbol{Q}_{a-1,a}, \boldsymbol{Q}_{a1}$$

与

$$\boldsymbol{Q}_{1,a+1}, \boldsymbol{Q}_{a+1,a+2}, \cdots, \boldsymbol{Q}_{m-1,m}, \boldsymbol{Q}_{m1}$$

不是零子阵，而其余的子阵皆是零子阵.

我们将在下文中看到，对双循环链引进如下的分类是适当的. 如果环路的长度 a 与 b 具有异于 1 的最高公因子 c，且

$$a=kc, b=lc \quad (c>1, (k, l)=1)$$

则称链 $C_n(Ц_1, Ц_2)$ 为第一种类型的双循环链；反之如果数 a 与数 b 互质，则称之为第二种类型的双循环链. 注意，如果环路的长度相等，此时 $a=b=c$，$k=l=1$，是第一种类型的双循环链的一个特殊情形.

---

① 关于这些定理的证明可参阅[31].

现在让我们来研究关于链 $C_n(Ц_1, Ц_2)$ 的几个最简单同时也是最基本的问题：

1. 设在初始时刻 T_0，体系 S 处于某一给定的组，试问到了时刻 T_r，体系 S 可能处于哪些组？

2. 试求出转移概率 $p_{\alpha\beta}^{(r)}$ 与 $\pi_{gh}^{(r)}$. 前一个转移概率是表示以下的概率

$$P(A_\beta, T_r / A_\alpha, T_0)$$

即在已知体系 S 在时刻 T_0 处于状态 A_α 的条件之下，在时刻 T_r 实现状态 A_β 的概率；而后一个概率亦可仿照以上记法定义如下

$$\pi_{gh}^{(r)} = P(B_h, T_r / B_g, T_0)$$

再声明一句，这两个概率都是在体系 S 的中途状态保持不定的条件下来求的.

3. 试求绝对概率

$$p_{r|\beta} \text{ 与 } \pi_{r|h}$$

前者是表示在时刻 T_r 以前的状态不定，而在时刻 T_r 实现状态 A_β 的概率 $P(A_\beta, T_r)$；而后者则表示相应的概率 $P(B_h, T_r)$.

这些问题对于第一种类型与第二种类型的双循环链具有不同的答案.

28. 第一基本问题对于第一种类型的双循环链的答案 不难看出，矩阵 $\boldsymbol{P}$ 的 r 次幂可写成以下形式

$$\boldsymbol{P}^r = \mathrm{Mt}(\boldsymbol{Q}_{gh}^{(r)}) \quad (g, h = \overline{1, m})$$

此处子块 $\boldsymbol{Q}_{gh}^{(r)}$ 可由以下的递推公式求得

$$\boldsymbol{Q}_{gh}^{(r+1)} = \boldsymbol{Q}_{gi}^{(r)} \boldsymbol{Q}_{ih}^{(1)} \quad (r = 1, 2, \cdots; \boldsymbol{Q}_{gh}^{(1)} = \boldsymbol{Q}_{gh}) \tag{28.1}$$

其中数对 (i, h) 应属于下列的数对组

$$(1,2), (2,3), \cdots, (a,1)$$

$$(1, a+1), (a+1, a+2), \cdots, (m, 1)$$

以这一简单事实为基础，我们就可以叙述出以下各定理，这些定理解决了关于链 $C_n(Ц_1, Ц_2)$ 的第一基本问题.

28. Ⅰ 令

$$R = (kl + |k - l|)c \tag{28.2}$$

则体系 S 的状态组 B 在时刻 T_{R-1} 以后，可分成以下的几个丛

$$\Gamma_1, \Gamma_2, \cdots, \Gamma_c$$

其中每一个丛都是由一些确定的组 B 所构成的，并且在以后的时刻中彼此循环地交相迭替，这就是说，如果在时刻 T_0，体系 S 处于丛 Γ_s 中的任何一个组，那么到了时刻 T_{R-1}，体系 S 就一定处于丛 Γ_{s-1} 中的某一个组（假使 $s-1=0$，则这里的 Γ_{s-1} 就应换成 Γ_c），而到了更后面的时刻 $T_R, T_{R+1}, \cdots$ 这些丛 Γ 就按照下列的顺序来彼此交相迭替

$$\Gamma_s, \Gamma_{s+1}, \cdots, \Gamma_c, \Gamma_1, \Gamma_2, \cdots, \Gamma_s, \cdots, \Gamma_{s+1}, \cdots$$

28. II 关于丛 Γ 的构成成分,如下所示

$$\begin{array}{cccccccc}
1 & c+1 & \cdots & (k-1)c+1 & 1 & (k+1)c & \cdots & (k+l-1)c \\
2 & c+2 & \cdots & (k-1)c+2 & kc+1 & (k+1)c+1 & \cdots & (k+l-1)c+1 \\
\vdots & \vdots & & \vdots & \vdots & \vdots & & \vdots \\
c & 2c & \cdots & kc & (k+1)c-1 & (k+2)c-1 & \cdots & (k+l)c-1
\end{array} \tag{28.3}$$

这里的第一横行给出了构成丛 Γ_1 的那些组 B_g 的下标,第二横行给出了构成丛 Γ_2 的那些组 B_g 的下标,依此类推,因而

$$\begin{aligned}
\Gamma_1 &= (B_1, B_{c+1}, B_{2c+1}, \cdots, B_{(k+l-1)c}) \\
\Gamma_2 &= (B_2, B_{c+2}, B_{2c+2}, \cdots, B_{(k+l-1)c+1}) \\
&\vdots \\
\Gamma_c &= (B_c, B_{2c}, B_{3c}, \cdots, B_{(k+l)c-1})
\end{aligned} \tag{28.4}$$

在这里我们不证明这些定理①,仅用一个例子阐明它们. 假定链 C_n($Ц_1$, $Ц_2$)的两个环路如下

$$Ц_1 = (B_1, B_2, B_3, B_1)$$
$$Ц_2 = (B_1, B_4, B_5, B_6, B_7, B_8, B_1)$$

此时

$$a=3, b=6, c=3, k=1, l=2$$

因而

$$R = (1\times 2 + |1-2|)3 = 9$$

从时刻 T_8 开始,所有的状态组 B_g 可分成三个丛:Γ_1,Γ_2,Γ_3,构成这些丛的状态组的下标依照(28.3)应为

$$\begin{array}{ccc}
1 & 1 & 6 \\
2 & 4 & 7 \\
3 & 5 & 8
\end{array}$$

故它们的结构如下

$$\Gamma_1 = (B_1, B_6), \Gamma_2 = (B_2, B_4, B_7), \Gamma_3 = (B_3, B_5, B_8)$$

这个结果不难直接加以验证,为此我们只需求出体系 S 在时刻 T_0,T_1,T_2,… 可能处于的那些状态组 B 的下标即可. 现在我们以 g,h_1,h_2,… 来表示这些下标;立即可以看出,这些下标之间有着某种规律,这一规律可由关系式(28.1) 推得,并可以下列各式表示

① 以后将证明更一般的定理,这里的这些定理将作为其特殊情形而推得.

$$
\begin{aligned}
(gh_2) &= (gh_1)(h_1h_2) \\
(gh_3) &= (gh_2)(h_2h_3) \\
&\vdots \\
(gh_r) &= (gh_{r-1})(h_{r-1}h_r)
\end{aligned}
\tag{28.5}
$$

此处数对(gh_r)给出了体系S在时刻T_0的初始状态组B_g及其在时刻T_r可能转变到的状态组B_{h_r}的下标；至于数对(h_1h_2)，(h_2h_3)，… 亦有类似的意义. 所有的数对

$$(gh_1),(h_1h_2),(h_2h_3),\cdots$$

皆属于以下的数对组

$$(1,2),(2,3),\cdots,(a,1)$$
$$(1,a+1),(a+1,a+2),\cdots,(m,1)$$

(28.5) 使得我们可以造出以下的表 28.1，这个表揭示了这样一件值得注意的事实：从时刻T_8以后，恰如定理 28. Ⅰ 所指出的那样，呈现了这样的下标组，它们在以后的时间过程里总是规律性的重复出现，并且表示出了我们上面指出的那些丛Γ的结构. 这一事实从以下的表 28.2 来看就更加明显了.

表 28.1

g	h_1	h_2	h_3	h_4	h_5	h_6	h_7	h_8
1	2,4	3,5	1,6	2,4,7	3,5,8	1,6	2,4,7	3,5,8
2	3	1	2,4	3,5	1,6	2,4,7	3,5,8	1,6
3	1	2,4	3,5	1,6	2,4,7	3,5,8	1,6	2,4,7
4	5	6	7	8	1	2,4	3,5	1,6
5	6	7	8	1	2,4	3,5	1,6	2,4,7
6	7	8	1	2,4	3,5	1,6	2,4,7	3,5,8
7	8	1	2,4	3,5	1,6	2,4,7	3,5,8	1,6
8	1	2,4	3,5	1,6	2,4,7	3,5,8	1,6	2,4,7

表 28.2

g	h_9	h_{10}	h_{11}	h_{12}
1,6	1,6	2,4,7	3,5,8	1,6
2,4,7	2,4,7	3,5,8	1,6	2,4,7
3,5,8	3,5,8	1,6	2,4,7	3,5,8

28. III 假使在时刻T_0，体系S处于丛Γ_s，则到了时刻T_r它必然处于丛Γ_t，这里的下标t满足以下关系

$$1 \leqslant t \leqslant c, r+s \equiv t (\bmod c)$$

而且如果$r \geqslant R-1$，则这个丛Γ_t可以完全被实现.

若$r < R-1$，则一般而言，丛Γ_t中的组未必都能实现；如果我们能够明确

指出，Γ_t 中的那些组 B_h 是可以实现的，也就是说，下标 h 能够取那些值，那么就可以补足以上定理的缺陷. 实际上，下标 h 的可能的值可按照以下的规则来确定出.

28. IV 关于下标 h 的可能的值须按 $a<b$，$a>b$ 与 $a=b$ 这三种情形分别讨论.

(1)$a<b$：首先我们确定数 r_1 如下

$$r_1=\begin{cases}a-g & (\text{若 } g\leqslant a)\\ a+b-1-g & (\text{若 } a<g\leqslant a+b-1)\end{cases}$$

如果 $r\leqslant r_1$，那么 h 只可能取唯一的值

$$h=g+r$$

如果 $r>r_1$，那么我们把数 $r-r_1$ 表示成所有可能的以下的形式

$$r-r_1=a\alpha+b\beta+q$$

其中

$$\alpha\geqslant 0,\beta\geqslant 0,0\leqslant q<a$$

于是 h 的可能的值就是

$$q \text{ 与 } ax+q-1$$

其中 $x=1,2$ 并且限制 $ax+q-1\leqslant a+b-1$.

(2)$a>b$：首先确定数 r_1 如前. 如果 $r\leqslant r_1$，则 h 只可能取唯一的值

$$h=g+r$$

若 $r>r_1$，则我们又来把数 $r-r_1$ 表示成所有可能的以下的形式

$$r-r_1=a\alpha+b\beta+q$$

其中

$$\alpha\geqslant 0,\beta\geqslant 0,0\leqslant q<b$$

于是 h 的可能的值就是

$$0<by+q\leqslant a\quad (y=0,1,2,\cdots,\beta)$$

以及

$$a+by+q-1,y=\begin{cases}0 & (\text{若 } q\neq 0)\\ 1 & (\text{若 } q=0)\end{cases}$$

(3)$a=b$：此时

$$c=a=b,k=l=1 \text{ 与 } R=c$$

$$r_1=\begin{cases}a-g & (\text{若 } g\leqslant a)\\ 2a-1-g & (\text{若 } g>a)\end{cases}$$

若 $r\leqslant r_1$，则 h 只可能取唯一的值

$$h=g+r$$

若 $r>r_1$，则将数 $r-r_1$ 表示成所有可能的以下的形式

$$r - r_1 = a\alpha + q$$

其中

$$\alpha \geqslant 0, q < a$$

于是，h 的可能的值就是

$$q \text{ 与 } a + q - 1$$

我们用下面的例子来阐明这个定理. 设链 $C_n(Ц_1, Ц_2)$ 的环路如下

$$Ц_1 = (B_1, B_2, \cdots, B_{36}, B_1)$$

$$Ц_2 = (B_1, B_{37}, \cdots, B_{43}, B_1)$$

此时

$$a = 36, b = 8, c = 4, k = 9, l = 2$$

并且

$$R = (2 \times 9 + 9 - 2)4 = 100$$

因为关于丛 Γ 的结构我们可以写出以下的辅助表

1	5	9	…	33	1	40
2	6	10	…	34	37	41
3	7	11	…	35	38	42
4	8	12	…	36	39	43

故丛 Γ 的构成成分如下式所示

$$\Gamma_1 = (B_1, B_5, B_9, \cdots, B_{33}, B_{40})$$

$$\Gamma_2 = (B_2, B_6, B_{10}, \cdots, B_{34}, B_{37}, B_{41})$$

$$\Gamma_3 = (B_3, B_7, B_{11}, \cdots, B_{35}, B_{38}, B_{42})$$

$$\Gamma_4 = (B_4, B_8, B_{12}, \cdots, B_{36}, B_{39}, B_{43})$$

到了时刻 T_{99} 这些个丛就可以完全被实现，因为 $R = 100$.

现在我们试解下列的问题：设在初始时刻 T_0 体系 S 处于状态组 B_{20}，求在时刻 T_{63} 体系 S 所有可能转变到的状态组 B_h.

在这个例子里，$a > b$ 并且 $g < a$，故 $r_1 = a - g = 36 - 20 = 16$，下一步就是要找出所有能够满足下式

$$r - r_1 = 63 - 16 = 47 = 36\alpha + 8\beta + q \quad (q < b = 8)$$

的非负整数 α, β 与 q. 不难求出，这样的 α, β 与 q 有两组值

$$\alpha = 1, \beta = 1, q = 3$$

$$\alpha = 0, \beta = 5, q = 7$$

根据规则 28. IV，对于第一组的 α, β 与 q 的值，求得 h 的值为

$$3, 11, 38$$

而对于第二组的 α, β 与 q 的值，求得 h 的值为

$$7, 15, 23, 31, 42$$

因此，在我们所研究的这个链中，若体系 S 在初始时刻 T_0 处于状态组 B_{20}，则通过 63 步之后体系 S 就可以变到从 Γ_3 中的以下这些组

$$B_3, B_7, B_{11}, B_{15}, B_{23}, B_{31}, B_{38} \text{ 与 } B_{42}$$

至于从 Γ_3 中其他的组，即以下各组

$$B_{19}, B_{27} \text{ 与 } B_{35}$$

体系 S 是不可能转变到的.

最后我们指出，规则 28. IV 的正确性不难直接看出，为此只需注意，r_1 乃是从体系 S 在时刻 T_0 所处的组 B_g 转移到环路 $Ц_1$ 或 $Ц_2$ 的最后一个组(即组 B_a 或 B_{a+b-1})所需的最少的步数，因此 $r-r_1$ 是体系 S 变到组 B_a 或 B_{a+b-1} 后剩余的步数，而 q 则是再从组 B_a 或 B_{a+b-1} 演变下去经过 α 次环路 $Ц_1$ 与 β 次环路 $Ц_2$ 后所剩余的步数.

29. 第一种类型的双循环链的行列式 $P(\lambda)$ 的子式的性质 设给定一个第一种类型的双循环链 $C_n(Ц_1, Ц_2)$，并设其转移矩阵 $\boldsymbol{P}$ 已化成条目 27 所述的标准形式. 现在我们来讲一些关于矩阵 $\boldsymbol{P}$ 的根及行列式 $P(\lambda)$ 的子式的性质.

29. I 链 $C_n(Ц_1, Ц_2)$ 的矩阵 $\boldsymbol{P}$ 的根是由以下形式的方程来确定

$$P(\lambda)=\lambda^{v}(\lambda^{c}-1)\prod_{i=1}^{\mu}(\lambda^{c}-a_i)^{m_i}=0 \tag{29.1}$$

其中

$$v\geqslant 0,\ |a_i|<1, v+c+\sum_i cm_i=n$$

29. II 设 $\lambda_{0h}\neq 1$ 是方程 $\lambda^c-1=0$ 的一个根，则有以下各关系式

$$P_{\alpha\beta_1}(\lambda_{0h})=C \qquad (C=\mathrm{const})$$

$$P_{\alpha\beta_{i+1}}(\lambda_{0h})=C\lambda_{0h}^{i} \quad (i=\overline{1,a-1})$$

$$P_{\alpha\beta_{a+i}}(\lambda_{0h})=C\lambda_{0h}^{i} \quad (i=\overline{1,b-1})$$

其中 α 可以取 $1,2,\cdots,n$ 之中任何一个值.

提醒一句，此处 β_{i+1} 及 $\beta_{\alpha+i}$ 仍和以前一样，表示下标组 N_{i+1} 及 $N_{\alpha+i}$(参看条目 21) 中的下标

$$\beta_{i+1}\subset N_{i+1}, \beta_{\alpha+i}\subset N_{\alpha+i}$$

29. III 对于所有的 $\alpha=\overline{1,n}$，我们恒有

$$\sum_{\beta}P_{\alpha\beta}(\lambda_{0h})=0$$

此处求和符号 $\sum\limits_{\beta}$ 意味着 β 在

$$N_1, N_2, \cdots, N_a$$

每一个下标组中任取一值，或是在

$$N_1, N_{a+1}, \cdots, N_m$$

每一个下标组中任取一值.

设

$$A=\sum_{\alpha_2}P_{\alpha_2\alpha_2}(1), B=\sum_{\alpha_{a+1}}P_{\alpha_{a+1}\alpha_{a+1}}(1)$$

$$\varphi_\alpha=\sum_{\beta_2}p_{\alpha\beta_2}, \psi_\alpha=\sum_{\beta_{a+1}}p_{\alpha\beta_{a+1}}$$

因为矩阵 $\boldsymbol{P}$ 是不可分解的,故所有的 $P_{\alpha\beta}(1)>0$,因此数 A 与 B 是确定的正数.
不难看出,当 $\alpha\subset N_1$ 时数 φ_α 与 ψ_α 满足以下等式

$$\varphi_\alpha+\psi_\alpha=1$$

同时再注意到,方程

$$\boldsymbol{X}=\boldsymbol{XP}$$

与

$$\boldsymbol{Y}=\boldsymbol{PY}$$

具有如下的解

$$\boldsymbol{X}=\{P_{1\beta}(1), P_{2\beta}(1), \cdots, P_{n\beta}(1)\}$$

与

$$\boldsymbol{Y}=\{P_{\alpha1}(1), P_{\alpha2}(1), \cdots, P_{\alpha n}(1)\}$$

于是我们就可以推得如下的关系式:

29. IV

$$\sum_{\alpha_1}P_{\alpha_1\alpha_1}(1)=A+B$$

$$\sum_{\alpha_i}P_{\alpha_i\alpha_i}(1)=A \quad (i=\overline{2,a})$$

$$\sum_{\alpha_i}P_{\alpha_i\alpha_i}(1)=B \quad (i=\overline{a+1,m})$$

因为

$$P'(1)=\sum_{\alpha=1}^{n}P_{\alpha\alpha}(1)$$

所以由 29. IV 又可立即推出:

29. V

$$P'(1)=Aa+Bb$$
$$=(Ak+Bl)c$$

$$\sum_{\alpha(\Gamma_s)}P_{\alpha\alpha}(1)=Ak+Bl$$
$$=\frac{P'(1)}{c} \quad (s=\overline{1,c})$$

此处求和符号 $\sum_{\alpha(\Gamma_s)}$ 意味着 α 将取遍与丛 Γ_s 中所有的组 B_i 相对应的下标组 N_i 中的一切的值，换句话说，α 将取遍构成丛 Γ_s 的那些状态 A_α 的下标.

关系式

$$\sum_{\alpha(\Gamma_s)} P_{\alpha\alpha}(1)=\frac{P'(1)}{c}$$

完全类似于关于单循环链的关系式(21.8)，并且可以很容易地由(21.8)推得；为此我们只需注意，链 C_n(Ц$_1$，Ц$_2$)对于丛 Γ_s 而言乃是单循环的，这从上节中关于丛 Γ_s 所讲的那些知识来看是很明显的. 另外，如果我们把矩阵 $\boldsymbol{P}$ 按照一定的子矩阵化成单循环的形式，这也就变得完全显然了. 为了把 $\boldsymbol{P}$ 化成单循环的形式，只需把行与列的序数的组

$$N_1, N_2, \cdots, N_m$$

适当地重新加以排列，这就是说根据以下的变换来重新排列：把状态组 B_g 的下标，首先按照 B_g 所属的丛 Γ_s 的下标 s 的递增顺序排列，其次按照 B_g 的下标的递增顺序，依次变换成 $1,2,\cdots,m$.

例如，对于前一条目中的第一个例，其丛 Γ_s 以及其环路Ц$_1$，Ц$_2$ 如下

$$\Gamma_1=(B_1,B_6)$$

$$\Gamma_2=(B_2,B_3,B_7)$$

$$\Gamma_3=(B_3,B_5,B_8)$$

$$\text{Ц}_1=(B_1,B_2,B_3,B_1)$$

$$\text{Ц}_2=(B_1,B_4,B_5,B_6,B_7,B_8,B_1)$$

因此上述的变换这时就是

$$S=\begin{pmatrix}1,6,2,4,7,3,5,8\\1,2,3,4,5,6,7,8\end{pmatrix}$$

实行这一变换我们就得到了标准形式的(对于 $\Gamma_1,\Gamma_2,\Gamma_3$ 而言的)单循环链，而转移矩阵 $\boldsymbol{P}$ 即化为

$$\boldsymbol{P}'=\left(\begin{array}{cc|ccc|ccc}
\boldsymbol{O} & \boldsymbol{O} & \boldsymbol{Q}'_{13} & \boldsymbol{Q}'_{14} & \boldsymbol{O} & \boldsymbol{O} & \boldsymbol{O} & \boldsymbol{O}\\
\boldsymbol{O} & \boldsymbol{O} & \boldsymbol{O} & \boldsymbol{O} & \boldsymbol{Q}'_{25} & \boldsymbol{O} & \boldsymbol{O} & \boldsymbol{O}\\
\hline
\boldsymbol{O} & \boldsymbol{O} & \boldsymbol{O} & \boldsymbol{O} & \boldsymbol{O} & \boldsymbol{Q}'_{36} & \boldsymbol{O} & \boldsymbol{O}\\
\boldsymbol{O} & \boldsymbol{O} & \boldsymbol{O} & \boldsymbol{O} & \boldsymbol{O} & \boldsymbol{O} & \boldsymbol{Q}'_{47} & \boldsymbol{O}\\
\boldsymbol{O} & \boldsymbol{O} & \boldsymbol{O} & \boldsymbol{O} & \boldsymbol{O} & \boldsymbol{O} & \boldsymbol{O} & \boldsymbol{Q}'_{58}\\
\hline
\boldsymbol{Q}'_{61} & \boldsymbol{O} & \boldsymbol{O} & \boldsymbol{O} & \boldsymbol{O} & \boldsymbol{O} & \boldsymbol{O} & \boldsymbol{O}\\
\boldsymbol{O} & \boldsymbol{Q}'_{72} & \boldsymbol{O} & \boldsymbol{O} & \boldsymbol{O} & \boldsymbol{O} & \boldsymbol{O} & \boldsymbol{O}\\
\boldsymbol{Q}'_{81} & \boldsymbol{O} & \boldsymbol{O} & \boldsymbol{O} & \boldsymbol{O} & \boldsymbol{O} & \boldsymbol{O} & \boldsymbol{O}
\end{array}\right)$$

如果按照以上在矩阵 $\boldsymbol{P}'$ 中所画的横线与纵线来划分子阵，则立即又可化成以下的形式

$$P'' = \begin{pmatrix} \boldsymbol{O} & \boldsymbol{Q}''_{12} & \boldsymbol{O} \\ \boldsymbol{O} & \boldsymbol{O} & \boldsymbol{Q}''_{23} \\ \boldsymbol{Q}''_{31} & \boldsymbol{O} & \boldsymbol{O} \end{pmatrix}$$

29. VI 如果λ_1是矩阵$\boldsymbol{P}$的一个根，而且$|\lambda_1| \neq 1$，那么对于任何一个$\beta = \overline{1,n}$皆有

$$\sum_{\alpha_i} P_{\alpha_i \beta}(\lambda_1) = 0 \quad (i = \overline{1,m})$$

29. VII 任何一个子式$P_{\alpha\beta}(\lambda)$若依λ的幂次而展成多项式，则其中各项的幂次的差皆是c的整倍数，因而$P_{\alpha\beta}(\lambda)$具有以下的形式

$$\boldsymbol{P}_{\alpha\beta}(\lambda) = \lambda^{m_{\alpha\beta}} \varphi_{\alpha\beta}(\lambda^c)$$

此处$\varphi_{\alpha\beta}(\lambda^c)$表示$\lambda^c$的某一多项式，$m_{\alpha\beta}$表示不大于$c-1$的非负整数.

关于指数$m_{\alpha\beta}$的值详见下表(表 29.1).

表 29.1

β	α						
	1^*	2^*	…	$(a+1)^*$	$(a+2)^*$	…	m^*
1^*	$v-1$	$v-2$	…	$v-2$	$v-3$	…	v'
2^*	v	$v-1$	…	$v-1$	$v-2$	…	$v'+1$
3^*	$v+1$	v	…	v	$v-1$	…	$v'+2$
⋮	⋮	⋮	…	⋮	⋮	…	⋮
$(a)^*$	$v-a+2$	$v-a+1$	…	$v-a+1$	$v-a$	…	$v'+a+1$
$(a+1)^*$	v	$v-1$	…	$v-1$	$v-2$	…	$v'+1$
$(a+2)^*$	$v+1$	v	…	v	$v-1$	…	$v'+2$
⋮	⋮	⋮	…	⋮	⋮	…	⋮
m^*	$v+b-2$	$v+b-3$	…	$v+b-3$	$v+b-4$	…	$v'+b-1$

$(v' = v-b)$

例如，不难由直接计算子式$P_{\alpha 1}(\lambda)$来求得$m_{\alpha 1}$.这时就会发现，当子式$P_{\alpha 1}(\lambda)$所对应的元素$p_{\alpha 1}$属于同一个子阵$\boldsymbol{Q}_{h1}$的时候，指数$m_{\alpha 1}$保持同一个值，也就是说，对于所有的$\alpha \subset N_h$，$m_{\alpha 1}$保持不变.因此，表 29.1 并不是直接按照α的值来列的，而是按照组N_h的下标(这在表中加有 $*$ 号用以区别)来列的.这样一来，$\alpha = 1^*$的真实意义是$\alpha \subset N_1$，$\alpha = 2^*$的真实意义是$\alpha \subset N_2$，等等.如果$n \equiv 0 (\bmod c)$，则数$v = c$，否则v就等于用c来除n所得的余数.此外还应该说明，如果在$v-1, v-2, \cdots$之中出现了某个负数$v-h$，则须把它换成这样的一个数$v-h+cg$，使得

$$0 \leqslant v-h+cg < c-1$$

借助于定理 29. II 中的关系式，可以进而得知，对于固定的 α 以及 $\beta \subset N_h$，$m_{\alpha\beta}$ 也保持常值. 因此，在表 29.1 中对于 β 也和对于 α 一样，只是指出组 N_h 的下标来(亦加有 * 号用以区别). 这样一来，例如，若 $\alpha \subset N_2$，$\beta \subset N_3$，则由表 29.1 可得，$m_{\alpha\beta} = v$.

假如仔细地来考察表 29.1，我们就可看出，对于每两个固定的丛 Γ_s 与 Γ_t 中的任意状态 A_α 与 A_β 的下标 α 与 β，$m_{\alpha\beta}$ 恒保持常值. 例如，若 A_α 在丛 Γ_2 中，而 A_β 在丛 Γ_1 中，则 $m_{\alpha\beta}$ 对于所有这样的 α 与 β 恒保持常值 $v-2$. 因此为了简便起见，可以写成 $\alpha \subset N_2$，$\beta \subset N_1$. 在这种写法下，我们可以按照丛 Γ_s 把 $m_{\alpha\beta}$ 的值排成以下的表(表 29.2).

表 29.2

β	α							
	Γ_1	Γ_2	…	Γ_v	Γ_{v+1}	Γ_{v+2}	…	Γ_c
Γ_1	$v-1$	$v-2$	…	0	$c-1$	$c-2$	…	v
Γ_2	1	$v-1$	…	1	0	$c-1$	…	$v+1$
⋮	⋮	⋮	…	⋮	⋮	⋮	…	⋮
Γ_{c-v+1}	$c-1$	$c-2$	…	$c-v$	$c-v-1$	$c-v-2$	…	0
Γ_{c-v+2}	0	$c-1$	…	$c-v+1$	$c-v$	$c-v-1$	…	1
Γ_{c-v+3}	1	0	…	$c-v+2$	$c-v+1$	$c-v$	…	2
⋮	⋮	⋮	…	⋮	⋮	⋮	…	⋮
Γ_c	$v-2$	$v-3$	…	$c-1$	$c-2$	$c-3$	…	$v-1$

不难看出，$m_{\alpha\beta}$ 的值确定具有上表所显示出来的那种规律性.

29. VIII 如果 $\alpha \subset \Gamma_t$，$\beta \subset \Gamma_s$，则

$$m_{\alpha\beta} = v-1+s-t \quad (\text{若 } v-1+s-t \geqslant 0)$$

并且

$$m_{\alpha\beta} = v-1+s-t+c \quad (\text{若 } v-1+s-t < 0)$$

30. 第二及第三基本问题对于第一种类型的双循环链的答案 前面的那些定理，皆可仿照对于单循环链的相应的定理的证明方法来加以证明. 而有了这些定理之后，我们就可以证明以下各定理，由此即给出条目 27 中所提出的第二及第三基本问题的答案.

30. I 设矩阵 $\boldsymbol{P}$ 的特征方程为(29.1). 此时转移概率 $p_{\alpha\beta}^{(r)}$ 可由下式给出

$$p_{\alpha\beta}^{(r)} = p_{\alpha\beta}^{1(r)} + p_{\alpha\beta}^{2(r)} + p_{\alpha\beta}^{3(r)}$$

其中

$$p_{\alpha\beta}^{1(r)} = \sum_{j=0}^{c-1} \lambda_{0j}^{r} \frac{P_{\beta\alpha}(\lambda_{0j})}{P'(\lambda_{0j})}$$

$$p_{\alpha\beta}^{2(r)}=\sum_{i=1}^{\mu}\frac{1}{(m_i-1)!}\sum_{j=0}^{c-1}D_{\lambda}^{m_i-1}\left[\frac{\lambda^r P_{\beta\alpha}(\lambda)}{p_{ij}(\lambda)}\right]_{\lambda=\lambda_{ij}}$$

$$p_{\alpha\beta}^{3(r)}=\frac{1}{(v-1)!}D_{\lambda}^{v-1}\left[\frac{\lambda^r P_{\beta\alpha}(\lambda)}{p(\lambda)}\right]_{\lambda=0}$$

这里的 λ_{0j} 表示方程 $\lambda^c-1=0$ 的根，λ_{ij} 表示方程 $\lambda^c-a_i=0$ 的根，并且

$$p_{ij}(\lambda)=\frac{P(\lambda)}{(\lambda-\lambda_{ij})^{m_i}},\ p(\lambda)=\frac{P(\lambda)}{\lambda^v}$$

当 $r\to+\infty$ 时，对于所有的 α 与 β，恒有

$$p_{\alpha\beta}^{2(r)}\to 0,\ p_{\alpha\beta}^{3(r)}\to 0$$

同时如果 $\alpha\subset\Gamma_t$，$\beta\subset\Gamma_s$，则我们有

$$p_{\alpha\beta}^{1(r)}=cp_{\beta}\quad(\text{若 } r\equiv s-t(\bmod c))$$

$$p_{\alpha\beta}^{1(r)}=0\quad(\text{若 } r\not\equiv s-t(\bmod c))$$

在这里数 $p_\beta>0$，并且用以下等式来定义

$$p_{\beta}=\frac{P_{\beta\beta}(1)}{\sum P_{\beta\beta}(1)}=\frac{P_{\beta\beta}(1)}{P'(1)}$$

因此，如果 $\alpha\subset\Gamma_t$，$\beta\subset\Gamma_s$，则当 r 取满足以下关系式的值

$$r\equiv s-t(\bmod c)$$

而趋于 $+\infty$ 时

$$p_{\alpha\beta}^{(r)}\to cp_{\beta}$$

反之当 r 取其他的值而趋于 $+\infty$ 时

$$p_{\alpha\beta}^{(r)}\to 0$$

现在我们来考察，对于极限概率 cp_β，可以给予怎样的具体解释.

根据定理 29. V，我们有

$$c=\frac{P'(1)}{Ak+Bl}$$

因而

$$cp_{\beta}=\frac{P_{\beta\beta}(1)}{Ak+Bl}$$

不难看出，这个等式的右侧表示在已知体系 S 于时刻 T_r 处于丛 Γ_s 的条件下，实现状态 A_β 的极限概率；所以由状态 A_α 经过 r 步而转变成状态 A_β 的转移概率 $p_{\alpha\beta}^{(r)}$ 的极限值，恰等于在已知实现丛 Γ_s 的条件下实现状态 A_β 的极限概率，我们知道，如果 $A_\alpha\subset\Gamma_t$ 并且 $r\to+\infty$ 时，其所采取的值恒满足以下关系式

$$r\equiv s-t(\bmod c)$$

则此概率等于

$$\frac{P_{\beta\beta}(1)}{Ak+Bl}$$

反之，如果 r 采取其他的值趋于 $+\infty$，则此概率等于零.

实际上，设以 $P_r(A_\beta/\Gamma_s)$ 表示在已知时刻 T_r 时实现 Γ_s 的条件下状态 A_β 出现的概率，类似地我们又引入符号 $P_r(A_\beta\Gamma_s)$ 与 $P_r(\Gamma_s)$. 此时即有

$$P_r(A_\beta/\Gamma_s)=\frac{P_r(A_\beta\Gamma_s)}{P_r(\Gamma_s)}$$

但是假使在时刻 T_0 时体系 S 处于丛 Γ_t，而

$$r\equiv s-t(\mathrm{mod}\ c)$$

那么我们就有

$$P_r(A_\beta\Gamma_s)=\sum_{\alpha(\Gamma_t)}p_{0\alpha}p_{\alpha\beta}^{(r)}\sim\sum_{\alpha(\Gamma_t)}p_{0\alpha}p_{\alpha\beta}^{1(r)}=cp_\beta\sum_{\alpha(\Gamma_t)}p_{0\alpha}$$

随之又有

$$P_r(\Gamma_s)=\sum_{\beta(\Gamma_s)}P_r(A_\beta\Gamma_s)\sim\sum_{\beta(\Gamma_s)}cp_\beta\sum_{\alpha(\Gamma_t)}p_{0\alpha}$$

因此

$$\begin{aligned}\lim_{r\to+\infty}P_r(A_\beta/\Gamma_s)&=\frac{p_\beta}{\sum\limits_{\beta(\Gamma_s)}p_\beta}=\frac{P_{\beta\beta}(1)}{\sum\limits_{\beta(\Gamma_s)}P_{\beta\beta}(1)}\\&=\frac{P_{\beta\beta}(1)}{Ak+Bl}=P(A_\beta/\Gamma_s)\end{aligned}$$

应用类似的办法，我们也可求得状态 $A_\beta\subset B_h$ 且 $B_h\subset\Gamma_s$ 的极限概率.

30. II 如果在初始时刻体系 S 处于丛 Γ_t，在时刻 T_r 处于丛 Γ_s，并且如果 r 采取以下的值

$$r\equiv s-t(\mathrm{mod}\ c)$$

而趋于 $+\infty$，则此时

$$P_r(A_\beta/B_h)\to\frac{P_{\beta\beta}(1)}{\sum\limits_{\beta_h}P_{\beta_h\beta_h}(1)}=P(A_\beta/B_h)$$

并且

$$P_r(B_h/\Gamma_s)=\frac{\sum\limits_{\beta_h}P_{\beta_h\beta_h}(1)}{Ak+Bl}=P(B_h/\Gamma_s)$$

由此易见，在本定理的条件之下

$$p_{\alpha\beta}^{(r)}\to P(A_\beta/B_h)P(B_h/\Gamma_s)$$

这与我们的直观感受正相吻合.

现在我们再进一步来求概率 $\pi_{gh}^{(r)}$（其定义见条目 27).

首先我们指出，只有当 $B_g\subset\Gamma_t$，$B_h\subset\Gamma_s$，并且 r 的值满足下列关系

$$r\equiv s-t(\mathrm{mod}\ c)$$

的时候，方才有 $\pi_{gh}^{(r)}\neq0$；因为如果不是这样的话，那么想要从时刻 T_0 所处的状

态组 B_g 出发,到了时刻 T_r 转移到状态组 B_h,乃是不可能的,亦即 $\pi_{gh}^{(r)}=0$.

设以 $P_r(B_gB_h)$ 表示体系 S 在时刻 T_0 处于组 B_g,而在时刻 T_r 处于组 B_h 的概率,则我们有

$$\pi_{gh}^{(r)}=\frac{P_r(B_gB_h)}{P(B_g)}$$

此处 $P(B_g)$ 是表示在初始时刻 T_0 组 B_g 中的状态实现的概率.由此推知

$$\pi_{gh}^{(r)}=\frac{\sum\limits_{\alpha_g}\sum\limits_{\beta_h}p_{0\alpha_g}p_{\alpha_g\beta_h}^{(r)}}{\sum\limits_{\alpha_g}p_{0\alpha_g}}$$

因为

$$\sum_{\beta_h}p_{\alpha\beta_h}^{2(r)}=\sum_{\beta_h}p_{\alpha\beta_h}^{3(r)}=0$$

所以

$$\sum_{\alpha_g}\sum_{\beta_h}p_{0\alpha_g}p_{\alpha_g\beta_h}^{(r)}=\sum_{\alpha_g}p_{0\alpha_g}\sum_{\beta_h}p_{\alpha_g\beta_h}^{1(r)}$$

但不难看出

$$\sum_{\beta_h}p_{\alpha_g\beta_h}^{1(r)}=P(B_h/\Gamma_s)\sum_{\beta_h}P(A_{\beta_h})=P(B_h/\Gamma_s)$$

而

$$P(B_h/\Gamma_s)=\frac{\sum\limits_{\beta_h}P_{\beta_h\beta_h}(1)}{Ak+Bl}$$

故由此推知

$$\sum_{\alpha_g}\sum_{\beta_h}p_{0\alpha_g}p_{\alpha_g\beta_h}^{(r)}=P(B_h/\Gamma_s)\sum_{\alpha_g}p_{0\alpha_g}$$

因而我们有以下的定理:

30. III

$$\pi_{gh}^{(r)}=\frac{\sum\limits_{\beta_h}P_{\beta_h\beta_h}(1)}{Ak+Bl}$$

值得注意的是:这个概率不依赖于初始概率,或者换句话说,不依赖于体系 S 于时刻 T_0 处于组 B_g 的概率.因此,如果我们已知体系 S 于任何一个时刻 T_{r_1} 处于组 $B_g\subset\Gamma_t$,要来求通过 r 步之后,即于时刻 T_{r_1+r},体系 S 转移到组 $B_h\subset\Gamma_s$ 的概率(假定 $r\equiv s-t(\bmod c)$,并且对体系 S 在转移过程中的状态不加限定),那么定理 30. III 的公式仍然保持有效.

不难看出,对于任何的组 B_g 与 B_h,我们恒有

$$\sum_{h=1}^{m}\pi_{gh}^{(r)}=1$$

为要证明这个等式，我们只需注意，当 $B_h \subset \Gamma_s$ 而 $r \not\equiv s-t \pmod c$ 时，$\pi_{gh}^{(r)}=0$，此外再利用一下定理 29. V 就行了.

现在我们再来解决在条目 27 中所提出来的第三个问题：求绝对概率 $p_{r|\beta}$ 与 $\pi_{r|h}$.

从基本公式

$$p_{r|\beta}=\sum_{\alpha=1}^{n} p_{0\alpha} p_{\alpha\beta}^{(r)}$$

出发，并把 $p_{\alpha\beta}^{(r)}$ 表示成以下的和数形式

$$p_{\alpha\beta}^{(r)}=p_{\alpha\beta}^{1(r)}+p_{\alpha\beta}^{2(r)}+p_{\alpha\beta}^{3(r)}$$

我们就不难得出下列的结果：

30. IV 如果 $A_\beta \subset B_h \subset \Gamma_s$，并且

$$r \equiv s-t \pmod c$$

则

$$\lim_{r \to +\infty} p_{r|\beta}=q_{\Gamma_t} P(A_\beta / \Gamma_t)$$

此处

$$q_{\Gamma_t}=\sum_{\alpha(\Gamma_t)} p_{0\alpha}$$

若再令

$$q_{B_g}=\sum_{\alpha_g} p_{0\alpha_g}$$

则有

$$\pi_{r|h}=\sum_{g=1}^{m} q_{B_g} \pi_{gh}^{(r)}$$

并且如果 $B_g \subset \Gamma_t$，$B_h \subset \Gamma_s$，那么只有当 $r \equiv s-t \pmod c$ 时才有 $\pi_{gh}^{(r)} \neq 0$. 由此即得：

30. V

$$\pi_{r|h}=\sum_{g(\Gamma_l)} q_{B_g} \pi_{gh}^{(r)}=q_{\Gamma_t} P(B_h / \Gamma_s)=q_{\Gamma_t} \frac{\sum_{\beta_h} P_{\beta_h \beta_h}(1)}{Ak+Bl}$$

在这里我们看到，概率 $\pi_{r|h}$ 所取的值是以下两个因子

$$q_{\Gamma_t} \text{ 与 } \frac{\sum_{\beta_h} P_{\beta_h \beta_h}(1)}{Ak+Bl}$$

的乘积，第一个因子依赖于初始概率 $p_{0\alpha}$，它等于体系 S 在时刻 T_0 处于从 Γ_t 的概率，随着 r 的增大它依序取以下一系列的值

$$q_{\Gamma_t}, q_{\Gamma_{t-1}}, \cdots, q_{\Gamma_1}, q_{\Gamma_c}, q_{\Gamma_{c-1}}, \cdots, q_{\Gamma_i}, \cdots$$

而第二个因子对于固定的 h 总保持常值.

对于绝对概率 $p_{r|\beta}$ 的极限值我们也可以作出与此相仿的附注来.

31. 第二种类型的双循环链 在第一种类型的双循环链中,如果 $c=1$,并且 k 与 l 互质,我们就得出了第二种类型的双循环链. 其环路如下

$$Ц_1=(B_1,B_2,\cdots,B_k,B_1)$$

$$Ц_2=(B_1,B_{k+1},\cdots,B_{k+l-1},B_1)$$

现在我们只来指出其最重要的性质,这些性质皆不难加以证明.

31. I 对于第二种类型的双循环链,只存在一个由所有的组

$$B_1,B_2,\cdots,B_m \quad (m=k+l-1)$$

构成的丛 Γ,它从第 $R-1$ 个时刻起完全形成,并在以后的所有时刻总是重复这个丛;数 R 由以下等式来确定

$$R=kl+|k-l|$$

这样一来,对于第二种类型的双循环链,从时刻 T_{R-1} 开始,体系 S 可以在任何一个时刻处于任何一个组 B_g, $g=\overline{1,m}$.

31. II 对于第二种类型的双循环链,$\lambda=1$ 是矩阵 $\boldsymbol{P}$ 的单根,并且是唯一的模等于 1 的根,因而

$$\lim_{r\to+\infty} p_{\alpha\beta}^{(r)}=\lim_{r\to+\infty} p_{r|\beta}=\frac{P_{\beta\beta}(1)}{P'(1)}$$

于是对于转移概率 $p_{\alpha\beta}^{(r)}$ 以及绝对概率 $p_{r|\beta}$ 我们得到了同一个极限值,这个极限值不依赖于体系 S 的初始状态,只依赖于体系 S 的最后状态.

31. III 对于 $P'(1)$ 我们有如下的值

$$P'(1)=Ak+Bl$$

其中

$$A=\sum_{\alpha_1} P_{\alpha_1\alpha_1}(1)\sum_{\beta_2} p_{\alpha_1\beta_2}$$

$$B=\sum_{\alpha_1} P_{\alpha_1\alpha_1}(1)\sum_{\beta_{k+1}} p_{\alpha_1\beta_{k+1}}$$

31. IV 我们有

$$\sum_{\alpha_h} P_{\alpha_h\alpha_h}(1)=\begin{cases} A & (\text{若 } h=2,3,\cdots,k) \\ B & (\text{若 } h=k+1,\cdots,m) \\ A+B & (\text{若 } h=1) \end{cases}$$

31. V 概率 $\pi_{gh}^{(r)}$ 与 $\pi_{r|h}$ 有同一的值

$$\pi_{gh}^{(r)}=\pi_{r|h}=P(B_h/\Gamma)=\begin{cases} \dfrac{A+B}{Ak+Bl} & (\text{若 } h=1) \\ \dfrac{A}{Ak+Bl} & (\text{若 } h=2,3,\cdots,k) \\ \dfrac{B}{Ak+Bl} & (\text{若 } h=k+1,\cdots,m) \end{cases}$$

这两个概率不依赖于初始概率,也不依赖于数 r 与 g.

32. 关于循环过程的一般附注 复循环链乃是一般的循环过程的一种特殊情形,至于一般的循环过程则其样式甚为纷繁,而且可以非常复杂. 作为这种非常复杂的复循环过程的实例,我们可以举例,比如人体中血液的流动,此时分歧的中心点就是心脏.

我们不想在这里对复循环过程进行有系统的分类,也不想来探讨与之有关的一些随机问题,我们只引入关于这种过程的一些例子.

现在我们来考察和条目 26 中所引入的复循环过程相类似的那些复循环过程(在条目 26 中曾引入具有三个或四个环路的过程的概型). 图 32.1 描绘出具有五个环路的过程的概型(图中的数码表示分歧组). 随着环路数目的增加,概型很快就变得日益复杂而且样式也无限纷繁起来.

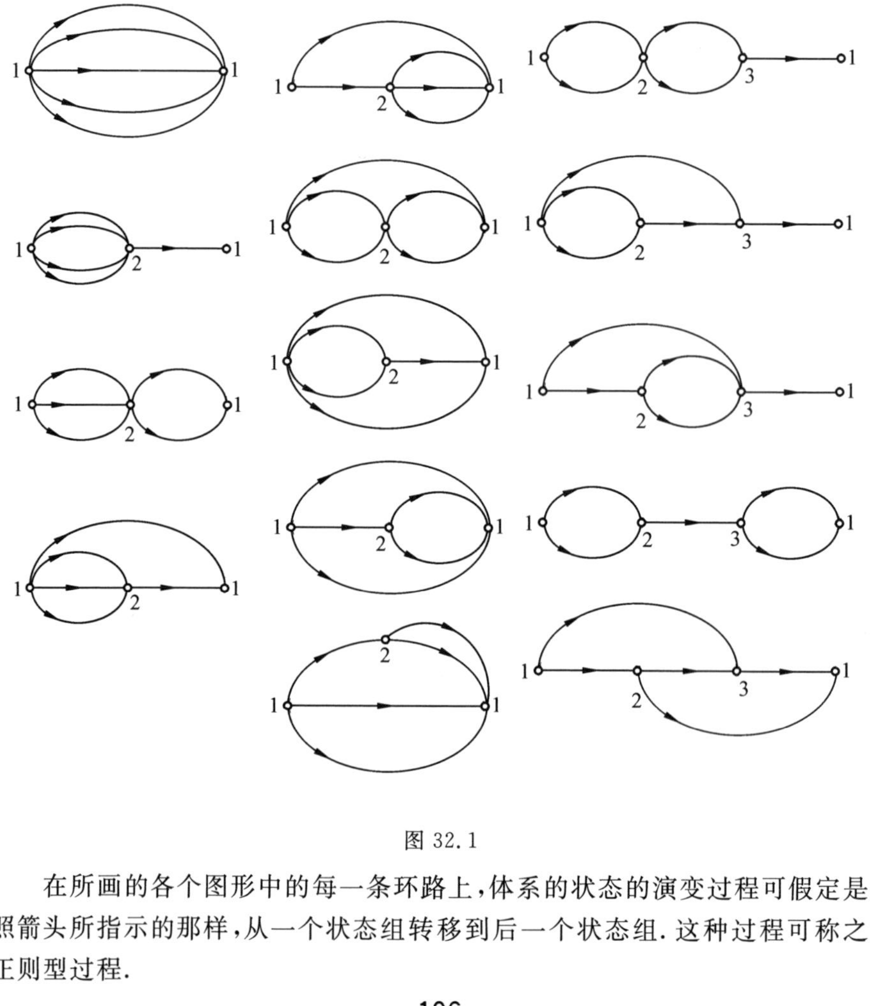

图 32.1

在所画的各个图形中的每一条环路上,体系的状态的演变过程可假定是按照箭头所指示的那样,从一个状态组转移到后一个状态组. 这种过程可称之为正则型过程.

但是我们可以举出各式各样的具有奇异性的过程，它们不是正则型过程. 在正则型过程中，每一条路刚刚走过的地方不可能马上再重复. 然而我们不难构造一些过程，使之具有这样的路，在这种路上刚刚走过的地方可能马上再重复. 例如，图 32.2 所示的概型即是此种过程. 在这种过程中具有附属环路，在这种附属环路上可以无限制地重复任意多次，这种附属环路可称之为回归环路.

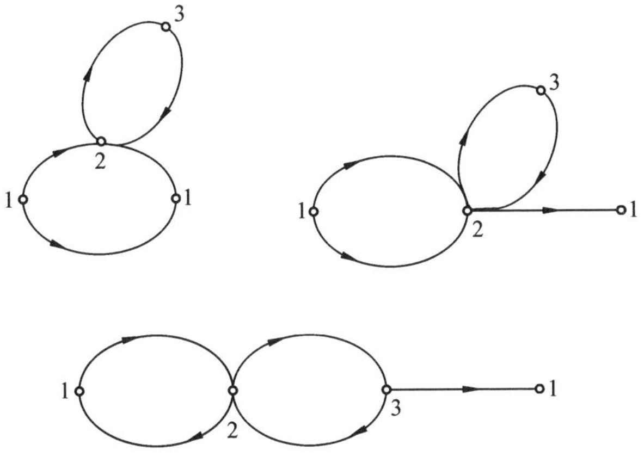

图 32.2

我们还可指出，在这种过程中的所谓的休止组或停滞组，可以无限制地重复任意多次，但是仍然有转移到别的组中去的出路，例如图 32.3 中数码 1 及 2 所表示的组即是这种停滞组；在复循环链中这种停滞组对应于转移矩阵中的非孤立对角子块. 至于不能通往别的组的停滞组，在链过程中称为绝路，它对应于转移矩阵中的孤立对角子块. 循环过程进入这种组之后可以看成是变为一种新的过程. 链状化学过程就可以作为这种循环过程的实例.

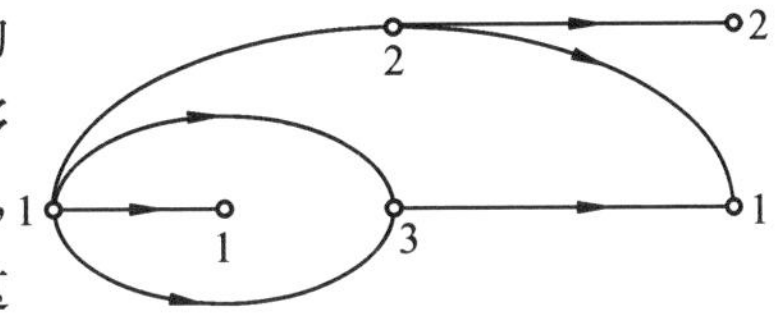

图 32.3

所有上述的复循环过程皆不难构造出与之相应的链 C_n 的例来，其中关于组的重复的特性可以借助于(28.5) 及类似于表 28.1 那样的形式来进行研究. 我们用下面的例子来说明这一点.

例 1　选取一个链 C_n，使它的组

$$B_1, B_2, \cdots, B_8$$

的变换概型如图 32.4 所示，在这个图里我们把各段路上的中间组的号码也标出来了.

由表 32.1 可以看出，这个链 C_n 的丛是

$$\Gamma_1=(B_1,B_6)$$
$$\Gamma_2=(B_2,B_4,B_7)$$
$$\Gamma_3=(B_3)$$
$$\Gamma_4=(B_5,B_8)$$

并且它们是从时刻 T_3 起完全形成的.

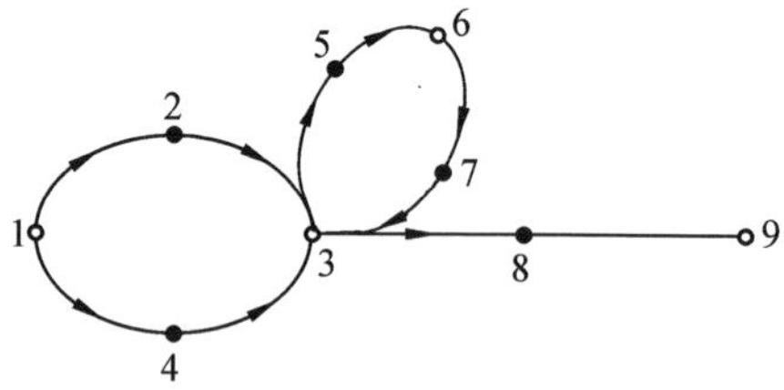

图 32.4

这个链 C_n 的转移矩阵的形式可以用下面的(32.1)来示意,其中有阴影的子块表示非零子阵,而没有阴影的子块表示零子阵(组只以数码来标记).

表 32.1

g	h_1	h_2	h_3	h_4	h_5	h_6	h_7
1	2,4	3	5,8	1,6	2,4,7	3	5,8
2	3	5,8	1,6	2,4,7	3	5,8	1,6
3	5,8	1,6	2,4,7	3	5,8	1,6	2,4,7
4	3	5,8	1,6	2,4,7	3	5,8	1,6
5	6	7	3	5,8	1,6	2,4,7	3
6	7	3	5,8	1,6	2,4,7	3	5,8
7	3	5,8	1,6	2,4,7	3	5,8	1,6
8	1	2,4	3	5,8	1,6	2,4,7	3

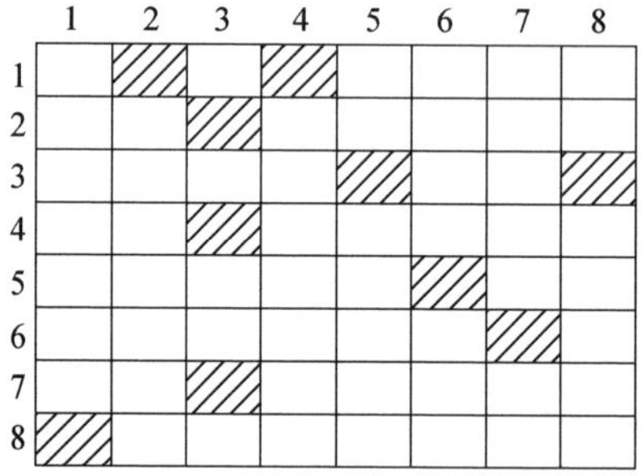

(32.1)

依照变换

$$S=\begin{pmatrix}1 & 6 & 2 & 4 & 7 & 3 & 5 & 8\\ 1 & 2 & 3 & 4 & 5 & 6 & 7 & 8\end{pmatrix}$$

把(32.1)的横条与竖条作同样的调动,这样并不改变它的特征行列式及特征根;于是我们就把(32.1)表示成了对于从 $\Gamma_1,\Gamma_2,\Gamma_3,\Gamma_4$ 而言的标准单循环形式(32.2).

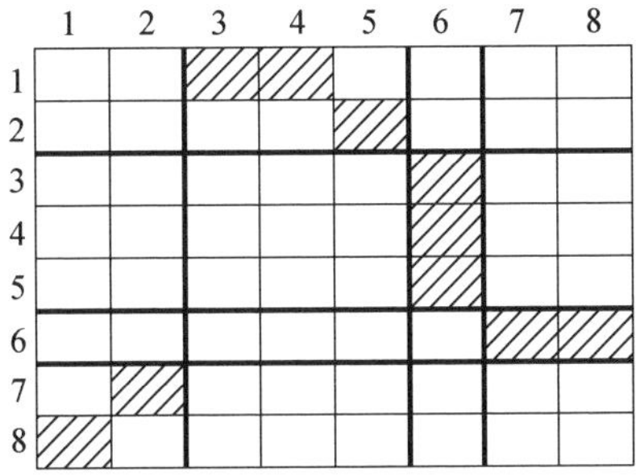

(32.2)

把这个例子的转移矩阵表示成(32.2)的形式,就可以看出,其特征方程为

$$P(\lambda)=\lambda^{v}(\lambda^{4}-1)(\lambda^{4}-a_{1})^{m_{1}}\cdots(\lambda^{4}-a_{\mu})^{m_{\mu}}=0$$

此处 v, a_i 与 m_i 都是常量.借助于此,就可以来研究这个例子的转移概率与绝对概率,当然,这时是假定给定了组 B_g 与基本转移概率 $p_{\alpha\beta}$.

例如说我们所选取的是这样的链,其中组的变换遵照图 32.4 所示的概型,并且其每一个组都只是由一个状态构成的,因而此时矩阵(32.1)可表示成以下形式

$$\boldsymbol{P}=\begin{pmatrix} 0 & a & 0 & b & 0 & 0 & 0 & 0 \\ 0 & 0 & 1 & 0 & 0 & 0 & 0 & 0 \\ 0 & 0 & 0 & 0 & c & 0 & 0 & d \\ 0 & 0 & 1 & 0 & 0 & 0 & 0 & 0 \\ 0 & 0 & 0 & 0 & 0 & 1 & 0 & 0 \\ 0 & 0 & 0 & 0 & 0 & 0 & 1 & 0 \\ 0 & 0 & 1 & 0 & 0 & 0 & 0 & 0 \\ 1 & 0 & 0 & 0 & 0 & 0 & 0 & 0 \end{pmatrix} \tag{32.3}$$

其中 $a+b=c+d=1$,并且它的特征方程为

$$\lambda^{4}(\lambda^{4}-1)=0$$

而其特征行列式的子式则在下表中给出.

表 32.2 $P_{\alpha\beta}(\lambda)$

α	β							
	1	6	2	4	7	3	5	8
1	$\lambda^{7}-c\lambda^{3}$	$d\lambda^{3}$	$d\lambda^{4}$	$d\lambda^{4}$	$d\lambda^{4}$	$d\lambda^{5}$	$d\lambda^{2}$	$\lambda^{6}-c\lambda^{2}$
6	$c\lambda^{3}$	$\lambda^{7}-d\lambda^{3}$	$c\lambda^{4}$	$c\lambda^{4}$	$c\lambda^{4}$	$c\lambda^{5}$	$\lambda^{6}-d\lambda^{2}$	$c\lambda^{2}$
2	$a\lambda^{6}-ac\lambda^{2}$	$ad\lambda^{3}$	$\lambda^{7}-(c+bd)\lambda^{3}$	$ad\lambda^{3}$	$ad\lambda^{3}$	$ad\lambda^{4}$	$ad\lambda$	$a\lambda^{5}-ac\lambda$
4	$b\lambda^{6}-bc\lambda^{2}$	$bd\lambda^{2}$	$bd\lambda^{3}$	$\lambda^{7}-(ad+c)\lambda^{3}$	$bd\lambda^{3}$	$bd\lambda^{4}$	$bd\lambda$	$b\lambda^{5}-bc\lambda$
7	$c\lambda^{2}$	$\lambda^{6}-d\lambda^{2}$	$c\lambda^{3}$	$c\lambda^{3}$	$\lambda^{7}-d\lambda^{3}$	$c\lambda^{4}$	$\lambda^{5}-d\lambda$	$c\lambda$
3	λ^{5}	λ^{5}	λ^{6}	λ^{6}	λ^{6}	λ^{7}	λ^{4}	λ^{4}
5	$c\lambda^{4}$	$c\lambda^{4}$	$c\lambda^{5}$	$c\lambda^{5}$	$c\lambda^{5}$	$c\lambda^{6}$	$\lambda^{7}-d\lambda^{3}$	$c\lambda^{3}$
8	$d\lambda^{4}$	$d\lambda^{4}$	$d\lambda^{5}$	$d\lambda^{5}$	$d\lambda^{5}$	$d\lambda^{6}$	$d\lambda^{3}$	$\lambda^{7}-c\lambda^{5}$

借助于这个表，按照条目23中所讲的一般方法，我们可以求得这个链的转移概率 $p_{\alpha\beta}^{(r)}$. 但是这种办法需要繁重的计算. 利用条目25中所讲的方法要简捷得多. 实际上，我们先求出矩阵 $\boldsymbol{P}$ 的幂 $\boldsymbol{P}^2$，$\boldsymbol{P}^3$ 与 $\boldsymbol{P}^4$（假定 $\boldsymbol{P}$ 已写成(32.2)的形式）

$$\boldsymbol{P}^2=\begin{pmatrix} 0&0&0&0&0&1&0&0\\ 0&0&0&0&0&1&0&0\\ 0&0&0&0&0&0&c&d\\ 0&0&0&0&0&0&c&d\\ 0&0&0&0&0&0&c&d\\ d&c&0&0&0&0&0&0\\ 0&0&0&0&1&0&0&0\\ 0&0&a&b&0&0&0&0 \end{pmatrix},\boldsymbol{P}^3=\begin{pmatrix} 0&0&0&0&0&0&c&d\\ 0&0&0&0&0&0&c&d\\ d&c&0&0&0&0&0&0\\ d&c&0&0&0&0&0&0\\ d&c&0&0&0&0&0&0\\ 0&0&ad&bd&c&0&0&0\\ 0&0&0&0&0&1&0&0\\ 0&0&0&0&0&1&0&0 \end{pmatrix}$$

$$\boldsymbol{P}^4=\begin{pmatrix} d&c&0&0&0&0&0&0\\ d&c&0&0&0&0&0&0\\ 0&0&ad&bd&c&0&0&0\\ 0&0&ad&bd&c&0&0&0\\ 0&0&ad&bd&c&0&0&0\\ 0&0&0&0&0&1&0&0\\ 0&0&0&0&0&0&c&d\\ 0&0&0&0&0&0&c&d \end{pmatrix}$$

然后，容易验证，矩阵 $\boldsymbol{P}^4$ 的任意正整数次幂仍然是 $\boldsymbol{P}^4$，这就是说

$$\boldsymbol{P}^{4n}=\boldsymbol{P}^4\quad(n=1,2,3,\cdots)$$

因此对于矩阵 $\boldsymbol{P}^{4n+1}$，$\boldsymbol{P}^{4n+2}$，$\boldsymbol{P}^{4n+3}$ 亦不难求得

$$\boldsymbol{P}^{4n+1}=\begin{pmatrix} 0&0&ad&bd&c&0&0&0\\ 0&0&ad&bd&c&0&0&0\\ 0&0&0&0&0&1&0&0\\ 0&0&0&0&0&1&0&0\\ 0&0&0&0&0&1&0&0\\ 0&0&0&0&0&0&c&d\\ d&c&0&0&0&0&0&0\\ d&c&0&0&0&0&0&0 \end{pmatrix},\boldsymbol{P}^{4n+2}=\begin{pmatrix} 0&0&0&0&0&1&0&0\\ 0&0&0&0&0&1&0&0\\ 0&0&0&0&0&0&c&d\\ 0&0&0&0&0&0&c&d\\ 0&0&0&0&0&0&c&d\\ d&c&0&0&0&0&0&0\\ 0&0&ad&bd&c&0&0&0\\ 0&0&ad&bd&c&0&0&0 \end{pmatrix}$$

$$P^{4n+3}=\begin{pmatrix}0&0&0&0&0&0&c&d\\0&0&0&0&0&0&c&d\\d&c&0&0&0&0&0&0\\d&c&0&0&0&0&0&0\\d&c&0&0&0&0&0&0\\0&0&ad&bd&c&0&0&0\\0&0&0&0&0&1&0&0\\0&0&0&0&0&1&0&0\end{pmatrix}$$

这四个公式完全解决了对于所有的r,α,β来求$p_{\alpha\beta}^{(r)}$的问题. 只是应该注意，这时的矩阵$\boldsymbol{P}$从已改写成(32.2)的形式了. 于是例如

$$p_{11}^{(4n)}=p_{61}^{(4n)}=d, p_{16}^{(4n)}=p_{66}^{(4n)}=c$$

$$p_{12}^{(4n)}=p_{13}^{(4n)}=p_{14}^{(4n)}=p_{15}^{(4n)}=p_{17}^{(4n)}=p_{18}^{(4n)}=0$$

$$p_{12}^{(4n+1)}=ad, p_{14}^{(4n+1)}=bd, p_{17}^{(2n+1)}=c$$

例 2 图 32.5 与图 32.4 稍有不同，但是其中也有停滞组(没有绝路).

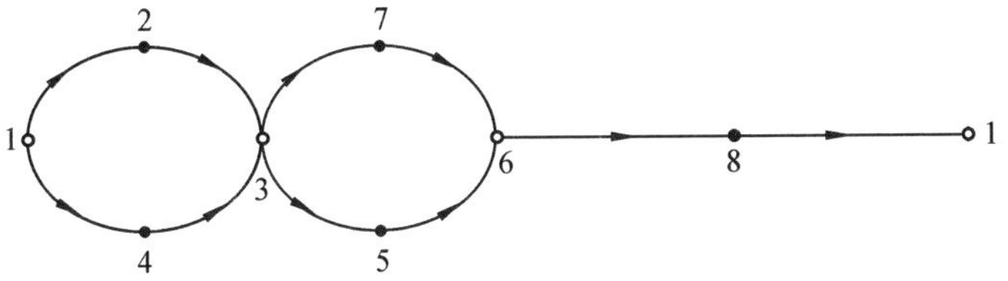

图 32.5

列出像表 32.1 那样的表，我们就会发现，这个链有两个丛

$$\Gamma_1=(B_1, B_3, B_6)$$

$$\Gamma_2=(B_2, B_4, B_5, B_7, B_8)$$

图 32.5 所示的概型可由图 32.6 给以具体阐释，图 32.6 是表示一物体在水流中的运动，在这个水流的中间有一个岛，水流流过这个岛以后在岸旁的一个湾里形成回流.

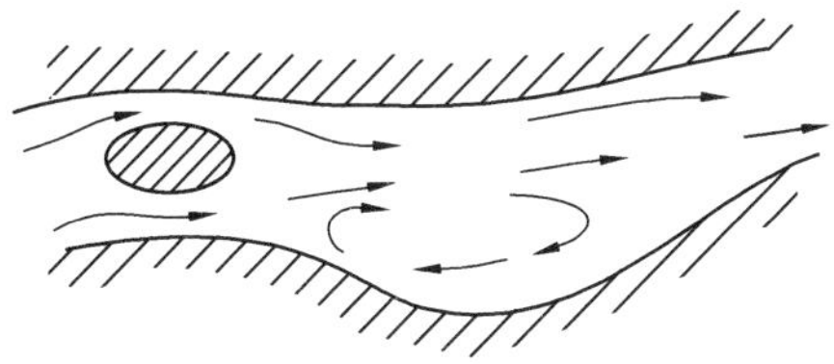

图 32.6

例 3　如果链 C_n 的概型如图 32.7 所示，则它有三个丛

$$\Gamma_1=(B_1),\Gamma_2=(B_2,B_3,B_4),\Gamma_3=(B_5,B_6)$$

这三个丛从时刻 T_2 起完全形成.

但如果链 C_n 的概型如图 32.8 所示，那么它就只有一个丛

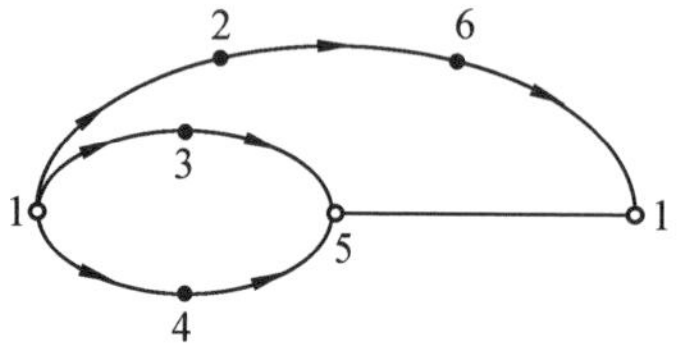

图 32.7

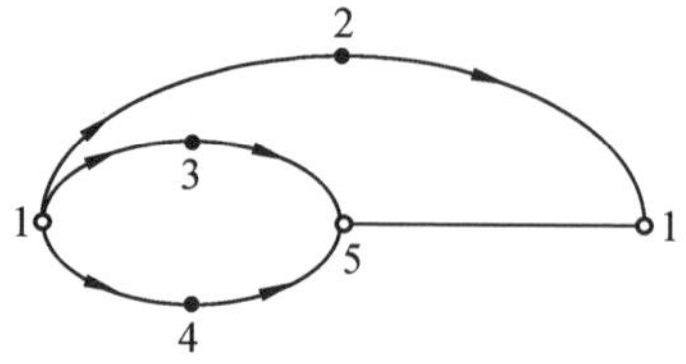

图 32.8

$$\Gamma_1=(B_1,B_2,B_3,B_4,B_5)$$

这个丛从时刻 T_6 起完全形成.

33. 具有绝路的循环链对于链状化学反应的应用的实例　我们来研究在 Cl_2 与 H_2 的混合物中的链状化学反应（参阅译者附注 3）. 在初始时刻，Cl_2 在光线的作用之下有可能成为活性氯，但也可能不起变化；对于 H_2 来说亦是如此. 因此，如若来考察非单色光线对于这个混合物的作用，则可发现上述的四种可能性皆具有确定的概率，这些概率的值依赖于 Cl_2 与 H_2 的混合物的成分以及作用于这个混合物的光线的成分.

如果在初始时刻分离出来的是活性氯，那么以后就按照等式 $Cl+H_2=ClH+H$，$H+Cl_2=HCl+Cl$，$Cl+H_2=ClH+H$，… 来进行链状反应；而如果在初始时刻分离出来的是活性氢，那么以后就按照等式

$$H+Cl_2=HCl+Cl,Cl+H_2=ClH+H,\cdots$$

来进行链状反应.

如果 2H 与 2Cl 重新结合成 H_2 与 Cl_2，或是由于某种原因失去了活性，这时链状反应即告终结.

现在可以把我们的全部过程表示成以下的随机概型（表 33.1）：

表 33.1

概率		Cl	$\overline{H}$	H	$\overline{Cl}$	
p_{01}	Cl	0	0	a	b	$a+b=1$
p_{02}	$\overline{H}$	0	1	0	0	
p_{03}	H	c	d	0	0	$c+d=1$
p_{04}	$\overline{Cl}$	0	0	0	1	

其中 $\overline{H}$ 与 $\overline{Cl}$ 表示失去活性的氢与氯，而 H 与 Cl 则表示具有活性的氢与氯，又

$$p_{01},p_{02},p_{03},p_{04}$$

分别表示在初始时刻出现

$$Cl, \overline{H}, H, \overline{Cl}$$

的概率；a 与 b 分别表示在已知某个时刻的前一个时刻出现了 Cl 的条件下，在该时刻出现 H 与 $\overline{Cl}$ 的概率；c 与 d 分别表示在已知某个时刻的前一个时刻出现了 H 的条件下，在该时刻出现 Cl 与 $\overline{H}$ 的概率；其他的转移概率或是 0 或是 1，例如若于某一时刻出现了 $\overline{Cl}$，那么这个失去活性的氯既然不能参与任何反应，因此到了下一个时刻它只能保持原状，而 Cl，H 与 $\overline{H}$ 就不可能出现了（假定只是在初始时刻有光线的作用），这就是说，在下一个时刻出现 $\overline{Cl}$ 的概率是 1，而出现 Cl，H 与 $\overline{H}$ 的概率皆是 0.

这种概型是建基于以下的假定：在所研究的链状过程中的各别反应不改变概率 a,b,c,d 的值. 在这种假定（它是在 Cl_2 与 H_2 的混合物中真实的链状化学过程的某一近似描述）之下，我们就得到了均匀的简单的单循环马尔柯夫链，它具有两条绝路. 现在我们来看一看，这个假定会给我们带来什么结论.

我们的链的矩阵 $\boldsymbol{P}$ 是这样的

$$\boldsymbol{P}=\begin{pmatrix}0 & 0 & a & b\\ 0 & 1 & 0 & 0\\ c & d & 0 & 0\\ 0 & 0 & 0 & 1\end{pmatrix}$$

不难把它的特征方程计算出来

$$\begin{aligned}P(\lambda) &= (\lambda-1)^2(\lambda^2-ac)\\ &= 0\end{aligned}$$

借助于此，我们就可以进而求得由状态 A_α 出发经过 r 步到达状态 A_β 的转移概率 $p_{\alpha\beta}^{(r)}$，此处我们用

$$A_1, A_2, A_3, A_4$$

分别表示

$$Cl, \overline{H}, H, \overline{Cl}$$

这些转移概率如下表（表 33.1）所示.

表 33.1 $p_{\alpha\beta}^{(r)}$

α	β			
	1	2	3	4
1	$\frac{1}{2}s_r$	$\frac{ad}{1-ac}\left(1-\frac{s_{r-1}}{2}-\frac{s_r}{2}\right)$	$\frac{a}{2}s_{r-1}$	$\frac{b}{1-ac}\left(1-\frac{s_r}{2}-\frac{s_{r-1}}{2}\right)$
2	0	1	0	0
3	$\frac{c}{2}s_{r-1}$	$\frac{d}{1-ac}\left(1-\frac{s_r}{2}-\frac{s_{r+1}}{2}\right)$	$\frac{s_r}{2}$	$\frac{cb}{1-ac}\left(1-\frac{s_{r-1}}{2}-\frac{s_r}{2}\right)$
4	0	0	0	1

其中

$$s_r=\lambda_1^r+\lambda_2^r\quad(\lambda_1=+\sqrt{ac},\lambda_2=-\sqrt{ac})$$

很容易可以求出绝对概率 $p_{r|\beta}$. 我们感兴趣的是：在$(r+1)$步上我们所研究的链状反应终止的概率. 这个概率显然等于

$$p_{r|1}b+p_{r|3}d$$

因而，假使用 R 来表示链状反应的持续时间，亦即反应自起始至终止所经历的步数，那么我们就有

$$R=\sum_{r=1}^{+\infty}r(p_{r|1}b+p_{r|3}d)$$

或者再简单计算一下，就得到

$$R=p_{01}\frac{a(1+c)}{1-ac}+p_{03}\frac{c(1+a)}{1-ac}$$

我们姑且止于导出这些结果. 它们的具体阐释是很明显的，我们就不再赘述了.

34. 复循环链的基本类 所有无绝路的复循环链 C_n 有一个共同的特点，即其中都有一个基本分歧组，这个基本分歧组在若干通过不同中间组（中间组里仍可能有分歧组）的不同环路上重复出现. 因而所有无绝路的复循环链 C_n 可以归并成复循环链的一个基本类，其随机概型如图 34.1 所示，其中 $C_1,C_2,\cdots,C_m$ 表示一些按照一定的（未必是唯一确定的）顺序转移的组 B 的序列. 例如，图 32.7 的链与图 32.8 的链分别可化成图 34.2 与图 34.3 中的链，这时 C_1,C_2,C_3 就是分别按照确定顺序转移的组 B 的序列. 而图 32.5 的链则可化成图 34.4 的形式，这时 C_1,C_2,C_3 皆非确切不可转移的环路，因为其中有两个分歧组 B_1 与 B_6，B_1 是基本分歧组而 B_6 是中间分歧组. 不过显而易见，图 34.4 的链也可以表示成另一种形式，使得组 B_6 是基本分歧组而组 B_1 是中间分歧组. 显然，在图 34.1 的链中，任何一个中间分歧组，如果它在所有的序列 $C_1,C_2,\cdots,C_m$ 中都出现，那么它就一定可以取为基本分歧组；反之如果它并不在所有的序列 $C_1,C_2,\cdots,C_m$ 中都出现，那么它就不可能取为基本分歧组.

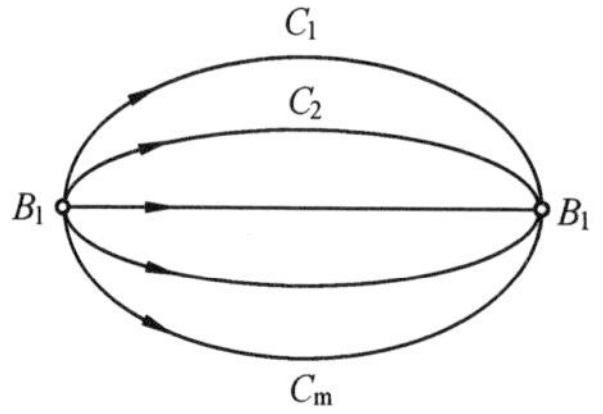

图 34.1

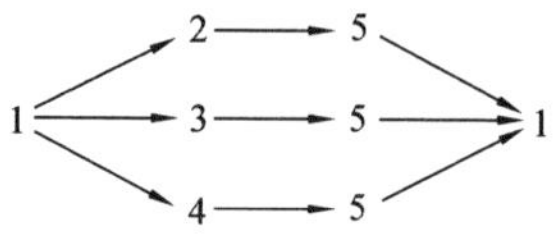

图 34.2

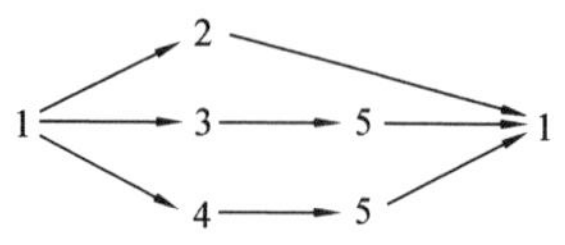

图 34.3

图 34.1 中的复循环链可以仿照双循环链那样分为两种. 设序列 C_i 包含以下各组

$$B_{b_{i-1}+1},B_{b_{i-1}+2},\cdots,B_{b_i}$$

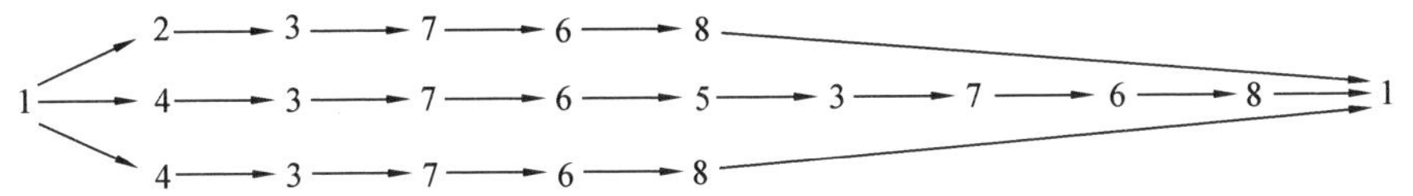

图 34.4

$$(b_i = a_1 + a_2 + \cdots + a_i - i + 1 = b_{i-1} + a_i - 1, b_0 = 1)$$

这些组随着时间的进程而按照上面的顺序依次更替. 于是, 图 34.1 的链就有以下各环路

$$\text{Ц}_i = (B_1, B_{b_{i-1}+1}, \cdots, B_{b_{i-1}+a_i-1}, B_1) \quad (i = \overline{1, m})$$

其长度为 a_i. 现在我们把图 34.1 的链按照 $a_1, a_2, \cdots, a_m$ 有无最高公因子 $c \neq 1$ 而分成第一种与第二种. 我们有

$$a_i = k_i c \quad (i = \overline{1, m})$$

其中数组 $k_1, k_2, \cdots, k_m$ 是互质的.

图 34.1 的链的研究引发了各式各样不同的问题, 现在我们只在其最重要的问题中拣两个来研究. 第一个问题是: 已知体系 S 在初始时刻 T_0 处于组 B_g, 求经过 r 步后, 亦即在时刻 T_r, 体系 S 可能转移到的组 B_h 有哪些? 第二个问题是: 求出从哪一个时刻起, 体系 S 的状态组 B 才像我们在双循环链中所见的那样, 完全分解成丛?

现在我们就着手来解决第一个问题. 首先, 我们注意, 一般说来, 体系 S 由初始时刻 T_0 的组 B_g 转移到时刻 T_r 的组 B_h, 其间包含三个阶段:

(1) 第一个阶段是

$$B_g \to B_{g+1} \to B_{g+2} \to \cdots \to B_{b_i} \to B_1 \tag{34.1}$$

这就是说由 B_g 出发走完其所处的这个环路 Ц_i, 亦即把体系 S 转移到分歧组 B_1; 这一阶段所用的步数, 当 $g \neq 1$ 时等于 $b_i - g + 1$, 当 $g = 1$ 时等于 0.

(2) 第二个阶段是体系 S 依次周游某些环路 Ц_i, 其所用的步数可表示成以下的线性形式

$$a_1 x_1 + a_2 x_2 + \cdots + a_m x_m$$

其中 $x_1, x_2, \cdots, x_m$ 是非负整数.

(3) 第三个阶段是由第二个阶段最后达到的组 B_1 出发, 走上 B_h 所在的那个环路 Ц_j, 抵达于组 B_h

$$B_1 \to B_{b_{j-1}+1} \to \cdots \to B_h \tag{34.2}$$

其所用的步数为 $h - b_{j-1}$.

这样一来, 我们就有一般的等式

$$r = \lambda_g + \mu_x + v_h \tag{34.3}$$

其中非负整数 λ_g, μ_x 与 v_h 以下面的各等式来定义

$$\lambda_g = \begin{cases} b_i - g + 1 & (若\ g \neq 1) \\ 0 & (若\ g = 1) \end{cases}$$

$$\mu_x = \sum_{i=1}^{m} a_i x_i \tag{34.4}$$

$$v_h = h - b_{j-1}$$

借助于此就可以进而解决我们的问题.

实际上,设 $B_g \subset Ц_i$. 如果给定的步数 r 如下

$$r \leqslant b_i - g \quad (若\ g \neq 1)$$

或

$$r \leqslant a_i - 1 \quad (若\ g = 1)$$

则体系 S 不能越出环路 $Ц_i$,因此其最后抵达的组 B_h 只有一个

$$h = g + r \quad (若\ g \neq 1)$$

或

$$h = b_{i-1} + r \quad (若\ g = 1)$$

如果 $r = b_i - g + 1$,那么体系 S 经过 r 步以后,恰抵达于组 B_1. 现在我们再来看以下的情形

$$r > b_i - g + 1 \quad (若\ g \neq 1)$$

或

$$r > 0 \quad (若\ g = 1)$$

此时令

$$r_1 = r - b_1 + g - 1 \quad (若\ g \neq 1)$$

或

$$r_1 = r \quad (若\ g = 1)$$

并且假定环路 C_i 的下标的编排是按照环路的长度递增的顺序,即假定有

$$a_1 \leqslant a_2 \leqslant \cdots \leqslant a_m$$

然后把 r_1 表示成所有可能的如下形式

$$r_1 = \mu_x^{(k)} + v_k \quad (k = \overline{1, \sigma}) \tag{34.5}$$

其中 v_k 是满足不等式

$$0 \leqslant v_k \leqslant a_m - 1$$

的非负整数,$\mu_x^{(k)}$ 的意义如下

$$\mu_x^{(k)} = \sum_{i=1}^{m} a_i x_i^{(k)}$$

其中 $x_i^{(k)}$ 表示非负整数,最后 σ 表示 r_1 所有可能的这种表示法的数目. 如果 v_k 等于 0 或等于下列数目之一

$$a_1, a_2, \cdots, a_{m-1}$$

那么体系 S 从组 B_1 出发经过 v_k 步之后就又重新返回到组 B_1，这也就是说体系 S 由初始时刻的组 B_g 出发经过 r 步之后抵达于组 B_1. 如果 v_k 不等于下列数目中的任何一个

$$0, a_1, a_2, \cdots, a_{m-1}$$

而

$$a_p < v_k < a_{p+1}$$

那么体系 S 由组 B_g 出发经过 r 步以后可能到达的组 B_h，其下标的值有以下一些

$$h = b_p + v_k, b_{p+1} + v_k, \cdots, b_{m-1} + v_k \tag{34.6}$$

换句话说，可能到达环路

$$Ц_{p+1}, Ц_{p+2}, \cdots, Ц_m$$

中的第 v_k 个组(不算 B_1).

例 1　取一个链 C_n，使其有环路

$$Ц_1 = (B_1, B_2, B_3, \cdots, B_{12})$$
$$Ц_2 = (B_1, B_{13}, B_{14}, \cdots, B_{31})$$
$$Ц_3 = (B_1, B_{32}, B_{33}, \cdots, B_{58})$$

于是

$$a_1 = 12, a_2 = 20, a_3 = 28, c = 4$$
$$k_1 = 3, k_2 = 5, k_3 = 7$$

所以这个链是第一种复循环链.

现在我们来求体系 S 由初始状态组 $B_{17} \subset Ц_2$ 出发，经过 25 步之后，可以到达哪些组 B_h？我们有

$$r = 25, r_1 = r - b_2 + g - 1 = 25 - 31 + 17 - 1 = 10$$

并且 r_1 的形如(34.5) 的表示法只有以下一种

$$r_1 = \mu_x + v \quad (\mu_x = 0, v = 10)$$

因为 $10 < 12 = a_1 < a_2 < a_3$，所以我们可知，体系 S 由 B_{17} 出发经过 25 步之后，可以到达 $Ц_1, Ц_2, Ц_3$ 每条环路中的第 10 个组，即可到达组

$$B_{11}, B_{22}, B_{41}$$

我们再选取 $r = 50$ 并保持 $B_g = B_{17}$，此时 $r_1 = 50 - 15 = 35$ 的形如(34.5) 的表示法有以下几种

$$r_1 = 12 + 23, 24 + 11, 20 + 15, 32 + 3, 28 + 7$$

因此我们有

$$v_1 = 3, v_2 = 7, v_3 = 11, v_4 = 15, v_5 = 23$$
$$3, 7, 11 < a_1 < 15 < a_2 < 23$$

所以 S 由 B_{17} 出发，经过 50 步之后，可以到达环路 $Ц_1, Ц_2, Ц_3$ 中的第 3 个、第 7

个及第 11 个组，环路 $Ц_2$，$Ц_3$ 中的第 15 个组，以及环路 $Ц_3$ 中的第 23 个组，换句话说，就是可以到达以下各组

$$B_h = \begin{cases} B_4, B_{15}, B_{34} \\ B_8, B_{19}, B_{38} \\ B_{12}, B_{23}, B_{42} \\ B_{27}, B_{46}, B_{54} \end{cases}$$

这些组都是由公式(34.6)求得的，在此只需注意

$$b_0 = 1, b_1 = 12, b_2 = 31, b_3 = 58$$

我们再来研究上文中提出的第二个问题：从什么时刻开始，状态组完全分解成丛？这些丛是怎样的？这两个问题的解答可归结成以下两个定理：

34. I 第一种图 34.1 的链($c \neq 1$)的组 B_g，从某一时刻 T_{R-1} 开始，完全分解成丛

$$\Gamma_1, \Gamma_3, \cdots, \Gamma_c$$

每一个丛都是由确定的组 B_g 构成的，并且这些丛自从它们完全形成之后，就总是依序交相更替，一如在双循环链的情形下那样.

数 R 是一个完全确定的有限数，它等于

$$R = \mu_x^0 + 2A - c \tag{34.7}$$

其中

$$A = \max(a_1, a_2, \cdots, a_m)$$

而 μ_x^0 表示：具有以下形式

$$\mu_x = a_1 x_1 + a_2 x_2 + \cdots + a_m x_m$$

而且使得数

$$\mu_x + c, \mu_x + 2c, \cdots, \mu_x + a - c$$

也具有同样形式的那些数中的最小的一个数，此处

$$a = \min(a_1, a_2, \cdots, a_m)$$

34. II 从 $\Gamma_s (s = \overline{1, c})$ 可用下法求得：先作出由各横行构成的表 34.1：

表 34.1

1	$c+1$	$\cdots$	b_1-c+1	1	b_1+c	$\cdots$	1	b_{m-1+c}	$\cdots$	b_m-c+1	(Γ_1)
2	$c+2$	$\cdots$	b_1-c+2	b_1+1	b_1+c+1	$\cdots$	$b_{m-1}+1$	$b_{m-1}+c+1$	$\cdots$	b_m-c+2	(Γ_2)
$\vdots$	$\vdots$		$\vdots$	$\vdots$	$\vdots$		$\vdots$	$\vdots$		$\vdots$	
c	$2c$	$\cdots$	b_1	b_1+c-1	b_1+2c-1	$\cdots$	$b_{m-1}+c-1$	$b_{m-1}+2c-1$	$\cdots$	b_m	(Γ_a)

$(b_1 = a_1, b_2 = a_1 + a_2 - 1, \cdots, b_m = a_1 + a_2 + \cdots + a_m - c + 1)$

于是这个表的第一横行就给出了丛 Γ_1 中的组 B_g 的下标；而第二横行就给出了丛 Γ_2 中的组 B_g 的下标，以及诸如此类.

例如,对于例 1 的链可列出表 34.2 如下所示:

表 34.2

1	5	9	1	16	20	24	28	1	35	39	43	47	51	55
2	6	10	13	17	21	25	29	32	36	40	44	48	52	56
3	7	11	14	18	22	26	30	33	37	41	45	49	53	57
4	8	12	15	19	23	27	31	34	38	42	46	50	54	58

于是由表 34.2 可见,这个链的丛是

$$\Gamma_1=(B_1,B_5,B_9,B_{16},B_{20},B_{24},B_{28},B_{35},B_{39},B_{43},B_{47},B_{51},B_{55})$$

$$\Gamma_2=(B_2,B_6,B_{10},\cdots,B_{56})$$

等等.

在证明定理 34. Ⅰ 与 34. II 之前,我们且对表 34.1 来作一些附注. 根据链的环路与表 T 的结构,立即可以看出,在任何确定的时刻,所有可能实现的组必同属于一个丛,而不能属于不同的丛. 同时易见,如果在时刻 T_r 体系 S 处于丛 Γ_s,那么到了时刻 T_{r+1} 体系 S 必处于丛 Γ_{s+1}(若 $\Gamma_s=\Gamma_c$,则 $\Gamma_{s+1}=\Gamma_1$). 最后,如果体系 S 从时刻 T_0 所处的初始状态组 B_g 出发,到了时刻 T_r 它可以处于丛 Γ_s 中的每一个组,那么到了时刻 $T_{r+1},T_{r+2},\cdots$ 它就分别可以处于丛 $\Gamma_{s+1},\Gamma_{s+2},\cdots$ 中的每一个组.

不难看出,假若体系 S 由时刻 T_0 所处的初始状态丛 Γ_t 出发,那么到了时刻 T_r,它只能处于丛 Γ_s,这个下标 s 满足以下的关系式

$$r\equiv s-t(\mathrm{mod}\ c) \tag{34.8}$$

在这里我们规定一个用语,即所谓通过 r 步丛 Γ_s 可以完全实现,其真实的意思就是说体系 S 从丛 Γ_t 出发通过 r 步之后,可以完全转移到丛 Γ_s,更确切些说就是:从任何一个组 $B_g\subset\Gamma_t$ 出发,通过 r 步之后,可以转移到任何一个组 $B_h\subset\Gamma_s$.

根据我们所作的这些附注,可以明显看出,假如在某个时刻 T_r 从 Γ_1,$\Gamma_2,\cdots,\Gamma_c$ 可以完全实现,那么在所有之后的时刻这些丛都可以完全实现. 因此,为要证明定理 34. Ⅰ,只需证明:通过 $R-1$ 步后所有的丛 $\Gamma_s(s=\overline{1,n})$ 都可以完全实现,而通过 $R-2$ 步则非所有的丛 $\Gamma_s(s=\overline{1,n})$ 都可以完全实现.

我们取定某个组 $B_g\subset\Gamma_t$. 因为 $R\equiv0(\mathrm{mod}\ c)$,所以假如令体系 S 由组 B_g 出发,则通过 $R-1$ 步后,当 $t\neq1$ 时它必定转移到组 $B_h\subset\Gamma_{t-1}$,而当 $t=1$ 时它必定转移到组 $B_h\subset\Gamma_c$.

首先,假定 $t\neq1$.

设组 B_g 与组 B_h 是从 Γ_t 与从 Γ_{t-1} 中任意的组,若 $B_g\subset$ Ц$_i$ 而 $B_h\subset$ Ц$_j$,则

$$g=(b_{i-1}-1)+kc+t\qquad(0\leqslant kc\leqslant a_i-c)$$

$$h=(b_{j-1}-1)+lc+(t-1)\qquad(0\leqslant lc\leqslant a_j-c)$$

故此时一般而言从组 B_g 转移到组 B_h 所需的步数为

$$\lambda_g + \mu_x + v_h = (b_i - g + 1) + \mu_x + (h - b_{j-1}) = \mu_x + (a_i - kc) + lc - 1$$

于是，欲证由 B_g 经过 $R-1$ 步可转移到 B_h，只需证明

$$R - 1 = \mu_x + (a_i - kc) + lc - 1 \tag{34.9}$$

亦即

$$(\mu_x^0 + 2A - c) - (a_i - kc) - lc = \mu_\lambda$$

但是由于

$$A - (a_i - kc) \geqslant a_i - (a_i - kc) = kc \geqslant 0$$

$$(A - c) - lc \geqslant (a_j - c) - lc \geqslant 0$$

故上式左侧是 $\mu_x^0 + \delta c$（δ 是非负整数）型的数；而所有这种数，根据 μ_x^0 的定义，显而易见皆可表示成 μ_x 的形式，此即所欲证明的.

其次，假定 $t=1$.

设组 B_g 与组 B_h 是从 Γ_1 与从 Γ_c 中任意的组，若 $B_g \subset Ц_i$ 而 $B_h \subset Ц_i$，则

$$g = (b_{i-1} - 1) + kc + 1 \qquad (0 \leqslant kc \leqslant a_i - c)$$

$$h = (b_{j-1} - 1) + lc + c \qquad (0 \leqslant lc \leqslant a_j - c)$$

于是仿照以上推证的步骤，同样可以证明由 B_g 经过 $R-1$ 步可转移到 B_h.

这样一来，我们就证明了通过 $R-1$ 步之后所有的丛 Γ 皆可完全实现. 现在我们再来证明确实存在丛 Γ，它不能通过 $R-2$ 步而完全实现.

我们注意，从丛

$$\Gamma_1, \Gamma_2, \Gamma_3, \cdots, \Gamma_c$$

出发，通过 $R-2$ 步之后，必定分别转移到丛

$$\Gamma_{c-1}, \Gamma_c, \Gamma_1, \cdots, \Gamma_{c-2}$$

假定 $A = a_i$，那么我们就在丛 Γ_2 中选取组 $B_{b_{i-1}+1} \subset Ц_i$，在丛 Γ_c 中选取组 $B_{b_i} \subset Ц_i$. 从组 $B_{b_{i-1}+1}$ 转移到组 B_{b_i} 最少需用 $b_i - (b_{i-1} + 1) = a_i - 2$ 步，但 $R - 2 > a_i - 2$，故欲从组 $B_{b_{i-1}+1}$ 出发经过 $R-2$ 步后可以到达组 B_{b_i}，必须

$$R - 2 = \lambda_{b_{i-1}+1} + \mu_x + v_{b_i} = \mu_x + 2a_i - 2$$

亦即

$$\mu_x^0 - c = \mu_x$$

易见，最后这个等式是和 μ_x^0 的定义相矛盾的.

至此我们已完全证明了定理 34. I 与 34. II.

例 2 我们试对例 1 中的链来求出数 R. 对于这个链，我们有

$$a_1 = 12, a_2 = 20, a_3 = 28$$

故 $A = 28$. 然后我们就应当来找出具有以下形式

$$\mu_x = 12x_1 + 20x_2 + 28x_3$$

并且使得数 $\mu_x + 4$ 与 $\mu_x + 8$（$a - c = 12 - 4 = 8$）也具有这种形式的那些数中的最

小一个数.我们试取

$$x_1=1,x_2=0,x_3=0$$
$$x_1=0,x_2=1,x_3=0$$
$$x_1=0,x_2=0,x_3=1$$
$$x_1=1,x_2=1,x_3=0$$

于是就得到

$$\mu_x=12,\mu_x=20,\mu_x=28,\mu_x=32$$

其中前三个数皆不满足上述的要求,而第四个数则恰能满足上述的要求,因此 $\mu_x^0=32$ 并且

$$R=32+2\times 28-4=84$$

对于第一种的具有图 34.1 形式的复循环链,我们的研究姑且止于此.至于第二种的链,则此时 $c=1$(数 $a_1,a_2,\cdots,a_m$ 总的来说是互质的),它只有一个丛,这个丛是由所有的组

$$B_1,B_2,\cdots,B_{b_m} \tag{34.10}$$

构成的.仿前不难推知,这个丛经过 $R-1$ 步后可以完全实现,在这里

$$R=\mu_x^0+2A-1 \tag{34.11}$$

其中

$$A=\max(a_1,a_2,\cdots,a_m)$$

而 μ_x^0 是表示具有以下形式

$$\mu_x=a_1x_1+a_2x_2+\cdots+a_mx_m$$

且使数

$$\mu_x+1,\mu_x+2,\cdots,\mu_x+a-1$$

亦具有这种形式的那些数中的最小的一个数,此处

$$a=\min(a_1,a_2,\cdots,a_m)$$

因此,体系 S 无论由(34.10)中哪一个组出发,经过 $R-1$ 步后,总可以转移到(34.10)中任何一个组.

疏散的马尔柯夫链的特征函数

第四章

35. 导言 我们现在还是来研究链 C_n，即状态数目有限、时间疏散的均匀马尔柯夫链. 截至目前，我们研究过的都是关于 k 步转移概率 $p_{\alpha\beta}^{(k)}$ 与 k 步绝对概率 $p_{k|\beta}$ 的各种性质的问题，还没有接触过与这些概率有着密切联系的、关于在给定的一连串时刻中体系 S 的状态的重复出现次数的问题. 现在我们先要求出这些重复出现的概率，然后研究它们在有穷时间内的性质与其交互间的关系，以及它们在无穷时间中的性质与其交互间的关系，即极限性质与极限关系.

对于像这一类的问题，正如我们在古典概率论中所熟知的那样，最便利的解决方法常是利用各种母函数：概率的母函数，频数的各种矩的母函数，以及一般而言频数的各种函数的母函数. 在最新的概率论中已经可以清晰看出，有一种母函数——即所谓特征函数，在随机变数的研究中具有基本的重要性. 于是我们自然就想到，对于马尔柯夫链而言，相应的特征函数的建立与研究，亦当成为理论探讨中的得力工具. 而实际上，在马尔柯夫链理论的创始人马尔柯夫本人的文章里，就利用了母函数，而更晚一些的文章里则已利用了特征函数，这些文章已完全证实了我们的揣想.

因此在本章中，首先要作的就是建立起链 C_n 的特征函数，然后就用以研究以上所提到的关于重复次数的问题，详细些说就是在给定的时间区间中体系 S 的状态的频数问题.

36. 链 C_n 的特征函数　我们引用一些符号,令

$$m_1, m_2, \cdots, m_n$$

表示状态

$$A_1, A_2, \cdots, A_n$$

在包含时刻

$$T_0, T_1, \cdots, T_{k-1}$$

的时间 τ_k 内的频数.显而易见,我们有

$$\sum_{\alpha=1}^{n} m_\alpha = k$$

因此如果要求某一确定的频数组 $m_\alpha(\alpha=\overline{1,n})$ 的概率,那么只需求频数组

$$m_1, m_2, \cdots, m_{n-1}$$

的概率就行了.我们以符号

$$P_{m_1 m_2 \cdots m_{n-1} \mid k} \tag{36.1}$$

来表示这后一个概率.

在时间 τ_k 内,所有可能的频数 m_α 的总体以及所有可能的概率(36.1)的总体,给出了这些频数的分布律,我们以符号

$$f_k(M) \quad (M=(m_1, m_2, \cdots, m_{n-1}))$$

来表示这个分布律.

按照通常采用的特征函数的定义,分布律 $f_k(M)$ 的特征函数是以下的表达式

$$\varphi_k(t_1, t_2, \cdots, t_{n-1}) = \sum_{m_\alpha} P_{m_1 m_2 \cdots m_{n-1} \mid k} \mathrm{e}^{\mathrm{i}\sum_{h=1}^{n-1} m_h t_h} \tag{36.2}$$

其中和数 $\sum_{m_\alpha}$ 的取法是按照在时间 τ_k 内所有可能的频数 $m_\alpha, \alpha=\overline{1,n}$;其中 $\mathrm{i}=\sqrt{-1}$,t_h 表示独立的实变数.

从等式(36.2)就可导出特征函数 φ_k 的一系列简单而重要的性质:

36. I　$\varphi_k(t_1, t_2, \cdots, t_{n-1})$ 对于所有的 $k=1,2,\cdots$ 与任何有穷的 $t_1, t_2, \cdots, t_{n-1}$ 皆存在,并且是 $t_1, t_2, \cdots, t_{n-1}$ 的连续函数,同时还具有对于 $t_1, t_2, \cdots, t_{n-1}$ 的各级连续偏导数.

36. II　对于所有的 $k=1,2,\cdots$ 与任何有穷的 $t_1, t_2, \cdots, t_{n-1}$ 恒有

$$|\varphi_k(t_1, t_2, \cdots, t_{n-1})| \leqslant 1$$

36. III　$\varphi_k(t_1, t_2, \cdots, t_{n-1})$ 是分布律 $f_k(M)$ 的原点矩

$$v_{h_1 h_2 \cdots h_{n-1}(k)} = E m_1^{h_1} m_2^{h_2} \cdots m_{n-1}^{h_{n-1}}$$
$$(h_1, h_2, \cdots, h_{n-1}=0,1,2,\cdots)$$

(其中 E 是数学期望的符号)的母函数.

实际上

$$v_{h_1h_2\cdots h_{n-1}(k)}=\mathrm{i}^{-(h_1+\cdots+h_{n-1})}\left(\frac{\partial^{h_1+\cdots+h_{n-1}}\varphi_k}{\partial t_1^{h_1}\cdots\partial t_{n-1}^{h_{n-1}}}\right)_{t_1=\cdots=t_{n-1}=0} \tag{36.3}$$

如果令 $\mathrm{i}t_h=\theta_h$，则这个等式可写成较简单的形式

$$v_{h_1h_2\cdots h_{n-1}(k)}=\left(\frac{\partial^{h_1+\cdots+h_{n-1}}\varphi_k}{\partial\theta_1^{h_1}\cdots\partial\theta_{n-1}^{h_{n-1}}}\right)_0 \tag{36.3$'$}$$

其中下标 0 是表示在微分以后要把 $\theta_1,\theta_2,\cdots,\theta_{n-1}$ 都取成 0.

不过此处的等式(36.2)对于特征函数 φ_k 的性质的较深入的研究是不够用的.为此，我们需要导出特征函数 φ_k 的差分方程，在以下的导出过程中我们应用的是马尔柯夫方法，这个方法是马尔柯夫在推导其关于链状过程的极限定理时，为要建立母函数而采用的.

我们用符号

$$P^{\alpha}_{m_1m_2\cdots m_{n-1}|k}$$

表示在已知体系 S 于时刻 T_{k-1} 处于状态 A_α 的条件下，在时间 τ_k 中频数组 m_1，$m_2,\cdots,m_{n-1}$ 的概率(参阅译者附注 1)；同时我们还引入以下函数①

$$\varphi_k^{\alpha}(t_1,\cdots,t_{n-1})=\sum_{m_\alpha}P^{\alpha}_{m_1\cdots m_{n-1}|k}\mathrm{e}^{\mathrm{i}\sum m_ht_h}$$

于是从 φ_k 的定义及等式

$$P_{m_1\cdots m_{n-1}|k}=\sum_{\alpha=1}^{n}P^{\alpha}_{m_1\cdots m_{n-1}|k}$$

立即推出

$$\varphi_k(t_1,\cdots,t_{n-1})=\sum_{\alpha=1}^{n}\varphi_k^{\alpha}(t_1,\cdots,t_{n-1})$$

显然有

$$P^{\beta}_{m_1\cdots m_\beta\cdots m_{n-1}|k+1}=\sum_{\alpha=1}^{n}P^{\alpha}_{m_1\cdots m_\beta-1\cdots m_{n-1}|k}P_{\alpha\beta}$$

由此根据函数 φ_k^{α} 的定义，我们就得出了(对于变量 k 而言的)差分方程

$$\varphi_{k+1}^{\beta}(t_1,\cdots,t_{n-1})=\sum_{\alpha=1}^{n}\mathrm{e}^{\mathrm{i}t_\beta}p_{\alpha\beta}\varphi_k^{\alpha}(t_1,\cdots,t_{n-1})$$

$$(\beta=\overline{1,n},t_n=0) \tag{36.4}$$

利用这个差分方程可以求得函数 φ_k^{α}，因而也就可以求得它们的和数 —— 函数 φ_k.

方程(36.4)还可以用更简单、更直接的方法来推得，用这种方法常较用马尔柯夫方法更为有利.这种方法主要在于利用一个简单的事实，即特征函数

① 显而易见，这是频数组 $m_1,\cdots,m_{n-1}$ 的条件特征函数.

φ_{k+1} 可表示成如下的和数形式

$$\varphi_{k+1}(t_1,\cdots,t_{n-1})=\sum_{k+1} p_{0\alpha_0}\mathrm{e}^{\mathrm{i}t_\alpha} p_{\alpha_0\alpha_1}\mathrm{e}^{\mathrm{i}t_{\alpha_1}}\cdots p_{\alpha_{k-1}\alpha_k}\mathrm{e}^{\mathrm{i}t_{\alpha_k}}$$

或者如果令

$$L_{k+1}=p_{0\alpha_0}\mathrm{e}^{\mathrm{i}t_{\alpha_0}} p_{\alpha\alpha_1}\mathrm{e}^{\mathrm{i}t_{\alpha_1}}\cdots p_{\alpha_{k-1}\alpha_k}\mathrm{e}^{\mathrm{i}t_{\alpha_k}}$$

那么可写得更简短一些

$$\varphi_{k+1}(t_1,\cdots,t_{n-1})=\sum_{k+1} L_{k+1} \tag{36.5}$$

以上所用的和数符号 $\sum\limits_{k+1}$ 表示 $\alpha_0,\alpha_1,\cdots,\alpha_k$ 独立无关地取 $1,2,\cdots,n$ 中的值，并且规定 $t_n\equiv 0$.

令

$$\varphi_{k+1}^{\alpha_k}(t_1,\cdots,t_{n-1})=\sum_{k} L_k p_{\alpha_{k-1}\alpha_k}\mathrm{e}^{\mathrm{i}t_{\alpha_k}} \tag{36.6}$$

则等式(36.5) 即可化为

$$\varphi_{k+1}(t_1,\cdots,t_{n-1})=\sum_{\alpha_k}\varphi_{k+1}^{\alpha_k}(t_1,\cdots,t_{n-1}) \tag{36.7}$$

另外，由 $\varphi_{k+1}^{\alpha_k}$ 的定义(36.6) 本身即可得出以下的差分方程

$$\varphi_{k+1}^{\alpha_k}(t_1,\cdots,t_{n-1})=\sum_{\alpha_{k-1}} p_{\alpha_{k-1}\alpha_k}\mathrm{e}^{\mathrm{i}t\alpha_k}\varphi_k^{\alpha_{k-1}}(t_1,\cdots,t_{n-1}) \tag{36.8}$$

这个差分方程对于 $\alpha_k=\overline{1,n}(t_n\equiv 0)$ 恒成立. 它与差分方程(36.4) 仅只是在符号上有一些不同(把 α,β 换成了 α_{k-1},α_k).

这个推导差分方程的方法，对于目前链 C_n 的情形来说，并不比马尔柯夫方法省事，但是读者往后就会看到，在另外一些情形下，这个方法将要比马尔柯夫方法简单得多.

现在我们再来考察方程(36.4). 从差分方程的理论可知，每个函数 φ_k^α 皆满足同一个 n 级差分方程，这个 n 级差分方程依照记号写法可写成以下形式

$$\begin{vmatrix} \varphi-p_{11}\mathrm{e}^{\mathrm{i}t_1} & \cdots & -p_{1,n-1}\mathrm{e}^{\mathrm{i}t_{n-1}} & -p_{1n} \\ -p_{21}\mathrm{e}^{\mathrm{i}t_1} & \cdots & -p_{2,n-1}\mathrm{e}^{\mathrm{i}t_{n-1}} & -p_{2n} \\ \vdots & & \vdots & \vdots \\ -p_{n-1,1}\mathrm{e}^{\mathrm{i}t_1} & \cdots & \varphi-p_{n-1,n-1}\mathrm{e}^{\mathrm{i}t_{n-1}} & -p_{n-1,n} \\ -p_{n1}\mathrm{e}^{\mathrm{i}t_1} & \cdots & -p_{n,n-1}\mathrm{e}^{\mathrm{i}t_{n-1}} & \varphi-p_{nn} \end{vmatrix}\varphi^k=0 \tag{36.9}$$

这个记号写法应该这样来理解，就是当行列式依照 φ 的幂次展开后，其中的 φ^{k+h} 需换成 φ_{k+h}，而方程最后即呈以下形式

$$\varphi_{k+n}+(-1)a_1\varphi_{k+n-1}+\cdots+(-1)^n a_n\varphi_k=0 \tag{36.10}$$

这个方程可简记作

$$|\boldsymbol{E}\varphi-\boldsymbol{P}^*|\varphi^k=0 \tag{36.11}$$

此处 $\boldsymbol{E}$ 表示 n 级单位矩阵，$\boldsymbol{P}^*$ 表示以下的矩阵

$$\begin{pmatrix} p_{11}\mathrm{e}^{\mathrm{i}t_1} & \cdots & p_{1,n-1}\mathrm{e}^{\mathrm{i}t_{n-1}} & p_{1n} \\ \vdots & & \vdots & \vdots \\ p_{n1}\mathrm{e}^{\mathrm{i}t_1} & \cdots & p_{n,n-1}\mathrm{e}^{\mathrm{i}t_{n-1}} & p_{nn} \end{pmatrix}\varphi^k=0$$

特征函数 φ_k 也满足这个差分方程，因为特征函数 φ_k 是函数 φ_k^α 的和数(参阅译者附注 2).

注意，这里所说特征函数 φ_k 满足差分方程(36.11) 是对于所有的链 C_n 而言[①]的.

重要之处还在于，方程(36.10) 乃是线性齐次差分方程，其系数分别等于行列式 $|\boldsymbol{P}^*|$(它不依赖于 k) 的各级主子式的和，故不依赖于 k. 不过需要注意，这些系数依赖于 $t_1,t_2,\cdots,t_{n-1}$，并且是这些变数的连续函数，同时还存在对于这些变数的各级连续偏导数.

现在我们再对方程(36.10) 的级的问题作一点附加说明. 由于方程(36.10) 的各个系数等于行列式 $|\boldsymbol{P}^*|$ 的相应各级主子式之和，所以当行列式 $|\boldsymbol{P}^*|$(或矩阵 $\boldsymbol{P}^*$) 的秩数为 r 时，系数 $a_n,a_{n-1},\cdots,a_{r+1}$ 都为 0，因而此时方程(36.10) 的级数不高于 $n-r$. 同时我们注意

$$|\boldsymbol{P}^*|=\mathrm{e}^{\mathrm{i}(t_1+\cdots+t_{n-1})}|\boldsymbol{P}|$$

故矩阵 $\boldsymbol{P}^*$ 的秩数与矩阵 $\boldsymbol{P}$ 的秩数相同. 这样一来，最后即推得，假如矩阵 $\boldsymbol{P}$ 的秩数等于 r，则方程(36.10) 的级数不高于 $n-r$.

在下文中，如果不特别声明方程(36.10) 的级数低于 n 的话，我们总是默认它是 n 级的.

因为方程(36.10) 的系数不依赖于 k，于是立即推知，在这里可以利用线性齐次常系数差分方程的理论. 所以假使方程(36.10) 的特征方程

$$|\boldsymbol{E}\lambda-\boldsymbol{P}^*|=\lambda^n+(-1)a_1\lambda^{n-1}+\cdots+(-1)^{n-1}a_{n-1}\lambda+(-1)^na_n=0 \tag{36.12}$$

的根是

$$\lambda_0,\lambda_1,\cdots,\lambda_\mu$$

且其重数分别为

$$m_0,m_1,\cdots,m_\mu$$

那么分布律 $f_k(M)$ 的特征函数 φ_k 就可以表示成以下形式

$$\varphi_k(t_1,\cdots,t_{n-1})=\sum_{h=0}^{\mu}A_h(k,t_1,\cdots,t_{n-1})\lambda_h^k \tag{36.13}$$

其中 $A_h(k,t_1,\cdots,t_{n-1})$ 是 k 的 m_h-1 次多项式，它们由以下的初始条件给出

① 可参看马尔柯夫的[14]第 239 页.

$$\sum_{h=0}^{\mu} A_h(k,t_1,\cdots,t_{n-1})\lambda_h^k = \varphi_k(t_1,\cdots,t_{n-1})$$

$$(k=0,1,2,\cdots,n-1) \tag{36.14}$$

此处 $\varphi_0,\varphi_1,\cdots,\varphi_{n-1}$ 应该预先知道.

等式(36.13)表明了特征函数 φ_k 与方程(36.12)的根——亦即 φ_k 的特征值(简称特征值)——之间的关系.以下我们指出特征值的若干简单而重要的性质,以及特征函数 φ_k 一般表达式中的系数 A_h 的一些性质.

36. IV 所有的特征值 λ_h 的模皆不超过 1.

这只要引用一下条目 4 中的 Гершгорин 定理,立即就可得证.

36. V 存在一个特征值 λ_h,它在点 $M_0(t_1=t_2=\cdots=t_{n-1}=0)$ 处等于 1.

这是因为所有的特征函数 φ_k,$k=0,1,2,\cdots$,在点 M_0 处都等于 1,故有

$$1+a_1(0,\cdots,0)+\cdots+a_n(0,\cdots,0)=0$$

此即所欲证明的.

利用特征值 λ_h 的以上两个性质,可以把特征值 λ_h 分成三类:在点 M_0 处等于 1 的特征值算作是第一类特征值,我们用 λ_0 来表示它,并以 m_0 表示它的重数;在点 M_0 处不等于 1 但模等于 1 的特征值算作是第二类特征值,我们用 λ_{1f} 表示,并以 m_{1f} 表示其重数,假定这类的特征值共有 k_1 个,则 $f=\overline{1,k_1}$;最后,在点 M_0 处不等于 1 而且模小于 1 的特征值算作是第三类特征值,我们用 λ_{2g} 表示,并以 m_{2g} 表示其重数,假定这类的特征值共有 k_2 个,则 $g=\overline{1,k_2}$.

对于特征值 $\lambda_0,\lambda_{1f},\lambda_{2g}$ 还需作一点说明.特征值 λ_0 可能在点 M_0 的邻域中分化成 m_0 个不同的特征值,或者分化成少于 m_0 个的若干不同的特征值,而其重数的和等于 m_0;至于 $\lambda_{1f},\lambda_{2g}$ 也可能有类似的情形.但是为了书写简便,我们假定这些分化都没有发生.这个假定对于下文不起什么重要影响.

由于特征值已按上述方法分为三类,于是相应地我们可以把等式(36.13)写成以下的形式

$$\begin{aligned}\varphi_k(t_1,\cdots,t_{n-1}) = {} & A(k,t_1,\cdots,t_{n-1})\lambda_0^k + \\ & \sum_{f=1}^{k_1} B_f(k,t_1,\cdots,t_{n-1})\lambda_{1f}^k + \\ & \sum_{g=1}^{k_2} C_g(k,t_1,\cdots,t_{n-1})\lambda_{2g}^k \end{aligned} \tag{36.15}$$

其中

$$\begin{aligned} A(k,t_1,\cdots,t_{n-1}) &= \sum_{h=0}^{m_0-1} A_h(t_1,\cdots,t_{n-1})k^h \\ B_f(k,t_1,\cdots,t_{n-1}) &= \sum_{h=0}^{m_{1f}-1} B_{fh}(t_1,\cdots,t_{n-1})k^h \end{aligned} \tag{36.16}$$

$$C_g(k,t_1,\cdots,t_{n-1})=\sum_{h=0}^{m_{2g}-1}C_{gh}(t_1,\cdots,t_{n-1})k^h$$

这里的 A_h,B_{fh},C_{gh} 应由初始条件(36.14)来确定,此时(36.14)有以下形式

$$\begin{aligned}\varphi_k(t_1,\cdots,t_{n-1})=A(k,t_1,\cdots,t_{n-1})\lambda_0^k+&\\ \sum_{f=1}^{k_1}B_f(k,t_1,\cdots,t_{n-1})\lambda_{1f}^k+&\\ \sum_{g=1}^{k_2}C_g(k,t_1,\cdots,t_{n-1})\lambda_{2g}^k&\\ (k=0,1,\cdots,n-1)&\end{aligned}\tag{36.17}$$

由线性差分方程的理论可知,如果在方程(36.15)中逐次给 k 以一连串的值

$$k=k_0,k_0+1,k_0+2,\cdots,k_0+n-1$$

就得到 n 个方程所构成的方程组,在这个方程组中把

$$k^h\lambda_0^k,k^h\lambda_{1f}^k,k^h\lambda_{2g}^k$$

视为 A_h,B_{fh},C_{gh} 的系数,则这些系数所组成的行列式 Δ,当 $t_1,t_2,\cdots,t_n$ 固定时,对于初值 k_0 而言必不恒等于零;特别地,在点 M_0 及其邻域内,对于初值 $k_0=0$(即方程组(36.17)的情形),行列式 Δ 必不等于零(参阅译者附注3).因此,A_h,B_{fh},C_{gh} 由方程组(36.17)确定成为点 M_0 及其某一邻域 D 内的 $t_1,t_2,\cdots,t_{n-1}$ 的连续函数,且对 $t_1,t_2,\cdots,t_{n-1}$ 具有各级的有穷连续偏导数.

A_h,B_{fh} 与 C_{gh} 具有以下诸性质:

36. VI 在点 M_0 处,我们有

$$A_h=0\quad(h=\overline{1,m_0-1})$$

$$B_{fh}=0\quad(h=\overline{0,m_{1f}-1},f=\overline{1,k_1})$$

$$C_{gh}=0\quad(h=\overline{0,m_{2g}-1},g=\overline{1,k_2})$$

在方程组(36.17)中应用Cramer定则,就得到了 A_h,B_{fh},C_{gh} 的表达式,注意到 $\varphi_k(0,\cdots,0)\equiv1$,即可推出以上各等式.由定理36.VI及(36.16)可知

$$A(k,0)=A_0(0),B_f(k,0)=0,C_g(k,0)=0$$

$$(k=0,1,2,\cdots)$$

此处括号中的0表示 $t_1=t_2=t_3=\cdots=t_{n-1}=0$.

36. VII

$$A_0(0)=1$$

这是由于

$$1=\varphi_k(0)=A_0(0)\lambda_0^k(0)=A_0(0)$$

因此,$A(k,0)=1,k=0,1,2,\cdots$.

36. VIII 由于 A_h,B_{fh},C_{gh} 在点 M_0 处连续,所以当 $\boldsymbol{T}=(t_1,\cdots,t_{n-1})\to$

$(0,\cdots,0)$ 时，我们有

$$A_0(\boldsymbol{T}) \to 1; A_h(\boldsymbol{T}) \to 0 \quad (h=\overline{1,m_0-1})$$

$$B_{fh}(\boldsymbol{T}) \to 0 \quad (h=\overline{0,m_{1f}-1}, f=\overline{1,k_1})$$

$$C_{gh}(\boldsymbol{T}) \to 0 \quad (h=\overline{0,m_{2g}-1}, g=\overline{1,k_2})$$

36. IX 单重的特征值在点 M_0 的邻域 D 中具有对 $t_1,\cdots,t_{n-1}$ 的各级有穷连续偏导数.

在 D 内，对于单重的特征值，我们有

$$n\lambda^{n-1}+(-1)(n-1)a_1\lambda^{n-2}+\cdots+(-1)^{n-1}a_{n-1}\neq 0$$

同时，$a_1,\cdots,a_n$ 在 D 内有各级有穷连续偏导数，因而根据隐函数定理，上述定理成立. 这个定理还可以推广到多重的特征值，这主要是由于我们已经假定了每一个在点 M_0 的多重特征值在 D 中皆不发生分化.

37. 特征函数 φ_k 的新形式 在本节中我们来说明，特征函数 φ_k 可以表示成怎样一种有用的新形式.

根据 φ_k 的定义，可把 φ_k 写成以下形式

$$\varphi_k=\sum_k p_{0\alpha}e^{it_\alpha}p_{\alpha\alpha_1}e^{it_{\alpha_1}}\cdots p_{\alpha_{k-1}\alpha_{k-1}}e^{it_{\alpha_{k-1}}}$$

若在其中令

$$p_{0\alpha}e^{it_\alpha}=q_{0\alpha}, p_{\alpha\beta}e^{it_\beta}=q_{\alpha\beta}$$

则又可写成

$$\varphi_k=\sum_k q_{0\alpha}q_{\alpha\alpha_1}q_{\alpha_1\alpha_2}\cdots q_{\alpha_{k-2}\alpha_{k-1}} \tag{37.1}$$

现在我们来考察以下的两个矩阵

$$\boldsymbol{Q}_0=(q_{01},q_{02},\cdots,q_{0n}) \tag{37.2}$$

及

$$\boldsymbol{Q}=\begin{pmatrix} q_{11} & q_{12} & \cdots & q_{1n} \\ q_{21} & q_{22} & \cdots & q_{2n} \\ \vdots & \vdots & & \vdots \\ q_{n1} & q_{n2} & \cdots & q_{nn} \end{pmatrix} \tag{37.3}$$

显而易见，矩阵 $\boldsymbol{Q}$ 的 $k-1$ 次幂的元素

$$q_{\alpha\alpha_{k-1}}^{(k-1)}$$

乃是这样一个和数

$$\sum_{\alpha_1\cdots\alpha_{k-2}} q_{\alpha\alpha_1}q_{\alpha_1\alpha_2}\cdots q_{\alpha_{k-2}\alpha_{k-1}}$$

因而特征函数 φ_k 可表示成以下形式

$$\varphi_k=\sum_\alpha\sum_{\alpha_{k-1}} q_{0\alpha}q_{\alpha\alpha_{k-1}}^{(k-1)} \tag{37.4}$$

由此可以看出，φ_k 等于矩阵 $\boldsymbol{Q}_0$ 与 $\boldsymbol{Q}_{k-1}$ 相乘所得的单行矩阵中的元素的和.

我们把这个和数记作

$$(\boldsymbol{Q}_0\boldsymbol{Q}^{k-1})$$

借以表示它的来源. 此时我们的特征函数 φ_k 可表示成以下的形式

$$\varphi_k=(\boldsymbol{Q}_0\boldsymbol{Q}^{k-1}) \tag{37.5}$$

我们注意，φ_k 满足差分方程

$$|\boldsymbol{E}\varphi-\boldsymbol{Q}|\ \varphi^k=0 \tag{37.6}$$

这个方程和方程(36.11)并无不同，因为非常明显，矩阵 $\boldsymbol{Q}$ 不是什么别的，而恰恰就是矩阵 $\boldsymbol{P}^*$. 方程(37.6)可以按以前所讲的那样来推得，但也可以借助于另一方法来推得，这主要是利用这样一个事实：根据众所熟知的 Cayley 定理，矩阵 $\boldsymbol{Q}$ 乃是方程

$$|\boldsymbol{E}\lambda-\boldsymbol{Q}|=0 \tag{37.7}$$

的解.

这样一来，我们既得到了特征函数 φ_k 的一个新的表达式，又得到了一个新的方法来证明 φ_k 是差分方程(37.6)的解.

我们可以把(37.5)彻底予以展开. 和以前一样，我们仍设方程(37.7)的根是

$$\lambda_0,\lambda_1,\cdots,\lambda_\mu$$

其重数分别为

$$m_0,m_1,\cdots,m_\mu$$

此时根据 Perron 公式，我们有

$$q_{\alpha\beta}^{(k-1)}=\sum_{i=0}^{\mu}\frac{1}{(m_i-1)}D_\lambda^{m_i-1}\left[\frac{\lambda^{k-1}Q_{\beta\alpha}(\lambda)}{\psi_{\rm i}(\lambda)}\right]_{\lambda=\lambda_{\rm i}}$$

(其中各项符号的意义同前)，所以借助于等式(37.4)，φ_k 也就可以写成这种形式

$$\varphi_k=\sum_{i=0}^{\mu}\frac{1}{(m_i-1)!}D_\lambda^{m_i-1}\left[\frac{\lambda^{k-1}}{\psi_i(\lambda)}R(\lambda)\right]_{\lambda=\lambda_i} \tag{37.8}$$

其中

$$R(\lambda)=\sum_{\beta=1}^{n}R_\beta(\lambda)$$

$$R_\beta(\lambda)=\sum_{\alpha=1}^{n}q_{0\alpha}Q_{\beta\alpha}(\lambda) \tag{37.9}$$

我们指出，若把行列式 $Q(\lambda)$ 中的第 β 横行的元素换为

$$q_{01},q_{0h},\cdots,q_{0n}$$

则这样做出来的新的行列式不是别的，恰恰就是 $R_\beta(\lambda)$；因而，$R(\lambda)$ 是所有这种行列式的和.

此外我们还指出,函数 $Q_{\beta\alpha}(\lambda)$ 具有这样的性质:以下各和数

$$\sum_{\beta} Q_{\beta\alpha}(\lambda), \sum_{\beta} D_{\lambda} Q_{\beta\alpha}(\lambda), \cdots, \sum_{\beta} D_{\lambda}^{m_i-1} Q_{\beta\alpha}(\lambda)$$

当 $\lambda=\lambda_i(i=\overline{1,\mu})$ 时,在点 $t_1=t_2=\cdots=t_n=0$ 处皆等于零;而当 $\lambda=\lambda_0$ 时,在点 $t_1=t_2=\cdots=t_n=0$ 处,最后的和数 $\sum_{\beta} D_{\lambda}^{m_0-1} Q_{\beta\alpha}(\lambda_0)$ 不等于零,其余的和数皆等于零(参阅译者附注 4).

38. 链 C_n 的各种矩 对于固定的 k,频数 m_α 的矩我们也称之为链 C_n 的矩.我们称(36.3)所定出的矩 $v_{h_1 h_2 \cdots h_{n-1}(k)}$ 为原点矩,而称下列等式所定出的矩 $\mu_{h_1 h_2 \cdots h_{n-1}(k)}$ 为中心矩

$$\mu_{h_1 h_2 \cdots h_{n-1}(k)} = E[(m_1 - m_{1(k)}^0)^{h_1}(m_2 - m_{2(k)}^0)^{h_2} \cdots (m_{n-1} - m_{n-1(k)}^0)^{h_{n-1}}] \tag{38.1}$$

其中我们引用了如下的缩写符号

$$m_{\alpha(k)}^0 = Em_\alpha \quad (\alpha=\overline{1,n})$$

原点矩 $v_{h_1 h_2 \cdots h_{n-1}(k)}$ 可以用两种方法来计算:当特征函数 φ_k 可表示成(36.15)的形式时,我们就根据等式(36.3)来计算;另外,如果把差分方程(36.10)对 $t_1,\cdots,t_{n-1}$ 相应地各微分 $h_1,\cdots,h_{n-1}$ 次,然后令 $t_1=\cdots=t_{n-1}=0$,那么就可以得出对应于时间 $\tau_k,\tau_{k+1},\cdots,\tau_{k+n-1},\tau_{k+n}$ 的各个原点矩之间的一个循环公式,此时若已知对应于时间 $\tau_k,\cdots,\tau_{k+n-1}$ 的各个原点矩,则对应于时间 τ_{k+n} 的原点矩据此循环公式立可推得.至于原点矩当 $k\to+\infty$ 时的渐近值,我们以下将会看到,常可利用特征方程(36.12)而很方便地求得.

在下文中起着重要作用的是一阶及二阶的原点矩,即

$$m_{\alpha(k)}^0 = Em_\alpha, m_{\alpha\beta(k)}^0 = Em_\alpha m_\beta$$

或者假定我们所讨论的总是分布 $f_k(M)$,那么就可以写成

$$m_\alpha^0 = Em_\alpha, m_{\alpha\beta}^0 = Em_\alpha m_\beta$$

现在我们试来求出它们的表达式,并采用上述的第一种方法,即利用一般的等式(36.3).

对于 φ_k 取定表达式(36.15),于是我们就有

$$\begin{aligned} m_\alpha^0 &= -\mathrm{i}\left[\frac{\partial\varphi_k}{\partial t_\alpha}\right]_{t_1=\cdots=t_{n-1}=0} = -\mathrm{i}\left[\frac{\partial\varphi_k}{\partial t_\alpha}\right]_0 \\ &= -\mathrm{i}\left[kA\lambda_0^{k-1}\frac{\partial\lambda_0}{\partial t_\alpha} + \lambda_0^k\frac{\partial A}{\partial t_\alpha} + \right. \\ &\quad \sum_{f=1}^{k_1}\left(kB_f\lambda_{1f}^{k-1}\frac{\partial\lambda_{1f}}{\partial t_\alpha} + \lambda_{1f}^k\frac{\partial B_f}{\partial t_\alpha}\right) + \\ &\quad \left.\sum_{g=1}^{k_2}\left(kC_g\lambda_{2g}^{k-1}\frac{\partial\lambda_{2g}}{\partial t_\alpha} + \lambda_{2g}^k\frac{\partial B_g}{\partial t_\alpha}\right)\right]_0 \end{aligned}$$

或者再利用一下定理 36. VI 及定理 36. VII，那么就可写成

$$m_\alpha^0 = -\mathrm{i}\left(k\frac{\partial\lambda_0}{\partial t_\alpha}+\frac{\partial A}{\partial t_\alpha}\right)_0 - \mathrm{i}\left(\sum_f \lambda_{1f}^k \frac{\partial B_f}{\partial t_\alpha}+\sum_g \lambda_{2g}^k \frac{\partial C_g}{\partial t_\alpha}\right) \tag{38.2}$$

为要把这个等式以及下文中的其他一些等式写得简便一些，我们采用下列各符号

$$\left(\frac{\partial\lambda_0}{\partial t_\alpha}\right)_0=\lambda_\alpha,\left(\frac{\partial A}{\partial t_\alpha}\right)_0=A_\alpha$$

$$\left(\frac{\partial^2\lambda_0}{\partial t_\alpha\partial t_\beta}\right)_0=\lambda_{\alpha\beta},\left(\frac{\partial^2\lambda_0}{\partial t_\alpha^2}\right)_0=\lambda_{\alpha\alpha}$$

$$\left(\frac{\partial^2 A}{\partial t_\alpha\partial t_\beta}\right)_0=A_{\alpha\beta},\cdots$$

$$(\lambda_{1f})_0=\lambda_{1f0},(\lambda_{2g})_0=\lambda_{2g0}$$

其中下标 0 仍和以前一样，表示在相应各个表达式中令 $t_1=\cdots=t_n=0$.

应用这些符号，可把等式(38.2) 写成以下的形式

$$m_\alpha^0=-\mathrm{i}\left(k\lambda_\alpha+A_\alpha+\sum_f\lambda_{1f0}^k B_{f\alpha}+\sum_g\lambda_{2g0}^k C_{g\alpha}\right) \tag{38.2'}$$

用类似的方法，可以求得

$$\begin{aligned} m_{\alpha\alpha}^0 &= Em_\alpha^2=-\left(\frac{\partial^2\varphi_k}{\partial t_\alpha^2}\right)_0 \\ &= -[k(k-1)\lambda_\alpha^2+2kA_\alpha\lambda_\alpha+k\lambda_{\alpha\alpha}+A_{\alpha\alpha}]- \\ &\quad \left[\sum_f(2kB_{f\alpha}\lambda_{1f0}^{k-1}\lambda_{1f_\alpha}+\lambda_{1f0}^k B_{f_{\alpha\alpha}})\right]- \\ &\quad \left[\sum_g(2kC_{g\alpha}\lambda_{g0}^{h-1}\lambda_{2g\alpha}+\lambda_{2g0}^k C_{g\alpha\alpha})\right] \end{aligned} \tag{38.3}$$

$$\begin{aligned} m_{\alpha\beta}^0 &= Em_\alpha m_\beta=-\left(\frac{\partial^2\varphi_k}{\partial t_\alpha\partial t_\beta}\right)_0 \\ &= -[k(k-1)\lambda_\alpha\lambda_\beta+k(\lambda_\alpha A_\beta+\lambda_\beta A_\alpha)+k\lambda_{\alpha\beta}+A_{\alpha\beta}]- \\ &\quad \left[\sum_f(k\lambda_{1f\alpha}B_{f\beta}+k\lambda_{1f\beta}B_{f\alpha})\lambda_{1f0}^{k-1}+\sum_f\lambda_{1f0}^k B_{f\alpha\beta}\right]- \\ &\quad \left[\sum_g(k\lambda_{2g\alpha}C_{g\beta}+k\lambda_{2g\beta}C_{g\alpha})\lambda_{2g0}^{k-1}+\sum_g\lambda_{2g0}^k C_{g\alpha\beta}\right] \end{aligned} \tag{38.4}$$

链 C_n 的(或说分布律 $f_k(M)$ 的) 原点矩就是如此. 我们注意，这些表达式中含有特征值 λ_{2g} 的各项，当 $k\to+\infty$ 时，都趋近于零.

借助于以上所求得的公式(38.2)(38.3)(38.4)，不难写出二阶中心矩(即分布律 $f_k(M)$ 的标准离差与协方差) 的完整表达式. 现在我们对二阶中心矩使用较一般符号(38.1) 稍简单的符号

$$\mu_{\alpha\alpha(k)}\equiv\mu_{\alpha\alpha}=E(m_\alpha-m_\alpha^0)^2$$

$$\mu_{\alpha\beta(k)} \equiv \mu_{\alpha\beta} = E(m_\alpha - m_\alpha^0)(m_\beta - m_\beta^0) \tag{38.5}$$

因为

$$\mu_{\alpha\alpha} = m_{\alpha\alpha}^0 - m_\alpha^{02}, \mu_{\alpha\beta} = m_{\alpha\beta}^0 - m_\alpha^0 m_\beta^0$$

所以若想完全求出 $\mu_{\alpha\alpha}, \mu_{\alpha\beta}$，只需在以上公式中把前面求得的 $m_\alpha^0, m_\beta^0, m_{\alpha\alpha}^0, m_{\alpha\beta}^0$ 的表达式代入即可. 在下文中，对于我们甚为重要的是它们的渐近值. 这也不难写出，为此只需在其完整表达式中去掉 k 的较低次的项，而仅留 k 的最高次的项就行了. 这样一来，对于不可分解的链 C_n，我们就得出了以下的渐近等式

$$\mu_{\alpha\alpha} \sim k\left[\lambda_\alpha^2 - \lambda_{\alpha\alpha} + 2\sum_f B_{f\alpha}\lambda_{1f0}^{k-1}(\lambda_{1f0}\lambda_\alpha - \lambda_{1f\alpha})\right] \tag{38.6}$$

$$\mu_{\alpha\beta} \sim k\left[\lambda_\alpha\lambda_\beta - \lambda_{\alpha\beta} + \sum_f B_{f\alpha}\lambda_{1f0}^{k-1}(\lambda_{1f0}\lambda_\beta - \lambda_{1f\beta}) + \sum_f B_{f\beta}\lambda_{1f0}^{k-1}(\lambda_{1f0}\lambda_\alpha - \lambda_{1f\alpha})\right] \tag{38.7}$$

不久我们就会看到，对于不可分解的链 C_n，上式右侧含有 λ_{1f} 的各项皆恒等于零，而我们最感觉兴趣的正是不可分解的链 C_n，因此特别指出，此时我们有

$$\mu_{\alpha\alpha} \sim k(\lambda_\alpha^2 - \lambda_{\alpha\alpha})$$
$$\mu_{\alpha\beta} \sim k(\lambda_\alpha\lambda_\beta - \lambda_{\alpha\beta}) \tag{38.8}$$

若令

$$\sigma_{\alpha\alpha} = \lambda_\alpha^2 - \lambda_{\alpha\alpha}, \sigma_{\alpha\beta} = \lambda_\alpha\lambda_\beta - \lambda_{\alpha\beta} \tag{38.9}$$

则又可写成

$$\mu_{\alpha\alpha} \sim k\sigma_{\alpha\alpha}, \mu_{\alpha\beta} \sim k\sigma_{\alpha\beta} \tag{38.8$'$}$$

应该记住，此处

$$\lambda_\alpha = \left(\frac{\partial\lambda_0}{\partial t_\alpha}\right)_0, \lambda_{\alpha\alpha} = \left(\frac{\partial^2\lambda_0}{\partial t_\alpha^2}\right)_0 \text{ 与 } \lambda_{\alpha\beta} = \left(\frac{\partial^2\lambda_0}{\partial t_\alpha\partial t_\beta}\right)_0$$

以下就是要来研究 $\sigma_{\alpha\alpha}$ 与 $\sigma_{\alpha\beta}$，这两个量可分别称之为链 C_n 中频数 m_α 的比标准离差与比协方差.

我们试来证明，对于不可分解的链 C_n，等式(38.6)与(38.7)右侧各和数等于零. 假使链 C_n 是不可分解的非循环链，则除了 $\lambda_0 = 1$ 之外其他的根的模皆不等于 1，于是此时根本没有 λ_{1f}，因而上述各和数当然等于零. 假使链 C_n 是不可分解的循环链，那么 λ_{1f} 应该是单根，所以我们有

$$P^*(\lambda_{1f}) = 0, \frac{\partial P^*(\lambda_{1f})}{\partial\lambda_{1f}} \neq 0$$

现在把等式 $P^*(\lambda_{1f}) = 0$ 对 t_α 微分，即得

$$\frac{\partial\lambda_{1f}}{\partial t_\alpha}\sum_\alpha P_{\alpha\alpha}^*(\lambda_{1f}) - \mathrm{i}\lambda_{1f}P_{\alpha\alpha}^*(\lambda_{1f}) + \mathrm{i}P^*(\lambda_{1f}) = 0$$

或

$$\frac{\partial\lambda_{1f}}{\partial t_\alpha}\sum_\alpha P_{\alpha\alpha}^*(\lambda_{1f}) - \mathrm{i}\lambda_{1f}P_{\alpha\alpha}^*(\lambda_{1f}) = 0 \tag{38.10}$$

其中令 $t_1=\cdots=t_{n-1}=0$,我们就得到

$$\lambda_{1f\alpha}-\mathrm{i}\lambda_{1f0}\frac{P_{\alpha\alpha}(1)}{\sum P_{\alpha\alpha}(1)}=0$$

如果在等式(38.10)中把 λ_{1f} 换成 λ_0,再令 $t_1=\cdots=t_{n-1}=0$,那么就有

$$\mathrm{i}\frac{P_{\alpha\alpha}(1)}{\sum P_{\alpha\alpha}(1)}=\lambda_\alpha$$

因而前式亦可写成

$$\lambda_{1f\alpha}-\lambda_{1f0}\lambda_\alpha=0$$

由此可知,在链 C_n 是不可分解的循环链的情形下,等式(38.6)与(38.7)中的那些和数仍然等于零.

$\sigma_{\alpha\alpha}$ 与 $\sigma_{\alpha\beta}$ 依赖于特征值 λ_0 的一级、二级偏导数在 $t_1=\cdots=t_{n-1}=0$ 处的值. 不过如果我们知道了特征方程(36.12),那么即使不知道 λ_0 的明显表达式,这时我们仍然可以很容易地求得 $\sigma_{\alpha\alpha}$ 与 $\sigma_{\alpha\beta}$. 实际上,我们恒有

$$\lambda_0^n+(-1)a_1\lambda_0^{n-1}+\cdots+(-1)^n a_n=0$$

对这个恒等式进行微分,然后再令 $t_1=\cdots=t_{n-1}=0$,我们就得到

$$\begin{cases}\lambda_\alpha=-\dfrac{K_\alpha}{L}\\ \lambda_{\alpha\alpha}=-\dfrac{MK_\alpha^2-2LL_\alpha K_\alpha+K_{\alpha\alpha}L^2}{L^3}\\ \lambda_{\alpha\beta}=-\dfrac{MK_\alpha K_\beta-L(L_\alpha K_\beta+L_\beta K_\alpha)+K_{\alpha\beta}L^2}{L^3}\end{cases}\tag{38.11}$$

其中

$$K=[a_1+a_2+\cdots+a_n]_0$$
$$L=[n+(n-1)a_1+(n-2)a_2+\cdots+a_{n-1}]_0$$
$$M=[n(n-1)+(n-1)(n-2)a_1+\cdots+2a_{n-2}]_0$$

$$\begin{cases}K_\alpha=\left[\dfrac{\partial}{\partial t_\alpha}(a_1+a_2+\cdots+a_n)\right]_0\\ K_\beta=\left[\dfrac{\partial}{\partial t_\beta}(a_1+a_2+\cdots+a_n)\right]_0\\ K_{\alpha\alpha}=\left[\dfrac{\partial^2}{\partial t_\alpha^2}(a_1+a_2+\cdots+a_n)\right]_0\\ K_{\alpha\beta}=\left[\dfrac{\partial^2}{\partial t_\alpha\partial t_\beta}(a_1+a_2+\cdots+a_n)\right]_0\end{cases}$$

$$L_\alpha=\left[\frac{\partial}{\partial t_\alpha}((n-1)a_1+(n-2)a_2+\cdots+a_{n-1})\right]_0$$

$$L_\beta=\left[\frac{\partial}{\partial t_\beta}((n-1)a_1+(n-2)a_2+\cdots+a_{n-1})\right]_0\tag{38.12}$$

此处需假定 L 不等于零,也就是说,需假定 λ_0 是单根.

借助于等式(38.11)与(38.12),我们就可以通过系数 $a_1, a_2, \cdots, a_n$ 以及它们的偏导数在点 M_0 处的值而求出 $\sigma_{\alpha\alpha}$ 与 $\sigma_{\alpha\beta}$. 这种方法,当已求出特征函数 φ_k 的差分方程时,是很方便的;但为求出 φ_k 的差分方程,就需要把行列式

$$|\boldsymbol{E}\varphi - \boldsymbol{P}^*|$$

依照 φ 的幂次而展开,而当 n 大于 4 的时候,这种展开是使人很头痛的.

现在假定我们不来求 φ_k 的差分方程,试看此时我们对 $\sigma_{\alpha\alpha}$ 与 $\sigma_{\alpha\beta}$ 能够得到怎样的表达式. 我们先来计算 $\lambda_\alpha, \lambda_{\alpha\alpha}$ 与 $\lambda_{\alpha\beta}$.

关于 λ_α,我们已在前面看到了,当链 C_n 不可分解时,它有以下的表达式

$$\lambda_\alpha = \mathrm{i}\frac{P_{\alpha\alpha}(1)}{\sum P_{\alpha\alpha}(1)} = \mathrm{i}p_\alpha \tag{38.13}$$

在此顺便指出,根据这个等式以及(38.2),就可得出不可分解的链 C_n 的矩 m_α^0 的以下渐近值

$$m_\alpha^0 \sim kp_\alpha \tag{38.14}$$

这个表达式非常简单,而且还要注意,如果我们有 k 个独立试验,在每个试验中事件 A_α 具有概率 p_α,则诸事件 A_α 的分布就是多项式分布,而此时频数 m_α 的数学期望即与上述的表达式相同.

我们还是回到原来的问题,即来求 $\lambda_{\alpha\alpha}, \lambda_{\alpha\beta}$. 把恒等式 $P^*(\lambda_0)=0$ 对 t_α 微分两次,然后再把恒等式 $P^*(\lambda_0)=0$ 对 t_α, t_β 各微分一次,就得到了两个恒等式,令其中的 $t_1 = \cdots = t_{n-1} = 0$,即得

$$\begin{aligned}&\lambda_\alpha^2 \sum_{\alpha,\beta} P_{\alpha\beta|\alpha\beta}(1) + 2\mathrm{i}\lambda_\alpha \sum_\beta{}'(P_{\beta\beta}(1) - P_{\alpha\beta|\alpha\beta}(1)) + \\ &\lambda_{\alpha\alpha}\sum_\alpha P_{\alpha\alpha}(1) + P_{\alpha\alpha}(1) = 0\end{aligned} \tag{38.15}$$

$$\begin{aligned}&\lambda_\alpha\lambda_\beta \sum_{\alpha,\beta} P_{\alpha\beta|\alpha\beta}(1) + \mathrm{i}\lambda_\alpha \sum_\alpha{}'(P_{\alpha\alpha}(1) - P_{\alpha\beta|\alpha\beta}(1)) + \\ &\mathrm{i}\lambda_\beta \sum_\beta{}'(P_{\beta\beta}(1) - P_{\alpha\beta|\alpha\beta}(1)) + \\ &\lambda_{\alpha\beta}\sum_\alpha P_{\alpha\alpha}(1) + P_{\alpha\alpha}(1) + \\ &P_{\alpha\beta}(1) - P_{\alpha\beta|\alpha\beta}(1) = 0\end{aligned} \tag{38.16}$$

其中 $P_{\alpha\alpha}(1)$ 与 $P_{\alpha\beta|\alpha\beta}(1)$ 表示行列式 $P(1)$ 的 $n-1$ 级与 $n-2$ 级主子式,和数符号 $\sum\limits_\beta{}'$ 表示求和时 β 应取除 α 以外的所有的值,和数符号 $\sum\limits_{\alpha,\beta}$ 表示求和时 α,β 各取所有的值,但需保持 $\alpha \neq \beta$,因此

$$\sum_{\alpha,\beta} P_{\alpha\beta|\alpha\beta}(1) = 2\sum_{\beta=\alpha+1}^{n}\sum_{\alpha=1}^{n-1} P_{\alpha\beta|\alpha\beta}(1)$$

在推导以上的等式(38.15)与(38.16)时,可注意以下有用的公式

$$\frac{\partial P^*(\lambda)}{\partial\lambda}=\sum_\alpha P_{\alpha\alpha}(\lambda)$$

$$\frac{\partial P^*(\lambda)}{\partial t_\alpha}=\mathrm{i}[P^*(\lambda)-\lambda P^*_{\alpha\alpha}(\lambda)]$$

$$\frac{\partial^2 P^*(\lambda)}{\partial\lambda^2}=\sum_{\alpha,\beta}P^*_{\alpha\beta|\alpha\beta}(\lambda)$$

$$\frac{\partial^2 P^*(\lambda)}{\partial\lambda\partial t_\alpha}=\mathrm{i}\Big[\sum_\alpha P^*_{\alpha\alpha}(\lambda)-P^*_{\alpha\alpha}-\sum_\beta{}'P^*_{\alpha\beta|\alpha\beta}(\lambda)\Big]$$

$$\frac{\partial^2 P^*(\lambda)}{\partial t_\alpha^2}=-[P^*(\lambda)-\lambda P^*_{\alpha\alpha}(\lambda)]$$

$$\frac{\partial^2 P^*(\lambda)}{\partial t_\alpha\partial t_\beta}=-P^*(\lambda)+\lambda P^*_{\alpha\alpha}(\lambda)+\lambda P^*_{\beta\beta}(\lambda)-\lambda^2 P^*_{\alpha\beta|\alpha\beta}(\lambda)$$

把等式(38.15)与(38.16)中的λ_α与λ_β以(38.13)代入,然后即可求得$\lambda_{\alpha\alpha}$与$\lambda_{\alpha\beta}$的值.为了简便起见,我们引入以下各符号

$$\begin{aligned}&Q_{\alpha\beta}=\frac{P_{\alpha\beta|\alpha\beta}(1)}{\sum_\alpha P_{\alpha\alpha}(1)},Q_\alpha=\frac{\sum_\beta{}'P_{\alpha\beta|\alpha\beta}(1)}{\sum_\alpha P_{\alpha\alpha}(1)}\\&Q_\beta=\frac{\sum_\alpha{}'P_{\alpha\beta|\alpha\beta}(1)}{\sum_\alpha P_{\alpha\alpha}(1)},Q=\frac{\sum_{\alpha,\beta}P_{\alpha\beta|\alpha\beta}(1)}{\sum_\alpha P_{\alpha\alpha}(1)}\end{aligned}\tag{38.17}$$

这些符号以后将屡屡用到.利用这些符号,$\lambda_{\alpha\alpha}$与$\lambda_{\alpha\beta}$的公式可以写成很简约的形式

$$\lambda_{\alpha\alpha}=p_\alpha^2Q-2p_\alpha Q_\alpha+p_\alpha-2p_\alpha^2$$
$$\lambda_{\alpha\beta}=p_\alpha p_\beta Q-p_\alpha Q_\beta-p_\beta Q_\beta+Q_{\alpha\beta}-2p_\alpha p_\beta$$

此时再注意到等式(38.8)与(38.13),于是对于不可分解的链C_n的标准离差$\mu_{\alpha\alpha}$与协方差$\mu_{\alpha\beta}$,我们就得出了如下的渐近值

$$\begin{aligned}&\mu_{\alpha\alpha}\sim k[p_\alpha^2(1-Q)+2p_\alpha Q_\alpha-p_\alpha]\\&\mu_{\alpha\beta}\sim k[p_\alpha p_\beta(1-Q)+p_\alpha Q_\beta+p_\beta Q_\alpha-Q_{\alpha\beta}]\end{aligned}\tag{38.18}$$

应该注意,(38.17)中的各个量之间有以下的简单关系

$$Q_\alpha=\sum_\beta{}'Q_{\alpha\beta},Q_\beta=\sum_\alpha{}'Q_{\alpha\beta},Q=\sum_{\alpha,\beta}Q_{\alpha\beta}\tag{38.19}$$

从等式(38.18)可以看出,不可分解的链C_n的比标准离差$\sigma_{\alpha\alpha}$与比协方差$\sigma_{\alpha\beta}$可写成以下形式

$$\begin{aligned}&\sigma_{\alpha\alpha}=p_\alpha^2(1-Q)+2p_\alpha Q_\alpha-p_\alpha\\&\sigma_{\alpha\beta}=p_\alpha p_\beta(1-Q)+p_\alpha Q_\beta+p_\beta Q_\alpha-Q_{\alpha\beta}\end{aligned}\tag{38.20}$$

由此我们立即可以证明,对于$\sigma_{\alpha\alpha}$与$\sigma_{\alpha\beta}$,我们还有以下的著名公式

$$\sigma_{\alpha\alpha}=p_\alpha q_\alpha+2\sum_\beta z_\beta^\alpha\sum_\gamma{}'\left(p_\gamma-\frac{1}{2}Q_{\beta\gamma}\right)z_\gamma^\alpha \tag{38.21}$$

$$\sigma_{\alpha\beta}=-p_\alpha p_\beta+2\sum_\gamma z_\gamma^\alpha\sum_\delta{}'\left(p_\delta-\frac{1}{2}Q_{\gamma\delta}\right)z_\delta^\beta \tag{38.22}$$

此处

$$q_\alpha=1-p_\alpha$$

$$z_\beta^\alpha=\begin{cases}-p_\alpha & (若\ \beta\neq\alpha)\\ 1-p_\alpha & (若\ \beta=\alpha)\end{cases}$$

z_γ^α 与 z_γ^β 的定义亦与此相仿.

为要证明公式(38.21) 与(38.12),只需把其中的二重和数简单计算一下就行了.我们先来计算第一个二重和数

$$\begin{aligned}2\sum_\beta z_\beta^\alpha\sum_\gamma{}'\left(p_\gamma-\frac{1}{2}Q_{\beta\gamma}\right)z_\gamma^\alpha&=2\sum_\beta z_\beta^\alpha\sum_\gamma{}'p_\gamma z_\gamma^\alpha-\sum_\beta z_\beta^\alpha\sum_\gamma{}'z_\gamma^\alpha Q_{\beta\gamma}\\&=-2p_\alpha q_\alpha-p_\alpha^2Q+2p_\alpha Q_\alpha\end{aligned}$$

因此

$$\begin{aligned}p_\alpha q_\alpha+2\sum_\beta z_\beta^\alpha\sum_\gamma{}'\left(p_\gamma-\frac{1}{2}Q_{\beta\gamma}\right)z_\gamma^\alpha&=-p_\alpha q_\alpha-p_\alpha^2Q+2p_\alpha Q_\alpha\\&=p_\alpha^2(1-Q)+2p_\alpha Q_\alpha-p_\alpha=\sigma_{\alpha\alpha}\end{aligned}$$

类似地,我们可以算出

$$\begin{aligned}&2\sum_\gamma z_\gamma^\alpha\sum_\delta{}'\left(p_\delta-\frac{1}{2}Q_{\gamma\delta}\right)z_\delta^\beta\\&=2\sum_\gamma z_\gamma^\alpha\sum_\delta{}'p_\delta z_\delta^\beta-\sum_\gamma z_\gamma^\alpha\sum_\delta{}'Q_{\gamma\delta}z_\delta^\beta\\&=2p_\alpha p_\beta-p_\alpha p_\beta Q+p_\alpha Q_\beta+p_\beta Q_\alpha+p_\beta Q_\alpha-Q_{\alpha\beta}\end{aligned}$$

然后再验证等式(38.22) 右侧确实等于之前所求得的(38.20) 中的比协方差 $\sigma_{\alpha\beta}$ 的值.

如果考察 k 个独立试验,每个试验中事件 A_α 的实现概率为 p_α,则事件 A_α 的分布是多项式分布,现在试把这个情形下频数 m_α 的比标准离差及比协方差与公式(38.21) 及(38.22) 比较一下,那么我们就会发现,公式(38.21) 及(38.22) 有一项值得注意的基本特性.实际上,在多项式分布情形下,众所周知,频数 m_α 的标准离差与协方差为

$$\mu'_{\alpha\alpha}=kp_\alpha q_\alpha\ 与\ \mu'_{\alpha\beta}=-kp_\alpha p_\beta$$

因而其比标准离差与比协方差(即在一个试验中的标准离差与协方差) 就是

$$\sigma'_{\alpha\alpha}=p_\alpha q_\alpha\ 与\ \sigma'_{\alpha\beta}=-p_\alpha p_\beta$$

把这两个表达式与表达式(38.21)(38.22) 比较,我们立刻看出,在(38.21) 与(38.22) 中等式右侧的和数乃是标准离差 $\sigma'_{\alpha\alpha}$ 与协方差 $\sigma'_{\alpha\beta}$ 的修正数;这些修正数是当我们从独立试验序列的多项式分布过渡到链 C_n 时,由于链 C_n 中的链状

联系而产生的.

我们提醒读者注意,等式(38.18)以及等式(38.21),(38.22)都只是对于不可分解的链 C_n 才成立. 当链 C_n 可分解时,那么关于它的矩的计算,就应该或是利用特征函数 φ_k 的一般表达式(36.15)或是利用以后所讲的其他办法.

在下一条目中,我们将要详尽地来研究矩 $\mu_{\alpha\alpha}$ 与 $\mu_{\alpha\beta}$;而现在我们要来说一下,如果不照以上所讲的那样,把完全的一阶原点矩取作中心矩的中心,而把一阶原点矩的渐近值 kp_α 取作中心矩的中心,那么这种中心矩应怎样来求.

从特征函数 φ_k 的定义可以明白看出,函数

$$\psi_k(t_1,\cdots,t_{n-1})=\varphi_k(t_1,\cdots,t_{n-1})\mathrm{e}^{-\mathrm{i}\sum\limits_{h=1}^{n-1}kp_ht_h} \tag{38.23}$$

乃是链 C_n 的频数 m_h 围绕 $kp_h(h=\overline{1,n-1})$ 的矩——即以上所说的那种中心矩——的母函数. 由(38.23)中解出 φ_k,代入差分方程(38.10),我们就看出,母函数 ψ_k 满足下列的差分方程

$$\begin{gathered}\psi_{n+k}+a_1\mathrm{e}^{-\mathrm{i}\sum p_ht_h}\psi_{n+k-1}+a_2\mathrm{e}^{-2\mathrm{i}\sum p_ht_h}\psi_{n+k-2}+\cdots+\\ a_n\mathrm{e}^{-n\mathrm{i}\sum p_ht_h}\psi_k=0\end{gathered} \tag{38.24}$$

在这里最重要的是:以上方程中的系数

$$a_m\mathrm{e}^{-m\mathrm{i}\sum p_ht_h}\quad(m=\overline{1,n})$$

不包含 k,而只依赖于 $t_1,\cdots,t_{n-1}$.

方程(38.24)可以采用马尔柯夫常用的一种记号写法

$$\begin{vmatrix}\psi-q_{11} & -q_{12} & \cdots & -q_{1,n-1} & -p'_{1n}\\ -q_{21} & \psi-q_{22} & \cdots & q_{2,n-1} & -p'_{2n}\\ \vdots & \vdots & & \vdots & \vdots\\ -q_{n1} & -q_{n2} & \cdots & -q_{n,n-1} & \psi-p'_{nn}\end{vmatrix}\psi^k=0 \tag{38.25}$$

此处

$$q_{\alpha\beta}=p_{\alpha\beta}\mathrm{e}^{\mathrm{i}t_\beta-\mathrm{i}\sum p_ht_h},\ p'_{\alpha n}=p_{\alpha n}\mathrm{e}^{-\mathrm{i}\sum p_ht_h}$$

而且当行列式按照 ψ 的幂次而展开并与 ψ^k 相乘以后,幂 ψ^{k+m} 就应该换成 ψ_{k+m}.

把(38.24)或(38.25)对 $t_1,\cdots,t_{n-1}$ 各微分适当多次,然后令 $t_1=\cdots=t_{n-1}=0$,我们就得出一个方程,由这个方程就可以求出我们所要求的中心矩.

以前对于特征函数 φ_k 及其差分方程(38.10)所讲的种种,现在差不多可以毫无改动地对于函数 ψ_k 及其差分方程(38.24)重新复述一遍.

39. 链 C_n 的标准离差与协方差的研究 在本节中我们要来研究链 C_n 的标准离差 $\mu_{\alpha\alpha}$ 与协方差 $\mu_{\alpha\beta}$;首先我们来考虑不可分解的链 C_n 的情形,此时 $\lambda_0=1$ 是其单根,并且存在下列极限

$$\lim_{k\to+\infty}p_{\alpha\beta}^{(k)}=\lim_{k\to+\infty}p_{k|\beta}=p_\beta>0\quad(\beta=\overline{1,n}) \tag{39.1}$$

现在我们试来导出 $\mu_{\alpha\alpha}$ 与 $\mu_{\alpha\beta}$ 的渐近值的两个新的公式.

我们先来推导 $\mu_{\alpha\alpha}$ 的公式. 首先引进一个辅助的随机变量 $x_h, h=\overline{0,k-1}$, 它依赖于时刻 T_h 与状态 A_α: 若在时刻 T_h 呈现状态 A_α, 则 $x_h=1$; 若在时刻 T_h 未呈现状态 A_α, 则 $x_h=0$. 除此之外, 我们还引进一个辅助的随机变量: $u_h=x_h-p_\alpha$.

注意, 根据公式(38.18), $\mu_{\alpha\alpha}$ 与 $\mu_{\alpha\beta}$ 的渐近值不依赖于状态 A_α 的初始概率 $p_{0\alpha}$. 因此, 我们可以假定链 C_n 是这样的一个平稳链

$$p_{0\alpha}=p_\alpha \text{ 并且 } p_{h|\alpha}=p_\alpha \quad (h=1,2,3,\cdots)$$

而这样并不至于影响到 $\mu_{\alpha\alpha}$ 与 $\mu_{\alpha\beta}$ 的渐近值.

因为对于这种平稳链我们有

$$Ex_h=p_{h|\alpha}=p_\alpha \tag{39.2}$$

同时由于 $m_\alpha=\sum_{h=0}^{k-1}x_h$, 所以

$$Em_\alpha=\sum_h p_{h|\alpha}=kp_\alpha \tag{39.3}$$

于是

$$\begin{aligned}\mu_{\alpha\alpha}&=E\Big(\sum_h x_h-kp_\alpha\Big)^2=E\Big(\sum_h u_h\Big)^2\\&=E\sum_h u_h^2+2E\sum_{h,g}u_hu_g=\sum\nolimits_1+\sum\nolimits_2\end{aligned}$$

$$\sum\nolimits_1=E\sum_h u_h^2,\qquad \sum\nolimits_2=2E\sum_{h,g}u_hu_g$$

但是

$$Eu_h^2=p_{h|\alpha}(1-p_\alpha)^2+\sum_\beta{}'p_{h|\beta}p_\alpha^2$$

(其中和数符号 $\sum_\beta{}'$ 表示 β 应取 $1,2,\cdots,n$ 中除 α 以外的所有的值), 因此

$$\sum\nolimits_1(1-p_\alpha)^2\sum_{h=0}^{k-1}p_{h|\alpha}+p_\alpha^2\sum_\beta{}'\sum_{h=0}^{k-1}p_{h|\beta} \tag{39.4}$$

是到链 C_n 的上述假定, 则由此又可得出

$$\sum\nolimits_1=kp_\alpha(1-p_\alpha)^2+k(1-p_\alpha)p_\alpha^2=kp_\alpha q_\alpha \quad (q_\alpha=1-p_\alpha) \tag{39.5}$$

现在来计算和数 $\sum_2$, 我们有

$$\begin{aligned}\sum\nolimits_2&=2\sum_{h=0}^{k-2}\sum_{g=h+1}^{k-1}Eu_nu_g\\&=2\sum_{h=0}^{k-2}\sum_{f=1}^{k-h-1}Eu_nu_{h+f}\end{aligned}$$

但是

$$
\begin{aligned}
Eu_n u_{h+f} &= E(x_h - p_\alpha)(x_{h+f} - p_\alpha) \\
&= E(x_h x_{h+f} - p_\alpha x_h - p_\alpha x_{h+f} + p_\alpha^2) \\
&= p_{h|\alpha} p_{\alpha\alpha}^{(f)} - p_\alpha p_{h|\alpha} - p_\alpha p_{h+f|\alpha} + p_\alpha^2 \\
&= p_\alpha p_{\alpha\alpha}^{(f)} - p_\alpha^2
\end{aligned}
\tag{39.6}
$$

所以

$$
\begin{aligned}
\sum\nolimits_2 &= 2p_\alpha \sum_{h=0}^{k-2} \sum_{f=1}^{k-h-1} (p_{\alpha\alpha}^{(f)} - p_\alpha) \\
&= 2p_\alpha \sum_{h=1}^{k-1} (k-h)(p_{\alpha\alpha}^{(h)} - p_\alpha)
\end{aligned}
\tag{39.7}
$$

于是，在链 C_n 的前述假定之下，我们得到

$$
\mu_{\alpha\alpha} = kp_\alpha q_\alpha + 2p_\alpha \sum_{h=1}^{k-1} (k-h)(p_{\alpha\alpha}^{(h)} - p_\alpha) \tag{39.8}
$$

由此即不难通过链 C_n 的根来表示出 $\mu_{\alpha\alpha}$. 实际上，在我们所研究的链 C_n 的情形下

$$
p_{\alpha\alpha}^{(h)} - p_\alpha = \sum_{i=1}^{\mu} \frac{1}{(m_i - 1)!} D_\lambda^{m_i - 1} \left[\frac{\lambda^h P_{\alpha\alpha}(\lambda)}{p_i(\lambda)} \right]_{\lambda = \lambda_i}
$$

（这里所有的根 $\lambda_1, \cdots, \lambda_\mu$ 的模皆小于 1). 此时利用恒等式

$$
\sum_{h=1}^{k-1} (k-h)\lambda^k = \frac{k\lambda}{1-\lambda} - \frac{\lambda - \lambda^{k+1}}{(1-\lambda)^2}
$$

即得出 $\mu_{\alpha\alpha}$ 的如下表达式

$$
\mu_{\alpha\alpha} = kp_\alpha q_\alpha + 2p_\alpha \sum_{i=1}^{\mu} \frac{1}{(m_i - 1)!} D_\lambda^{m_i - 1} \left[\frac{P_{\alpha\alpha}(\lambda)}{p_i(\lambda)} \left(\frac{k\lambda}{1-\lambda} - \frac{\lambda - \lambda^{k+1}}{(1-\lambda)^2} \right) \right]_{\lambda = \lambda_i} \tag{39.9}
$$

因而

$$
\mu_{\alpha\alpha} \sim kp_\alpha q_\alpha + 2kp_\alpha \sum_{i=1}^{\mu} \frac{1}{(m_i - 1)!} D_\lambda^{m_i - 1} \left[\frac{\lambda P_{\alpha\alpha}(1)}{(1-\lambda) p_i(\lambda)} \right]_{\lambda = \lambda_i} \tag{39.10}
$$

这个表达式对于非平稳的不可分解链也成立，因为根据一般等式(38.18)，$\mu_{\alpha\alpha}$ 的渐近值不依赖于初始概率 $p_{0\alpha}$.

为了对于频数 m_α 与 m_β 围绕 kp_α 与 kp_β 的协方差

$$
\mu_{\alpha\beta} \equiv E(m_\alpha - kp_\alpha)(m_\beta - kp_\beta)
$$

也导出类似的公式，我们引进随机变量 x_h 与 y_h，$h = \overline{0, k-1}$，它们分别与状态 A_α, A_β 相联系：若在时刻 T_h 呈现状态 A_α，则 $x_h = 1$；若在时刻 T_h 未呈现状态 A_α，则 $x_h = 0$；同样，依照在时刻 T_h 呈现状态 A_β 与否，而分别有 $y = 1$ 或 0. 除 x_h 与 y_h 之外，我们还引进随机变量 $u_h = x_h - p_\alpha$ 与 $v_h = y_h - p_\beta$.

现在，在关于链 C_n 的前述假定之下，我们有

$$
Ex_h = p_{h|\alpha}, Ey_h = p_{h|\beta}
$$

$$Ex_h = p_\alpha, Ey_h = p_\beta$$

$$\mu_{\alpha\beta} = E\left(\sum_{h=0}^{k-1} u_h\right)\left(\sum_{g=0}^{k-1} v_g\right) = \sum\nolimits_1 + \sum\nolimits_2 + \sum\nolimits_3 \tag{39.11}$$

$$\sum\nolimits_1 = \sum_{h=0}^{h-1} Eu_h v_h$$

$$\sum\nolimits_2 = \sum_{h=0}^{k-2} \sum_{g=h+1}^{h-1} Eu_h v_g$$

$$\sum\nolimits_3 = \sum_{g=0}^{k-2} \sum_{h=g+1}^{k-1} Eu_h v_g$$

我们来计算和数$\sum_1$,$\sum_2$,$\sum_3$. 首先

$$Eu_h v_h = p_{h|\alpha}(1-p_\alpha)(-p_\beta) + p_{h|\beta}(-p_\alpha)(1-p_\beta) + \sum_f{}'' p_{h|f}(-p_\alpha)(-p_\beta)$$

其中和数符号$\sum_f{}''$表示求和时f应取$1,2,\cdots,n$中除α,β之外的所有的值. 考虑到链的平稳性,即有

$$\begin{aligned} Eu_h v_h &= -p_\alpha q_\alpha p_\beta - p_\beta q_\beta p_\alpha + \sum_f{}'' p_{h|f} p_\alpha p_\beta \\ &= -p_\alpha p_\beta - p_\alpha p_\beta + p_\alpha p_\beta = -p_\alpha p_\beta \end{aligned}$$

因此

$$\sum\nolimits_1 = -kp_\alpha p_\beta \tag{39.12}$$

其次,因为当$g=h+h'$,$h'>0$时,我们有

$$\begin{aligned} Eu_h v_g &= E(x_h - p_\alpha)(y_g - p_\beta) \\ &= E(x_h y_g - p_\alpha y_g - p_\beta x_h + p_\alpha p_\beta) \\ &= p_{h'\alpha} p_{\alpha\beta}^{(h')} - p_\alpha p_{h+h'|\beta} - p_\beta p_{h|\alpha} + p_\alpha p_\beta \\ &= p_\alpha(p_{\alpha\beta}^{(h')} - p_\beta) \end{aligned}$$

故和数$\sum_2$与$\sum_3$不难求得如下

$$\begin{aligned} \sum\nolimits_2 &= \sum_{h=1}^{k-1}(k-h)p_\alpha(p_{\alpha\beta}^{(h)} - p_\beta) \\ \sum\nolimits_3 &= \sum_{h=1}^{k-1}(k-h)p_\beta(p_{\beta\alpha}^{(h)} - p_\alpha) \end{aligned} \tag{39.13}$$

这样一来,在链C_n的前述假定之下,我们得到

$$\mu_{\alpha\beta} = -kp_\alpha p_\beta + \sum_{h=1}^{k-1}(k-h)[p_\alpha(p_{\alpha\beta}^{(h)} - p_\beta) + p_\beta(p_{\beta\alpha}^{(h)} - p_\alpha)] \tag{39.14}$$

由此立即可以推出类似于公式(39.9)与(39.10)的公式. 这里我们只写出类似于公式(39.10)的$\mu_{\alpha\beta}$的渐近值

$$\mu_{\alpha\beta} \sim -kp_\alpha p_\beta + kp_\alpha \sum_{i=1}^{\mu} \frac{1}{(m_i-1)!} D_\lambda^{m_i-1}\left[\frac{\lambda P_{\beta\alpha}(\lambda)}{(1-\lambda)p_i(\lambda)}\right]_{\lambda=\lambda_i} +$$

$$kp_\beta \sum_{i=1}^{\mu} \frac{1}{(m_i-1)!} D_\lambda^{m_i-1}\left[\frac{\lambda P_{\alpha\beta}(\lambda)}{(1-\lambda)p_i(\lambda)}\right]_{\lambda=\lambda_i} \tag{39.15}$$

公式(39.10)与(39.15)亦可借助于另一有价值的方法而推得.现在我们姑且以(39.10)为例,来说明这个方法.

公式(39.10)的新的导出方法的基本出发点是条目38中所求得的如下的公式

$$\mu_{\alpha\alpha} \sim kp_\alpha(2Q_\alpha - p_\alpha Q - q_\alpha) \tag{39.16}$$

以及下列恒等式

$$\frac{P(x)-P(\lambda)}{x-\lambda} = \sum_{h=0}^{n-1} c_h(x)\lambda^h \tag{39.17}$$

此处 $c_h(x)$ 是 x 的确定的多项式;实际上,为要得出这个恒等式显然只要把其左侧依照 λ 的幂次展开就行了.

把恒等式(39.17)对 x 微分一次,然后令 $x=1$,我们就得到

$$\frac{(1-\lambda)P'(1)+P(\lambda)}{(1-\lambda)^2} = \sum_{h=0}^{n-1} c'_h(\lambda)\lambda^h \tag{39.18}$$

由此推出

$$P_{\beta\alpha}(\lambda) = \sum_{h=0}^{n-1} c_h(\lambda) p_{\alpha\beta}^{(h)} \tag{39.19}$$

而从这个恒等式我们又可推知

$$\sum_\beta P'_{\beta\alpha}(\lambda) = \sum_h c'_h(\lambda)$$

所以

$$\sum_\beta P'_{\beta\alpha}(1) = \sum_h c'_h(1) \tag{39.20}$$

并且

$$P'_{\alpha\alpha}(1) = \sum_h c_h(1) p_{\alpha\alpha}^{(h)} \tag{39.21}$$

现在我们回忆一下

$$Q_\alpha = \frac{\sum_\beta{}' P_{\alpha\beta|\alpha\beta}(1)}{\sum_\alpha P_{\alpha\alpha}(1)}, Q = \frac{\sum_{\alpha,\beta} P_{\alpha\beta|\alpha\beta}(1)}{\sum_\alpha P_{\alpha\alpha}(1)}$$

立即可以看出,它们亦可或写

$$Q_\alpha = \frac{P'_{\alpha\alpha}(1)}{P'(1)}, Q = \frac{2\sum_\beta P'_{\alpha\beta}(1)}{P'(1)}$$

因此,利用等式(39.20)与(39.21),即得

$$(2Q_\alpha - p_\alpha Q)P'(1) = 2\sum_h c'_h(1)(p_{\alpha\alpha}^{(h)} - p_\alpha)$$

若考虑到关于链 C_n 以前所作的假定，则又有

$$\begin{aligned}&(2Q_\alpha - p_\alpha Q)P'(1)\\&= 2\sum_h c'_h(1)\sum_{i=1}^{\mu}\frac{1}{(m_i-1)!}D_\lambda^{m_i-1}\left[\frac{\lambda^h P_{\alpha\alpha}(\lambda)}{P_i(\lambda)}\right]_{\lambda=\lambda_i}\end{aligned}$$

由此并借助于恒等式(39.18)，就可推出

$$\begin{aligned}&(2Q_\alpha - p_\alpha Q)P'(1)\\&= 2\sum_{i=1}^{\mu}\frac{1}{(m_i-1)!}D_\lambda^{m_i-1}\left[\frac{P_{\alpha\alpha}(\lambda)}{p_i(\lambda)}\left(\frac{P'(1)}{1-\lambda}+\frac{P(\lambda)}{(1-\lambda)^2}\right)\right]_{\lambda=\lambda_i}\end{aligned}$$

但是

$$p_i(\lambda) = \frac{P(\lambda)}{(\lambda-\lambda_i)^{m_i}}$$

所以

$$\begin{aligned}(2Q_\alpha \cdots p_\alpha Q)P'(1) = 2\sum_{i=1}^{\mu}\frac{1}{(m_i-1)!}D_\lambda^{m_i-1}\bigg[&\frac{P'(1)P_{\alpha\alpha}(\lambda)}{(1-\lambda)p_i(\lambda)}+\\&(\lambda-\lambda_i)^{m_i}\frac{P_{\alpha\alpha}(\lambda)}{(1-\lambda)^2}\bigg]_{\lambda=\lambda_i}\end{aligned}$$

由此推知

$$\begin{aligned}2Q_\alpha - p_\alpha Q &= 2\sum_{i=1}^{\mu}\frac{1}{(m_i-1)!}D_\lambda^{m_i-1}\left[\frac{P_{\alpha\alpha}(\lambda)}{(1-\lambda)p_i(\lambda)}\right]_{\lambda=\lambda_i}\\&= 2\sum_i\frac{1}{(m_i-1)!}D_\lambda^{m_i-1}\left[\left(1+\frac{\lambda}{1-\lambda}\right)\frac{P_{\alpha\alpha}(\lambda)}{p_i(\lambda)}\right]_{\lambda=\lambda_i}\\&= 2\sum_i\frac{1}{(m_i-1)!}D_\lambda^{m_i-1}\left[\frac{P_{\alpha\alpha}(\lambda)}{p_i(\lambda)}\right]_{\lambda=\lambda_i}+\\&\quad 2\sum_i\frac{1}{(m_i-1)!}D_\lambda^{m_i-1}\left[\frac{\lambda}{1-\lambda}\frac{P_{\alpha\alpha}(\lambda)}{p_i(\lambda)}\right]_{\lambda=\lambda_i}\end{aligned}\tag{39.22}$$

我们注意到，由于链 C_n 是不可分解的，故有

$$\sum_{i=1}^{n}\frac{1}{(m_i-1)!}D_\lambda^{m_i-1}\left[\frac{P_{\alpha\alpha}(\lambda)}{p_i(\lambda)}\right]_{\lambda=\lambda_i} = q_\alpha\tag{39.23}$$

这个等式的成立系基于这样一个事实，即下列公式

$$p_{\alpha\beta}^{(k)} = p_\beta + \sum_{i=1}^{\mu}\frac{1}{(m_i-1)!}D_\lambda^{m_i-1}\left[\frac{\lambda^k P_{\beta\alpha}(\lambda)}{p_i(\lambda)}\right]_{\lambda=\lambda_i}$$

当 $k=0$ 时仍能成立，此处我们规定了

$$p_{\alpha\beta}^{0} = \begin{cases}0 & (\text{若 } \beta\neq\alpha)\\1 & (\text{若 } \beta=\alpha)\end{cases}$$

最后，根据等式(39.16)(39.22)及(39.23)，我们得到

$$\mu_{\alpha\alpha} \sim kp_\alpha q_\alpha + 2kp_\alpha \sum_{i=1}^{\mu} \frac{1}{(m_i-1)!} D_\lambda^{m_i-1} \left[\frac{\lambda P_{\alpha\alpha}(\lambda)}{(1-\lambda)p_i(\lambda)} \right]_{\lambda=\lambda_i}$$

这就是等式(39.10). 在此特别指出，等式(39.10) 的这个导出方法完全没有用到链 C_n 的平稳性，而只是用到了不可分解性.

至于等式(39.15)，亦可利用类似的办法，从等式(38.18) 推得.

关于 $\mu_{\alpha\alpha}$ 与 $\mu_{\alpha\beta}$ 的渐近表达式，我们还可以给出其他值得注意的形式. 因为 $\mu_{\alpha\alpha} \sim k\sigma_{\alpha\alpha}$，$\mu_{\alpha\beta} \sim k\sigma_{\alpha\beta}$，所以下面我们只来讨论 $\sigma_{\alpha\alpha}$ 与 $\sigma_{\alpha\beta}$ 可表示成些什么形式. 为此，我们引入下列符号

$$s_{\alpha\beta} = \sum_{h=1}^{+\infty} (p_{\alpha\beta}^{(h)} - p_\beta)$$

这是由 Fréchet 首先引用的([43] 第 31 页). 对于它，我们有(假定链 C_n 是正则的)

$$\begin{aligned} s_{\alpha\beta} &= \sum_{h=1}^{+\infty} \sum_{i=1}^{\mu} \frac{1}{(m_i-1)!} D_\lambda^{m_i-1} \left[\frac{\lambda^h P_{\beta\alpha}(\lambda)}{p_i(\lambda)} \right]_{\lambda=\lambda_i} \\ &= \sum_{i=1}^{\mu} \frac{1}{(m_i-1)!} D_\lambda^{m_i-1} \left[\frac{\lambda P_{\beta\alpha}(\lambda)}{(1-\lambda)p_i(\lambda)} \right]_{\lambda=\lambda_i} \end{aligned} \tag{39.24}$$

顺便提一下，从(39.24) 不难看出，对于正则的链 C_n，级数

$$\sum_{h=1}^{+\infty} (p_{\alpha\beta}^{(h)} - p_\beta)$$

是绝对收敛的；同时我们还有(参阅译者附注 5)

$$\sum_\beta s_{\alpha\beta} = 0, \sum_\alpha p_\alpha s_{\alpha\beta} = 0$$

回忆我们在(38.20) 中已经得到了 $\sigma_{\alpha\alpha}$ 与 $\sigma_{\alpha\beta}$ 的如下的表达式

$$\sigma_{\alpha\alpha} = p_\alpha(2Q_\alpha - p_\alpha Q - q_\alpha)$$

$$\sigma_{\alpha\beta} = p_\alpha p_\beta(1-Q) + p_\alpha Q_\beta + p_\beta Q_\alpha - Q_{\alpha\beta}$$

借助公式(39.10) 与(39.15)，这两个表达式可写成

$$\sigma_{\alpha\alpha} = p_\alpha q_\alpha + 2p_\alpha \sum_i \frac{1}{(m_i-1)!} D_\lambda^{m_i-1} \left[\frac{\lambda P_{\alpha\alpha}(\lambda)}{(1-\lambda)p_i(\lambda)} \right]_{\lambda=\lambda_i}$$

$$\sigma_{\alpha\beta} = -p_\alpha p_\beta + p_\alpha \sum_i \frac{1}{(m_i-1)!} D_\lambda^{m_i-1} \left[\frac{\lambda P_{\beta\alpha}(\lambda)}{(1-\lambda)p_i(\lambda)} \right]_{\lambda=\lambda_i} + p_\beta \sum_i \frac{1}{(m_i-1)!} D_\lambda^{m_i-1} \left[\frac{\lambda P_{\alpha\beta}(\lambda)}{(1-\lambda)p_i(\lambda)} \right]_{\lambda=\lambda_i}$$

把这两个等式和等式(39.24) 相比较，易见

$$\sigma_{\alpha\alpha} = p_\alpha q_\alpha + 2p_\alpha s_{\alpha\alpha} \tag{39.25}$$

$$\sigma_{\alpha\beta} = -p_\alpha p_\beta + p_\alpha s_{\alpha\beta} + p_\beta s_{\beta\alpha} \tag{39.26}$$

以上的等式对于正则的链 C_n 恒成立.

我们再来考察 $\sigma_{\alpha\alpha}$ 还能表示成什么形式. $\mu_{\alpha\alpha}$ 的渐近值等于 $k\sigma_{\alpha\alpha}$，因此，根据

等式(39.8),我们有

$$\sigma_{\alpha\alpha}=p_\alpha q_\alpha+\lim_{h\to+\infty}\frac{2p_\alpha}{k}\sum_{h=1}^{k-1}(k-h)(p_{\alpha\alpha}^{(h)}-p_\alpha)$$

如果使用以前的符号 $\sum_1$ 与 $\sum_2$(参看(39.5)与(39.7)),则有

$$\sigma_{\alpha\alpha}=\frac{\sum_1}{k}+\lim\frac{\sum_2}{k}$$

假定链 C_n 满足条件 $p_{0\alpha}=p_\alpha$(因而链 C_n 是平稳的),那么我们就可写出(参阅译者附注 6)

$$\frac{\sum_1}{k}=\sum_{+\infty}p_\beta u_\beta^2=\sum_\beta p_\beta(x_\beta-p_\alpha)^2$$

$$\begin{aligned}\sum\nolimits_2&=2\sum_{h=0}^{k-2}\sum_{f=1}^{k-h-1}Eu_hu_{h+f}\\&=2\sum_h\sum_f\sum_{\beta,\gamma}p_\beta p_{\beta\gamma}^{(f)}u_\beta u_\gamma\\&=2\sum_\beta p_\beta u_\beta\sum_\gamma u_\gamma\sum_h\sum_f p_{\beta\gamma}^{(f)}\\&=2\sum_\beta p_\beta u_\beta\sum_\gamma u_\gamma[(k-1)p_{\beta\gamma}^{(1)}+(k-2)p_{\beta\gamma}^{(2)}+\cdots+p_{\beta\gamma}^{(k-1)}]\\&=2\sum_\beta p_\beta u_\beta\sum_\gamma u_\gamma[(k-1)(p_{\beta\gamma}^{(1)}-p_\gamma)+(k-2)(p_{\beta\gamma}^{(2)}-p_\gamma)+\cdots+\\&\quad(p_{\beta\gamma}^{(k-1)}-p_\gamma)]+2\sum_\beta p_\beta u_\beta\sum_\gamma\frac{k(k-1)}{2}u_\gamma p_\gamma\\&=2\sum_\beta p_\beta u_\beta\sum_\gamma u_\gamma[(k-1)(p_{\beta\gamma}^{(1)}-p_\gamma)+\cdots+(p_{\beta\gamma}^{(k-1)}-p_\gamma)]\end{aligned}$$

最后这一步等式的导出是因为我们有 $\sum_\gamma u_\gamma p_\gamma=0$. 同时我们不难证明,对于正则链

$$\lim_{k\to+\infty}\frac{1}{k}\sum_{h=1}^{k-1}(k-h)(p_{\beta\gamma}^{(h)}-p_\gamma)=s_{\beta\gamma}$$

因此如若引用以下的符号

$$\theta_\beta=\sum_\gamma s_{\beta\gamma}u_\gamma \tag{39.27}$$

则可得

$$\lim_{k\to+\infty}\frac{\sum_2}{k}=2\sum_\beta p_\beta u_\beta\theta_\beta$$

这样一来,最后我们就得出 $\sigma_{\alpha\alpha}$ 的新表达式如下

$$\sigma_{\alpha\alpha}=\sum_\beta p_\beta u_\beta^2+2\sum_\beta p_\beta u_\beta\theta_\beta \tag{39.28}$$

借助于类似的换算,还可得出以下的等式

$$\sigma_{\alpha\beta}=\sum_{\gamma}p_{\gamma}u_{\gamma}v_{\gamma}+\sum_{\gamma}p_{\gamma}u_{\gamma}\theta'_{\gamma}+\sum_{\gamma}p_{\gamma}u_{\gamma}\theta_{\gamma} \tag{39.29}$$

其中

$$\theta_{\gamma}=\sum_{\delta}s_{\gamma\delta}u_{\delta},\theta'_{\gamma}=\sum_{\delta}s_{\gamma\delta}v_{\delta}$$

$$u_{\delta}=x_{\delta}-p_{\alpha},v_{\delta}=y_{\delta}-p_{\beta}$$

$$x_{\delta}=\begin{cases}1 & (若\ \delta=\alpha)\\ 0 & (若\ \delta\neq\alpha)\end{cases}$$

$$y_{\delta}=\begin{cases}1 & (若\ \delta=\beta)\\ 0 & (若\ \delta\neq\beta)\end{cases}$$

等式(39.28)与(39.29)是在链C_n正则并且$p_{0\alpha}=p_{\alpha}$的假定下导出的,但是从一般的等式(38.18)或(38.20)可以看出,$\sigma_{\alpha\alpha}$与$\sigma_{\alpha\beta}$不依赖于初始概率$p_{0\alpha}$,因此等式(39.28)与(39.29)对于正则的链C_n恒成立.

应用Fréchet的巧妙方法([43],第84页),简练的等式(39.28)与(39.29)可化成如下的值得注意的形式

$$\sigma_{\alpha\alpha}=\sum_{\beta}p_{\beta}\sum_{\gamma}p_{\beta\gamma}(u_{\gamma}+\theta_{\gamma}-\theta_{\beta})^2 \tag{39.30}$$

$$\sigma_{\alpha\beta}=\sum_{\gamma}\sum_{\delta}p_{\delta}p_{\delta\gamma}(u_{\gamma}+\theta_{\gamma}-\theta_{\delta})(v_{\gamma}+\theta'_{\gamma}-\theta'_{\delta}) \tag{39.31}$$

从(39.28)导出(39.30)与从(39.29)导出(39.31)是完全相似的,因此我们只来导出(39.30).

我们有

$$\begin{aligned}\sigma_{\alpha\alpha}&=\sum_{\gamma}p_{\gamma}u_{\gamma}^2+2\sum_{\gamma}p_{\gamma}u_{\gamma}\theta_{\gamma}=\sum_{\gamma}p_{\gamma}(u_{\gamma}+\theta_{\gamma})^2-\sum_{\gamma}p_{\gamma}\theta_{\gamma}^2\\&=\sum_{\gamma}\Big(\sum_{\beta}p_{\beta}p_{\beta\gamma}\Big)(u_{\gamma}+\theta_{\gamma})^2-\sum_{\beta}p_{\beta}\theta_{\beta}^2\\&=\sum_{\beta}p_{\beta}\Big[\sum_{\gamma}p_{\beta\gamma}(u_{\gamma}+\theta_{\gamma})^2-\theta_{\beta}^2\Big]\end{aligned}$$

但是

$$\begin{aligned}\sum_{\gamma}p_{\beta\gamma}(u_{\gamma}+\theta_{\gamma})^2&=\sum_{\gamma}p_{\beta\gamma}[(u_{\gamma}+\theta_{\gamma}-\theta_{\beta})+\theta_{\beta}]^2\\&=\sum_{\gamma}p_{\beta\gamma}(u_{\gamma}+\theta_{\gamma}-\theta_{\beta})^2+\theta_{\beta}^2\end{aligned} \tag{39.32}$$

这是因为

$$\sum_{\gamma}p_{\beta\gamma}(u_{\gamma}+\theta_{\gamma}-\theta_{\beta})=\sum_{\gamma}p_{\beta\gamma}(u_{\gamma}+\theta_{\gamma})-\theta_{\beta}=0$$

而最后这一等式可用下法证明之

$$\sum_{\gamma}p_{\beta\gamma}(u_{\gamma}+\theta_{\gamma})=\sum_{\gamma}p_{\beta\gamma}u_{\gamma}+\sum_{\gamma}p_{\beta\gamma}\sum_{\delta}s_{\gamma\delta}u_{\delta}$$

$$
\begin{aligned}
&=\sum_{\gamma}p_{\beta\gamma}u_{\gamma}+\sum_{\delta}u_{\delta}\sum_{\gamma}p_{\beta\gamma}\sum_{h=1}^{+\infty}(p_{\gamma\delta}^{(h)}-p_{\delta})\\
&=\sum_{\gamma}p_{\beta\gamma}u_{\gamma}+\sum_{\delta}u_{\delta}\Big[\sum_{h=1}^{+\infty}(p_{\beta\delta}^{(h+1)}-p_{\delta})\Big]\\
&=\sum_{\gamma}p_{\beta\gamma}u_{\gamma}+\sum_{\delta}u_{\delta}\Big[\sum_{h=1}^{+\infty}(p_{\beta\delta}^{(h)}-p_{\delta})-(p_{\beta\delta}-p_{\delta})\Big]\\
&=\sum_{\gamma}p_{\beta\gamma}u_{\gamma}+\sum_{\delta}s_{\beta\delta}u_{\delta}-\sum_{\delta}p_{\beta\delta}u_{\delta}=\theta_{\beta}
\end{aligned}
$$

因此由(39.32) 推出

$$
\sigma_{\alpha\alpha}=\sum_{\beta}p_{\beta}\sum_{\gamma}p_{\beta\gamma}(u_{\gamma}+\theta_{\gamma}-\theta_{\beta})^{2}
$$

40. 链 C_n 的标准离差与协方差的研究(续) 利用我们对于不可分解的链 C_n 所得到的标准离差与协方差的各种形式,可以得出它们的一系列重要性质.

40. I 对于常态的(即正的正则的) 链 C_n,全部 $\sigma_{\alpha\alpha}>0$.

实际上,对于常态的链 C_n,全部 $p_{\beta}>0$,因此根据(39.30) 即可看出,欲使 $\sigma_{\alpha\alpha}=0$ 必须对于每一个 $p_{\beta\gamma}>0$ 皆有 $u_{\gamma}+\theta_{\gamma}-\theta_{\beta}=0$. 现在我们取定一个从状态 A_{α} 出发又重新回到状态 A_{α} 的简单环路(即在这个环路的中途不出现状态 A_{α})

$$
p_{\alpha\delta_1},p_{\delta_1\delta_2},p_{\delta_2\delta_3},\cdots,p_{\delta_{\gamma-1}\alpha}
$$

于是欲使 $\sigma_{\alpha\alpha}=0$ 必须有

$$
\begin{gathered}
u_{\delta_1}+\theta_{\delta_1}-\theta_{\alpha}=0\\
u_{\delta_2}+\theta_{\delta_2}-\theta_{\delta_1}=0\\
\vdots\\
u_{\alpha}+\theta_{\alpha}-\theta_{\delta_{r-1}}=0
\end{gathered}
$$

把这些等式相加即得

$$
u_{\delta_1}+u_{\delta_2}+\cdots+u_{\delta_{r-1}}+u_{\alpha}=1-rp_{\alpha}=0
$$

但是对于常态的链 C_n,矩阵 $\boldsymbol{P}$ 是不可分解与正则的,因而循环指标等于 1,于是我们一定可以取到另一个从 A_{α} 到 A_{α} 的简单环路,使其长度 r' 不等于前一个环路的长度 r;此时仿照以上推论,可得

$$
1-r'p_{\alpha}=0
$$

这个矛盾就证明了 $\sigma_{\alpha\alpha}>0$.

40. II 对于不可分解的链 C_n,有

$$
\sigma_{\alpha1}+\sigma_{\alpha2}+\cdots+\sigma_{\alpha n}=0\quad(\alpha=\overline{1,n})\tag{40.1}
$$

实际上,我们有 $\sum_{\beta}m_{\beta}=k$,因而

$$
\sum_{\beta}(m_{\beta}-kp_{\beta})=0
$$

$$
\sum_{\beta}(m_{\alpha}-kp_{\alpha})(m_{\beta}-kp_{\beta})=0
$$

由此推知

$$\sum_{\beta} E(m_{\alpha}-kp_{\alpha})(m_{\beta}-kp_{\beta})=\sum_{\beta}\mu_{\alpha\beta}=0 \tag{40.2}$$

但是对于不可分解的链 C_n，$\mu_{\alpha\beta}$ 的渐近值是 $\sigma_{\alpha\beta}$，所以由(40.2) 即可推得(40.1).

等式(40.1) 也可以利用另外一个更直接的方法来证明，这个方法的应用主要是依据以下的公式

$$\sigma_{\alpha\alpha}=p_{\alpha}(2Q_{\alpha}-p_{\alpha}Q-q_{\alpha})$$

$$\sigma_{\alpha\beta}=p_{\alpha}p_{\beta}(1-Q)+p_{\alpha}Q_{\beta}+p_{\beta}Q_{\alpha}-Q_{\alpha\beta}$$

以及 $Q_{\alpha\beta}$，Q_{α}，Q_{β} 与 Q 的定义. 详言之，即

$$\begin{aligned}\sum_{\beta}{}'\sigma_{\alpha\beta}&=p_{\alpha}(1-Q)\sum_{\beta}{}'p_{\beta}+p_{\alpha}\sum_{\beta}{}'Q_{\beta}+Q_{\alpha}\sum_{\beta}{}'p_{\beta}-\sum_{\beta}{}'Q_{\alpha\beta}\\&=p_{\alpha}(1-Q)q_{\alpha}+p_{\alpha}(Q-Q_{\alpha})+Q_{\alpha}q_{\alpha}-Q_{\alpha}\\&=p_{\alpha}q_{\alpha}-2p_{\alpha}Q_{\alpha}+p_{\alpha}^{2}Q=-\sigma_{\alpha\alpha}\end{aligned}$$

由此立刻就可推出(40.1).

现在我们来考察不可分解的循环链 C_n. 此时 $\sigma_{\alpha\alpha}$ 与 $\sigma_{\alpha\beta}$ 有以下需要注意的性质：

40. III 设不可分解的循环链 C_n 的矩阵 $\boldsymbol{P}$ 具有如下的标准循环形式

$$\boldsymbol{P}=(\boldsymbol{Q}_{12},\boldsymbol{Q}_{23},\cdots,\boldsymbol{Q}_{r1})$$

并设 B_1，B_2，$\cdots$，B_r 是体系 S 的相应的状态组，彼此交相迭替. 此时对于所有的 $\alpha=\overline{1,n}$，恒有

$$\sum_{\beta_g}\sigma_{\alpha\beta_g}=0 \quad (g=\overline{1,m}) \tag{40.3}$$

换句话说，把 $\sigma_{\alpha\beta}$ 的下标 α 在 $1,2,\cdots,n$ 诸值中任意固定一个，而令下标 β 取所有能使 $A_{\beta}\subset B_g$ 的值，这样求得的 $\sigma_{\alpha\beta}$ 的和数恒等于零，而无论组 B_g 是哪一个组.

实际上，考察下列乘积

$$(m_{\alpha}-m_{\alpha}^{0})\sum_{\beta_g}(m_{\beta_g}-m_{\beta_g}^{0}) \quad (\alpha=\overline{1,n}) \tag{40.4}$$

的数学期望的渐近值，即可得出等式(40.3) 的极简单的证明.

令 $k=sr$，则当 $k\to+\infty$ 时 $s\to+\infty$. 显而易见，必有

$$\sum_{\beta_g}m_{\beta_g}=s$$

因而

$$\sum_{\beta_g}(m_{\beta_g}-m_{\beta_g}^{0})=0$$

随之，乘积(40.4) 等于零.

由此推知，乘积(40.4) 的数学期望与数学期望的渐近值亦等于零，故等式

(40.3) 确实成立.

对于不可分解的循环链 C_n 来说,所有的 $\sigma_{\alpha\alpha}$ 皆是正的这一断言已不一定正确了.例如,倘若我们取定一个链 C_n,使其规律 $\boldsymbol{P}$ 如下

$$\boldsymbol{P}=\begin{pmatrix}0 & 0.1 & 0.5 & 0.4 & 0\\ 0 & 0 & 0 & 0 & 1\\ 0 & 0 & 0 & 0 & 1\\ 0 & 0 & 0 & 0 & 1\\ 1 & 0 & 0 & 0 & 0\end{pmatrix}$$

那么不难验算,此时 $900\sigma_{\alpha\beta}$ 如下表 40.1 所示:

表 40.1

β	α				
	1	2	3	4	5
1	0	0	0	0	0
2	0	27	−15	−12	0
3	0	−15	75	−60	0
4	0	−12	−60	72	0
5	0	0	0	0	0

对于这个链 C_n,所有的概率 p_α 皆是正的

$$p_1=\frac{10}{30},p_2=\frac{1}{30},p_3=\frac{5}{30},p_4=\frac{4}{30},p_5=\frac{10}{30}$$

但是

$$\sigma_{11}=\sigma_{55}=0,\sigma_{22}=\frac{27}{900},\sigma_{33}=\frac{75}{900},\sigma_{44}=\frac{72}{900}$$

于是我们看到,在这里 σ_{11} 与 σ_{55} 皆等于零.在这个例子中,组 B 是这样的

$$B_1=(A_1),B_2=(A_2,A_3,A_4),B_3=(A_5)$$

其中第一个组与第三个组都是只由一个状态所构成的,组 B_1 由 A_1 构成,组 B_3 由 A_5 构成,当体系 S 的观测次数逐渐增多时,A_1 与 A_5 的出现次数渐近地等于 $\frac{1}{3}$ 的观测次数;频数 m_1 与 m_5 差不多就像是具有必然规律的变量一样,并且它们的标准离差应该渐近地等于零.

从以上的这些说明,可推得以下的结论:

40.IV 如果不可分解的循环链 C_n 的每个状态组 B_g 皆非仅由体系 S 的一个状态构成的,那么对于这个链 C_n,所有的 $\sigma_{\alpha\alpha}>0$.而如果某个状态组 B_g 是仅由一个状态 A_α 构成的,那么与这个状态 A_α 相对应的 $\sigma_{\alpha\alpha}$ 就一定等于零.

这个定理的后一半,从前面所作的说明来看,已甚明显,至于这个定理的前一半,亦不难推得,为此只需注意下式

$$\boldsymbol{P}^{rs}=(\boldsymbol{Q}_{11}^{(r)s},\boldsymbol{Q}_{22}^{(r)s},\cdots,\boldsymbol{Q}_{rr}^{r(s)})$$

其中所有对角子阵皆是不可分解的原矩阵，且其阶数都不小于 2.

我们指出，$\sigma_{\alpha\alpha}$ 与 $\sigma_{\alpha\beta}$ 尚具有以下的性质：

40. V 如果对于某个 α，$\sigma_{\alpha\alpha}=0$，那么对于这个 α，有

$$\sigma_{\alpha\beta}=0 \quad (\beta=1,2,\cdots,\alpha-1,\alpha+1,\cdots,n)$$

这一性质可由以下的明显不等式

$$\mu_{\alpha\beta}^{2}\leqslant\mu_{\alpha\alpha}\mu_{\beta\beta}$$

推得，并且这一性质直观上看来也是很显然的.

41. 可分解的链 C_n 的标准离差与协方差 以上我们研究了不可分解的链 C_n 的标准离差与协方差的性质. 而关于可分解的链 C_n 的标准离差与协方差，则有待我们来研究. 现在我们只来考察这样的可分解的链 C_n，即其规律已经化成了我们在条目 11 中所讲的那种标准形式；同时为了书写简便，假定其规律呈以下的形式

$$\boldsymbol{P}=\begin{pmatrix}\boldsymbol{Q}_{11} & \boldsymbol{O} & \boldsymbol{O}\\ \boldsymbol{O} & \boldsymbol{Q}_{22} & \boldsymbol{O}\\ \boldsymbol{Q}_{31} & \boldsymbol{Q}_{32} & \boldsymbol{Q}_{33}\end{pmatrix} \tag{41.1}$$

这里的对角子阵皆是方子阵，并且其中子阵 $\boldsymbol{Q}_{11}$ 与 $\boldsymbol{Q}_{22}$ 是孤立的，而子阵 $\boldsymbol{Q}_{33}$ 是非孤立的，子阵 $\boldsymbol{Q}_{31}$ 与 $\boldsymbol{Q}_{32}$ 是非零的. 关于矩阵 $\boldsymbol{P}$ 的这些假定，并未损及下文中各种研究的一般性. 我们甚而还可假定，子阵 $\boldsymbol{Q}_{11}$ 与 $\boldsymbol{Q}_{22}$ 是不可分解的.

设在矩阵 $\boldsymbol{P}$ 中，通过子阵 $\boldsymbol{Q}_{11}$，$\boldsymbol{Q}_{22}$ 与 $\boldsymbol{Q}_{33}$ 的行数分别为 n_1，n_2 与 n_3，我们相应地把体系 S 的状态 A_α 分成以下的组

$$B_1=(A_1,A_2,\cdots,A_{n_1})$$

$$B_2=(A_{n_1+1},A_{n_1+2},\cdots,A_{n_1+n_2})$$

$$B_3=(A_{n_1+n_2+1},\cdots,A_n)$$

我们的目的是，要来研究状态 A_α 的频数的标准离差及协方差与状态 A_α 属于哪一个组，有怎样的依赖关系. 但是我们首先要弄清楚，状态 A_α 的频数的数学期望的渐近值是怎样的.

频数 m_α 的原点矩及中心矩的完全表达式，可以借助于我们的链 C_n 的特征函数 φ_k 而求得. 现在我们不去求这些完全表达式，而只来求出它们的渐近值. 从条目 36 与条目 38 中所讲的那些可以推知，这些渐近值被(对应于矩阵(41.1)的)矩阵 $\boldsymbol{P}^*$ 的特征方程的特征值

$$\lambda_0=\lambda_0(t_1,\cdots,t_{n-1})$$

在点 M_0 处的各个偏导数所确定. 为了书写方便，我们把符号 $\boldsymbol{P}^*$ 换成 $\boldsymbol{R}$，于是 $\boldsymbol{P}^*\equiv\boldsymbol{R}$ 的特征方程此时即可写成以下的形式

$$R(\lambda)=|\boldsymbol{E}\lambda-\boldsymbol{R}|=R_1(\lambda)R_2(\lambda)R_3(\lambda)=0 \tag{41.2}$$

此处

$$R_g(\lambda)=|\boldsymbol{E}\lambda-\boldsymbol{R}_{gg}|\quad(g=1,2,3)$$

其中 $\boldsymbol{R}_{gg}$ 是把矩阵$\boldsymbol{Q}_{gg}$ 中的元素 $p_{\alpha\beta}(\beta=\overline{1,n-1})$ 换成 $p_{\alpha\beta}\mathrm{e}^{\mathrm{i}t_\beta}$，并把元素 $p_{\alpha n}$ 保留不动而得出的.

不难看出，在矩阵 $\boldsymbol{Q}_{11}$ 与 $\boldsymbol{Q}_{22}$ 不可分解的情形下，我们仍旧有

$$\begin{cases}m_\alpha^0\sim k\lambda_\alpha\\ \mu_{\alpha\alpha}\sim k(\lambda_\alpha^2-\lambda_{\alpha\alpha})\\ \mu_{\alpha\beta}\sim k(\lambda_\alpha\lambda_\beta-\lambda_{\alpha\beta})\end{cases}\tag{41.3}$$

这些等式的右侧，依照 A_α 与 A_β 各属于哪一个状态组的情形，而有不同的结果. A_α 与 A_β 各属于哪一个状态组的几种情形如下：

(1)$A_\alpha\subset B_1,A_\beta\subset B_1$；

(2)$A_\alpha\subset B_1,A_\beta\subset B_2$；

(3)$A_\alpha\subset B_1,A_\beta\subset B_3$；

(4)$A_\alpha\subset B_2,A_\beta\subset B_2$；

(5)$A_\alpha\subset B_2,A_\beta\subset B_3$；

(6)$A_\alpha\subset B_3,A_\beta\subset B_3$.

对于其中每一种情形，都可以算出等式(41.3)右侧所含的特征值λ_0 在点 M_0 处的各个偏导数. 为了书写简便，我们引入下列符号

$$\left(\frac{\partial^{a+b}\lambda_0}{\partial t_\alpha^a\partial t_\beta^b}\right)_0=\lambda_\alpha a_\beta b$$

$$\left(\frac{\partial^{a+b+c}R(\lambda_0)}{\partial\lambda_0^a\partial t_\alpha^b\partial t_\beta^c}\right)_0=(abc),(000)=P(1)$$

$$\left(\frac{\partial^{a+b+c}R_g(\lambda_0)}{\partial\lambda_0^a\partial t_\alpha^b\partial t_\beta^c}\right)_0=(abc)_g,(000)_g=P_g(1)\quad(g=1,2,3)$$

这些式子中的 a,b,c 表示非负整数.

现在注意，在这些新的符号写法之下，我们用来推求$\lambda_\alpha,\lambda_{\alpha\alpha}$ 与$\lambda_{\alpha\beta}$ 的一些基本恒等式，此时具有以下形式

$$\begin{cases}(100)\lambda_\alpha+(010)=0\\ (100)\lambda_{\alpha\alpha}+(200)\lambda_\alpha^2+2(110)\lambda_\alpha+(020)=0\\ (100)\lambda_{\alpha\beta}+(200)\lambda_\alpha\lambda_\beta+(101)\lambda_\alpha+(110)\lambda_\beta+(011)=0\end{cases}\tag{41.4}$$

但是需要指出，当 $A_\alpha\not\subset B_i$ 且 $b\neq0$ 或 $A_\beta\not\subset B_i$ 且 $c\neq0$ 时，以及当 $a=b=c=0$ 时，皆有

$$(abc)_i=0\quad(i=1,2,3)$$

此外由下列等式

$$(100)=(100)_1P_2(1)P_3(1)+(100)_2P_1(1)P_3(1)+$$

$$(100)_3 P_1(1) P_2(1)$$

$$(010) = (010)_1 P_2(1) P_3(1) + (010)_2 P_1(1) P_3(1) + (010)_3 P_1(1) P_3(1)$$

可看出

$$(100) = 0 \text{ 与 } (010) = 0$$

因此，由(41.4)的第一个方程不能求得λ_α，由第二、第三个方程也不能求得$\lambda_{\alpha\alpha}$，$\lambda_{\alpha\beta}$. 不过，假使我们把恒等式 $R(\lambda_0) = 0$ 对 t_α 与 t_β 微分三次，然后令 $t_1 = \cdots = t_{n-1} = 0$，这样得出的等式与(41.4)中的第二、第三个等式合在一起，就足以对于所有上述的六种情形来求得 λ_α，$\lambda_{\alpha\alpha}$，$\lambda_{\alpha\beta}$ 了. 于是除(41.4)之外，还应该加上以下的恒等式，这些恒等式经过简单计算即可得出

$$(100)\lambda_{\alpha\alpha\alpha} + 3[(200)\lambda_\alpha + (110)]\lambda_{\alpha\alpha} + (300)\lambda_\alpha^3 + 3(210)\lambda_\alpha^2 + 3(210)\lambda_\alpha + (030) = 0 \tag{41.5}$$

$$(100)\lambda_{\alpha\alpha\beta} + [(200)\lambda_\beta + (101)]\lambda_{\alpha\alpha} + 2[(200)\lambda_\alpha + (110)]\lambda_{\alpha\beta} + (300)\lambda_\alpha^2\lambda_\beta + (201)\lambda_\alpha^2 + 2(210)\lambda_\alpha\lambda_\beta + 2(111)\lambda_\alpha + (120)\lambda_\beta + (021) = 0 \tag{41.6}$$

类似于(41.6)还有一个恒等式，但是由于我们已用不着了，故未写出. 在恒等式(41.4)中，我们只取出下列的一个恒等式

$$(100)\lambda_{\alpha\alpha} + (200)\lambda_\alpha^2 + 2(110)\lambda_\alpha + (020) = 0$$

就已经够用了. 如果注意到恒有

$$(100) = (020) = 0$$

那么这个恒等式还可化简成

$$(200)\lambda_\alpha^2 + 2(110)\lambda_\alpha = 0 \tag{41.7}$$

在恒等式(41.5)中的第一项及第末项皆等于零；而在恒等式(41.7)中，若A_α与A_β属于不同的组B_g(此时$(021) \neq 0$)，则其第一项等于零，若A_α与A_β属于同一个组B_g(此时$(021) = 0$)，则其第一项与第末项皆等于零.

为使恒等式(41.5)(41.6)(41.7)的更进一步的分析能够大大地简化，并且易于推广，我们注意，这些恒等式的左侧不是别的，而是$R(\lambda_0)$在点M_0处对于t_α与t_β的完全偏导数. 因此，它们可写成这样

$$D_{\alpha\alpha}^2 R(\lambda_0)_0 = 0$$

$$D_{\alpha\alpha\alpha}^3 R(\lambda_0)_0 = 0$$

$$D_{\alpha\alpha\beta}^3 R(\lambda_0)_0 = 0 \tag{41.8}$$

其中括号的下标0是表示在微分完毕之后应令$t_1 = \cdots = t_{n-1} = 0$.

在作完这些附加说明之后，现在我们就分别在前述的六种情形下来研究λ_α，$\lambda_{\alpha\alpha}$，$\lambda_{\alpha\beta}$.

(1)$A_\alpha \subset B_1, A_\beta \subset B_1$.

此时我们有

$$D^2_{\alpha\alpha}R(\lambda_0)=\sum \frac{2!}{a!\ b!\ c!}D^a_\alpha R_1 D^b_\alpha R_2 D^c_\alpha R_3 \tag{41.9}$$

其中的和数符号表示 a,b,c 应取所有满足 $a+b+c=2$ 的非负整值. 这些 a,b,c 的值有如下表 41.1 所示：

表 41.1

a	b	c	a	b	c
2	0	0	0	1	1
0	2	0	1	0	1
0	0	2	1	1	0

在(41.9)的右侧和数中，仅有对应于 $a=1, b=1, c=0$ 的那一项在点 M_0 处不等于零. 因此

$$D^2_{\alpha\alpha}R(\lambda_0)_0=(2D_\alpha R_1 D_\alpha R_2 R_3)_0$$

但是

$$D_\alpha R_1(\lambda_0)_0=(100)_1\lambda_\alpha+(010)_1$$

$$D_\alpha R_2(\lambda_0)_0=(100)_2\lambda_\alpha+(010)_2=(100)_2\lambda_\alpha$$

$$R_3(\lambda_0)_0=R_3(1)$$

因此，等式(41.8) 中的第一个就变成

$$R_3(1)(100)_2\lambda_\alpha[(100)_1\lambda_\alpha+(010)_1]=0$$

由此推知，或是 $\lambda_\alpha=0$，或是 $\lambda_\alpha=-\frac{(010)_1}{(100)_1}$. 我们从可分解的链 C_n 的理论(参看条目 17 与条目 18) 可知，当 $k\to+\infty$ 时，体系 S 蜕缩到组 B_1 或组 B_2 中去的概率是 1. 体系 S 蜕缩到组 B_2 中去相当于 $\lambda_\alpha=0$，因为在这种情形下 A_α 不可能出现；而体系 S 蜕缩到组 B_1 中去相当于 $\lambda_\alpha=-\frac{(010)_1}{(100)_1}$，这个值可从等式

$$D_\alpha R_1(\lambda_0)_0=0 \tag{41.10}$$

中求得. 然后我们来考察(41.8) 中的第二个恒等式. 与前面相似，我们可以写出

$$D^3_{\alpha\alpha\alpha}R(\lambda_0)=\sum \frac{3!}{a!\ b!\ c!}D^a_\alpha R_1 D^b_\alpha R_2 D^c_\alpha R_3 \tag{41.11}$$

并且我们发现，在满足条件 $a+b+c=3$ 的所有非负整值组 a,b,c 中，唯有下列的三个组

$$(a,b,c)=(2,1,0),(1,2,0),(1,1,1)$$

才能使(41.11) 右侧和数中相应的项在点 M_0 处不等于零. 这样一来，即有

$$D^3_{\alpha\alpha\alpha}R(\lambda_0)=3R_3(1)(D^2_{\alpha\alpha}R_1 D_\alpha R_2)_0+$$

$$3R_3(1)(D_\alpha R_1 D^2_{\alpha\alpha} R_2)_0 +$$
$$6(D_\alpha R_1 D_\alpha R_2 D_\alpha R_3)_0$$

当体系 S 蜕缩到组 B_1 中时，根据(41.10)我们有

$$D^3_{\alpha\alpha\alpha} R(\lambda_0)_0 = 3R_3(1)(D^2_{\alpha\alpha} R_1 D_\alpha R_2)_0 = 3R_3(1)(100)_2\lambda_\alpha(D^2_{\alpha\alpha} R_1)_0$$

故在这种情形下 $\lambda_{\alpha\alpha}$ 可从恒等式

$$D^2_{\alpha\alpha} R_1(\lambda_0)_0 = (100)_1\lambda_{\alpha\alpha} + (200)_1\lambda^2_\alpha + 2(110)_1\lambda_\alpha + (020)_1 = 0 \tag{41.12}$$

中求出.

而如果体系 S 是蜕缩到组 B_2 中去，那么 $\lambda_\alpha = 0$，并且

$$D_\alpha R_1(\lambda_0)_0 = (100)_1\lambda_\alpha + (010)_1 = (010)_1 \neq 0$$

因此我们有

$$3R_3(1)(D_\alpha R_1 D^2_{\alpha\alpha} R_2)_0 = 0$$

或

$$D^2_{\alpha\alpha} R_2(\lambda_0)_0 = (100)_2\lambda_{\alpha\alpha} + (200)_2\lambda^2_\alpha + 2(110)_2\lambda_\alpha + (020)_2 = (100)_2\lambda_{\alpha\alpha} = 0$$

由此推得 $\lambda_{\alpha\alpha} = 0$，而这个结果是我们预先就可以看出来的.

最后，我们来考察(41.8)中的第三个等式.把(41.9)对 t_β 微分，并且注意我们现在所考察的乃是前述六种情形中的第一种情形，那么经过化简后即得

$$D^3_{\alpha\alpha\beta} R(\lambda_0)_0 = 2R_3(1)(D^2_{\alpha\beta} R_1 D_\alpha R_2)_0 \tag{41.13}$$

因此，若体系 S 蜕缩到组 B_1，则我们就有

$$D^2_{\alpha\beta} R_1(\lambda_0)_0 = (100)_1\lambda_{\alpha\beta} + (200)_1\lambda_\alpha\lambda_\beta + (101)_1\lambda_\alpha + (110)_1\lambda_\beta + (011)_1 = 0 \tag{41.14}$$

由此即可求出 $\lambda_{\alpha\beta}$.

不难看出，若体系 S 蜕缩到组 B_2 中去，则 $\lambda_{\alpha\beta} = 0$.

综上所论，我们看出，若体系 S 蜕缩到组 B_1，则 λ_α，$\lambda_{\alpha\alpha}$ 与 $\lambda_{\alpha\beta}$ 可由(41.10)(41.12)与(41.14)求得，而要得出这三个等式，我们只要对于矩阵 $\boldsymbol{Q}_{11}$ 写出(41.4)就行了.因为矩阵 $\boldsymbol{Q}_{11}$ 是不可分解的，所以在条目39及条目40中所得到的关于 $\mu_{\alpha\alpha}$ 与 $\mu_{\alpha\beta}$ 的渐近值的一切结果，显然在这个情形下可以完全复述一遍.

而如果体系 S 蜕缩到组 B_2，那么 λ_α，$\lambda_{\alpha\alpha}$，$\lambda_{\alpha\beta}$ 皆等于零.这个结果是显而易见的，为要推得这个结果，只要考虑一下体系 S 蜕缩到组 B_2 对于 m^0_α，$\mu_{\alpha\alpha}$，$\mu_{\alpha\beta}$ 的影响就行了.

(2) $A_\alpha \subset B_1$，$A_\beta \subset B_2$.

我们不再进行计算，而只给出最后的结果.如果体系 S 蜕缩到组 B_1，那么

$$\lambda_\alpha = -\frac{(010)_1}{(100)_1},\ \lambda_\beta = 0,\ \lambda_{\beta\beta} = 0,\ \lambda_{\alpha\beta} = 0$$

并且 $\lambda_{\alpha\alpha}$ 可由(41.12)求得. 而如果体系 S 蜕缩到组 B_2,那么

$$\lambda_{\alpha}=0,\lambda_{\beta}=-\frac{(001)_2}{(100)_2},\lambda_{\alpha\alpha}=0,\lambda_{\alpha\beta}=0$$

并且 $\lambda_{\beta\beta}$ 可由恒等式

$$D_{\alpha\alpha}^2 R(\lambda_0)_0=0$$

求得.

(3) $A_{\alpha}\subset B_1, A_{\beta}\subset B_3$.

在这种情形下, λ_{α} 与 $\lambda_{\alpha\alpha}$ 可按第一种情形那样来求,并且 $\lambda_{\beta}=\lambda_{\beta\beta}=\lambda_{\alpha\beta}=0$.

情形(4)与(5)经过显然的微小变动后,与情形(1)(3)完全相似.

由情形(6)($A_{\alpha}\subset B_3, A_{\beta}\subset B_3$)我们有

$$\lambda_{\alpha}=\lambda_{\beta}=\lambda_{\alpha\alpha}=\lambda_{\beta\beta}=\lambda_{\alpha\beta}=0$$

我们对于本条目中考察的链 C_n 所获得的各项结果,可以毫不费力地推广到一般情形,因而这里就不详述了.

42. 关于具有疏散时间的随机过程的极限分布 有许多具有疏散时间的链状过程,其随机变量的分布的特征函数常能满足线性差分方程. 不止特征函数如此,对于(就狭义而言的)母函数亦有这种情形;这一事实是由马尔柯夫首先发现的,并且在其所研究的许多链状过程情形下,马尔柯夫曾利用这一事实来推求极限分布. 但马尔柯夫的这种工作只是限于能导出一维极限分布的若干最简单的情形. 其实他的推求一维极限分布的这种方法,尚可推广到具有多维极限正态分布的链状过程的情形[30]. 不过马尔柯夫的方法可以用另外一种方法来代替,这种方法要简单得多,并且能导出更一般的结果,之后我们将屡次看到,这种方法是非常有用的. 这种方法已在著者的论文[29]与[32]中发表了,在前一篇论文中叙述得比较简略,而在第二篇论文中则甚为详尽. 以下我们就来介绍这种方法,并且作了某些修改.

首先,设给定一个以某种方式联结起来的试验序列,它构成一个具有疏散时间的随机过程,而

$$X_k^{(1)},X_k^{(2)},\cdots,X_k^{(m)}$$

是一些随机变量,它们的值由第 k 个时刻的结果来确定.

其次,我们设这些随机变量的特征函数

$$\varphi_k(t_1,t_2,\cdots,t_m)=E\mathrm{e}^{\mathrm{i}\sum_h t_h x_k^{(h)}} \tag{42.1}$$

在实变量 $t_1,t_2,\cdots,t_m$ 的某一个包含点 $M_0(t_1=t_2=\cdots=t_m=0)$ 的有穷区域 D 中满足 n 级差分方程

$$\varphi_{k+n}+a_1\varphi_{k+n-1}+\cdots+a_n\varphi_k=0 \tag{42.2}$$

同时假定其中系数 $a_1,\cdots,a_n$ 只依赖于 $t_1,t_2,\cdots,t_m$,并且在域 D 中具有对 t_1, $t_2,\cdots,t_m$ 的一级、二级连续偏导数.

现在我们来考察方程(42.2)的特征方程

$$\lambda^n + a_1\lambda^{n-1} + \cdots + a_n = 0 \tag{42.3}$$

以后我们将会看到，这个特征方程的根只有以下三种：

(1) 在点 M_0 处等于1的根；我们简单地用 $\lambda=\lambda(t_1,\cdots,t_m)$ 来表示它，并以 m_0 表示它的重数.

(2) 在点 M_0 处不等于1，但模等于1的根；这种根我们以 $\mu_f=\mu_f(t_1,\cdots,t_m)$ 表示，并以 m_f 表示其重数，假定这种根共有 n_1 个，于是 $f=\overline{1,n_1}$.

(3) 在点 M_0 处模小于1的根；这种根我们以 $v_g=v_g(t_1,\cdots,t_m)$ 表示，并以 m_g 表示其重数，假定这种根共有 n_2 个，于是 $g=\overline{1,n_2}$.

在这些假定之下我们便有

$$\begin{aligned}\varphi_k(t_1,t_2,\cdots,t_m) = {} & A(k,t_1,\cdots,t_m)\lambda^k + \\ & \sum_{f=1}^{n_1} B_f(k,t_1,\cdots,t_m)\mu_f^k + \\ & \sum_{g=1}^{n_2} C_g(k,t_1,\cdots,t_m)v_g^k\end{aligned} \tag{42.4}$$

此处我们用 M 代替 $t_1,\cdots,t_m$，并且其中

$$\begin{cases} A(k,M) = \sum\limits_{h=0}^{m_0-1} A_k(M)k^h \\ B_f(k,M) = \sum\limits_{h=0}^{m_f-1} B_{fh}(M)k^h \\ C_g(k,M) = \sum\limits_{h=0}^{m'_g-1} C_{gh}(M)k^h \end{cases} \tag{42.5}$$

而欲确定 A_h,B_{fh} 与 C_{gh} 则需依据初始条件

$$A(k,M)\lambda^k + \sum_f B_f(k,M)\mu_f^k + \sum_g C_g(k,M)v_g^k = \varphi_k(M)$$
$$(k=0,1,2,\cdots,n-1) \tag{42.6}$$

其中 $\varphi_0=1$，而 $\varphi_1(M),\cdots,\varphi_{n-1}(M)$ 我们认为是预先已知的.

不难看出，A_h,B_{fh} 与 C_{gh} 皆是域 D 中的 $t_1,\cdots,t_m$ 确定的连续函数.

现在我们来指出特征值 λ,μ_f,v_f 与 A_h,B_{fh},C_{gh} 的一些性质，这些性质和条目36中对于链 C_n 所建立的那些相应的性质完全类似，因而这里就不再重复加以证明了.

42.I 方程(42.3)的所有的根的模不大于1.

42.II 在方程(42.3)的所有的根当中，存在在点 M_0 处等于1的根.

前面我们把方程(42.3)的根分成 λ,μ_f,v_g 三种，就是根据这两项性质.

42.III 在点 M_0 处我们有

$$A_h(M_0)=0 \quad (h=\overline{1,m_0-1})$$

$$B_{fh}(M_0)=0 \quad (h=\overline{0,m_f-1},f=\overline{1,n_1})$$

$$C_{gh}(M_0)=0 \quad (h=\overline{0,m_g'-1},g=\overline{1,n_2})$$

42. IV $A_0(M_0)=1.$

42. V 当 $M\to M_0$ 时

$$A_0(M)\to 1,A_h(M)\to 0 \quad (h=\overline{1,m_0-1})$$

$$B_{fh}(M)\to 0 \quad (h=\overline{0,m_f-1},f=\overline{1,n_1})$$

$$C_{gh}(M)\to 0 \quad (h=\overline{0,m'_g-1},g=\overline{1,n_2})$$

以下我们假定根 λ 与 $\mu_1,\mu_2,\cdots,\mu_{n_1}$ 是单根，对于单根有以下的性质：

42. VI 方程(42.3)的单根在点 M_0 处具有对 $t_1,\cdots,t_m$ 的一级、二级连续偏导数.

我们仍保持符号 $\lambda_\alpha,\lambda_{\alpha\alpha},\lambda_{\alpha\beta},\cdots$ 及 $m_\alpha^0,\sigma_{\alpha\alpha},\sigma_{\alpha\beta}$ 的原有意义(见条目38). 不难看出，对于我们这里所研究的随机过程，仍然保持有渐近等式

$$\begin{cases}EX_\alpha\equiv m_\alpha^0\sim -\mathrm{i}k\lambda_\alpha\\ E(X_\alpha-m_\alpha^0)^2\equiv\mu_{\alpha\alpha}\sim k\sigma_{\alpha\alpha}=k(\lambda_\alpha^2-\lambda_{\alpha\alpha})\\ E(X_\alpha-m_\alpha^0)(X_\beta-m_\beta^0)\equiv\mu_{\alpha\beta}\sim k\sigma_{\alpha\beta}=k(\lambda_\alpha\lambda_\beta-\lambda_{\alpha\beta})\end{cases} \tag{42.7}$$

这些渐近等式可由特征函数 $\varphi_k(M)$ 的一般表达式(42.4)推得，和条目38中那些相应的等式的推得完全一模一样. 我们只提请读者注意一点，即在 λ 与 μ_1，$\mu_2,\cdots,\mu_{n_1}$ 是单根的假定之下，我们从表达式(42.4)可得初步的渐近等式

$$\begin{aligned}\mu_{\alpha\alpha}&\sim k(\lambda_\alpha^2-\lambda_{\alpha\alpha})+2k\sum_f B_{f\alpha}(\lambda_{f0}\lambda_\alpha-\lambda_{f\alpha})\lambda_{f0}^{k-1}\\ \mu_{\alpha\beta}&\sim k(\lambda_\alpha\lambda_\beta-\lambda_{\alpha\beta})+k\sum_f B_{f\alpha}(\lambda_{f0}\lambda_\beta-\lambda_{f\beta})\lambda_{f0}^{k-1}+\\ &\qquad k\sum_f B_{f\beta}(\lambda_{f0}\lambda_\alpha-\lambda_{f\alpha})\lambda_{f0}^{k-1}\end{aligned} \tag{42.8}$$

但是这回我们不能还按照条目38中那样来证明式中右侧各和数等于零了，不过以后我们会看到，对于我们所研究的过程，这些和数仍然等于零，因此我们现在可以写出(42.7)中的第二个与第三个等式.

现在我们来证明下列的基本定理：

42. VII 如果方程(42.3)的根 λ 与 $\mu_1,\mu_2,\cdots,\mu_{n_1}$ 是单根并且全部 $\sigma_{\alpha\alpha}(\alpha=\overline{1,m})$ 都是正的，那么当 $k\to+\infty$ 时，以下诸随机变量

$$x_\alpha=\frac{X_\alpha-ka_\alpha}{\sqrt{k\sigma_{\alpha\alpha}}} \quad (\alpha=\overline{1,m},a_\alpha=-\mathrm{i}\lambda_\alpha)$$

的极限总分布是固有的或非固有的 m 维典型正态分布.

关于这里所说的极限正态分布，如果二次型

$$Q=\sum_{\alpha,\beta}r_{\alpha\beta}t_{\alpha}t_{\beta}\quad\left(r_{\alpha\beta}=\frac{\sigma_{\alpha\beta}}{\sqrt{\sigma_{\alpha\alpha}\sigma_{\beta\beta}}}\right)\tag{42.9}$$

是正定的，则我们就称为是固有的；而如果Q仅只是半定的，则我们就称为是非固有的或奇异的.在第一种情形下，行列式

$$R=\begin{vmatrix}1 & r_{12} & \cdots & r_{1m}\\ r_{21} & 1 & \cdots & r_{2m}\\ \vdots & \vdots & & \vdots\\ r_{m1} & r_{m2} & \cdots & 1\end{vmatrix}$$

是正的，并且如果用$N(x_1,x_2,\cdots,x_m)$来表示典型m维正态分布密度，那么它具有下列形式

$$N(x_1,x_2,\cdots,x_m)=\frac{1}{(2\pi)^{\frac{m}{2}}\sqrt{R}}\exp\left[-\frac{1}{2R}\sum_{\alpha,\beta}R_{\alpha\beta}x_{\alpha}x_{\beta}\right]\tag{42.10}$$

其中$R_{\alpha\beta}$是行列式R的子式.在第二种情形下$R=0$，并且在变量$x_1,x_2,\cdots,x_m$之间存在一个或数个线性关系，而极限正态分布可以化成具有相应较少变量的固有正态分布.所有这些附注皆可由一个一般性定理推得，关于这个一般性定理及其证明可参看Cramér的书[11]中的定理32.这些附注对于下文中将遇到的许多应用定理42.VII的场合也同样适用.

设变量x_{α}的分布的特征函数为

$$\psi_k(M)=E\mathrm{e}^{\mathrm{i}\sum\limits_{\alpha}t_{\alpha}x_{\alpha}}=\mathrm{e}^{-\mathrm{i}k\sum\limits_{\alpha}\frac{t_{\alpha}a_{\alpha}}{\sqrt{k\sigma_{\alpha\alpha}}}}\varphi_k\left(\frac{t_1}{\sqrt{k\sigma_{11}}},\cdots,\frac{t_m}{\sqrt{k\sigma_{mm}}}\right)\tag{42.11}$$

于是为要证明定理42.VII，只需证明在定理的条件下，特征函数$\psi_k(M)$当$k\to+\infty$时的极限函数是

$$\exp\left[-\frac{1}{2}\sum_{\alpha,\beta}r_{\alpha\beta}t_{\alpha}t_{\beta}\right]$$

(这个函数是典型m维正态分布的特征函数).

为了书写简便，我们引入新变量θ_{α}，即

$$\theta_{\alpha}=-\frac{t_{\alpha}}{\sqrt{k\sigma_{\alpha\alpha}}}\quad(\alpha=\overline{1,m})$$

于是特征函数$\psi_k(M)$即呈如下形式

$$\psi_k(M)=\mathrm{e}^{-\mathrm{i}k\sum\limits_{\alpha}\theta_{\alpha}a_{\alpha}}\varphi_k(\theta_1,\cdots,\theta_m)$$

并可展成下列的和数形式

$$\psi_k(M)=A(\theta_1,\cdots,\theta_m)\xi^k+\sum_{f}B_f(\theta_1,\cdots,\theta_m)\eta_f^k+\sum_{g}C_g(k,\theta_1,\cdots,\theta_m)\zeta_g^k\tag{42.12}$$

在这些和数中

$$\begin{cases}\xi=\lambda(\theta_1,\cdots,\theta_m)\mathrm{e}^{-\mathrm{i}\sum\theta_\alpha a_\alpha}\\ \eta_f=\mu_f(\theta_1,\cdots,\theta_m)\mathrm{e}^{-\mathrm{i}\sum\theta_\alpha a_\alpha}\\ \zeta_g=v_g(\theta_1,\cdots,\theta_m)\mathrm{e}^{-\mathrm{i}\sum\theta_\alpha a_\alpha}\end{cases}\tag{42.13}$$

现在我们来求 $\psi_k(M)$ 在 $k\to+\infty$ 时的极限.

对于域 D 中任意一组有穷值 $t_1,t_2,\cdots,t_m$,我们有

$$\lim_{k\to+\infty}\psi(M)=\lim_{k\to+\infty}\xi^k$$

这是因为

$$\lim_{k\to+\infty}A(\theta_1,\cdots,\theta_m)=1$$

$$\lim_{k\to+\infty}B_f(\theta_1,\cdots,\theta_m)=0$$

$$\lim_{k\to+\infty}|B_f(\theta_1,\cdots,\theta_m)\eta_f^k|=\lim_{k\to+\infty}|B_f(\theta_1,\cdots,\theta_m)|\to 0$$

$$\lim_{k\to+\infty}C_g(k,\theta_1,\cdots,\theta_m)\zeta_g^k\to 0$$

但是

$$\xi^k=\left[1+\sum_\alpha\theta_\alpha\left(\frac{\partial\xi}{\partial\theta_\alpha}\right)_0+\frac{1}{2}\sum_{\alpha,\beta}\left(\frac{\partial^2\xi}{\partial\theta_\alpha\partial\theta_\beta}\right)_0(1+\varepsilon_{\alpha\beta})\right]^k$$

此处下标 0 表示在各偏导数中应令 $\theta_1=\cdots=\theta_m=0$,并且当 $k\to+\infty$ 时,$\varepsilon_{\alpha\beta}\to 0$(因为 ξ 在点 $\theta_1=\cdots=\theta_m=0$ 处具有对 $\theta_1,\cdots,\theta_m$ 的连续二级偏导数). 再有

$$\left(\frac{\partial\xi}{\partial\theta_\alpha}\right)_0=\left(\frac{\partial}{\partial\theta_\alpha}\lambda(\theta_1,\cdots,\theta_m)\mathrm{e}^{-\mathrm{i}\sum\theta_\alpha a_\alpha}\right)_0$$

$$=\left(\mathrm{e}^{-\mathrm{i}\sum\theta_\alpha a_\alpha}\frac{\partial\lambda}{\partial\theta_\alpha}-\mathrm{i}a_\alpha\mathrm{e}^{-\mathrm{i}\sum\theta_\alpha a_\alpha}\right)_0=\lambda_\alpha-\lambda_\alpha=0$$

$$\left(\frac{\partial^2\xi}{\partial\theta_\alpha^2}\right)_0=\left(\mathrm{e}^{-\mathrm{i}\sum\theta_\alpha a_\alpha}\frac{\partial^2\lambda}{\partial\theta_\alpha^2}-2\mathrm{i}a_\alpha\frac{\partial\lambda}{\partial\theta_\alpha}\mathrm{e}^{-\mathrm{i}\sum\theta_\alpha a_\alpha}+(\mathrm{i}a_\alpha)^2\lambda\mathrm{e}^{-\mathrm{i}\sum\theta_\alpha a_\alpha}\right)_0$$

$$=\lambda_{\alpha\alpha}-2\lambda_\alpha^2+\lambda_\alpha^2=\lambda_{\alpha\alpha}-\lambda_\alpha^2=-\sigma_{\alpha\alpha}$$

$$\left(\frac{\partial^2\xi}{\partial\theta_\alpha\partial\theta_\beta}\right)_0=\left[\mathrm{e}^{-\mathrm{i}\sum\theta_\alpha a_\alpha}\left(\frac{\partial^2\lambda}{\partial\theta_\alpha\partial\theta_\alpha}-\mathrm{i}a_\alpha\frac{\partial\lambda}{\partial\theta_\beta}-\mathrm{i}a_\beta\frac{\partial\lambda}{\partial\theta_\alpha}+(\mathrm{i}a_\alpha)(\mathrm{i}a_\beta)\lambda\right)\right]_0$$

$$=\lambda_{\alpha\beta}-\lambda_\alpha\lambda_\beta-\lambda_\alpha\lambda_\beta+\lambda_\alpha\lambda_\beta$$

$$=\lambda_{\alpha\beta}-\lambda_\alpha\lambda_\beta=-\sigma_{\alpha\beta}$$

所以

$$\xi^h=\left[1-\frac{1}{2}\sum_{\alpha,\beta}\theta_\alpha\theta_\beta\sigma_{\alpha\beta}(1+\varepsilon_{\alpha\beta})\right]^k$$

$$=\left[1-\frac{1}{2k}\sum_{\alpha,\beta}r_{\alpha\beta}t_\alpha t_\beta(1+\varepsilon_{\alpha\beta})\right]^k$$

($r_{\alpha\alpha}=1$!),因而得出

$$\lim_{k\to+\infty}\psi(M)=\lim_{k\to+\infty}\xi^k=\exp\left(-\frac{1}{2}\sum_{\alpha,\beta}r_{\alpha\beta}t_\alpha t_\beta\right)$$

这样一来,我们所欲证明的命题即已得证,同时亦即证明了我们的关于变

量 x_α 的极限分布的定理.

现在注意,从定理 42. VII 推知,标准离差 $\mu_{\alpha\alpha}$ 与协方差 $\mu_{\alpha\beta}$ 的渐近值乃是

$$k(\lambda_\alpha^2-\lambda_{\alpha\alpha}) \text{ 与 } k(\lambda_\alpha\lambda_\beta-\lambda_{\alpha\beta})$$

因此等式(42.8) 右侧各和数的确等于零.

关于定理 42. VII,我们是在方程(42.2) 的系数 $a_1,\cdots,a_n$ 皆仅依赖于 t_1,$t_2,\cdots,t_m$ 的情形下,即在均匀的随机过程的情形下,加以证明的;但是在某些情形下,这个定理对于系数 $a_1,\cdots,a_n$ 还依赖于 k 的随机过程亦能成立. 例如,这种情形之一就是当 $k\to+\infty$ 时系数 $a_1,\cdots,a_n$ 具有仅依赖于 $t_1,\cdots,t_m$ 的确定的极限,此时可以利用在差分方程的理论中证明 Poincaré 定理的方法来证明我们的极限定理. 因而我们有如下的定理:

42. VIII 设随机变量 $X_\alpha(\alpha=\overline{1,m})$ 的分布的特征函数 $\varphi_k(t_1,t_2,\cdots,t_m)$ 满足差分方程

$$\varphi_{k+n}+A_1(k,M)\varphi_{k+n-1}+A_2(k,M)\varphi_{k+n-2}+\cdots+A_n(k,M)\varphi_k=0$$

其中

$$\lim_{k\to+\infty}A_h(k,M)=a_h(M)\quad(h=\overline{1,n})$$

$M=(t_1,t_2,\cdots,t_m)$. 然后,设方程

$$\lambda^n+a_1(M)\lambda^{n-1}+\cdots+a_n=0$$

只有单根

$$\lambda_0(M)\equiv\lambda(M) \text{ 与 } \lambda_h(M)\quad(h=\overline{1,n-1})$$

其中

$$\lambda_0(M_0)=1 \text{ 并且 } |\lambda_h(M_0)|<1\quad(h=\overline{1,n-1})$$

如果 $A_h(k,M)$ 与 $a_h(M)$ 是点 $M_0(t_1=\cdots=t_m=0)$ 的某一邻域中的 $t_1,t_2,\cdots,t_m$ 的连续函数,并具有对于 $t_1,t_2,\cdots,t_m$ 的连续一级、二级偏导数,同时还有

$$EX_\alpha\equiv m_\alpha^0\sim-\mathrm{i}k\lambda_\alpha=ka_\alpha\quad(a_\alpha=-\mathrm{i}\lambda_\alpha)$$

$$E(X_\alpha-m_\alpha^0)\equiv\mu_{\alpha\alpha}\sim k(\lambda_\alpha^2-\lambda_{\alpha\alpha})>0\quad(\alpha=\overline{1,m})$$

$$E(X_\alpha-m_\alpha^0)(X_\beta-m_\beta^0)\equiv\mu_{\alpha\beta}\sim k(\lambda_\alpha\lambda_\beta-\lambda_{\alpha\beta})$$

那么,下列诸变量

$$x_\alpha=\frac{X_\alpha-ka_\alpha}{\sqrt{k\sigma_{\alpha\alpha}}}\quad(\alpha=\overline{1,m})$$

的极限总分布就是典型 m 维正态分布.

这个定理的证明读者可在著者的论文[32] 中找到.

43. 链 C_n 中的频数的极限分布 现在我们来考察定理 42. VII 对于链 C_n 的应用,我们分成三种情形来讲,这三种情形就是:链 C_n 是常态的;不可分解并且循环的;以及可分解的.

1. 设链 C_n 是常态的.

此时状态 A_α 的频数 m_α 满足定理 42. VII 中的全部条件，特别是满足其中最重要的一项条件：所有的 $\sigma_{\alpha\alpha}$ 皆是正的. 因此，设以 $f_k(t_1, t_2, \cdots, t_{n-1})$ 表示时间 τ_k 中的频数 m_α 的分布，则对于它定理 42. VII 成立：下列诸变量

$$x_\alpha = \frac{m_\alpha - kp_\alpha}{\sqrt{k\sigma_{\alpha\alpha}}} \quad (\alpha = \overline{1, n-1}) \tag{43.1}$$

具有极限典型正态分布，且在固有的正态分布情形下，具有如下的分布密度

$$N(x_1, x_2, \cdots, x_{n-1}) = \frac{1}{(2\pi)^{\frac{n-1}{2}}\sqrt{R}} \exp\left(-\frac{1}{2R}\sum_{\alpha,\beta} R_{\alpha\beta} x_\alpha x_\beta\right) \tag{43.2}$$

其中

$$R = \begin{vmatrix} 1 & r_{12} & \cdots & r_{1,n-1} \\ r_{21} & 1 & \cdots & r_{2,n-1} \\ \vdots & \vdots & & \vdots \\ r_{n-1,1} & r_{n-1,2} & \cdots & 1 \end{vmatrix} \tag{43.3}$$

$R_{\alpha\beta}$ 是这个行列式的子式，并且

$$r_{\alpha\beta} = \frac{\sigma_{\alpha\beta}}{\sqrt{\sigma_{\alpha\alpha}\sigma_{\beta\beta}}} \tag{43.4}$$

等式(43.1) 中的 p_α 与 $\sigma_{\alpha\alpha}$ 具有条目 38 中所熟知的意义.

在建立频数 m_α 的极限分布的同时，还可顺带解决频数 m_α 的各级中心矩的渐近值问题. 事实上，我们有[20]

$$\mu_{h_1 h_2 \cdots h_{n-1}(k)} \sim k^{\frac{h}{2}} \sigma_{11}^{\frac{h_1}{2}} \sigma_{22}^{\frac{h_2}{2}} \cdots \sigma_{n-1,n-1}^{\frac{h_{n-1}}{2}} M_{h_1 h_2 \cdots h_{n-1}} \tag{43.5}$$

其中 $M_{h_1 h_2 \cdots h_{n-1}}$ 表示分布(43.2) 的相应的矩，并且 $h = h_1 + h_2 + \cdots + h_{n-1}$. 当 h 为奇数时

$$M_{h_1 h_2 \cdots h_{n-1}} = 0 \tag{43.6}$$

而当 h 为偶数时

$$M_{h_1 h_2 \cdots h_{n-1}} = \frac{h_1!\ h_2!\ \cdots h_{n-1}!}{2^h} \sum_{l_\alpha, m_{\alpha\beta}} \prod_{\alpha,\beta} \frac{(2r_{\alpha\beta})^{m_{\alpha\beta}}}{l_\alpha!\ m_{\alpha\beta}!} \tag{43.7}$$

其中和数符号 $\sum\limits_{l_\alpha, m_{\alpha\beta}}$ 表示求和时下标 l_α 与 $m_{\alpha\beta}$ 应取遍所有满足下列条件

$$2l_\alpha + \sum_\beta{}' m_{\alpha\beta} = h_\alpha \quad (\alpha = \overline{1, n-1})$$

的正整值；和数 $\sum\limits_\beta{}' m_{\alpha\beta}$ 表示

$$\sum_{\beta=1}^{n-1} m_{\alpha\beta} - m_{\alpha\alpha}$$

而乘积符号 $\prod\limits_{\alpha,\beta}$ 表示求乘积时下标 α，β 应取遍以下的值

$$\alpha = \overline{1, n-1}, \beta = \overline{\alpha+1, n-1} \quad (\beta \neq \alpha)$$

应当注意,极限正态分布(43.2)的特征函数是

$$\varphi(t_1,t_2,\cdots,t_{n-1})=\exp\left(-\frac{1}{2}\sum_{\alpha,\beta}r_{\alpha\beta}t_\alpha t_\beta\right) \tag{43.8}$$

所以

$$M_{h_1h_2\cdots h_{n-1}}=\left(\frac{\partial^{h_1+h_2+\cdots+h_{n-1}}\varphi}{\partial t_1^{h_1}\partial t_2^{h_2}\cdots\partial t_{n-1}^{h_{n-1}}}\right)_{t_1=\cdots=t_{n-1}=0} \tag{43.9}$$

2. 现在我们来考察不可分解的、具有循环指标 r 的循环链 C_n.

第三章中已经证明了,对于这种链所有的 $p_\alpha>0$;但是实际的例子(条目 40 中给出了一个)表明,对于不可分解的循环链 C_n,比标准离差 $\sigma_{\alpha\alpha}$ 更可能等于零. 也可以有这种循环链 C_n,对于它所有的 $\sigma_{\alpha\alpha}$ 尽皆等于零;而根据定理 40. IV 立即可以看出,每一循环组皆仅含有一个状态的循环链就是这种循环链.

不难想象,如果一个不可分解的循环链 C_n^*,对于它有一部分 $\sigma_{\alpha\alpha}$ 等于零,而不是全部的 $\sigma_{\alpha\alpha}$ 等于零,那么这时频数的极限分布应该如何. 例如,假设

$$\sigma_{\alpha\alpha}>0\quad(\alpha=\overline{1,m},m<n)$$

$$\sigma_{\alpha\alpha}=0\quad(\alpha=\overline{m+1,n}^{①})$$

那么显而易见,由于链 C_n^* 的循环性,相对频率

$$\frac{m_\alpha}{k}\quad(\alpha=\overline{m+1,n})$$

具有必然的极限 $\frac{1}{r}$,因为在这种情形下,每一个状态 $A_\alpha,\alpha=\overline{m+1,n}(n-m<r)$ 皆构成一个状态组 B. 由此可见,这些相对频率的极限分布都是非固有的分布. 至于说到其余的频数

$$m_\alpha\quad(\alpha=\overline{1,m},m<n)$$

则对于它们我们有如下的必然的极限

$$\lim_{k\to+\infty}\frac{\sum_{\alpha=1}^{m}m_\alpha}{k}=\sum_{\alpha=1}^{m}p_\alpha=\frac{r-n+m}{r}$$

根据链 C_n^* 的循环性,可以断言,若 k 能被 r 整除

$$\frac{k}{r}=s\quad(s\text{ 是正整数})$$

则链 C_n^* 的特征函数 φ_k 有下列的形式

$$\varphi_k(t_1,\cdots,t_{n-1})=e^{is(t_{m+1}+\cdots+t_{n-1})}\varphi_k^*(t_1,\cdots,t_m)$$

其中 $\varphi_k^*(t_1,\cdots,t_m)$ 是链 C_n^* 中的状态

$$A_\alpha\quad(\alpha=\overline{1,m})$$

---

① 把状态组适当地编号后,任何一些状态组都可以化成这些状态组.

的频数的分布的特征函数，它不依赖于状态

$$A_\alpha \quad (\alpha=\overline{m+1,n})$$

的频数的分布，而 $A_\alpha(\alpha=\overline{m+1,n})$ 的频数的分布之间也是彼此独立的.

关于状态

$$A_\alpha \quad (\alpha=\overline{1,m})$$

的频数的分布，不难看出，所有的比标准离差 $\sigma_{\alpha\alpha}$ 都是正的. 因而其导来频数[①] x_α 的极限分布是 $n-m-1$ 维典型正态分布，它的密度亦不难写出.

于是我们就得出下列结论：链 C_n^* 中频数 m_α（当 k 取值 $k\equiv 0(\bmod r)$ 而趋于 $+\infty$ 时）的极限分布系由 $n-m+1$ 个独立分布组成，其中对于状态 A_α $(\alpha=\overline{m+1,n})$ 的频数分布是非固有的，而其他的状态的导来频数的分布则是 m 维的典型正态分布，这个分布也有可能是非固有的正态分布.

3. 最后我们来考察可分解的链 C_n 的频数极限问题.

假定我们的可分解的链 C_n 已化成了标准形式(17.7)，且其中子阵 $\boldsymbol{Q}_{11}$，$\boldsymbol{Q}_{22}$，…，$\boldsymbol{Q}_{kk}$ 是正态的. 于是如果一个链的规律是 $\boldsymbol{Q}_{11}$，$\boldsymbol{Q}_{22}$，…，$\boldsymbol{Q}_{kk}$ 中的一个，那么其所有的比标准离差皆是正的，由此可知，其各个导来频数的极限分布皆是典型正态分布. 因此，我们所考察的链 C_n 的极限性质可概括描绘如下：对应于子阵

$$\boldsymbol{Q}_{hh} \quad (h=\overline{1,k})$$

的极限正态分布得以实现的概率为

$$q_h+\sum_{l=1}^{m-k}\sum_{\alpha_{k+l}}p_{0\alpha_{k+l}}r_{\alpha_{k+l}}^{(h)}$$

而组 $B_{k+l}(l=\overline{1,m-k})$ 中的状态的频数 m_α 则有非固有的分布，因而

$$\lim_{s\to+\infty}P\left(\left|\frac{m_\alpha}{s}\right|<\varepsilon\right)=1$$

（其中 s 表示时刻 $T_0,T_1,\cdots,T_{s-1}$ 的数目，在这些时刻中状态 A_α 共出现 m_α 次.）

假使子阵 $\boldsymbol{Q}_{hh}(h=\overline{1,k})$ 中有几个是不可分解的循环矩阵，那么在上述结果中自然应该相应地作一些显然的改动.

附注 在本条目的最后我们再来考察一个问题：若在链 C_n 中随便取一些状态 A_α，它们构成任意的一个组（不一定是循环组）

$$B=(A_{\alpha_1},A_{\alpha_2},\cdots,A_{\alpha_h}) \quad (h<n-1)$$

试问这些 A_α 的频数的分布如何？关于这个频数分布的问题，犹如全部频数的

---

① 我们称 $x_\alpha=\dfrac{m_\alpha-kp_\alpha}{\sqrt{k\sigma_{\alpha\alpha}}}$ 为导来频数.

分布问题一样，最容易的研究方法莫过于转而考察分布的特征函数；现在设以 $\varphi_k(t_{\alpha_1},t_{\alpha_2},\cdots,t_{\alpha_h})$ 表示我们所研究的这个频数分布的特征函数.

要想写出这个特征函数的一般表达式，我们先把全部频数的特征函数写在下面

$$\varphi_k(t_1,t_2,\cdots,t_n)=\sum_k p_{0\beta_1}p_{\beta_1\beta_2}\cdots p_{\beta_{k-1}\beta_k}e^{i\sum_{g=1}^{k}t_{\beta_g}}$$

然后只要把其中的 $t_1,t_2,\cdots,t_n$，除 $t_{\alpha_1},t_{\alpha_2},\cdots,t_{\alpha_h}$ 之外，一概令其等于零即可. 由此可见，若在方程(36.9)或(36.10)中，只保留变量 $t_{\alpha_1},t_{\alpha_2},\cdots,t_{\alpha_h}$ 而把其他的 t 替换成0(如果在变量 $t_{\alpha_1},\cdots,t_{\alpha_h}$ 中夹有 t_n，那么就应该把方程 (36.9) 左侧行列式中最后一列的 $-p_{\alpha_n}(\alpha=\overline{1,n})$ 替换成 $-p_{\alpha_n}e^{it_n}$.)，则我们就得到 $\varphi_k(t_{\alpha_1},t_{\alpha_2},\cdots,t_{\alpha_h})$ 的差分方程.

说明了这一点后，关于频数

$$m_{\alpha_1},m_{\alpha_2},\cdots,m_{\alpha_h}$$

的分布我们能够讲些什么，已十分明显，因此我们在这个问题上就不再多事停留了.

与上述问题紧密关联着的，还有链 C_n 的诸状态组(不一定是循环组) 的频数分布问题：若把体系 S 的所有状态分成任意 r 个互不相交的组(不一定是循环组)

$$B_1=(A_1,A_2,\cdots,A_{n_1})$$
$$B_2=(A_{n_1+1},A_{n_1+2},\cdots,A_{n_1+n_2})$$
$$\vdots$$
$$B_r=(A_{s_{r-1}+1},A_{s_{r-1}+2},\cdots,A_n)$$
$$s_{r-1}=n_1+n_2+\cdots+n_{r-1}\quad\left(\sum n_h=n\right)$$

那么这些组的频数分布如何？或者提出更一般的问题，这些组在时间过程中实现的规律如何？这两个问题我们都来简单地考察一下.

关于第一个问题，只需给出时间 τ_s 内组 B_h 频数分布的特征函数，即可获得原则上的解决. 若以 $\varphi_s(\theta_1,\theta_2,\cdots,\theta_r)$ 表示这个特征函数，则它由下式来确定

$$\varphi_s(\theta_1,\theta_2,\cdots,\theta_r)=Ee^{t\sum m_h\theta_h}$$

(其中 m_h 是组 B_h 在一连串的 s 个时刻中的频数)，不难看出，它满足下列差分方程

$$|\boldsymbol{E}\varphi-\boldsymbol{Q}|\varphi^s=0$$

其中

$$\boldsymbol{Q}=\mathrm{Mt}(q_{\alpha\beta})$$

而对于 $\alpha=\overline{1,n}$，元素 $q_{\alpha\beta}$ 由下列各式来确定

$$q_{\alpha\beta_1}=p_{\alpha\beta_1}\mathrm{e}^{\mathrm{i}\theta_1}\quad(\beta_1=\overline{1,n_1})$$

$$q_{\alpha\beta_2}=p_{\alpha\beta_2}\mathrm{e}^{\mathrm{i}\theta_2}\quad(\beta_2=\overline{n_1+1,n_1+n_2})$$

$$\vdots$$

$$q_{\alpha\beta_r}=p_{\alpha\beta_r}\mathrm{e}^{\mathrm{i}\theta_r}\quad(\beta_r=\overline{s_{r-1}+1,n})$$

为要解决第二个问题,我们只需给出,在邻接的两个时刻 T_k,T_{k+1} 中由组 B_g 到组 B_h 的转移概率.一般来说,这个转移概率依赖于 k.实际上,设以 π_{kgh} 表示此转移概率,则显而易见,我们有

$$\pi_{kgh}=\frac{\sum\limits_{\alpha_g,\beta_h}p_{k|\alpha_g}p_{\alpha_g\beta_h}}{\sum\limits_{\alpha_g}p_{k|\alpha_g}}$$

$$(\alpha_g=\overline{s_{g-1}+1,s_g},\beta_h=\overline{s_{h-1}+1,s_h})$$

因此,在时间进程中由组 B_i 的交相迭替而构成的随机过程不一定是均匀的马尔柯夫链.不过,假若原来的链 C_n 具有性质:$p_{0\alpha}=p_\alpha$(因而链 C_n 是平稳的),那么这个链就是均匀的马尔柯夫链.因为此时 π_{kgh} 不依赖于 k

$$\pi_{kgh}=\frac{\sum\limits_{\alpha_g,\beta_h}p_{\alpha_g}p_{\alpha_g\beta_h}}{\sum\limits_{\alpha_g}p_{\alpha_g}}$$

若链 C_n 是正则的,则当 $k\to+\infty$ 时转移概率 π_{kgh} 以上式为其极限值.

若链 C_n 具有性质:$p_{0\alpha}=p_\alpha$(因而链 C_n 是平稳的),则组 B_h 的频数 m_h 的分布的特征函数亦可由以下的差分方程来确定

$$|\boldsymbol{E}\varphi-\boldsymbol{Q}^1|\varphi^s=0$$

其中

$$\boldsymbol{Q}^1=\mathrm{Mt}(\pi_{gh}\mathrm{e}^{\mathrm{i}\theta_h})$$

44. 体系 S 的状态的平均频数 Fréchet 在他的书[43]中把体系 S 的状态的频数区分成为两类.

设由 s 次观察组成一个观察系列,并给定 N 个这样的观察系列.Fréchet① 以 $F_{\alpha\beta}^{s,N}$ 表示在已知 N 个观察系列皆由 A_α 开始的条件之下,A_β 在观察系列中的第 s 次观察中出现的频数;并以 $p_{\alpha\beta}^{(s)}$ 表示在已知一个观察系列系由 A_α 开始的条件之下,A_β 在这个观察系列中出现的频数(参阅译者附注 7).

显而易见

$$EF_{\alpha\beta}^{(s,N)}=Np_{\alpha\beta}^{(s)}\tag{44.1}$$

① 实际上,我们已把 Fréchet 的符号,按照本书中一般符号系统作了相应的改变.

这是因为 N 个观察系列彼此独立无关，而 $F_{\alpha\beta}^{(s,N)}$ 是一个在每个观察系列中皆具有固定概率 $p_{\alpha\beta}^{(s)}$ 的事件的频数. 对于正则的链 C_n，我们有

$$\lim_{s\to+\infty} EF_{\alpha\beta}^{(s,N)} = Np_\beta \tag{44.2}$$

并且

$$\lim_{s\to+\infty} E\frac{F_{\alpha\beta}^{(s,N)}}{N} = p_\beta \tag{44.3}$$

现在我们来考察频数 $\rho_{\alpha\beta}^{(s)}$. 先引进一个变量 u_h：若 A_β 在第 h 次观察中出现，则 $u_h=1$；若 A_β 在第 h 次观察中未出现，则 $u_h=0$. 那么由于

$$Eu_h = p_{\alpha\beta}^{(h)}$$

所以我们有

$$E\rho_{\alpha\beta}^{(s)} = \sum_{h=1}^{s} Eu_h = \sum_{h=1}^{s} p_{\alpha\beta}^{(h)} \tag{44.4}$$

若我们引入 s 次观察中由 A_α 转移到 A_β 的平均概率

$$P_{\alpha\beta}^{(s)} = \frac{1}{s}\sum_{h=1}^{s} p_{\alpha\beta}^{(h)} \tag{44.5}$$

则我们也可以写成

$$E\rho_{\alpha\beta}^{(s)} = s\cdot P_{\alpha\beta}^{(s)} \tag{44.6}$$

对于正则的链 C_n，我们有

$$\lim_{s\to+\infty} E\frac{\rho_{\alpha\beta}^{(s)}}{s} = \lim_{s\to+\infty} P_{\alpha\beta}^{(s)} = \lim_{s\to+\infty}\frac{\sum_{h=1}^{s} p_{\alpha\beta}^{(h)}}{s} = p_\beta \tag{44.7}$$

这个等式同时也表明了，在正则的链 C_n 中，由 A_α 到 A_β 的极限平均转移概率等于 A_β 的终极概率 p_β，而不依赖于体系 S 的初始状态 A_α.

我们从(44.3)(44.7)看到，对于正则的链 C_n，平均频数

$$\frac{F_{\alpha\beta}^{(s,N)}}{N} \text{ 与 } \frac{\rho_{\alpha\beta}^{(s)}}{s}$$

的极限皆存在，并且等同于状态 A_β 的终极概率. 有趣的是这两个极限平均频数还和前文中所考察的频数 m_β 的极限频率

$$\lim_{s\to+\infty}\frac{m_\beta}{s} = p_\beta$$

相等. 其实，如果考虑到频数 m_β，$\rho_{\alpha\beta}^{(s)}$，$F_{\alpha\beta}^{(s,N)}$ 之间的关系，那么这个事实是十分明显的. 例如，假定在第 k 次观察之后，再接连观察 s 次，那么此时 m_β 与 $\rho_{\alpha\beta}^{(s)}$ 之间的关系可用下列的显然等式

$$Em_\beta = \sum_{\alpha=1}^{n} p_{k|\alpha} E\rho_{\alpha\beta}^{(s)}$$

来表达. 同样，如果在第 k 次观察中出现状态 A_α，并在第 k 次观察之后再接连观

察 s 次,那么此时 m_β 与 $F_{\alpha\beta}^{(s,N)}$ 之间的关系就可用等式

$$NEm_\beta=\sum_{\alpha=1}^{n}p_{k|\alpha}E\sum_{s=1}^{N}F_{\alpha\beta}^{(s,N)}$$

来表达. 以上两等式皆可根据随机变量的条件数学期望与无条件数学期望之间的关系而推得.

此外我们还指出,对于正则的链 C_n,等式(44.3)与(44.7)体现了某种意义下的各态历经原理,这里所谓某种意义是指物理学中对于各态历经原理这一概念所赋予的意义:对于时间的均值可以换为对于位相空间的均值. 实际上,假设体系 S 在初始时刻处于状态 A_α,并且在此初始时刻之后的一连串 s 个时刻上对体系 S 进行观察,那么状态 A_β 的频数对于时间的均值是$\frac{\rho_{\alpha\beta}^{(s)}}{s}$;假设我们用 N 个体系 S 组成一个位相空间,并且假设这 N 个体系 S 在初始时刻尽皆处于状态 A_α,而我们在此初始时刻之后的第 s 个时刻来对这 N 个体系 S 进行观察,那么状态 A_β 的频数对于位相空间的均值就是$\frac{F_{\alpha\beta}^{(s,N)}}{N}$. 此时,所谓各态历经原理成立,就是意味着,这两个均值当 $s\to+\infty$ 时的极限数学期望必然相等,并且不依赖于体系 S 的初始状态.

45. 联结成马尔柯夫链的疏散随机变量 至此为止,我们所研究的只是由体系 S 的状态 A_α 在疏散时间中的频数所联结成的链 C_n. 马尔柯夫链的非常重要的另一种类型是这样的链,它们不是由状态 A_α 的频数联结成功的,而是由某一随机变量 X 的各个值联结成功的. 现在我们来考察这种链的一个基本范型,其中 X 采取有穷多个值

$$x_1,x_2,\cdots,x_n$$

X 在初始时刻 T_0 采取这些值的概率分别为

$$p_{01},p_{02},\cdots,p_{0n}$$

而对于以后的任何一个时刻 T_h, $h=1,2,\cdots$,若已知 X 在其前一个时刻 T_{h-1} 的值为 x_α,则到了时刻 T_h, X 取值为

$$X=x_\beta\quad(\beta=\overline{1,n})$$

的概率为 $p_{\alpha\beta}$,这个概率不依赖于 X 在更前面的时刻 $T_{h-2},T_{h-3},\cdots,T_1,T_0$ 所取的值①. 这样一来,随机变量 X 随着我们的疏散的时间的进程而取的各个值就联结成一个简单的、均匀的、疏散的链,我们以 $C_n(X)$ 表示这个链.

随机变量 X 的矩也称为链 $C_n(X)$ 的矩,为要研究这些矩,我们引进一些对我们有很大帮助的辅助随机变量

① 不言而喻,我们还假定 X 在 T_h 后的所有时刻 $T_{h+1},T_{h+2},\cdots$ 的值是不定的.

$$u_0, u_1, u_2, \cdots$$

它们分别联系于时刻

$$T_0, T_1, T_2, \cdots$$

并且分别在相应的时刻取与 X 相同的值. 因而在时刻 T_0 我们有

$$P(u_0 = x_\alpha) = p_{0\alpha}$$

而其后任何时刻 T_h 有

$$P\left(u_h = \frac{x_\beta}{u_{h-1}} = x_\alpha\right) = p_{\alpha\beta}$$

它不依赖于变量

$$u_0, u_1, \cdots, u_{h-2}$$

所采取的值.

和以前一样,我们仍然称矩阵

$$\boldsymbol{P} = \begin{pmatrix} p_{11} & \cdots & p_{1n} \\ \vdots & & \vdots \\ p_{n1} & \cdots & p_{nn} \end{pmatrix}$$

为链 $C_n(X)$ 的规律.

我们先来单独地研究变量 u_h. u_h 的绝对性质,即其不依赖于 $u_0, u_1, u_2, \cdots, u_{h-1}$ 的性质,可由其特征函数

$$\varphi_h(t) = \sum_{\beta}^{n} p'_{h|\beta} \mathrm{e}^{\mathrm{i}tx_\beta} \tag{45.1}$$

来完全确定. 例如,若矩阵 $\boldsymbol{P}$ 是正则的,则当 $h \to +\infty$ 时变量 u_h 的极限分布的特征函数为

$$\varphi_\infty(t) = \sum_{\beta} p_\beta \mathrm{e}^{\mathrm{i}tx_\beta} \tag{45.2}$$

读者不难分别对于前一章中所考察的各种类型的矩阵 $\boldsymbol{P}$ 研究特征函数 $\varphi_h(t)$ 的性质. 借助于等式(45.1)与(45.2),可以求得变量 u_h 各阶的矩. 如果链 $C_n(X)$ 是正则的(即链 $C_n(X)$ 具有正则的矩阵 $\boldsymbol{P}$),则极限矩不依赖于初始概率 $p_{0\alpha}$. 如果链 $C_n(X)$ 具有性质:$p_{0\alpha} = p_\alpha$,则因有平稳性,$p_{h|\beta} = p_\beta$,故 u_h 的矩不依赖于 h.

当已知变量 u_g($g < h$)所取的值为 x_α 时,亦不难研究 u_h 的条件性质. 显而易见,此时 u_h 的分布的特征函数是

$$\varphi_{hg}(t) = \sum_{\beta=1}^{n} p_{\alpha\beta}^{(h-g)} \mathrm{e}^{\mathrm{i}tx_\beta} \tag{45.3}$$

于是我们又看到,若链是正则的,而 g 是固定的数或者是能使 $h - g \to +\infty$ 的数,那么当 $h \to +\infty$ 时 u_h 的极限分布不依赖于 u_g.

46. 链 $C_n(X)$ 中变量 $u_0, u_1, \cdots, u_{s-1}$ 的和数的分布的研究 在链 $C_n(X)$ 中变量

$$\sum_{h=0}^{s-1} u_h$$

的和数(或者完全同样的,变量 X 在时间 τ_s 内的值的和数)的分布的最简便的研究方法,莫过于转而考察这个分布的特征函数.设以 $\varphi_s(t)$ 表示这个特征函数,它可确定如下

$$\varphi_s(t)=\sum_s p_{0\alpha_0}p_{\alpha_0\alpha_1}\cdots p_{\alpha_{s-2}\alpha_{s-1}}\mathrm{e}^{\mathrm{i}t\sum_{h=0}^{s-1}x_{\alpha_h}} \tag{46.1}$$

其中和数符号 $\sum_s$ 表示求和时下标 $\alpha_0,\alpha_1,\cdots,\alpha_{s-1}$,应取遍 $1,2,\cdots,n$ 各值.

这个特征函数是某个差分方程的解,这个差分方程可用以下的办法来求得.

为了书写简便,设

$$L_s=p_{0\alpha_0}p_{\alpha_0\alpha_1}\cdots p_{\alpha_{s-2}\alpha_{s-1}}\mathrm{e}^{\mathrm{i}t\sum_{h=0}^{s-1}x_{\alpha_h}}$$

于是

$$\varphi_s(t)=\sum_s L_s$$

并且

$$\varphi_{s+1}(t)=\sum_{s+1}L_{s+1}$$

现在我们引进辅助函数

$$\varphi_{s+1}^{\alpha_s}(t)=\sum_s L_s p_{\alpha_{s-1}\alpha_s}\mathrm{e}^{\mathrm{i}tx_{\alpha_s}}$$

此时即有

$$\varphi_{s+1}(t)=\sum_{s+1}L_{s+1}=\sum_{\alpha_s=1}^{n}\varphi_{s+1}^{\alpha_s}(t)$$

因而也就有

$$\varphi_s(t)=\sum_{\alpha_{s-1}=1}^{n}\varphi_s^{\alpha_s-1}(t) \tag{46.2}$$

再有

$$\varphi_{s+1}^{\alpha_s}(t)=\sum_{\alpha_{s-1}}p_{\alpha_{s-1}\alpha_s}\mathrm{e}^{\mathrm{i}tx_{\alpha_s}}\varphi_s^{\alpha_s-1}(t)\quad(\alpha_s=\overline{1,n}) \tag{46.3}$$

实际上,这个等式可以这样来推得

$$\begin{aligned}\varphi_{s+1}^{\alpha_s}&=\sum_s L_s p_{\alpha_{s-1}\alpha_s}\mathrm{e}^{\mathrm{i}tx_{\alpha_s}}\\&=\sum_{\alpha_{s-1}}\Big(\sum_{s-1}L_{s-1}p_{\alpha_{s-2}\alpha_{s-1}}\mathrm{e}^{\mathrm{i}tx_{\alpha_{s-1}}}\Big)p_{\alpha_{s-1}\alpha_s}\mathrm{e}^{\mathrm{i}tx_{\alpha_s}}\\&=\sum_{\alpha_{s-1}}\varphi_s^{\alpha_{s-1}}(t)p_{\alpha_{s-1}\alpha_s}\mathrm{e}^{\mathrm{i}tx_{\alpha_s}}\end{aligned}$$

于是我们看到,函数 $\varphi_s^{\alpha_s-1}(\alpha_s-1=\overline{1,n})$ 满足一个一级差分方程组(46.3).因而每一个函数 $\varphi_s^{\alpha_s-1}(t)$ 以及它们的和数 $\varphi_s(t)$,皆满足同一个 n 级差分方程,与条目 36 中一样,这个差分方程也可以利用符号写法表示成以下形式

$$\begin{vmatrix} \varphi-q_{11} & -q_{12} & \cdots & -q_{1n} \\ -q_{21} & \varphi-q_{22} & \cdots & -q_{2n} \\ \vdots & \vdots & & \vdots \\ -q_{n1} & -q_{n2} & \cdots & \varphi-q_{nn} \end{vmatrix} \varphi^s=0 \tag{46.4}$$

其中

$$q_{\alpha\beta}=p_{\alpha\beta}\mathrm{e}^{\mathrm{i}tx_\beta}$$

显而易见,我们可以把条目 36 中对于方程(36.9)的解及其特征方程的根所讲过的一切,重新拿来对这里的差分方程(46.4)的解及其特征方程的根复述一遍;而唯一的不同处在于,方程(36.9)中含有参数 $t_1,t_2,\cdots,t_{n-1}$,而现在我们只有一个参数 t.因此,若把方程(46.4)的特征方程的根还照以前那样来分类,我们就可以通过特征值给出特征函数 $\varphi_s(t)$ 的如下的一般表达式

$$\varphi_s(t)=A(s,t)\lambda_0^s+\sum_{f=1}^{n_1}B_f(s,t)\lambda_{1f}^s+\sum_{g=1}^{n_2}C_g(s,t)\lambda_{2g}^s \tag{46.5}$$

其中

$$A(s,t)=\sum_{h=0}^{m_0-1}A_h(t)s^h$$

$$B_f(s,t)=\sum_{h=1}^{m_{1f}-1}B_{fh}(t)s^h \tag{46.6}$$

$$C_g(s,t)=\sum_{g=0}^{m_{2g}-1}C_{gh}(t)s^h$$

这里的系数 A_h,B_{fh},C_{gh} 可由以下初始条件

$$A(s,t)\lambda_0^s+\sum_f B_f(s,t)\lambda_{1f}^s+\sum_g C_g(s,t)\lambda_{2g}^s=\varphi_s(t)$$

$$(s=\overline{0,n-1},\varphi_0(t)=1) \tag{46.7}$$

来确定.其中数 $m_0,m_{1f},m_{2g},n_1,n_2$ 的意义和条目 36 中完全一样.

利用等式(46.5)可以研究特征函数 $\varphi_s(t)$,因而也就可以研究和数

$$S_s=u_0+u_1+\cdots+u_{s-1}$$

的分布.这个和数的原点矩 $m_h=ES_s^h$ 可由下式求得

$$m_h=[\mathrm{i}^{-h}D_t^h\varphi_s(t)]_{t=0}$$

我们现在只写出一阶及二阶的矩

$$m_1=-\mathrm{i}\left(sD\lambda_0+DA+\sum_f\lambda_{1f}^sDB_f+\sum_g\lambda_{2g}^sDC_g\right)_0$$

$$m_2 = -(s(s-1)(D\lambda_0)^2 + 2sDAD\lambda_0 + sD^2\lambda_0 + D^2A)_0 - \left[\sum_f (2sDB_fD\lambda_{1f}\lambda_{1f}^{s-1} + \lambda_{1f}^{s-1}D^2B_f)\right]_0 - \left[\sum_g (2sDC_gD\lambda_{2g}\lambda_{2g}^{s-1} + \lambda_{2g}^{s}D^2C_g)\right]_0$$

若矩阵 $\boldsymbol{P}$ 不可分解,则由此可求得 m_1 以及和数 S_s 的标准离差 μ_2 的渐近值

$$m_1 \sim -\mathrm{i}s(D\lambda_0)_0 \equiv sa$$

$$\mu_2 = E(S_s - m_1)^2 \sim s[(D\lambda_0)^2 - D^2\lambda_0] \equiv s\sigma_x^2$$

以下我们假定 λ_0 是方程(46.4)的单重特征值.现在我们试来求出导数 $D\lambda_0$ 与 $D^2\lambda_0$ 在 $t=0$ 处的值.方程(46.4)的特征方程具有以下的形式

$$Q(\lambda) \equiv |\boldsymbol{E}\lambda - \boldsymbol{Q}| = 0 \tag{46.8}$$

其中

$$\boldsymbol{Q} = \mathrm{Mt}(q_{\alpha\beta})$$

把(46.8)对 t 微分一次,即得

$$\frac{\partial \boldsymbol{Q}}{\partial t} + \frac{\partial \boldsymbol{Q}}{\partial \lambda}D\lambda = \mathrm{i}\left[Q(\lambda)\sum_\alpha x_\alpha - \lambda\sum_\alpha x_\alpha Q_{\alpha\alpha}(\lambda)\right] + D\lambda\sum_\alpha Q_{\alpha\alpha}(\lambda)$$

在这个等式中令 $\lambda=\lambda_0$,$t=0$,便有

$$(D\lambda_0)_0\sum_\alpha P_{\alpha\alpha}(1) - \mathrm{i}\sum_\alpha x_\alpha P_{\alpha\alpha}(1) = 0$$

由此推知

$$(D\lambda_0)_0 = \frac{\mathrm{i}\sum_\alpha x_\alpha P_{\alpha\alpha}(1)}{\sum_\alpha P_{\alpha\alpha}(1)} = \mathrm{i}\sum_\alpha p_\alpha x_\alpha \tag{46.9}$$

因而

$$a = -\mathrm{i}(D\lambda_0)_0 = \sum_\alpha p_\alpha x_\alpha \tag{46.10}$$

并且

$$m_1 \sim sa = s\sum_\alpha p_\alpha x_\alpha \tag{46.11}$$

若把方程(46.8)对 t 微分两次,便得

$$\frac{\partial^2 \boldsymbol{Q}}{\partial t^2} + 2\frac{\partial^2 \boldsymbol{Q}}{\partial t\partial\lambda}D\lambda + \frac{\partial^2 \boldsymbol{Q}}{\partial\lambda^2}(D\lambda)^2 + \frac{\partial \boldsymbol{Q}}{\partial\lambda}D^2\lambda = 0$$

然后把其中行列式 $Q(\lambda)$ 的各个微分运算一一如实演算,再作替换 $\lambda=\lambda_0$ 与 $t=0$,即有

$$\sum_\alpha x_\alpha \sum_\alpha x_\alpha P_{\alpha\alpha}(1) + \sum_\alpha x_\alpha P_{\alpha\alpha}(1)\sum_\beta{}' x_\beta - \sum_\alpha x_\alpha \sum_\beta{}' x_\beta P_{\alpha\beta|\alpha\beta}(1) + 2\mathrm{i}(D\lambda_0)_0\left[\sum_\alpha P_{\alpha\alpha}(1)\sum_\alpha x_\alpha - \right.$$

$$\sum_{\alpha} x_{\alpha} P_{\alpha\alpha}(1) - \sum_{\alpha} x_{\alpha} \sum_{\beta}{}' P_{\alpha\beta\alpha\beta}(1) \Big] +$$

$$(D\lambda_0)^2 2 \sum_{\alpha} \sum_{\beta}{}' P_{\alpha\beta|\alpha\beta}(1) + (D^2\lambda_0)_0 \sum_{\alpha} P_{\alpha\alpha}(1) = 0$$

如果我们回忆起(38.17)中各个符号,那么所得到的这个等式可写成

$$(D^2\lambda_0)_0 = -\sum_{\alpha} x_{\alpha} \sum_{\alpha} p_{\alpha} x_{\alpha} - \sum_{\alpha} p_{\alpha} x_{\alpha} \sum_{\beta}{}' x_{\beta} +$$

$$\sum_{\alpha} x_{\alpha} \sum_{\beta}{}' x_{\beta} Q_{\alpha\beta} - 2\mathrm{i}(D\lambda_0)_0 \Big[\sum_{\alpha} x_{\alpha} -$$

$$\sum_{\alpha} p_{\alpha} x_{\alpha} - \sum_{\alpha} x_{\alpha} Q_{\alpha} \Big] - Q(D\lambda_0)_0^2$$

若把其中的$(D\lambda_0)_0$用(46.9)代入,并作替换$\sum p_{\alpha} x_{\alpha} = a$,则上式不难改写如下

$$(D^2\lambda_0)_0 = \sum_{\alpha} p_{\alpha} x_{\alpha}^2 + \sum_{\alpha} x_{\alpha} \sum_{\beta}{}' x_{\beta} Q_{\alpha\beta} - 2a \sum_{\alpha} x_{\alpha} Q_{\alpha} - 2a^2 + a^2 Q$$

因此

$$\begin{aligned} \sigma_x^2 &= (D\lambda_0)^2 - (D^2\lambda_0)_0 \\ &= a^2(1-Q) + 2a \sum_{\alpha} x_{\alpha} Q_{\alpha} - \sum_{\alpha} p_{\alpha} x_{\alpha}^2 - \sum_{\alpha} x_{\alpha} \sum_{\beta}{}' x_{\beta} Q_{\alpha\beta} \end{aligned} \quad (46.12)$$

从而渐近等式

$$\mu_2 \sim s\sigma_x^2 \quad (46.13)$$

现在也可以写成相应的展开形式了.

$\sigma_{\alpha\alpha}$ 的公式(38.21)乃是公式(46.12)的一个特殊情形:在(46.12)中令

$$x_{\alpha} = 1, x_{\beta} = 0 \quad (\beta \neq \alpha); a = p_{\alpha}$$

即得(38.21).

我们还可注意,在我们所考察的情形下(矩阵 $\boldsymbol{P}$ 是正则的),σ_x^2 不依赖于链 $C_n(x)$ 的初始概率.在这个情形下(即在矩阵 $\boldsymbol{P}$ 是正则的情形下),链 $C_n(X)$ 恰如其相应的链 C_n 一样,可称为是正则的.

以前我们已经看到过了,常态的链 C_n 的频数的比标准离差全都是正的.而对于常态的链 $C_n(X)$(即其相应的链 C_n 是常态的)的 σ_x^2,我们就已经不能这样断言了.实际上,假定链 C_n 是常态的,而 $x_{\alpha}(\alpha = \overline{1,n})$ 皆等于同一常量 $c \neq 0$,此时显然有

$$\sigma_x^2 = C^2 (2 \sum_{\alpha} Q_{\alpha} + (1-Q) - 1 - \sum_{\alpha} \sum_{\beta}{}' Q_{\alpha\beta}) = 0$$

还有链 $C_n(X)$ 的其他一些情形也能有 $\sigma_x^2 = 0$,这在下文中将要讲到.

公式(46.12)可以写成另一形式

$$\sigma_x^2 = \sum_{\alpha} p_{\alpha} z_{\alpha}^2 + 2 \sum_{\alpha} z_{\alpha} \sum_{\beta}{}' \left(p_{\alpha} - \frac{1}{2} Q_{\alpha\beta} \right) z_{\beta} \quad (46.14)$$

其中

$$z_{\alpha} = x_{\alpha} - a$$

实际上

$$\begin{aligned}\sigma_x^2 &= a^2(1-Q)+2a\sum_\alpha Q_\alpha x_\alpha-\sum_\alpha p_\alpha x_\alpha^2-\sum_\alpha x_\alpha\sum_\beta{}'Q_{\alpha\beta}z_\beta\\ &= a^2(1-Q)+2a\sum_\alpha Q_\alpha z_\alpha+2a^2Q-\sum_\alpha p_\alpha z_\alpha^2-\\ &\quad a^2-\sum_\alpha z_\alpha\sum_\beta{}'Q_{\alpha\beta}z_\beta-2a\sum_\alpha Q_\alpha z_\alpha-a^2Q\\ &= -p_\alpha z_\alpha^2-\sum_\alpha z_\alpha\sum_\beta{}'Q_{\alpha\beta}z_\beta\\ &= \sum_\alpha p_\alpha z_\alpha^2-2\sum_\alpha z_\alpha\left(p_\alpha z_\alpha+\frac{1}{2}\sum_\beta{}'Q_{\alpha\beta}z_\beta\right)\\ &= \sum p_\alpha z_\alpha^2-2\sum_\alpha z_\alpha\left(\sum_\alpha p_\alpha z_\alpha-\sum_\beta{}'p_\beta z_\beta+\frac{1}{2}\sum_\beta{}'Q_{\alpha\beta}z_\beta\right)\\ &= \sum p_\alpha z_\alpha^2+2\sum_\alpha z_\alpha\sum_\beta{}'\left(p_\beta-\frac{1}{2}Q_{\alpha\beta}\right)z_\beta\end{aligned}$$

所得到的这个新的公式(46.14)在计算上不及(46.12)方便,但值得注意的是:它把和数 S_s 的比标准离差 σ_x^2 明显地划分成两个组成部分,一部分是

$$2\sum_\alpha z_\alpha\sum_\beta{}'\left(p_\beta-\frac{1}{2}Q_{\alpha\beta}\right)z_\beta$$

它是由于链 $C_n(X)$ 中变量 X 的各个值之间的联系而产生的;另一部分是

$$\sum_\alpha p_\alpha z_\alpha^2$$

它表示在这样一种情形下,即在诸变量 $u_0,u_1,\cdots$ 独立无关且皆服从于同一疏散规律:$P(u_h=x_\alpha)=p_\alpha(\alpha=\overline{1,n};h=0,1,2,\cdots)$ 的情形下,和数 S_s 的比标准离差.

作为本条目的结束,我们来考察,若链 $C_n(X)$ 不可分解(即其相应的链 C_n 不可分解),则其和数 S_s 的极限分布如何?

假设链 $C_n(X)$ 不可分解,并且 $\sigma_x^2>0$,则变量

$$X_s=\frac{S_s-sa}{\sigma_x\sqrt{s}}$$

当 $s\to+\infty$ 时的极限分布是典型正态分布,具有密度

$$N(x)=\frac{1}{\sqrt{2\pi}}\mathrm{e}^{-\frac{x^2}{2}}$$

实际上,一望而知,在我们的情形下定理 42.VII 的条件成立,所以我们的断言是正确的.

47. 对于不可分解的循环链 $C_n(X)$,和数 S_s 的标准离差的研究 现在我们来考察不可分解并具有循环指标 r 的链 $C_n(X)$(这就是说相应的链 C_n 不可分解并具有循环指标 r).我们先来作出几点附注,为此我们需要回忆一下有关不可分解并具有循环指标 r 的链 C_n 的若干事实.

我们假定,链 C_n 的矩阵 $\boldsymbol{P}$ 已化成了标准循环形式,并且体系 S 的状态 A_α 已

相应地分解成组

$$B_g=(A_{s_{g-1}+1},A_{s_{g-1}+2},\cdots,A_{s_g})$$

$$(g=\overline{1,r},s_g=n_1+n_2+\cdots+n_g,s_0=0)$$

和以前一样，组 B_g 中的所有的下标的总体我们用

$$N_g=(s_{g-1}+1,s_{g-1}+s,\cdots,s_g)$$

来表示，并且求和符号 $\sum\limits_{\alpha_g},\sum\limits_{\beta_g}$ 等仍表示求和时下标应取遍 N_g 中所有的值.

我们知道，在我们所考察的这个情形下，矩阵 $\boldsymbol{P}$ 的特征方程有以下的形式

$$P(\lambda)=\lambda^v(\lambda^r-1)\prod_{i=1}^{\mu}(\lambda^r-a_i)^{m_i}=0\quad(|a_i|<1,i=\overline{1,\mu})$$

其中 v 是 n 被 r 除后所得的余数；并且此时概率 $p_{\alpha\beta}^{(m)}$ 与 $p_{m|\beta}$ 有以下表达式

$$\begin{cases}p_{\alpha\beta}^{(m)}=p_{\alpha\beta}^{1(m)}+p_{\alpha\beta}^{2(m)}+p_{\alpha\beta}^{3(m)}\\p_{m|\beta}=\sum\limits_{\alpha=1}^{n}p_{0\alpha}(p_{\alpha\beta}^{1(m)}+p_{\alpha\beta}^{2(m)}+p_{\alpha\beta}^{3(m)})\end{cases}\tag{47.1}$$

其中

$$p_{\alpha\beta}^{2(m)}=\sum_{i=1}^{\mu}\frac{1}{(m_i-1)!}\sum_{j=0}^{r-1}D_{\lambda}^{m_i-1}\left[\frac{\lambda^m P_{\beta\alpha}(\lambda)}{p_{ij}(\lambda)}\right]_{\lambda=\lambda_{ij}}\tag{47.2}$$

$$p_{\alpha\beta}^{3(m)}=\frac{1}{(v-1)!}D^{v-1}\left[\frac{\lambda^m P_{\beta\alpha}(\lambda)}{p(\lambda)}\right]_{\lambda=0}\tag{47.3}$$

这里的 λ_{ij} 表示方程 $\lambda^r-a_i=0$ 的根，并且

$$p_{ij}(\lambda)=\frac{P(\lambda)}{(\lambda-\lambda_{ij})^{m_i}}$$

$$p(\lambda)=\frac{P(\lambda)}{\lambda^v}$$

至于

$$p_{\alpha\beta}^{1(m)}\text{ 与 }\sum_{\alpha=1}^{n}p_{0\alpha}p_{\alpha\beta}^{1(m)}$$

则有下列的值

$$p_{\alpha_h\beta_g}^{1(m)}=\begin{cases}rp_{\beta_g}\quad(\text{若 } m\equiv g-h(\operatorname{mod} r))\\0\quad(\text{若 } m\not\equiv g-h(\operatorname{mod} r))\end{cases}\tag{47.4}$$

$$\sum_{\alpha_h}p_{0\alpha_h}p_{\alpha_h\beta_g}^{1(m)}=\begin{cases}rp_{\beta_g}q_h\quad(\text{若 } m\equiv g-h(\operatorname{mod} r))\\0\quad(\text{若 } m\not\equiv g-h(\operatorname{mod} r))\end{cases}\tag{47.5}$$

$$(q_h=\sum_{\alpha_h}p_{0\alpha_h})$$

所谓研究链 $C_n(X)$ 的和数 S_s 的标准离差，主要就是找出其渐近值；我们先来作出以下有关的附注.

这个标准离差，为了称呼方便起见，我们就称之为链 $C_n(X)$ 的标准离差，

它可以用一般等式

$$\mu_2 = E(S_s - m_1)^2 \tag{47.6}$$

来确定，其中

$$m_1 = ES_s = \sum_{k=0}^{s-1} a_k \quad (a_k = Eu_k)$$

但是首先我们且来考察矩

$$\mu_2' = E\Big[\sum_{k=0}^{s-1}(u_k - a)\Big]^2 \quad (a = \sum_{\alpha=1}^{n} p_\alpha x_\alpha)$$

这个矩可写成下列的形式

$$\mu_2' = \sum\nolimits_1 + 2\sum\nolimits_2 \tag{47.7}$$

其中

$$\sum\nolimits_1 = \sum_{k=0}^{s-1}\sum_{\beta} p_{k|\beta} z_\beta^2$$

$$\sum\nolimits_2 = \sum_{k=0}^{s-2}\sum_{l=1}^{s-k-1}\sum_{\beta,\gamma} p_{k|\beta} p_{\beta\gamma}^{(l)} z_\beta z_\gamma \tag{47.8}$$

$$(z_\beta = x_\beta - a, z_\gamma = x_\gamma - a)$$

注意等式(47.1)并注意当$m > v-1$时对于任何的α与β恒有$p_{\alpha\beta}^{3(m)} = 0$，则我们就可看出，当推求$\mu_2'$的渐近表达式时，下列各项

$$\sum_{k}\sum_{\alpha,\beta} p_{0\alpha} p_{\alpha\beta}^{3(k)} z_\beta^2$$

$$\sum_{k,l}\sum_{\beta,\gamma} p_{k|\beta} p_{\beta\gamma}^{3(l)} z_\beta z_\gamma$$

$$\sum_{k,l}\sum_{\beta,\gamma}\sum_{\alpha} p_{0\alpha} p_{\alpha\beta}^{3(k)} p_{\beta\gamma}^{(l)} z_\beta z_\gamma$$

$$\sum_{k,l}\sum_{\beta,\gamma}\sum_{\alpha} p_{0\alpha} p_{\alpha\beta}^{3(k)} p_{\beta\gamma}^{3(l)} z_\beta z_\gamma$$

可以忽略不计. 因此，为了下文书写简便，我们舍去等式(47.1)中含有$p_{\alpha\beta}^{3(m)}$的各项，并假定

$$p_{\alpha\beta}^{(m)} = p_{\alpha\beta}^{1(m)} + p_{\alpha\beta}^{2(m)}$$

此外，我们还需要两个关于$p_{\alpha\beta}^{2(m)}$的极简单的性质，它们可表述如下：

47.I 对于所有的$m = 0, 1, 2, \cdots$以及$\alpha = \overline{1, n}$，有

$$\sum_{\beta_h} p_{\alpha\beta_h}^{2(m)} = 0 \quad (h = \overline{1, r})$$

47.II 对于所有的$g, h = \overline{1, r}, g \neq h$，以及所有能满足关系式

$$m + g - h = 0 \pmod r$$

的m值有

$$\sum_{\alpha_g} p_{\alpha_g} p_{\alpha_g\beta_h}^{2(m)} = 0$$

前一项性质可由定理 21. II′ 推得，为此只需注意

$$p_{\alpha\beta}^{2(m)}=\sum_{i=1}^{\mu}\frac{1}{(m_i-1)!}\sum_{j=1}^{r-1}D_{\lambda}^{m_i-1}\left[\frac{\lambda^m P_{\beta\alpha}(\lambda)}{p_{ij}(\lambda)}\right]_{\lambda=\lambda_{ij}}$$

而后一项性质可以这样来得出：先写出下列等式

$$p_{m|\beta_h}=rq_g p_{\beta_h}+\sum_{\alpha_g}p_{0\alpha_g}p_{\alpha_g\beta_h}^{2(m)}$$

它对于所有满足关系式

$$m+g-h\equiv 0(\bmod r)$$

的 m 值皆能成立，其中我们假定了 $p_{0\alpha_g}=p_{\alpha_g}$. 于是根据定理 23. II，我们的链 C_n 是平稳循环链，故有

$$p_{m|\beta_h}=p_{\beta_h} \text{与} q_g=\frac{1}{r}$$

因此

$$\sum_{\alpha_g}p_{\alpha_g}p_{\alpha_g\beta_h}^{2(m)}=0$$

现在我们来求 μ_2' 的渐近值. 为此我们先把 $a_k=Eu_k$ 的值表示成某一形式，这个形式对于下文是必要的，并且对于平稳循环链恒能成立(参阅译者附注 8). 实际上，我们有

$$a_k=Eu_k=\sum_{\beta}p_{k|\beta}x_{\beta}=\sum_{h=1}^{r}\sum_{\beta_h}p_{k|\beta_h}x_{\beta_h}$$

因为假定了 $p_{0\alpha}=p_{\alpha}$，于是根据定理 23. II，$p_{k|\beta_h}=p_{\beta_h}$，从而推得

$$a_k=\sum_{h=1}^{r}\sum_{\beta_h}p_{\beta_h}x_{\beta_h}=a$$

现在我们引入以下的量

$$r\sum_{\beta_h}p_{\beta_h}x_{\beta_h}=A_h$$

易见，这个量乃是在平稳循环链的体系 S 处于组 B_h 是 $\chi=x_{\beta_h}$ 的条件下变量 X 的条件数学期望，因为此时 rp_{β_h} 是 $X=x_{\beta_h}$ 的条件概率. 引进了量 A_h 以后，对于平稳循环链，a_k 可表示成以下形式

$$a_k=\frac{1}{r}\sum_{h=1}^{r}A_h=a \tag{47.9}$$

这个等式的意义是很明显的.

现在我们再来考察

$$m_i=ES_s=\sum_{h=0}^{s-1}Eu_k$$

我们有一般的等式

$$m_1\sim-\mathrm{is}(D\lambda_0)_0$$

它对于我们所研究的循环链亦能成立，从这个式子可见，m_1 的渐近值不依赖于初始概率 $p_{0\alpha}$（因为方程(46.8)的根 λ_0 不依赖于初始概率 $p_{0\alpha}$）. 因此在等式

$$Eu_k=\sum_{h=1}^{r}\sum_{\beta_h}p_{k|\beta_h}x_{\beta_h}$$

之中，和我们从前所作过的一样，可以取 $p_{k|\beta_h}=p_{\beta_h}$，于是便得

$$m_1\sim\sum_{k=0}^{s-1}\left(\frac{1}{r}\sum_{h=1}^{r}A_h\right)=sa$$

这个渐近等式亦可由基本等式

$$\begin{aligned}m_1&=\sum_{k=0}^{s-1}Eu_k=\sum_{k}\sum_{h}\sum_{\beta_h}p_{k|\beta_h}x_{\beta_h}\\&=\sum_{k}\sum_{h}\sum_{\beta_h}(rq_gp_{\beta_h}+\sum_{\alpha_g}p_{0\alpha_g}p^{2(k)}_{\alpha_g\beta_h})x_{\beta_h}\end{aligned}\qquad(47.10)$$

得出，不过这一回不是在其中令 $p_{0\alpha_g}=p_{\alpha_g}$，而可以采用以下的办法.

等式(47.10)对于满足下列条件

$$k+g-h\equiv 0(\mathrm{mod}\ r)\qquad(47.11)$$

的 k,g,h 成立. 现在固定 k,h 而按照这个条件来选取 g. 于是，引进下列的量

$$A_h=r\sum_{\beta_h}p_{\beta_h}x_{\beta_h}$$

我们即可写出

$$a_k=\sum_{h}q_gA_h+A'_k$$

其中

$$A'_k=\sum_{h}\sum_{\beta_h}x_{\beta_h}\sum_{\alpha_g}p_{0\alpha_g}p^{2(k)}_{\alpha_g\beta_h}$$

不难看出，若固定 h，并令 k 依次取下列各值

$$mr+0,mr+1,\cdots,mr+h-1,mr+h,$$
$$mr+h+1,\cdots,mr+r-1$$

则 g 就应该相应地依次取下列各值

$$h,h-1,\cdots,1,r,r-1,\cdots,h-r+1$$

其中

$$(h-r+1)=\begin{cases}h-r+1 & (\text{如果 } h=r)\\h+1 & (\text{如果 } h\leqslant r-1)\end{cases}$$

因此，若 $s-1=Nr+c,0\leqslant c<r$，则对于固定的 h 有

$$\sum_{k=0}^{s-1}q_g=N+Q_{ch}$$

其中

$$Q_{ch}=\begin{cases}q_h+q_{h-1}+\cdots+q_{h-c+1} & (c<h+1)\\ q_h+q_{h-1}+\cdots+q_1+q_r+q_{r-1}+\cdots+q_{r-c+h+1} & (c\geqslant h+1)\end{cases}$$

由此可见

$$\begin{aligned}m_1=ES_s&=\sum_{k=0}^{s-1}a_k=\sum_h A_h\sum_k q_g+\sum_k A'_k\\&=N\sum_h A_h+\sum_h Q_{ch}A_h+\sum_k A'_k\end{aligned}\tag{47.12}$$

其中和数 $\sum_h Q_{ch}A_h$，一望而知，乃是一个有界的量；和数 $\sum_k A'_k$ 也是有界的量，但这就需要证明了，不过这并不是难事.实际上

$$\sum_k A'_k=\sum_h\sum_{\beta_h}\sum_{\alpha_g}x_{\beta_h}p_{0\alpha_g}\sum_k p_{\alpha_g\beta_h}^{2(k)}$$

而为要推得这个和数的有界性，只需注意，数 $p_{\alpha_g\beta_h}^{2(k)}$ 乃是某一收敛级数的一般项.这是因为我们有以下的等式(其中把下标 g 与 h 省略了)

$$p_{\alpha\beta}^{2(k)}=\sum_{i=1}^{\mu}\sum_{j=1}^{r}Q_{\beta\alpha ij}(k)\lambda_{ij}^k=\sum_{i,j}\sum_{h=0}^{m_i-1}Q_{\beta\alpha ijh}k^h\lambda_{ij}^k$$

这里的 $Q_{\beta\alpha ijh}$ 是一些确定的数，而数 $k^h\lambda_{ij}^k$ 是级数

$$\sum_{k=0}^{+\infty}k^h\lambda_{ij}^k$$

的一般项，这个级数根据 D'Alembert 判别法显然绝对收敛.

对于等式(47.12) 右侧的第二个和数与第三个和数作出以上的说明以后，我们就有理由写出

$$m_1\sim N\sum_h A_h=\frac{s-c-1}{r}\sum A_h=(s-c-1)a$$

或

$$m_1\sim sa\tag{47.13}$$

现在我们来考察 μ'_2，即

$$\mu'_2=\sum\nolimits_1+2\sum\nolimits_2$$

$$\sum\nolimits_1=\sum_{k=0}^{s-1}\sum_\beta p_{k|\beta}z_\beta^2$$

$$\sum\nolimits_2=\sum_{k=0}^{s-2}\sum_{l=1}^{s-h-1}\sum_{\beta,\gamma}p_{k|\beta}p_{\beta\gamma}^{(l)}z_\beta z_\gamma$$

μ'_2 的渐近值不依赖于初始概率 $p_{0\alpha}$.因此令 $p_{0\alpha}=p_\alpha$，我们就可以写

$$p_{k|\beta}=p_\beta$$

由此

$$\sum\nolimits_1\sim\sum_k\sum_h\sum_{\beta_h}p_{\beta_h}z_{\beta_h}^2\left(=\sum\nolimits'\right)$$

$$\sum\nolimits_2 \sim \sum_{k,l}\sum_{h,f}\sum_{\beta_h,\gamma_f} p_{\beta_h} p_{\beta_h\gamma_f}^{(l)} z_{\beta_h} z_{\gamma_f} \left(=\sum\nolimits''\right)$$

上式右侧的和数分别简记作$\sum'$与$\sum''$，现在我们试来考察这两个和数.

我们引入以下的量

$$\sigma_h^2 = r\sum_{\beta_h} p_{\beta_h}(x_{\beta_h} - A_h)^2 \tag{47.14}$$

它是平稳循环链C_n中，变量X在组B_h中的条件标准离差；然后，在和数$\sum'$中把$z_{\beta_h}^2$写成

$$\begin{aligned} z_{\beta_h}^2 &= (x_{\beta_h} - A_h + A_h - a)^2 \\ &= (x_{\beta_h} - A_h)^2 + 2(x_{\beta_h} - A_h)(A_h - a) + (A_h - a)^2 \end{aligned}$$

此时再注意(45.14)，即得

$$\sum\nolimits' = s\left[\frac{1}{r}\sum_h \sigma_h^2 + \frac{1}{r}\sum_h (A_h - a)^2\right] \tag{47.15}$$

于是我们看到，$\sum'$获得了一个值得注意的形式，其中$\frac{1}{r}\sum\limits_h \sigma_h^2$是条件标准离差$\sigma_h^2$的平均值，而$\frac{1}{r}\sum(A_h - a)^2$是以前所引入的条件均值$A_h$围绕其普通均值$a$的标准离差.

我们再来看和数$\sum''$；注意对于平稳循环链有

$$p_{\beta_h\gamma_f}^{(l)} = rp_{\gamma_f} + p_{\beta_h\gamma_f}^{2(l)}$$

我们便得

$$\begin{aligned} \sum\nolimits'' &= \sum_{k,l}\sum_{h,f}\sum_{\beta_h,\gamma_f} rp_{\beta_h} p_{\gamma_f} z_{\beta_h} z_{\gamma_f} + \sum_{k,l}\sum_{h,f}\sum_{\beta_h,\gamma_f} rp_{\beta_h\gamma_f}^{2(l)} z_{\beta_h} z_{\gamma_f} \\ &= \sum_{k,l}\sum_{h,f}\sum_{\beta_h,\gamma_f} rp_{\beta_h} p_{\beta_h\gamma_f}^{2(l)} z_{\beta_h} z_{\gamma_f} \end{aligned}$$

在最后这个和数中作替换

$$\begin{aligned} z_{\beta_h} z_{\gamma_f} &= (x_{\beta_h} - A_h + A_h - a)(x_{\gamma_f} - A_f + A_f - a) \\ &= (x_{\beta_h} - A_h)(x_{\gamma_f} - A_f) + \cdots \end{aligned}$$

并注意下列四个和数

$$\sum_{\beta_h,\gamma_f} p_{\beta_h} p_{\beta_h\gamma_f}^{2(l)} (x_{\beta_h} - A_h)(x_{\gamma_f} - A_f)$$

$$\sum_{\beta_h,\gamma_f} p_{\beta_h} p_{\beta_h\gamma_f}^{2(l)} (x_{\beta_h} - A_h)(A_f - a)$$

$$\sum_{\beta_h,\gamma_f} p_{\beta_h} p_{\beta_h\gamma_f}^{2(l)} (A_h - a)(x_{\gamma_f} - A_f)$$

$$\sum_{\beta_h,\gamma_f} p_{\beta_h} p_{\beta_h\gamma_f}^{2(l)} (A_h - a)(A_f - a)$$

中的后三个和数根据性质 47. Ⅰ 与 47. Ⅱ 皆应等于零，那么就得到

$$\sum{}'' = \sum_{k,l}\sum_{h,f}\sum_{\beta_h,\gamma_f} r p_{\beta_h} p_{\beta_h\gamma_f}^{2(l)} (x_{\beta_h} - A_h)(x_{\gamma_f} - A_f)$$

如果我们引入下列的量

$$c_{hf} = \sum_{l=1}^{\infty} r p_{\beta_h} p_{\beta_h\gamma_f}^{2(l)} (x_{\beta_h} - A_h)(x_{\gamma_f} - A_f) \tag{47.16}$$

（它表示平稳循环链 C_n 的组 B_h 与 $B_f(h,f)=\overline{1,r}; f \neq h$ 中，X 的值的协方差），则上式可写作

$$\sum{}'' \sim s\sum_{h,f} c_{hf} \tag{47.17}$$

在以上所做的种种计算中，我们总是假定以下条件

$$k + g - h \equiv 0 (\bmod r)$$

$$l + g - f \equiv 0 (\bmod r)$$

成立.

考虑到等式(47.15) 与(47.17)，即可给出 μ'_2 的渐近值的最后公式

$$\mu'_2 \sim s\left[\frac{1}{r}\sum_h \sigma_h^2 + \frac{1}{r}\sum_h (A_h - a)^2 + 2\sum_{h,f} c'_{hf}\right] \tag{47.18}$$

这个式子的解释是十分显明的.

求得了 μ'_2 的渐近值以后，我们再来求

$$\mu_2 = E(S_s - \sum_{k=0}^{s-1} a_k)^2$$

的渐近值. 为此我们试考察差数 $\mu'_2 - \mu_2$. 我们首先求得

$$\begin{aligned}
\mu'_2 - \mu_2 &= E\Big(\sum_k (u_k - a)\Big)^2 - E\Big(\sum_k (u_k - a_k)\Big)^2 \\
&= E\Big[\sum_k (u_k - a) - \sum_k (u_k - a_k)\Big]\Big[\sum_k (u_k - a) + \sum_k (u_k - a_k)\Big] \\
&= \Big(\sum_k a_k - sa\Big) E\Big(2\sum_k u_k - \sum_k a_k - sA\Big) \\
&= \Big(\sum_k a_k - sa\Big)^2
\end{aligned} \tag{47.19}$$

但是根据前面对于 a_k 与 a 所作的说明，我们有

$$a_k - a = \sum_h (q_g - 1) A_h + A'_k$$

因而

$$\begin{aligned}
\sum_k a_k - sa &= N\sum_k A_k + \sum_k Q_{ch} A_k + \sum_k A'_k - sa \\
&= (Nr - s)a + \sum_k Q_{ck} A_k + \sum_k A'_k
\end{aligned}$$

前面我们已经看到过了，当 $s \to +\infty$ 时和数

$$\sum_k Q_{ck} A_k \text{ 与 } \sum_k A'_k$$

保持有界.而在以上等式中数 s 可假定等于 $Nr+c, 0 \leqslant c < r$,因此,以下的量

$$(Nr-s)a$$

当 $s \to +\infty$ 时也保持有界.这样一来,量

$$\left(\sum_k a_k - sa\right)^2$$

也有界,于是根据等式(47.19)得知,μ_2 的渐近值与 μ'_2 的渐近值相同.

由此乃得以下的结果:

47. III 设给定具有循环指标 r 的不可分解链 $C_n(X)$,并设其特征行列式为

$$P(\lambda) = (\lambda^r - 1)\prod_{i=1}^{\mu}(\lambda^r - a_i)^{m_i} \quad (|a_i| < 1)$$

则 s 个时刻中 X 的值的和数的标准离差有如下的渐近值

$$\mu_2 \sim s\left[\frac{1}{r}\sum_h \sigma_h^2 + \frac{1}{r}\sum_h (A_h - a)^2 + 2\sum_{h,f} c_{hf}\right] \tag{47.20}$$

其中

$$A_h = r\sum_{\beta_h} p_{\beta_h} x_{\beta_h}, a = \frac{\sum_h A_h}{r} = \sum_{\beta=1}^{n} p_\beta x_\beta \tag{47.21}$$

$$\sigma_h^2 = r\sum_{\beta_h} p_{\beta_h}(x_{\beta_h} - A_h)^2 \tag{47.22}$$

$$c_{hf} = \sum_{k=1}^{+\infty}\sum_{\beta_h,\gamma_f} p_{\beta_h} p_{\beta_h\gamma_f}^{(l_{hf}+rk)}(x_{\beta_h} - A_h)(x_{\gamma_f} - A_f) \tag{47.23}$$

$$(h, f = \overline{1, r}, h \neq f)$$

等式(47.23)是等式(47.16)的另一形式;为要证实这一点,只需注意在(47.16)中还假定有条件

$$l + h - f \equiv 0 \pmod r$$

等式(47.23)中的 l_{hf} 即数列 $1, 2, \cdots, r-1$ 中满足此条件的那个数.

48. 不可分解的正则链 $C_n(X)$ 中标准离差 σ_x^2 的 Fréchet 形式 不可分解的正则链 $C_n(X)$ 可以看作是不可分解的循环链 $C_n(X)$ 当 $r=1$ 时的特殊情形.此时可从等式(47.20)得出标准离差 μ_2 的如下的渐近值

$$\mu_2 \sim s\sigma_x^2, \sigma_x^2 = \sum_\beta p_\beta x_\beta^2 + 2\sum_{k=1}^{+\infty}\sum_{\beta,\gamma} p_\beta p_{\beta\gamma}^{(k)} z_\beta z_\gamma$$

σ_x^2 的这个公式亦可由考察

$$\mu'_2 = \sum\nolimits_1 + 2\sum\nolimits_2$$

而直接得出,此处符号记法仍和以前一样

$$\sum\nolimits_1=\sum_{k=0}^{s-1}\sum_{\beta}p_{k|\beta}z_{\beta}^2$$

并且

$$\sum\nolimits_2=\sum_{k=0}^{s-2}\sum_{l=1}^{s-k-1}\sum_{\beta,\gamma}p_{k|\beta}p_{\beta\gamma}^{(l)}z_{\beta}z_{\gamma}$$

这样一来，我们便对 σ_x^2 得出了与条目 46 中结果不同的新的表达式. 这个表达式还可以再加以变换，从而得出 Fréchet 所求得的一个值得注意的形式([43]第 84 页). 这个形式可这样来导出：

首先，显而易见，我们可以写

$$\sum_{k=1}^{+\infty}\sum_{\beta,\gamma}p_{\beta}p_{\beta\gamma}^{(k)}z_{\beta}z_{\gamma}=\sum_{\beta,\gamma}p_{\beta}s_{\beta\gamma}z_{\beta}z_{\gamma}$$

其中

$$s_{\beta\gamma}=\sum_{k=1}^{+\infty}(p_{\beta\gamma}^{(k)}-p_{\gamma})$$

(这个级数对于正则链是绝对收敛的). 于是此时我们就可以把 σ_x^2 改写成以下的样子

$$\sigma_x^2=\sum_{\beta}p_{\beta}z_{\beta}^2+2\sum_{\beta,\gamma}p_{\beta}s_{\beta\gamma}z_{\beta}z_{\gamma}$$

把这个等式右侧的两个和数仿照证明等式(39.30)时那样来推演，即得

$$\sigma_x^2=\sum_{\beta}p_{\beta}\sum_{\gamma}p_{\beta\gamma}(z_{\gamma}+\theta_{\gamma}-\theta_{\beta})^2$$

其中

$$\theta_{\alpha}=\sum_{\delta}s_{\alpha\delta}z_{\delta}$$

这样一来，由于 μ_2' 与 μ_2 有相同的渐近值，因此我们就导出了 Fréchet 等式

$$\mu_2\sim s\sum_{\beta}p_{\beta}\sum_{\gamma}p_{\beta\gamma}(z_{\gamma}+\theta_{\gamma}-\theta_{\beta})^2$$

从这个等式立即可以看出，对于不可分解的正则链 $C_n(X)$，欲使标准离差 $\mu_2=0$，必须有

$$p_{\beta\gamma}(z_{\gamma}+\theta_{\gamma}-\theta_{\beta})^2=0\quad(\beta,\gamma=\overline{1,n})$$

如果其中所有的 $p_{\beta\gamma}\neq 0$，那么令 $\gamma=\beta$ 即推得 $z_{\gamma}=x_{\gamma}-a$ 应等于零，这就是说，变量 X 应采取同一个值 $x_1=x_2=\cdots=x_n=a$.

这里我们不再研究 $\sigma_x^2=0$ 的其他情形了，对于这个问题有兴趣的读者可去参阅 Fréchet 的书[43].

第五章 链状相关

49. 导言 A. H. Колмогоров 对于一个随机变量建立了随机过程的概念，但是如果我们来考察一个随机过程中所含有的若干个互相关联的随机变量，那么我们自然就会导出这个概念的一个重要推广，即相关随机过程. 本章所要研究的链状相关即是这种过程的最简单的情形.

在马尔柯夫的1912年的论文[16]出现以后，第一篇比较全面地研究链状相关问题的论文是本书著者1939年所发表的论文[26]. 著者在发表这篇论文时才注意到马尔柯夫的上述论文，并且看出，著者本以为是全新的链状相关的概念，但就实质而言已被包含在马尔柯夫的论文里面了，虽然在这篇论文中丝毫并没有指明这一点.（在1912年，马尔柯夫尚未从事研究相关理论，甚至对于相关理论持否定态度，只是到了晚年，方才予以承认，并在其最后一版《概率论》中辟出饶有兴味的若干页，讲述了相关理论.）在马尔柯夫的论文[16]中无疑提到了关于链状相关的问题①，虽然所提的是两组事件频数间的相关，而不是随机变量间的相关. 因此，链状相关问题以及关于链状过程的许多重要问题，乃是在马尔柯夫的这篇论文中首先提出的.

本章所讲的链状相关可以利用马尔柯夫在其上述论文中的方法来进行研究. 但是利用我们前几章所用的矩阵方法则较为简单，所以以后我们将经常采用矩阵方法.

① 马尔柯夫的问题以下就要讲到.

在这里还需说明，本章中并没有把链状相关的问题提得尽可能的宽泛，而主要只是限于两个随机变量间链状相关的最简单的与最重要的情形．在本章末尾处还研究了若干其他的情形①．

50．两个随机变量的链状相关的最简单的情形——链 $C_1(X,Y)$ 及其基本性质　我们首先来考察以链状相关相联结着的两个随机变量 X 与 Y 的以下的最简单的情形．

和以前一样，我们来考察一个体系 S，它的状态 $A_\alpha(\alpha=\overline{1,n})$ 联结成疏散的简单马尔柯夫链，具有规律

$$\boldsymbol{P}=\mathrm{Mt}(p_{\alpha\beta})$$

以及初始概率 $p_{0\alpha}$．并且在时刻

$$T_0,T_1,T_2,\cdots$$

联系有随机变量

$$u_0,u_1,u_2,\cdots$$

其中每一随机变量皆依照体系 S 在相应的时刻所实现的状态

$$A_1,A_2,\cdots,A_n$$

而相应地取下列各值之一

$$x_1,x_2,\cdots,x_n$$

因此

$$P(u_0=x_\alpha)=p_{0\alpha}\quad(\alpha=\overline{1,n})$$

并且

$$P(u_{k+1}=x_\beta/u_k=x_\alpha)=p_{\alpha\beta}\quad(\alpha,\beta=\overline{1,n};k=0,1,2,\cdots)$$

此处和所有各处一样，$P(C/D)$ 是表示在 D 实现的条件下，C 的条件概率．

我们用 $p_{k|\beta}$ 表示当变量 $u_0,u_1,\cdots,u_{k-1}$ 的值保持未定时等式 $u_k=x_\beta$ 的概率，并考察第二个随机变量序列

$$v_0,v_1,v_2,\cdots$$

这些随机变量也分别联系于相应的时刻，而且与变量 u_k 联结成相关关系，这些相关关系由下列等式来确定

$$r_{k|\beta\gamma}=P(u_k=x_\beta,v_k=y_\gamma)=p_{k|\beta}q_{\beta\gamma}$$
$$(\beta=\overline{1,n},\gamma=\overline{1,m};k=0,1,2,\cdots)\tag{50.1}$$

其中 $q_{\beta\gamma}\left(\sum\limits_\gamma q_{\beta\gamma}=1\right)$ 表示在条件 $u_k=x_\beta$ 下等式 $v_k=y_\gamma$ 的条件概率，并且它对于所有的 k 保持相同的值，而

$$y_1,y_2,\cdots,y_m$$

---

① 基本上本章是以著者 1939 年的上述论文为蓝本，但是作了若干修改与补充．

是每一个变量 v_k 所可能取到的值. 这里有很重要的一点需要注意,就是等式 $v_k=y_\gamma$ 的条件概率不受下列各等式

$$u_{k-1}=x_{\beta_1}, u_{k-2}=x_{\beta_2}, \cdots$$

的影响,因而在这种意义上来说,它完全由等式 $u_k=x_\beta$ 确定. 实际上,假定除掉等式 $u_k=x_\beta$ 之外还给定下列各等式

$$u_{k-1}=x_{\beta_1}, u_{k-2}=x_{\beta_2}, \cdots, u_{k-h}=x_{\beta_h} \quad (h \leqslant k)$$

那么就有

$$\begin{aligned}
&P\left(v_k=\frac{y_\gamma}{u_{k-h}}=x_{\beta_h}, u_{k-h+1}=x_{\beta_{h-1}}, \cdots, u_k=x_\beta\right) \\
&=\frac{P(v_k=y_\gamma, u_{k-h}=x_{\beta_h}, \cdots, u_k=x_\beta)}{P(u_{k-h}=x_{\beta_h}, \cdots, u_k=x_\beta)} \\
&=\frac{p_{k-h|\beta_h} p_{\beta_h\beta_{h-1}} \cdots p_{\beta_1\beta} q_{\beta\gamma}}{p_{k-h|\beta_h} p_{\beta_h\beta_{h-1}} \cdots p_{\beta_1\beta}}=q_{\beta\gamma}=P\left(v_k=\frac{y_\gamma}{u_k}=x_\beta\right)
\end{aligned}$$

因此,随机变量 v_k 对于随机变量 u_k 的依赖关系是简单的并且是均匀的. 若是借用数理统计中的相应术语,则亦可称变量 v_k 对于变量 u_k 的回应是一维的并且是均匀的(即不随时间而改变).

概率 $q_{\beta\gamma}$ 组成一 个 n 行 m 列的矩阵

$$\boldsymbol{Q}=\mathrm{Mt}(q_{\beta\gamma})$$

矩阵 $\boldsymbol{Q}$ 给出了变量 u_k 与 v_k 的关系,而 $\boldsymbol{P}$ 与 $\boldsymbol{Q}$ 两个矩阵则确定了序列 $\{u_k\}$ 与 $\{v_k\}$ 中的值的变化规律. 如果我们把随机变量 X 与 Y 在时刻 T_k 的值认作和 u_k, v_k 的值相同,则序列 $\{u_k\}$ 与 $\{v_k\}$ 等价于随机变量 X 与 Y. 因此,我们研究了序列 $\{u_k\}$ 与 $\{v_k\}$ 之间的链状相关关系也就是研究了随机变量 X 与 Y 之间的链状相关关系;后者我们以 $C_1(X,Y)$ 表示,其中下标 1 是为了使现在所考察的 X 与 Y 之间的关系有别于以下将要考察的 X 与 Y 之间的其他链状相关关系.

现在我们来研究相关链 $C_1(X,Y)$ 的基本性质. 根据我们的假定,变量 u_k 联结成一个简单的马尔柯夫链,设以 $C_n(X)$ 表示;而由于变量 v_k 对于变量 u_k 的依赖关系,随机变量 Y 在各个时刻相联系的值组成链 $C_m(Y)$;现在我们首先来研究链 $C_m(Y)$ 的性质.

链 $C_m(Y)$ 的性质依赖于链 $C_n(X)$ 的性质. 为了要得出确定的与最重要的结果,假定我们所考察的链 $C_n(X)$ 是不可分解的与非循环的(亦即正的正则的). 于是我们知道,存在有正的极限概率

$$p_\beta=\frac{P_{\beta\beta}(1)}{\sum P_{\beta\beta}(1)}=\lim_{k\to+\infty} p_{k|+\infty} \quad (\beta=\overline{1,n})$$

设以 $q_{k|\gamma}$ 表示等式 $v_k=y_\gamma$ 的绝对概率(即在时刻 T_k,等式 $Y=y_\gamma$ 的概率),此时所有其他变量 u_h 与 v_h 皆保持未定. 注意到这一点,我们即有

$$q_{k|\gamma}=\sum_{\beta}p_{k|\beta}q_{\beta\gamma} \tag{50.2}$$

由此立即得出以下的命题：

50. I 当 $k\to+\infty$ 时，概率

$$q_{k|\gamma}=P(v_k=y_\gamma) \quad (\gamma=\overline{1,m})$$

有确定的极限

$$q_\gamma=\sum_{\beta}p_\beta q_{\beta\gamma} \quad (\gamma=\overline{1,m}) \tag{50.3}$$

假定在转移概率

$$q_{1\gamma},q_{\alpha\gamma},\cdots,q_{n\gamma}$$

中至少有一个不等于零，也就是说，假定对于任何时刻 T_k，下列等式

$$u_k=x_\beta \quad (\beta=\overline{1,n})$$

中至少有一个，使得在它实现的条件下，等式 $v_k=y_\gamma$ 是可能实现的，那么此时我们即称极限(50.3) 为极限(或终极) 绝对概率. 自然我们可以认为上述假定总是成立的，这就等于说，对于所有的 $\gamma=\overline{1,m}$，在任何一个时刻，下列各种结合

$$(x_1,y_\gamma),(x_2,y_\gamma),\cdots,(x_n,y_\gamma)$$

中总有一个可能实现. 在这样的假定之下，若链 $C_n(X)$ 是不可分解的与非循环的，则所有的概率 q_γ 皆是正的.

显而易见

$$\sum_{\gamma}q_\gamma=1$$

而且不难看出链 $C_m(Y)$ 具有以下重要性质：

50. II 由 $u_h=x_\alpha$ 转移到 $v_{h+k}=y_\gamma$ 的概率的极限值，对于所有的 $h=1,2,\cdots$，皆不依赖于 γ 而恒等于 q_γ.

实际上，设以 $q_{\alpha\gamma}^{(k)}$ 表示此概率

$$q_{\alpha\gamma}^{(k)}=P(v_{h+k}=y_\gamma/u_h=x_\alpha)$$

则我们有

$$q_{\alpha\gamma}^{(k)}=\sum_{\beta}p_{\alpha\beta}^{(k)}q_{\beta\gamma}$$

但是对于我们所考察的不可分解的非循环链 $C_n(X)$，有

$$\lim_{k\to+\infty}p_{\alpha\beta}^{(k)}=p_\beta$$

因而

$$\lim_{k\to+\infty}q_{\alpha\gamma}^{(k)}=\sum_{\beta}q_{\beta\gamma}=q_\gamma \tag{50.4}$$

非常有意思并且十分重要的是链 $C_m(Y)$ 的以下的更深入的性质：

50. III 链 $C_m(Y)$ 乃是非均匀的并且无限复杂的链，在这个链中等式 $v_k=y_\gamma$ 的概率依赖于 k 并且依赖于所有以前的变量 $v_h(h=\overline{0,k-1})$ 的值.

为要验证这一命题的正确性,我们先来求从 $v_{k-1}=y_\beta$ 转移到 $v_k=y_\gamma$ 的概率. 设以 $Q_{\beta\gamma}^{(k)}$ 表示此概率,则显而易见,它满足以下方程

$$q_{k|\gamma}=\sum_\beta q_{k-1|\beta}Q_{\beta\gamma}^{(k)}$$

并且它可以按下述方法来求得.

根据 Bayes 定理,我们可以写

$$P_1\equiv P\left(u_{k-1}=\frac{x_\alpha}{v_{k-1}}=y_\beta\right)=\frac{p_{k-1|\alpha}q_{\alpha\beta}}{\sum_\alpha p_{k-1|\alpha}q_{\alpha\beta}}=\frac{p_{k-1|\alpha}q_{\alpha\beta}}{q_{k-1|\beta}}$$

不难直接看出

$$P_2\equiv P\left(u_k=\frac{x_\delta}{u_{k-1}}=x_\alpha\right)=p_{\alpha\delta}$$

$$P_3\equiv P\left(v_k=\frac{y_\gamma}{u_k}=x_\delta\right)=q_{\delta\gamma}$$

而且易见

$$Q_{\beta\gamma}^{(k)}\equiv P\left(v_k=\frac{y_\gamma}{v_{k-1}}=y_\beta\right)=\sum_{\alpha,\delta}P_1P_2P_3$$

因此

$$Q_{\beta\gamma}^{(k)}=\sum_{\alpha,\delta}\frac{p_{k-1|\alpha}q_{\alpha\beta}}{q_{k-1|\beta}}p_{\alpha\delta}q_{\delta\gamma} \tag{50.5}$$

这一等式亦可用以下的办法求得. 根据概率加法定理,我们可以写

$$\begin{aligned}&P(v_{k-1}=y_\beta,v_k=y_\gamma)\\&=\sum_{\alpha,\delta}P(u_{k-1}=x_\alpha,v_{k-1}=y_\beta;u_k=x_\delta,v_k=y_\gamma)\end{aligned}$$

但是

$$\begin{aligned}P(v_{k-1}=y_\beta,v_k=y_\gamma)&=P(v_{k-1}=y_\beta)P(v_k=y_\gamma\mid v_{k-1}=y_\beta)\\&=q_{k-1|\beta}Q_{\beta\gamma}^{(k)}\end{aligned}$$

并且

$$\begin{aligned}&P(u_{k-1}=x_\alpha,v_{k-1}=y_\beta;u_k=x_\delta,v_k=y_\gamma)\\&=p_{k-1|\alpha}q_{\alpha\beta}p_{\alpha\delta}q_{\delta\gamma}\end{aligned}$$

所以

$$q_{k-1|\beta}Q_{\beta\gamma}^{(k)}=\sum_{\alpha,\delta}p_{k-1|\alpha}q_{\alpha\beta}p_{\alpha\delta}q_{\delta\gamma}$$

由此立即推得等式(50.5).

概率 $Q_{\beta\gamma}^{(k)}$ 决定了链 $C_m(Y)$ 的转移矩阵. 我们看到这个链是非均匀的,因为概率 $Q_{\beta\gamma}^{(k)}$ 依赖于 k,也就是说依赖于时间. 这个链不是简单的链. 实际上,只有当给定 $v_{k-1}=y_\beta$ 时等式 $v_k=y_\gamma$ 的概率不依赖于 $v_{k-2},v_{k-3},\cdots,v_1,v_0$ 的值,这样链 $C_m(Y)$ 才是简单的链. 但是事实上 $v_{k-2},v_{k-3},\cdots,v_1,v_0$ 的值影响变量 u_{k-2},

$u_{k-3},\cdots$ 的值，这可由 Bayes 定理看出. 因此，如果我们预先对变量 $v_{k-2},v_{k-3},\cdots$ 的值作了某种假定，则在等式(50.5)中概率 $p_{k-1|\alpha}$ 与 $q_{k-1|\beta}$ 可能发生不成比例的变化. 例如，设给定等式

$$v_{k-2}=y_{\beta_2},v_{k-1}=y_{\beta_1}$$

来求在此条件下等式 $v_k=y_\beta$ 的概率 $Q_{\beta_2\beta_1\beta}$. 显而易见

$$\begin{aligned}&P(v_{k-2}=y_{\beta_2},v_{k-1}=y_{\beta_1},v_k=y_\beta)\\&=\sum_{\alpha,\alpha_1,\alpha_2}P(u_{k-2}=x_{\alpha_2},v_{k-2}=y_{\beta_2};u_{k-1}=x_{\alpha_1},v_{k-1}=y_{\beta_1};u_k=x_\alpha,v_k=y_\beta)\end{aligned}$$

并且

$$P(v_{k-2}=y_{\beta_2},v_{k-1}=y_{\beta_1},v_k=y_\beta)=q_{k-2|\beta_2}Q^{(k-1)}_{\beta_2\beta_1}Q^{(k)}_{\beta_2\beta_1\beta}$$

$$\begin{aligned}&P(u_{k-2}=x_{\alpha_2},v_{k-2}=y_{\beta_2},\cdots,v_k=y_\beta)\\&=p_{k-2|\alpha_2}q_{\alpha_2\beta_2}p_{\alpha_2\alpha_1}q_{\alpha_1\beta_1}p_{\alpha_1\alpha}q_{\alpha\beta}\end{aligned}$$

故

$$\begin{aligned}Q^{(k)}_{\beta_2\beta_1\beta}&=\frac{\sum\limits_{\alpha,\alpha_1,\alpha_2}p_{k-2|\alpha_2}q_{\alpha_2\beta_2}p_{\alpha_2\alpha_1}q_{\alpha_1\beta_1}p_{\alpha_1\alpha}q_{\alpha\beta}}{q_{k-2|\beta_2}\sum\limits_{\alpha_1,\alpha_2}\dfrac{p_{k-2|\alpha_2}q_{\alpha_2\beta_2}}{q_{k-2|\beta_2}}p_{\alpha_2\alpha_1}q_{\alpha_1\beta_1}}\\&=\frac{\sum\limits_{\alpha,\alpha_1,\alpha_2}p_{k-2|\alpha_2}q_{\alpha_2\beta_2}p_{\alpha_2\alpha_1}q_{\alpha_1\beta_1}p_{\alpha_1\alpha}q_{\alpha\beta}}{\sum\limits_{\alpha_1,\alpha_2}p_{k-2|\alpha_2}q_{\alpha_2\beta_2}p_{\alpha_2\alpha_1}q_{\alpha_1\beta_1}}\qquad(50.6)\end{aligned}$$

这个概率不等于概率(50.5)，所以链 $C_m(Y)$ 不是简单的链.

不难写出在条件

$$v_{k-l}=y_{\beta_l},v_{k-l+1}=y_{\beta_{l-1}},\cdots,v_{k-1}=y_{\beta_1}\quad(l\leqslant k)$$

下，等式 $v_k=y_\beta$ 的概率 $Q^{(k)}_{\beta_l\beta_{l-1}\cdots\beta_1\beta}$ 的表达式. 实际上，若我们引用缩写符号

$$(\beta_l\alpha_l)_k=p_{k-l|\alpha_l}q_{\alpha_l\beta_l}$$

$$(\beta_{l-1}\alpha_l\alpha_{l-1})=p_{\alpha_l\alpha_{l-1}}q_{\alpha_{l-1}\beta_{l-1}}$$

$$\vdots$$

$$(\beta\alpha_1\alpha)=p_{\alpha_1\alpha}q_{\alpha\beta}$$

则易见

$$Q^{(k)}_{\beta_l\beta_{l-1}\cdots\beta_1\beta}=\frac{\sum\limits_{\alpha_l\cdots\alpha}(\beta_l\alpha_l)_h(\beta_{l-1}\alpha_l\alpha_{l-1})\cdots(\beta\alpha_1\alpha)}{\sum\limits_{\alpha_l\cdots\alpha_1}(\beta_l\alpha_l)_k(\beta_{l-1}\alpha_l\alpha_{l-1})\cdots(\beta_1\alpha_2\alpha_1)}$$

或者令

$$R^{(k)}_{\beta_l\beta_{l-1}\cdots\beta}(\alpha)=\sum_{\alpha_l\cdots\alpha_1}(\beta_l\alpha_l)_k(\beta_{l-1}\alpha_l\alpha_{l-1})\cdots(\beta\alpha_1\alpha)$$

$$R^{(k-1)}_{\beta_l\beta_{l-1}\cdots\beta_1}(\alpha_1)=\sum_{\alpha_l\cdots\alpha_2}(\beta_l\alpha_l)_k(\beta_{l-1}\alpha_l\alpha_{l-1})\cdots(\beta_1\alpha_2\alpha_1)$$

即有

$$Q^{(k)}_{\beta_l\beta_{l-1}\cdots\beta_1\beta}=\frac{\sum\limits_{\alpha}R^{(k)}_{\beta_l\beta_{l-1}\cdots\beta}(\alpha)}{\sum\limits_{\alpha_1}R^{(k-1)}_{\beta_l\beta_{l-1}\cdots\beta_1}(\alpha_1)}$$

不难看出，在我们所引入的这些量 R 之间也有类似的关系式

$$R^{(k)}_{\beta_l\beta_{l-1}\cdots\beta}(\alpha)=\sum_{\alpha_1}R^{(k-1)}_{\beta_l\cdots\beta_1}(\alpha_1)(\beta\alpha_1\alpha)$$

$$R^{(k-1)}_{\beta_l\cdots\beta_1}(\alpha_1)=\sum_{\alpha_2}R^{(k-2)}_{\beta_l\cdots\beta_2}(\alpha_2)(\beta_1\alpha_2\alpha_1)$$

$$\vdots$$

$$R^{(k-l+1)}_{\beta_l\beta_{l-1}}(\alpha_{l-1})=\sum_{\alpha_l}R^{(k-l)}_{\beta_l}(\alpha_l)(\beta_{l-1}\alpha_l\alpha_{l-1})$$

$$R^{(k-l)}_{\beta_l}(\alpha_l)=(\beta_l\alpha_l)_k=p_{k-l|\alpha_l}q_{\alpha_l\beta_l}$$

由这些关系式就可以很简单地依次计算出各个 R，因而也就可以计算出概率 $Q^{(k)}_{\beta_l\cdots\beta}$.

我们注意，对于所有的 k，也应该有

$$\sum_{\beta}Q^{(k)}_{\beta_l\cdots\beta_1\beta}=1$$

因为显然有

$$\sum_{\alpha,\beta}R^{(k)}_{\beta_l\cdots\beta}(\alpha)=\sum_{\alpha_1}R_{\beta_l\cdots\beta_1}(\alpha_1)$$

$C_m(Y)$ 的下列性质也值得注意：

50. IV 如果链 $C_n(X)$ 是平稳的，则链 $C_m(Y)$ 也是平稳的，不过仍然是复杂的.

实际上，对于平稳的链 $C_n(X)$①，我们有

$$p_{k|\beta}=p_\beta\quad(\beta=\overline{1,n})$$

并且根据等式(50.2)可以看出，对于所有的 k 值，概率 $q_{k|\gamma}$ 皆等于

$$q_\gamma=\sum_{\beta}p_\beta q_{\beta\gamma}$$

同时以下各概率

$$Q^{(k)}_{\beta\gamma},Q^{(k)}_{\beta_1\beta\gamma},Q^{(k)}_{\beta_2\beta_1\beta\gamma},\cdots$$

皆不依赖于 k，对于 k 恒保持固定的值，但这些概率之间则仍旧是彼此不等的. 因此，链 $C_m(Y)$ 的确是平稳的，不过同时还是复杂的.

---

① 注意，链 $C_n(X)$ 总假定是不可分解与非循环的.

最后，我们指出链 $C_1(X,Y)$ 的下列性质：

50. V 链 $C_1(X,Y)$ 随着时间的增加而渐近于平稳的链性相关，这就是说，在时刻 T_k 实现 $u_k=x_\beta, v_k=y_\gamma$ 的绝对概率 $r_{k|\beta\gamma}$ 在 $k\to+\infty$ 时趋于固定的常数极限.

实际上

$$\lim_{k\to+\infty} r_{k|\beta\gamma}=\lim_{k\to+\infty} p_{k|\beta}q_{\beta\gamma}=p_\beta q_{\beta\gamma}$$

应该注意，通常我们在概率论里考察两个随机变量 X 与 Y，它们在独立试验中以概率 $p_{\alpha\beta}$ 取值

$$x_\alpha \quad (\alpha=\overline{1,n}) \text{ 与 } y_\beta \quad (\beta=\overline{1,m})$$

我们对这两个随机变量所说的相关和以上对链 $C_1(X,Y)$ 所说的平稳链性相关是有区别的. 在前一情形中，仅是在每一个个别试验中 X 与 Y 的值有依赖关系，而它们在不同的试验中的值则彼此不相依赖；至于对于链 $C_1(X,Y)$ 所说的链性相关（即使是平稳的链性相关），除在每一个个别的时刻 Y 依赖于 X 之外，X 的值还按照时间联结成简单的链，而 Y 的值则联结成复杂的链.

例 1 设 X 具有值 x_1,x_2 而 Y 具有值 y_1,y_2,y_3，并且

$$\boldsymbol{P}=\begin{pmatrix}0.2 & 0.8\\ 0.7 & 0.3\end{pmatrix}, \boldsymbol{Q}=\begin{pmatrix}0.1 & 0.5 & 0.4\\ 0.3 & 0.2 & 0.5\end{pmatrix}$$

我们不难求出

$$P(\lambda)=(\lambda-1)(\lambda+0.5)$$

亦即矩阵 $\boldsymbol{P}$ 的特征根是

$$\lambda_0=1,\lambda_1=-0.5$$

再有

$$P_{11}(\lambda)=\lambda-0.3, P_{12}(\lambda)=0.8$$

$$P_{21}(\lambda)=0.7, P_{22}(\lambda)=\lambda-0.2$$

$$p_{11}^{(k)}=\frac{7}{15}+\frac{8}{15}(-0.5)^k, p_{12}^{(k)}=\frac{8}{15}-\frac{8}{15}(0.5)^h$$

$$p_{21}^{(k)}=\frac{7}{15}-\frac{7}{15}(-0.5)^k, p_{22}^{(k)}=\frac{8}{15}+\frac{7}{15}(0.5)^k$$

$$p_1=\frac{7}{15}, p_2=\frac{8}{15}$$

$$p_{k|1}=\frac{7}{15}+(-0.5)^k\cdot\frac{8p_{01}-7p_{02}}{15}$$

$$p_{k|2}=\frac{8}{15}-(-0.5)^h\cdot\frac{8p_{01}-7p_{02}}{15}$$

于是不难求出

$$q_{k|1}=0.1p_{k|1}+0.3p_{k|2}, q_1=\frac{31}{150}$$

$$q_{k|2}=0.5p_{k|1}+0.2p_{k|2},q_2=\frac{51}{150}$$

$$q_{k|3}=0.4p_{k|1}+0.5p_{k|2},q_3=\frac{68}{150}$$

我们再来求出极限概率 $Q_{\beta\gamma}$，例如 Q_{11}，Q_{12} 与 Q_{13}. 若我们所考察的链 $C_3(Y)$ 是平稳的，则上述极限概率也是一步转移概率并且其值如下

$$\begin{aligned}Q_{11}&=\frac{1}{q_1}\sum_{\alpha,\delta}p_{\alpha}q_{\alpha1}p_{\alpha\delta}q_{\delta1}\\&=\frac{1}{q}[p_1q_{11}(p_{11}q_{11}+p_{12}q_{21})+p_2q_{21}(p_{21}q_{11}+p_{22}q_{21})]=\frac{566}{3\ 100}\end{aligned}$$

$$Q_{12}=\frac{1\ 166}{3\ 100},Q_{13}=\frac{1\ 368}{3\ 100}$$

为了要在这个例子里验证一下链 $C_3(Y)$（即使它是平稳链）的复杂性，我们再来计算一下 $Q_{11\gamma}$，$\gamma=1,2,3,\cdots$. 根据一般等式(50.6)，我们得到

$$Q_{111}=\frac{10\ 876}{56\ 600},Q_{112}=\frac{20\ 476}{56\ 600},Q_{113}=\frac{25\ 248}{56\ 600}$$

它们之中的任何一个皆不与相应的 Q_{11}，Q_{12}，Q_{13} 相等.

51. 链 $C_m(Y)$ 与链 $C_1(X,Y)$ 的一阶矩及二阶矩 截至目前，我们所考察的链 $C_m(Y)$ 与 $C_1(X,Y)$ 的那些性质，皆与它们的规律 P，Q 的性质以及 P，Q 之间的关系有关，而与变量 X，Y 所取的值无关. 现在我们也来研究一下这些值，并且首先来研究链 $C_n(X)$ 与 $C_m(Y)$ 的矩，以便进而来求和数

$$\sum_{k=0}^{s-1}u_k \text{ 与 } \sum_{k=0}^{s-1}v_k$$

的极限分布，这些和数的意义当然无须多加解释. 这些和数也是变量 X 与 Y 在时刻 τ_s 以前所取的值的和数.

在研究这两个和数的极限性质的时候，这两个和数的渐近一阶矩 sa 与 sb（此处 $a=\lim\limits_{k\to+\infty}\sum\limits_{\beta}p_{k|\beta}x_{\beta}=\sum\limits_{\beta}p_{\beta}x_{\beta}$，$b=\lim\limits_{k\to+\infty}\sum\limits_{\gamma}q_{k|\gamma}y_{\gamma}=\sum\limits_{\gamma}q_{\gamma}y_{\gamma}$）以及它们对于 a，b 的二阶矩

$$E\left(\sum_k u_k-sa\right)^2,E\left(\sum_k v_k-sb\right)^2,E\left(\sum_k u_k-sa\right)\left(\sum_k v_k-sb\right)$$

的渐近值，具有基本重要意义. 上述的二阶矩亦写成下列形式

$$E\left(\sum_{k=0}^{s-1}u_k'\right)^2,E\left(\sum_k v_k'\right)^2,E\left(\sum_k u_k'\right)\left(\sum_k v_k'\right)$$

其中

$$u_k'=u_k-a,v_k'=v_k-b$$

并且我们分别以 μ_{20}，μ_{02} 与 μ_{11} 表示这些二阶矩.

根据前一章，我们已知 μ_{20} 的渐近值的各种不同形式. 现在我们选用

Fréchet 形式

$$\mu_{20} \sim s\sigma_x^2 = s\Big[\sum_{\beta} p_{\beta} z_{\beta}^2 + 2\sum_{\beta,\gamma} p_{\beta} s_{\beta\gamma} z_{\beta} z_{\gamma}\Big] \tag{51.1}$$

$$(z_{\beta} = x_{\beta} - a, z_{\gamma} = x_{\gamma} - a)$$

并且把 μ_{02} 的渐近值也表示成类似的形式

$$\mu_{02} \sim s\sigma_y^2 = s\Big[\sum_{\beta,\gamma} p_{\beta} q_{\beta\gamma} t_{\gamma}^2 + 2\sum p_{\beta} s_{\beta\beta_1} q_{\beta\gamma} q_{\beta_1\gamma_1} t_{\gamma} t_{\gamma_1}\Big] \tag{51.2}$$

$$(t_{\gamma} = y_{\gamma} - b, t_{\gamma_1} = y_{\gamma_1} - b)$$

此处第二个和数的求和法是 β,β_1 彼此独立地取遍 $1,2,\cdots,n$ 各值，而 γ,γ_1 彼此独立地取遍 $1,2,\cdots,m$ 各值.

等式(51.2) 可以写得更简短些，如果我们令

$$T_{\beta_1\gamma} = \sum_{\beta} p_{\beta} s_{\beta\beta_1} q_{\beta\gamma}$$

并且注意

$$\sum_{\beta} p_{\beta} q_{\beta\gamma} = q_{\gamma}$$

那么(51.2) 就变成了

$$\mu_{02} \sim s\Big[\sum_{\gamma} q_{\gamma} t_{\gamma}^2 + 2\sum_{\beta_1\gamma\gamma_1} T_{\beta_1\gamma} q_{\beta_1\gamma_1} t_{\gamma} t_{\gamma_1}\Big] \tag{51.2$'$}$$

现在我们根据 μ_{02} 的定义

$$\mu_{02} = E\Big(\sum v'_k\Big)^2 = \sum\nolimits_1 + 2\sum\nolimits_2$$

$$\sum\nolimits_1 = \sum_{k=0}^{s-1} Ev'^2_k$$

$$\sum\nolimits_2 = \sum_{k=0}^{s-2}\sum_{l=1}^{s-k-1} Ev'_k v'_{k+l}$$

试来推导等式(51.2). 我们有

$$Ev'^2_k = \sum_{\alpha,\beta,\gamma} p_{0\alpha} p_{\alpha\beta}^{(k)} q_{\beta\gamma} t_{\gamma}^2$$

以后将要证明，μ_{02} 的渐近值不依赖于链 $C_n(X)$ 的初始概率 $p_{0\alpha}$，因此，我们可以在上式中设 $p_{0\alpha} = p_{\alpha}$，这就大大简化了以下的计算. 于是，我们令 $p_{0\alpha} = p_{\alpha}$ 并对 $p_{\alpha\beta}^{(k)}$ 作替换(参看(6.10))

$$p_{\alpha\beta}^{(k)} = p_{\beta} + \sum_{i=1}^{\mu} Q_{\beta\alpha i}(k)\lambda_i^k$$

同时再注意到，根据等式(7.15) 有

$$\sum_{\alpha} p_{\alpha} Q_{\beta\alpha i}(k) = 0$$

取得

$$Ev'^2_k = \sum_{\alpha,\beta,\gamma} p_{\alpha}\Big(p_{\beta} + \sum_{i} Q_{\beta\alpha i}(k)\lambda_i^k\Big) q_{\beta\gamma} t_{\gamma}^2 = \sum_{\beta,\gamma} p_{\beta} q_{\beta\gamma} t_{\gamma}^2$$

因此,当 $p_{0\alpha} \neq p_\alpha$ 时

$$\sum\nolimits_1 \sim s\sum_{\beta,\gamma} p_\beta q_{\beta\gamma} t_\gamma^2 = s\sigma_y^2 \tag{51.3}$$

我们顺带指出,即使不假定 $p_{0\alpha} = p_\alpha$,以上等式亦可推得,不过此时计算将较繁复.

现在我们再来计算和数 $\sum_2$,仍然假定 $p_{0\alpha} = p_\alpha$,于是我们可以计算如下

$$\begin{aligned}\sum\nolimits_2 &= \sum_{k=0}^{s-2}\sum_{l=1}^{s-k-1}\sum v_k' v_{k+1}' = \sum_{k,l}\sum_{\alpha\cdots\gamma_1} p_\alpha p_{\alpha\beta}^{(k)} q_{\beta\gamma} p_{\beta\beta_1}^{(l)} q_{\beta_1\gamma_1} t_\gamma t_{\gamma_1}\\ &= \sum_{k,l}\sum_{\alpha\cdots\gamma_1} p_\alpha \left(p_\beta + \sum_i Q_{\beta\alpha i}\lambda_i^k\right)\times\\ &\quad \left(p_{\beta_1} + \sum_i Q_{\beta_1\beta_i}\lambda_i^l\right) q_{\beta\gamma} q_{\beta_1\gamma_1} t_\gamma t_{\gamma_1}\\ &= \sum_{k,l}\sum_{\beta,\beta_1,\gamma,\gamma_1} p_\beta \left(\sum_i Q_{\beta_1\beta_i}\lambda_i^l\right) q_{\beta\gamma} q_{\beta_1\gamma_1} t_\gamma t_{\gamma_1}\end{aligned}$$

最后一个等式是因为下列各个和数

$$\sum_{\alpha\cdots\gamma_1} p_\alpha p_\beta p_{\beta_1} q_{\beta\gamma} q_{\beta_1\gamma_1} t_\gamma t_{\gamma_1}$$

$$\sum_{\alpha\cdots\gamma_1} p_\alpha \left(\sum_i Q_{\beta\alpha i}\lambda_i^k\right) p_{\beta_1} q_{\beta\gamma} q_{\beta_1\gamma_1} t_\gamma t_{\gamma_1}$$

$$\sum_{\alpha\cdots\gamma_1} p_\alpha \left(\sum_i Q_{\beta\alpha i}\lambda_i^k\right)\left(\sum_i Q_{\beta_1\beta_i}\lambda_i^l\right) q_{\beta\gamma} q_{\beta_1\gamma_1} t_\gamma t_{\gamma_1}$$

皆等于零.但是

$$\sum_i Q_{\beta_1\beta i}\lambda_i^l = p_{\beta\beta_1}^l - p_{\beta_1}$$

并且我们有

$$\sum_{k=0}^{s-1}\sum_{l=1}^{s-k-1}\left(p_{\beta\beta_1}^{(l)} - p_{\beta_1}\right) \sim s \cdot s_{\beta\beta_1}$$

这是因为

$$\sum_{k=0}^{s-2}\sum_{l=1}^{s-k-1}\left(p_{\beta\beta_1}^{(l)} - p_{\beta_1}\right) = \sum_{h=1}^{s-1}(s-h)\left(p_{\beta\beta_1}^{(h)} - p_{\beta_1}\right)$$

而对于正则的链 C_n 我们有

$$\lim_{s\to+\infty}\frac{1}{s}\sum_{h=1}^{s-1}(s-h)\left(p_{\beta\beta_1}^{(h)} - p_{\beta_1}\right) = s_{\beta\beta_1}$$

故

$$\begin{aligned}\sum\nolimits_2 &= \sum_{\beta,\beta_1,\gamma,\gamma_1} p_\beta \left(\sum_{k,l}\sum_i Q_{\beta_1\beta_i}\lambda_i^l\right) q_{\beta\gamma} q_{\beta_1\gamma_1} t_\gamma t_{\gamma_1} \sim\\ &\sum_{\beta,\cdots,\gamma_1} p_\beta s_{\beta\beta_1} q_{\beta\gamma} q_{\beta_1\gamma_1} t_\gamma t_{\gamma_1}\end{aligned} \tag{51.4}$$

由等式(51.3)与(51.4)我们看出,等式(51.2)是正确的.

最后，我们来求矩

$$\mu_{11}=E\left(\sum_k u'_k\right)\left(\sum_k v'_k\right)$$

的渐近值，这个矩可以表示成三个和数

$$\mu_{11}=\sum\nolimits_1+\sum\nolimits_2+\sum\nolimits_3$$

$$\sum\nolimits_1=\sum_{k=0}^{s-1}E(u'_k v'_k)$$

$$\sum\nolimits_2=\sum_{k=0}^{s-2}\sum_{l=1}^{s-k-1}E(u'_k v'_{k+1})$$

$$\sum\nolimits_3=\sum_{k=0}^{s-3}\sum_{l=1}^{s-k-1}E(v'_k u'_{k+l})$$

我们逐个来考察它们.

以后我们将会看到，这个矩的渐近值也不依赖于初始概率 $p_{0\alpha}$，因此我们令 $p_{0\alpha}=p_\alpha$ 就简化了计算；不过即使我们不假定 $p_{0\alpha}=p_\alpha$，我们仍然可以推得同样的结果. 因此，以下我们假定 $p_{0\alpha}=p_\alpha$，$\alpha=\overline{1,n}$.

这样，当 $p_{0\alpha}=p_\alpha$ 时

$$\begin{aligned}\sum\nolimits_1&=\sum_k\sum_{\alpha,\beta,\gamma}p_\alpha p_{\alpha\beta}^{(k)}q_{\beta\gamma}z_\beta t_\gamma\\&=\sum_k\sum_{\alpha,\beta,\gamma}p_\alpha\left(p_\beta+\sum_i Q_{\beta\alpha i}\lambda_i^k\right)q_{\beta\gamma}z_\beta t_\gamma\\&=\sum_k\sum_{\beta,\gamma}p_\beta q_{\beta\gamma}z_\beta t_\gamma=s\sum_{\beta,\gamma}p_\beta q_{\beta\gamma}z_\beta t_\gamma\end{aligned}$$

而当 $p_{0\alpha}\neq p_\alpha$ 时

$$\sum\nolimits_1\sim s\sum_{\beta,\gamma}p_\beta q_{\beta\gamma}z_\beta t_\gamma\tag{51.5}$$

当 $p_{0\alpha}=p_\alpha$ 时，不难看出

$$\sum\nolimits_2=\sum_{k,l}\sum_{\alpha,\beta,\beta_1,\gamma_1}p_\alpha p_{\alpha\beta}^{(k)}p_{\beta\beta_1}^{(l)}q_{\beta_1\gamma}z_\beta t_\gamma\sim s\sum_{\beta,\beta_1,\gamma}p_\beta s_{\beta\beta_1}q_{\beta_1\gamma}z_\beta t_\gamma$$

若此外令

$$\sum_{\beta_1}s_{\beta\beta_1}q_{\beta\gamma}=S_{\beta\gamma}\tag{51.6}$$

即得

$$\sum\nolimits_2\sim s\sum_{\beta,\gamma}p_\beta S_{\beta\gamma}z_\beta t_\gamma\tag{51.7}$$

这个式子对于 $p_{0\alpha}\neq p_\alpha$ 也能成立.

完全同样地，我们求得

$$\sum\nolimits_3\sim s\sum_{\beta,\gamma}T_{\beta\gamma}z_\beta t_\gamma\tag{51.8}$$

其中

$$T_{\beta\gamma}=\sum_{\beta_1}p_{\beta_1}s_{\beta_1\beta}q_{\beta_1\gamma} \tag{51.9}$$

以上公式(51.8) 对于 $p_{0\alpha}=p_\alpha$ 及 $p_{0\alpha}\neq p_\alpha$ 同样成立.

由公式(51.5)(51.7) 与(51.8) 我们得出和数 $\sum u'_k$ 及 $\sum v'_k$ 的协方差的如下的渐近等式

$$\begin{aligned}\mu_{11}&\sim s\Big[\sum_{\beta,\gamma}p_\beta q_{\beta\gamma}z_\beta t_\gamma+\sum_{\beta,\gamma}(p_\beta S_{\beta\gamma}+T_{\beta\gamma})z_\beta t_\gamma\Big]\\&=s\sum_{\beta,\gamma}(p_\beta q_{\beta\gamma}+p_\beta S_{\beta\gamma}+T_{\beta\gamma})z_\beta t_\gamma\end{aligned} \tag{51.10}$$

其中 $S_{\beta\gamma}$ 与 $T_{\beta\gamma}$ 是由等式(51.6) 与(51.9) 定义的.

借助于在建立链 $C_1(X,Y)$ 的均值、标准离差及协方差的渐近表达式时所做的计算,我们可以写出当这个链平稳时它们的精确的值. 我们有

$$Eu_k=a=\sum_\beta p_\beta x_\beta$$

$$Ev_k=b=\sum_\gamma q_\gamma y_\gamma$$

$$E\sum_{k=0}^{s-1}u_k=sa,E\sum_k v_k=sb$$

$$\mu_{20}=s\sum_\beta p_\beta z_\beta^2+2\sum_{\beta,\gamma}p_\beta z_\beta z_\gamma\sum_{h=1}^{s-1}(s-h)(p_{\beta\gamma}^{(h)}-p_\gamma)$$

$$\mu_{02}=s\sum_{\beta,\gamma}p_\beta p_{\beta\gamma}t_\gamma^2+2\sum_{\beta,\beta_1,\gamma,\gamma_1}p_\beta q_{\beta\gamma}q_{\beta_1\gamma_1}t_\gamma t_{\gamma_1}\sum_{h=1}^{s-1}(s-h)(p_{\beta\beta_1}^{(h)}-p_\beta)$$

$$\begin{aligned}\mu_{11}=s\sum_{\beta,\gamma}p_\beta q_{\beta\gamma}z_\beta t_\gamma&+\sum_{\beta,\beta_1,\gamma}p_\beta q_{\beta_1\gamma}z_\beta t_\gamma\sum_{h=1}^{s-1}(s-h)(p_{\beta\beta_1}^{(h)}-p_{\beta_1})+\\&\sum_{\beta,\beta_1,\gamma}p_{\beta_1}q_{\beta_1\gamma}z_\beta t_\gamma\sum_{h=1}^{s-1}(s-h)(p_{\beta_1\beta}^{(h)}-p_\beta)\end{aligned}$$

我们还要注意,最后这个等式的右侧的第一个和数是当 X 与 Y 不依赖于时间的时候,X 与 Y 的协方差;而第二个和数与第三个和数则是它们在时间过程中链性联系的反映.

作为本条目的结束,我们来说明链 $C_n(X)$ 与链 $C_m(Y)$ 的矩之间的简单联系.

为了要弄清楚这种联系,我们试把链 $C_m(Y)$ 的矩

$$\begin{aligned}N_{m_1m_2\cdots m_r}^{(k_1k_2\cdots k_r)}&=E(v_{k_1}^{m_1}v_{k_1+k_2}^{m_2}\cdots v_{k_1+k_2+\cdots+k_r}^{m_r})\\&=\sum p_{0\alpha}p_{\alpha\beta_1}^{(k_1)}q_{\beta_1\gamma_1}t_{\gamma_1}^{m_1}p_{\beta_1\beta_2}^{(k_2)}q_{\beta_2\gamma_2}t_{\gamma_2}^{m_2}\cdots p_{\beta_{\gamma-1}\beta_\gamma}^{(k_r)}q_{\beta_\gamma\gamma_\gamma}t_{\gamma_\gamma}^{m_\gamma}\end{aligned} \tag{51.11}$$

与链 $C_n(X)$ 的矩

$$\begin{aligned}M_{m_1m_2\cdots m_r}^{(k_1k_2\cdots k_r)}&=E(u_{k_1}^{m_1}u_{k_1+k_2}^{m_2}\cdots u_{k_1+k_2+\cdots+k_\gamma}^{m_\gamma})\\&=\sum p_{0\alpha}p_{\alpha\beta_1}^{(k_1)}z_{\beta_1}^{(m_1)}p_{\beta_1\beta_2}^{(k_2)}z_{\beta_2}^{m_2}\cdots p_{\beta_{\gamma-1}\beta_\gamma}^{(k_\gamma)}z_{\beta_\gamma}^{m_\gamma}\end{aligned} \tag{51.12}$$

相比较;以上式(51.11)中的 t_γ 视我们所考察的链 $C_m(Y)$ 的原点矩是关于 b 的矩而分别等于 y_γ 或 $y_\gamma-b$,其中,和数的取法是 $\alpha,\beta_1,\beta_2,\cdots,\beta_r$ 彼此独立地取遍 $1,2,\cdots,n$ 各值,$\gamma_1,\gamma_2,\cdots,\gamma_r$ 彼此独立地取遍 $1,2,\cdots,m$ 各值;式(51.12)中 z_β 同样也是等于 x_β 或 $x_\beta-a$,而其中和数的取法是 $\alpha,\beta_1,\beta_2,\cdots,\beta_r$ 彼此独立地取遍 $1,2,\cdots,n$ 各值.我们看到,如果在矩 M 中把变量 z_β 换成变量 t_γ,把形如 $p_{\alpha\beta}^{(k)}$ 的因子换成形如 $p_{\alpha\beta}^{(k)}q_{\beta\gamma}$ 的因子,并且随之对 $\gamma_1,\gamma_2,\cdots,\gamma_r$ 求和,则矩 M 就转变为矩 N.

利用这种联系可以推求 μ_{02} 的渐近表达式,并且可以推求链 $C_m(Y)$ 的关于 b 的任何矩的渐近表达式,因而就可以求得和数 $\sum_k v'_k$ 的极限性质.这就是说,可以由此推出:变量

$$\frac{\sum_{k=0}^{s-1} v'_k}{\sigma_y\sqrt{s}}$$

当 $\sigma_y>0$ 时的极限分布是典型一维正态分布.这一事实值得注意,因为它表明即使是变量的值联结成无限复杂的非均匀的链,仍然可以有极限正态分布.以下我们用其他更简捷的方法来推得这一事实.

52. 链 $C_m(Y)$ 与链 $C_1(X,Y)$ 的特征函数以及关于其中 X 与 Y 的值的和数的分布的极限定理　和数 $\sum_{k=0}^{s-1} v_k$ 的极限分布以及和数 $\sum_{k=0}^{s-1} u_k$ 与 $\sum_{k=0}^{s-1} v_k$ 的极限联合分布的最简单的推求办法就是考察它们的特征函数.接下来就是要求出它们的特征函数并且由此求出上述和数的极限分布.

1. 我们先来求出和数 $\sum_k v_k$ 的特征函数.设以 $\varphi_s(\theta)$ 表示此特征函数

$$\varphi_s(\theta)=E\ \mathrm{e}^{\mathrm{i}\theta(v_0+v_1+\cdots+v_{s-1})}$$

则我们立即得到它的一般表达式如下

$$\varphi_s(\theta)=\sum_s p_{0\alpha_0}u_{\alpha_0}p_{\alpha_0\alpha_1}u_{\alpha_1}\cdots p_{\alpha_{s-2}\alpha_{s-1}}u_{\alpha_{s-1}} \tag{52.1}$$

其中

$$u_{\alpha_k}=\sum_{\beta_k=1}^{m} q_{\alpha_k\beta_k}\mathrm{e}^{\mathrm{i}\theta y_{\beta_k}}\quad (k=\overline{0,s-1})$$

而和数 $\sum_s$ 的求法是 $\alpha_0,\alpha_1,\cdots,\alpha_{s-1}$ 彼此独立地取遍 $1,2,\cdots,n$ 各值.现在我们注意,链 $C_n(X)$ 的特征函数 $\varphi_s(t)$ 的一般表达式(46.1)可以写成以下形式

$$\varphi_s(t)=\sum_s p_{0\alpha_0}\mathrm{e}^{\mathrm{i}tx_{\alpha_0}}p_{\alpha_0\alpha_1}\mathrm{e}^{\mathrm{i}tx_{\alpha_1}}\cdots p_{\alpha_{s-2}\alpha_{s-1}}\mathrm{e}^{\mathrm{i}tx_{\alpha_{s-1}}} \tag{52.2}$$

其中和数 $\sum_s$ 的取法同前.于是我们看到,只要把(52.2)中的因子 $\mathrm{e}^{\mathrm{i}t_{\alpha_k}}$ 换成因

子u_{α_k}，则我们就可得出(52.1)；因而如果我们考察一下差分方程(46.4)的导出法，我们便能立即知道，经过上述变换之后，这个导出法对于特征函数$\varphi_s(\theta)$完全适用. 这样一来，我们就可以把特征函数$\varphi_s(\theta)$的差分方程写成如下的记号形式

$$\begin{vmatrix} \varphi - p_{11}u_1 & -p_{12}u_2 & \cdots & -p_{1n}u_n \\ -p_{21}u_1 & \varphi - p_{22}u_2 & \cdots & -p_{2n}u_n \\ \vdots & \vdots & & \vdots \\ -p_{n1}u_1 & -p_{n2}u_2 & \cdots & \varphi - p_{nn}u_n \end{vmatrix} \varphi^3 = 0 \qquad (52.3)$$

对于我们所得到的这个差分方程(52.3)，可以复述在上章中对于链C_n与$C_n(X)$的特征函数的差分方程所说的一切. 特别地，对于链$C_n(X)$我们曾导出变量

$$X_s = \frac{\sum_{k=0}^{s-1} u_k - sa}{\sigma_x\sqrt{s}} = \frac{S_s(x) - s\alpha}{\sigma_x\sqrt{s}}$$

的极限分布，现在我们可以完全同样地建立如下的定理：

52. I 变量

$$y_s = \frac{S_s(y) - sb}{\sigma_y\sqrt{s}} \quad (S_s(y) = \sum_{k=0}^{s-1} v_k)$$

当$\sigma_y^2 > 0$时其极限分布是典型一维正态分布，此处sb与$s\sigma_y^2$是以上对于和数$S_s(y)$的均值与标准离差所求得的渐近值

$$sb = s\sum_{\gamma} q_\gamma y_\gamma$$

$$s\sigma_y^2 = s\Big[\sum_{\gamma} q_\gamma (y_\gamma - b)^2 + 2\sum_{\beta_1\gamma\gamma_1} T_{\beta_1\gamma} q_{\beta_1\gamma_1}(y_\gamma - b)(y_{\gamma_0} - b)\Big]$$

现在我们可以借助于特征函数$\varphi_s(\theta)$来求得量b与σ_y^2，这完全和我们在条目46中求a与σ_x^2时一样. 对于b，用这样的办法所得到的仍然是以前的表达式

$$b = \sum_{\beta,\gamma} p_\beta q_{\beta\gamma} y_\gamma = \sum_{\gamma} q_\gamma y_\gamma$$

而对于σ_y^2则得到了新的表达式

$$\sigma_y^2 = b^2(1 - Q) + 2b\sum_{\alpha} Q_\alpha b_\alpha + \sum_{\alpha} p_\alpha \sum_{\gamma} q_{\alpha\gamma} y_\gamma^2 -$$

$$2\sum_{\alpha} p_\alpha b_\alpha^2 - \sum_{\alpha} b_\alpha \sum_{\beta}{}' Q_{\alpha\beta} b_\beta$$

其中$Q_{\alpha\beta}$，Q_α以及Q的值如(38.17)并且

$$b_\alpha = \sum_{\gamma=1}^{m} q_{\alpha\gamma} y_\gamma \quad (\alpha = \overline{1,n})$$

2. 现在我们来求链$C_1(X,Y)$中和数

$$S_s(x)=\sum_{k=0}^{s-1}u_k \text{ 与 } S_s(y)=\sum_{k=0}^{s-1}v_k$$

的联合分布的特征函数，确切些说，我们是要来求这个分布的特征函数的差分方程.

根据我们所要找的特征函数 $\varphi_s(t,\theta)$ 的定义，有

$$\varphi_s(t,\theta)=E\mathrm{e}^{\mathrm{i}tS_s(x)+\mathrm{i}\theta S_s(y)}$$

于是我们得到表达式

$$\varphi_s(t,\theta)=\sum\nolimits_s p_{0\alpha_0}v_{\alpha_0}p_{\alpha_0\alpha_1}v_{\alpha_1}\cdots p_{\alpha_{s-2}\alpha_{s-1}}v_{\alpha_{s-1}} \tag{52.4}$$

其中

$$v_\alpha=\mathrm{e}^{\mathrm{i}tx_\alpha}\sum_{\beta=1}^{m}q_{\alpha\beta}\mathrm{e}^{\mathrm{i}\theta y_\beta}\quad(\alpha=\overline{1,n})$$

而和数 $\sum\limits_s$ 是对于 $\alpha_k,k=\overline{0,s-1}$ 按照我们所熟知的那种办法来取的. 把等式(52.4)与对于和数 $S_s(x)$ 的特征函数的等式相比较，我们立即可以断言：特征函数$\varphi_s(t,\theta)$ 满足以下差分方程

$$\begin{vmatrix}\varphi-p_{11}v_1 & -p_{12}v_2 & \cdots & -p_{1n}v_n\\ -p_{21}v_1 & \varphi-p_{22}v_2 & \cdots & -p_{2n}v_n\\ \vdots & \vdots & & \vdots\\ -p_{n1}v_1 & -p_{n2}v_2 & \cdots & \varphi-p_{nn}v_n\end{vmatrix}\varphi^s=0 \tag{52.5}$$

当 $\theta=0$ 时这个方程退化成链 $C_n(X)$ 的特征函数 $\varphi_s(t)$ 的方程，而当 $t=0$ 时则退化成链 $C_m(Y)$ 的特征函数 $\varphi_s(\theta)$ 的方程. 若 $t=\theta=0,s=0$，那么由此即得链 C_n 的特征方程；如果链 C_n 是不可分解的并且比标准离差 σ_x^2 与 σ_y^2(它们的值以前曾算出过)是正的，则显而易见，一般定理42. VII 的条件对于链 $C_1(X,Y)$ 是成立的，所以我们对于链 $C_1(X,Y)$ 得到了以下的极限定理：

52. II 如果链 C_n 是不可分解的，并且和数 $S_s(x)$ 与 $S_s(y)$ 的标准离差 μ_{20},μ_{02} 的渐近值是正的，则变量

$$X_s=\frac{S_s(x)-sa}{\sigma_x\sqrt{s}} \text{ 与 } Y_s=\frac{S_s(y)-sb}{\sigma_y\sqrt{s}}$$

的极限联合分布是典型二维正态分布，其相关系数为

$$r_{xy}=\frac{c_{xy}}{\sigma_x\sigma_y}$$

此处

$$c_{xy}=\sum_{\beta,\gamma}(p_\beta q_{\beta\gamma}+p_\beta S_{\beta\gamma}+T_{\beta\gamma})(x_\beta-a)(y_\gamma-b)$$

$$(\beta=\overline{1,n},\gamma=\overline{1,m})$$

$$\sigma_x^2=\sum_\beta p_\beta(x_\beta-a)^2+2\sum_{\beta,\gamma}p_\beta s_{\beta\gamma}(x_\beta-a)(x_\gamma-a)$$

$$(\beta,\gamma=\overline{1,n})$$

$$\sigma_y^2=\sum_{\gamma}q_{\gamma}(y_{\gamma}-b)^2+2\sum_{\beta_1\gamma\gamma_1}T_{\beta_1\gamma}q_{\beta_1\gamma}q_{\beta_1\gamma_1}(y_{\gamma}-b)(y_{\gamma_1}-b)$$

$$(\gamma,\gamma_1=\overline{1,m},\beta_1=\overline{1,n})$$

现在,我们既已有了方程(52.5),就可以采用与前面不同的方法来求得量 $a,b,\sigma_x^2,\sigma_y^2$ 与 c_{xy}. 我们对于差分方程(52.5)写出特征方程

$$\begin{vmatrix}\lambda-p_{11}v_1 & \cdots & p_{1n}v_n\\ \vdots & & \vdots\\ -p_{n1}v_1 & \cdots & \lambda-p_{nn}v_n\end{vmatrix}=0$$

设 $\lambda_0=\lambda_0(t,\theta)$ 是它的一个根,这个根在 $t=\theta=0$ 时等于1;我们假定这个根以及所有模小于 1 的根皆是单根. 于是,我们有

$$a=\mathrm{i}(D_t\lambda_0)_0,b=-\mathrm{i}(D_\theta\lambda_0)_0$$

$$\sigma_x^2=(D_t\lambda_0)_0^2-(D_t^2\lambda_0)_0$$

$$\sigma_y^2=(D_\theta\lambda_0)_0^2-(D_\theta^2\lambda_0)_0$$

$$c_{xy}=(D_t\lambda_0)_0(D_\theta\lambda_0)_0-(D_{t\theta}^2\lambda_0)_0$$

其中前四个等式给出我们已熟知的公式,并且对于 σ_x^2 与 σ_y^2 是用新的形式给出的,至于最后一个等式,则给出 c_{xy}(X 与 Y 的比协方差)的新的表达式

$$c_{xy}=ab(1-Q)+a\sum_{\alpha}Q_{\alpha}b_{\alpha}+b\sum_{\alpha}Q_{\alpha}x_{\alpha}-$$

$$\sum_{\alpha}x_{\alpha}\sum_{\beta}{}'Q_{\alpha\beta}b_{\beta}-\sum_{\alpha}p_{\alpha}x_{\alpha}b_{\alpha}$$

其中所有的符号我们皆已熟知. 我们注意,如果考虑到

$$Q_{\alpha\beta}=Q_{\beta\alpha}$$

则易见

$$\sum_{\alpha}x_{\alpha}\sum_{\beta}{}'Q_{\alpha\beta}b_{\beta}=\sum_{\alpha}b_{\alpha}\sum_{\beta}{}'Q_{\alpha\beta}x_{\beta}$$

因此,协方差 c_{xy} 对于 x_{α} 与 b_{α} 是对称的.

最后,我们再指出 σ_y^2 与 c_{xy} 的两个新的公式,它们类似于公式(46.14),至于它们的证明也是完全类似的. 它们的形式如下

$$\sigma_y^2=\sum_{\gamma}q_{\gamma}(y_{\gamma}-b)^2+2\sum_{\alpha}(b_{\alpha}-b)\sum_{\beta}{}'(p_{\beta}-\frac{1}{2}Q_{\alpha\beta})(b_{\beta}-b) \quad (52.6)$$

$$c_{xy}=\sum_{\alpha}p_{\alpha}(x_{\alpha}-a)(b_{\alpha}-b)+$$

$$2\sum_{\alpha}p_{\alpha}(x_{\alpha}-a)\sum_{\beta}{}'(p_{\beta}-Q_{\alpha\beta}(b_{\beta}-b)) \quad (52.7)$$

其中各和数的取法按照 $\alpha,\beta=\overline{1,n};\gamma=\overline{1,m}$.

53. 链 $C_1(X,Y)$ 的反演 到现在为止,我们在链 $C_1(X,Y)$ 中考察变量 Y 的时候总是把它考虑成依赖于 X 的变量,换句话说,Y 是作为随机变量 X 的随

机函数.现在我们把这个链反演之,即把 X 考虑成 Y 的函数;确切些说,我们所要研究的问题是:当我们完全不知道 $u_{k-1},u_{k-2},\cdots,u_{k-h},u_{k-h-1},\cdots$ 的值时,具有以下形式

$$P\left(u_k=\frac{x_\beta}{v_k}=y_\gamma,v_{k-1}=y_{\gamma_1},\cdots,v_{k-h}=y_{\gamma_h}\right)\quad(h\leqslant k)\tag{53.1}$$

的条件概率的性质如何?这时我们可用 $C_n(X\mid Y)$ 来记这样所产生的链,以下只限于考察链 $C_n(X\mid Y)$ 的最重要的性质.

53. I 链 $C_n(X\mid Y)$ 是非均匀的无限复杂的链.

实际上,我们可简单地用 P 来表示概率(53.1),则我们可把它写成下列形式

$$P=\frac{P(u_k=x_\beta,v_k=y_\gamma,\cdots,v_{k-h}=y_{\gamma h})}{P(v_k=y_\gamma,v_{k-1}=y_{\gamma_1},\cdots,v_{k-h}=y_{\gamma_h})}$$

但是

$$\begin{aligned}&P(u_k=x_\beta,v_k=y_\gamma,\cdots,v_{k-h}=y_{r_h})\\=&\sum_{\alpha_1\cdots\alpha_h}p_{k-h\mid\alpha_h}q_{\alpha_h}\gamma_h p_{\alpha_h\alpha_{h-1}}q_{\alpha_{h-1}\gamma_{h-1}}\cdots p_{\alpha_1\beta}q_{\beta\gamma}\end{aligned}\tag{53.2}$$

$$\begin{aligned}&P(v_k=y_\gamma,v_{k-1}=y_{\gamma_1},\cdots,v_{k-h}=y_{\gamma_h})\\=&\sum_{\alpha_1\cdots\alpha_h\beta}p_{k-h\mid\alpha_h}q_{\alpha_h\gamma_h}p_{\alpha_h\alpha_{h-1}}q_{\alpha_{h-1}\gamma_{h-1}}\cdots p_{\alpha_1\beta}q_{\beta\gamma}\end{aligned}\tag{53.3}$$

于是作出这两个概率的商之后,我们立即看出,概率(53.1)依赖于数 k(这就是说,依赖于时间)并且随着数 h 的确定而依赖于 $v_k,v_{k-1},\cdots,v_{k-h}$ 的值.此即证明了 53. I 所述的性质.

当链 $C_n(X)$ 平稳时,链 $C_n(X\mid Y)$ 亦平稳,但仍保持其复杂性;此时在等式(53.2)与(53.3)中可把 $p_{k-h\mid\alpha_h}$ 换为 p_{α_h}.

我们不再继续研究链 $C_n(X\mid Y)$ 了,以下我们指出一个一般性的方法,借助于这个方法可以研究链 $C_n(X\mid Y)$ 以及关于链 $C_1(X,Y)$ 的其他更复杂的问题.

利用方程(52.5)所确定的特征函数 $\varphi_s(t,\theta)$,可以研究和数 $S_s(x)$ 与 $S_s(y)$ 的联合分布,但是不能研究 X 与 Y 在时刻 τ_s 以前的任何特殊的值的结合(例如 x_1 与 y_2,或是 x_1+x_2 与 $y_3+y_4+y_5$,或是 x_1+y_1,x_2+x_3 与 $x_4+y_3+y_5$,等等)的联合分布.然而我们还是有方法来研究任意多个任意组成的这种结合的联合分布或是它们的个别分布,而且还有可能来研究它们的条件分布.这个方法就是来考察在时刻 τ_s 以前下列各值

$$x_1,x_2,\cdots,x_n;y_1,y_2,\cdots,y_m\tag{53.4}$$

的联合分布的特征函数,在这里我们是把(53.4)中各个数量考虑作随机的量,每一个只取一个确定的值,但在不同的时刻具有不同的概率,这些概率按照条目 50 开头处所述的规则而依赖于链 C_n 中体系 S 的状态组的性质."变量"

(53.4) 在时刻 τ_s 以前的联合分布的特征函数由下式来定义

$$\varphi_s(t_1,t_2,\cdots,t_n,\theta_1,\cdots,\theta_n)=E\mathrm{e}^{\mathrm{i}\sum\limits_{\alpha=1}^{n}t_\alpha x_\alpha+\mathrm{i}\sum\limits_{\gamma=1}^{m}\theta_\gamma y_\gamma} \tag{53.5}$$

不难看出，它满足 n 阶差分方程

$$\begin{vmatrix} \varphi-p_{11}u_1 & -p_{12}u_2 & \cdots & -p_{1n}u_n \\ \vdots & \vdots & & \vdots \\ -p_{n1}u_1 & -p_{n2}u_2 & \cdots & \varphi-p_{nn}u_n \end{vmatrix}\varphi^s=0 \tag{53.6}$$

其中

$$u_\alpha=\mathrm{e}^{\mathrm{i}t_\alpha x_\alpha}\sum_{\beta=1}^{m}q_{\alpha\beta}\mathrm{e}^{\mathrm{i}\theta_\beta y_\beta}\quad(\alpha=\overline{1,n}) \tag{53.7}$$

利用我们所建立的特征函数，可以得到很简单的方法，来研究以上所讲的“变量”(53.4) 的不同线性结合的联合分布. 例如，为要研究

$$x_1+x_2 \text{ 与 } y_3+y_4+y_5$$

的联合分布，只需在等式(53.5) ～ (53.7) 中令

$$t_1=t_2=t,\theta_3=\theta_4=\theta_5=\theta$$

而令其他的 t_α 与 θ_β 皆等于零，于是我们便得到了变量

$$u=x_1+x_2 \text{ 与 } v=y_3+y_4+y_5$$

在链 $C_1(X,Y)$ 中于时刻 τ_s 以前的分布的特征函数；或我们令

$$t_1=\theta_1=t',t_2+t_3=t'',t_4=\theta_3=\theta_5=t'''$$

而令其他的 t_α 与 θ_β 皆等于零，于是我们便得到了变量

$$u'=x_1+y_1,u''=x_2+x_3,u'''=x_4+y_3+y_5$$

在链 $C_1(X,Y)$ 中于时刻 τ_s 以前的联合分布的特征函数；余可类推.

如果链 C_n 是不可分解的，而且这些结合的标准离差是正的，则关于这些结合的极限性质，可以引用定理 42. VIII.

54. 链 $C_2(X,Y)$　现在我们来考察两个随机变量 X 与 Y 的链状相关的一个更一般的情形，我们称之为链 $C_2(X,Y)$，它是由两个随机变量序列

$$u_0,u_1,u_2,\cdots \text{ 与 } v_0,v_1,v_2,\cdots$$

按下述方法来确定的.

首先假定，我们的链是疏散的，并且 u_k 与 v_k 在时刻 T_k 与 k 无关地分别取下列各值之一

$$x_1,x_2,\cdots,x_n;y_1,y_2,\cdots,y_m$$

其次假定，在初始时刻等式

$$u_0=x_\alpha,v_0=y_\beta$$

的概率等于 $p_{0\alpha\beta}\left(\sum\limits_{\alpha,\beta}p_{0\alpha\beta}=1\right)$，而在已知于时刻 T_k 实现了等式

$$u_k=x_\alpha,v_k=y_\beta$$

的条件下，于时刻 $T_{k+1}(k \geqslant 0)$ 等式

$$u_{k+1}=x_{\alpha_1}, v_{k+1}=y_{\beta_1}$$

的概率等于 $p_{\alpha\beta|\alpha_1\beta_1}\left(\sum_{\alpha_1,\beta_1} p_{\alpha\beta|\alpha_1\beta_1}=1\right)$，并且这个概率既不依赖于 $u_{k-1}, v_{k-1}, u_{k-2}, v_{k-2}\cdots$ 的值也不依赖于 k 的值.

这样一来，变量 $u_k, v_k, k=0,1,2,\cdots,n$ 联结成了简单的、均匀的、相关的链；因此如果我们规定，变量 X 与 Y 在任何时刻 T_k 总和 u_k, v_k 一样，以相同的概率取相同的值，则 X 与 Y 也就联结成了简单的、均匀的、相关的链.

矩阵

$$\boldsymbol{P}=\mathrm{Mt}(p_{\alpha\beta|\alpha_1\beta_1})$$

是由 nm 行与 nm 列组成的，它是链 $C_2(X,Y)$ 的规律. 为了简化叙述，我们仍假定 $\boldsymbol{P}$ 是不可分解的非循环矩阵，具有单根 $\lambda_0=1$ 以及模小于 1 的下列各根

$$\lambda_1, \lambda_2, \cdots, \lambda_\mu$$

其重数分别为

$$m_1, m_2, \cdots, m_\mu$$

关于一维的简单的疏散的马尔柯夫链的一切结论，皆可经过相应的非原则性的改变而推广到我们现在的二维情形. 特别地，对于 k 步转移概率以及时刻 T_k 的绝对概率，我们有以下的基本关系式

$$p_{\alpha\beta|\alpha_1\beta_1}^{(k)}=p_{\alpha_1\beta_1}+\sum_{i=1}^{\mu} Q_{\alpha\beta|\alpha_1\beta_1 i}(k)\lambda_i^h$$

$$p_{k|\alpha_1\beta_1}=\sum_{\alpha,\beta} p_{k-1|\alpha\beta} p_{\alpha\beta|\alpha_1\beta_1}=p_{\alpha_1\beta_1}+\sum_{i=1}^{\mu}\lambda_i^h \sum_{\alpha,\beta} p_{0\alpha\beta} Q_{\alpha\beta|\alpha_1\beta_1 i}(k)$$

这已无须再进行解释.

我们不再对链 $C_2(X,Y)$ 来作类似的研究了，而只是对于它作出若干附注.

设以 $p_{\alpha_1}^*$ 与 $p_{\beta_1}^*$ 表示和数 $\sum_{\beta_1} p_{\alpha_1\beta_1}$ 与 $\sum_{\alpha_1} p_{\alpha_1\beta_1}$，根据相应的直接定义可得变量 X 与 Y 的极限均值如下

$$\lim_{k\to+\infty} E u_k=\sum_{\alpha_1} p_{\alpha_1}^* x_{\alpha_1} \equiv a$$

$$\lim_{k\to+\infty} E v_k=\sum_{\beta_1} p_{\beta_1}^* y_{\beta_1} \equiv b$$

其实这些均值的精确值也不难写出. 根据直接定义还可容易地求得变量 X 与 Y 的中心矩. 不过我们不这样来作，而只是写出和数 $S_s(x)$ 与 $S_s(y)$ 的二阶中心矩的渐近公式；对于它们我们采用熟知的符号

$$\mu_{20} \sim s\sigma_z^2, \mu_{02} \sim s\sigma_y^2, \mu_{11} \sim s c_{xy}$$

其中

$$\sigma_x^2=\sum_{\alpha} p_\alpha^* z_\alpha^2+2\sum p_{\alpha\beta} s_{\alpha\beta|\alpha_1\beta_1} z_\alpha z_{\alpha_1}$$

$$\sigma_y^2=\sum_{\beta}p_\beta^* t_\beta^2+2\sum p_{\alpha\beta}s_{\alpha\beta|\alpha_1\beta_1}t_\beta t_{\beta_1}$$

$$c_{xy}=\sum_{\alpha,\beta}p_{\alpha\beta}z_\alpha t_\beta+\sum p_{\alpha\beta}s_{\alpha\beta|\alpha_1\beta_1}(z_\alpha t_{\beta_1}+z_{\alpha_1}t_\beta)$$

在这些公式中 $\alpha=\overline{1,n}$,$\beta=\overline{1,m}$,$\alpha_1=\overline{1,n}$,$\beta_1=\overline{1,m}$;其中第二个和数是对于 α,β,α_1,β_1 来取的;z_α 与 t_β 具有通常的意义

$$z_\alpha=x_\alpha-a,t_\beta=y_\beta-b$$

并且

$$s_{\alpha\beta|\alpha_1\beta_1}=\sum_{k=1}^{+\infty}(p_{\alpha\beta|\alpha_1\beta_1}^{(k)}-p_{\alpha_1\beta_1})$$

σ_x^2,σ_y^2 与 c_{xy} 可以借助和数 $S_s(x)$ 与 $S_s(y)$ 的分布的特征函数而表示成其他的形式;和数 $S_s(x)$ 与 $S_s(y)$ 的分布的特征函数是由普通的公式

$$\varphi_s(t,\theta)=\boldsymbol{E}\mathrm{e}^{\mathrm{i}tS_s(x)+\mathrm{i}\theta S_s(y)}$$

来定义的,它满足差分方程

$$|\boldsymbol{E}\lambda-\boldsymbol{Q}|=0$$

其中

$$\boldsymbol{Q}=\mathrm{Mt}(p_{\alpha\beta|\alpha_1\beta_1}\mathrm{e}^{\mathrm{i}tx_{\alpha_1}+\mathrm{i}\theta y_{\beta_1}})$$

如果 σ_x,σ_y 是正的,则对于变量

$$X_s=\frac{S_s(x)-sa}{\sigma_x\sqrt{s}},Y_s=\frac{S_s(y)-sb}{\sigma_y\sqrt{s}}$$

有以下的定理:

54.I 变量 X_s 与 Y_s 的联合分布在 $s\to+\infty$ 时趋于典型二维正态分布并具有相关系数

$$r=\frac{c_{xy}}{\sigma_x\sigma_y}$$

55.马尔柯夫链状相关 链状相关可以有各种的样式,我们在考察其若干其他的类型之前,在本条目中先来考察马尔柯夫链状相关,这是马尔柯夫的论文[16]中的研究对象,虽然马尔柯夫在这篇论文里还不是如我们所理解的那样去理解它.

马尔柯夫在这篇文章中所解决的基本问题是这样的:设有两个唯一可能而互不相容的可察事件 E 与 F,按照下文所述的方式联系着三个唯一可能而互不相容的不可察事件 A,B,C,现在问题是要求 E 或 F 的频数的极限分布.

马尔柯夫引进从事件 A 到事件 A,B,C 的转移概率

$$p^a,p^b,p^c$$

以及从事件 B 或 C 到事件 A,B,C 的转移概率

$$q^a,q^b,q^c$$

与

$$r^a, r^b, r^c$$

显然

$$p^a + p^b + p^c = q^a + q^b + q^c = r^a + r^b + r^c = 1$$

于是事件 A, B, C 就联结成了简单的链.

事件 E 与 F 按下述方式与事件 A, B, C 相联系：在 A, B, C 之后实现 E 的概率分别为

$$\rho^a, \rho^b, \rho^c$$

而在 A, B, C 之后实现 F 的概率分别为

$$\sigma^a, \sigma^b, \sigma^c$$

最后，马尔柯夫还对事件 A, B, C 引入初始概率

$$p^1, q^1, r^1, \quad p^1 + q^1 + r^1 = 1$$

马尔柯夫的进一步的研究，恰如其所采用的符号一样，可以大大简化. 我们先来简化符号，按照本书所采用的符号系统引入较简单的符号如下.

转移概率 $p^a, p^b, \cdots$ 现在以 $p_{11}, p_{12}, \cdots$ 来表示，如下表 55.1 所示：

表 55.1

事件	A	B	C
A	p_{11}	p_{12}	p_{13}
B	p_{21}	p_{22}	p_{23}
C	p_{31}	p_{32}	p_{33}

转移概率 $\rho^a, \rho^b, \cdots$ 我们用 $q_{11}, q_{12}, \cdots$ 来表示，如下表 55.2 所示：

表 55.2

事件	E	F
A	q_{11}	q_{12}
B	q_{21}	q_{22}
C	q_{31}	q_{32}

A, B, C 的初始概率我们用

$$p_{01}, p_{02}, p_{03}$$

来表示.

为解决马尔柯夫的关于在 s 次试验中事件 E 的频数的基本问题，我们引进变量 Y，它在每一次试验中依事件 E 的实现与否而分别采取值 $y_1 = 1$ 与 $y_2 = 0$；同时我们还引进辅助变量 $v_0, v_1, \cdots, v_{s-1}$，它们分别联系于第 $0, 1, \cdots, s-1$ 次试验，并且和变量 Y 取相同的值.

由上述种种可以看出，马尔柯夫的情形无非是条目 50 中所考察的链 $C_m(Y)$ 的一个特殊情形，而马尔柯夫所得出的各个公式皆可由链 $C_m(Y)$ 的相

应公式经过必要的修正而得出. 马尔柯夫在其论文中曾作过如下的基本假定：矩阵

$$\boldsymbol{P}=\begin{pmatrix} p_{11} & p_{12} & p_{13} \\ p_{21} & p_{22} & p_{23} \\ p_{31} & p_{32} & p_{33} \end{pmatrix}$$

具有单重的特征根 $\lambda_0=1$ 而其余两个特征根 λ_1 与 λ_2 的模皆小于 1；现在我们试在此假定下指出若干公式.

在此假定之下对于转移概率 $p_{\alpha\beta}^{(k)}$ 与绝对概率 $p_{k|\beta}$ 我们有正的极限 p_1, p_2, p_3（马尔柯夫记作 p, q, r），并且对于事件 E 与 F 我们也有正的极限概率

$$q_1=p_1q_{11}+p_2q_{21}+p_3q_{31}$$

$$q_2=p_1q_{12}+p_2q_{22}+p_3q_{32}$$

（马尔柯夫记作 ρ 与 σ）. 若以 m_e 表示在具有号码 $0,1,\cdots,s-1$ 的 s 次试验中事件 E 的频数（$m_e=S_s(y)$），则根据公式(52.6) 易知

$$Em_e\sim sq_1, E(m_e-sq_1)^2\sim s\sigma_y^2$$

其中

$$\sigma_y^2=q_1q_2+2c_2c_3(p_2+p_3-Q_{23})+2c_3c_1(p_3+p_1-Q_{31})+$$
$$2c_1c_2(p_1+p_2-Q_{12})$$

$$Q_{23}=\frac{1-p_{13}}{P'(1)}=\frac{p_{12}+p_{13}}{P'(1)},\cdots$$

为了得出这些公式，可以用直接的方法或是利用频数 m_e 的特征函数 $\varphi_s(t)=Ee^{it\sum y_k}$，这个特征函数可由以下的差分方程来确定

$$\begin{vmatrix} \varphi-p_{11}u_1 & -p_{12}u_2 & -p_{13}u_3 \\ -p_{21}u_1 & \varphi-p_{22}u_2 & -p_{23}u_3 \\ -p_{31}u_1 & -p_{32}u_2 & \varphi-p_{33}u_3 \end{vmatrix}\varphi^s=0$$

$$(u_1=q_{11}e^{it}+q_{12}, u_2=q_{21}e^{it}+q_{22}, u_3=q_{31}e^{it}+q_{32})$$

如果我们回忆一下定理 42. VII，并回忆一下马尔柯夫链状相关的条件，则立即可知马尔柯夫在其论文中所得到的下述结论是成立的：变量

$$Y_s=\frac{m_e-sq_1}{\sigma_y\sqrt{s}}$$

当 $\sigma_y>0$ 时以典型一维正态分布为极限分布.

我们不再引进马尔柯夫对于这个链所得到的其他结果，而只来讲一下其基本问题的一个推广：试考察事件 A,B,C 与 E,F 的频数的联合分布；这可以十分清楚地揭示出马尔柯夫情形的相关的本质. 显而易见，此时只需考察在 s 次试验中事件 A,B,E 的频数 m_a,m_b,m_e 的联合分布. 研究这个分布的最简单的方法是利用特征函数

$$\varphi_s(t,u,\theta)=E\,\mathrm{e}^{\mathrm{i}tm_a+\mathrm{i}um_b+\mathrm{i}\theta m_e}$$

此特征函数满足差分方程

$$\begin{vmatrix}\varphi-p_{11}u_1 & -p_{12}u_2 & -p_{13}u_3\\ -p_{21}u_1 & \varphi-p_{22}u_2 & -p_{23}u_3\\ -p_{31}u_1 & -p_{32}u_2 & \varphi-p_{33}u_3\end{vmatrix}\varphi^3=0$$

其中

$$u_1=\mathrm{e}^{\mathrm{i}t}(q_{11}\mathrm{e}^{\mathrm{i}\theta}+q_{12}),u_2=\mathrm{e}^{\mathrm{i}u}(q_{21}\mathrm{e}^{\mathrm{i}\theta}+q_{22}),u_3=q_{31}\mathrm{e}^{\mathrm{i}\theta}+q_{32}$$

借助于这个方程及其相应的特征方程不难求得频数 m_a,m_b 与 m_e 的分布的参数,并可求得它们的极限分布.

56. 链状相关的其他类型 马尔柯夫的情形可以按照他所作的那样来加以推广,即事件 A,B,C 间的转移概率不仅依赖于 A,B,C 还依赖于随 A,B,C 之一而同时实现的事件 E 或 F;但也可以用另一种办法来推广,即扩大可察事件与不可察事件的数目.我们并不来考虑这些推广,而只是指出,马尔柯夫的推广系以前所考察的相关链 $C_2(X,Y)$ 的特殊情形.抛开这些推广不谈,我们来考察链状相关的另外两个类型,它们是彼此密切联系着的.

1. 我们来考察第一种链状相关的类型,为了避免复杂庞大的公式,我们把它用以下的最简单的形式叙述出来.

设唯一可能而互不相容的事件 A 与 B 联结成简单的均匀的马尔柯夫链,其转移概率用下列矩阵给出

$$\boldsymbol{P}=\begin{pmatrix}p_{11} & p_{12}\\ p_{21} & p_{22}\end{pmatrix}$$

设这个矩阵是不可分解的且非循环的,故

$$p_{11}>0,p_{21}>0,\delta=p_{11}-p_{21}\neq\pm1$$

我们假定,事件 A 联系着随机变量 X,X 具有固定的疏散分布

$$X=x_1,x_2,\cdots,x_a$$

$$P(X)=p_1,p_2,\cdots,p_a\quad\left(\sum_i p_i=1\right)$$

而事件 B 联系着随机变量 Y,Y 具有类似的分布

$$Y=y_1,y_2,\cdots,y_b$$

$$P(Y)=q_1,q_2,\cdots,q_b\quad\left(\sum_i q_i=1\right)$$

这样一来,变量 X 与 Y 由链状相关而相联结,我们的问题就是要来研究这种链状相关.我们最感兴趣的是来研究在我们的链中 X 与 Y 在 s 次试验中的值的和数 $S_s(x)$ 与 $S_s(y)$ 的性质.这可归结到研究 $S_s(x)$ 与 $S_s(y)$ 的联合分布的特征函数

$$\varphi_s(t,\theta)=E\,\mathrm{e}^{\mathrm{i}tS_s(x)+\mathrm{i}\theta S_s(y)}$$

显而易见,此特征函数适合非常简单的差分方程

$$\begin{vmatrix} \varphi - p_{11}u & -p_{12}v \\ -p_{21}u & \varphi - p_{22}v \end{vmatrix} \varphi^s = 0$$

或把这个差分方程展开即有

$$\varphi_{s+2} - K\varphi_{s+1} + L\varphi_s = 0 \tag{56.1}$$

其中

$$K = p_{11}u + p_{22}v, L = (p_{11}p_{22} - p_{12}p_{21})uv$$

$$u = \sum_{\alpha} p_{\alpha} e^{itx_{\alpha}}, v = \sum_{\beta} q_{\beta} e^{i\theta y_{\beta}}$$

链 C_2(事件 A 与 B 联结成的链)具有极限绝对概率

$$r_1 = \frac{p_{21}}{1-\delta}, r_2 = 1 - r_1$$

并且我们有关系式

$$p_{11} = r_1 + \delta r_2, p_{12} = r_2 - \delta r_2$$

$$p_{21} = r_1 - \delta r_1, p_{22} = r_2 + \delta r_1$$

因此系数 K 与 L 可写成另一形式

$$\begin{aligned} K &= (r_1 + \delta r_2)u + (r_2 + \delta r_1)v \\ L &= (p_{11} - p_{21})uv = \delta uv \end{aligned} \tag{56.2}$$

方程(56.1)的特征方程

$$\lambda^2 - K\lambda + L = 0$$

具有根 λ_0 与 λ_1,它们在 $t=\theta=0$ 时等于1与 δ,并且利用它们可将特征函数 $\varphi_s(t,\theta)$ 写成以下形式

$$\varphi_s(t,\theta) = A(t,\theta)\lambda_0^s + B(t,\theta)\lambda_1^s$$

并且在这种情形下还可把 $A(t,\theta)$ 与 $B(t,\theta)$ 通过 φ_s 的初始值

$$\varphi_0 = 1, \varphi_1 = p_{01}u + p_{02}v$$

(其中 p_{01} 与 p_{02} 是 A 与 B 的初始概率)与根 λ_0, λ_1 写成以下的明显表达式

$$A(t,\theta) = -\frac{\lambda_1 - \varphi_1}{\lambda_0 - \lambda_1}$$

$$B(t,\theta) = \frac{\lambda_0 - \varphi_1}{\lambda_0 - \lambda_1}$$

因此

$$\varphi_s(t,\theta) = -\frac{\lambda_1 - \varphi_1}{\lambda_0 - \lambda_1}\lambda_0^s + \frac{\lambda_0 - \varphi_1}{\lambda_0 - \lambda_1}\lambda_1^s$$

根据特征函数的这个表达式可以求得和数 $S_s(x)$ 与 $S_s(y)$ 的任何阶的原点矩的精确表达式.在这里我们只写出一阶与二阶原点矩的渐近值

$$m_{10} \sim sr_1a, m_{01} \sim sr_2b$$

$$a=\sum_{\alpha} p_{\alpha} x_{\alpha}, b=\sum_{\beta} q_{\beta} y_{\beta}$$

$$\mu_{20} \sim s\sigma_x^2, \mu_{02} \sim s\sigma_y^2, \mu_{11} \sim sc_{xy}$$

$$\sigma_x^2=r_1 \sum_{\alpha} p_{\alpha}(x_{\alpha}-a_{\alpha})^2+r_1 r_2 \frac{1+\delta}{1-\delta} a^2$$

$$\sigma_y^2=r_2 \sum_{\beta} q_{\beta}(y_{\beta}-b)^2+r_1 r_2 \frac{1+\delta}{1-\delta} b^2$$

$$c_{xy}=-r_1 r_2 \frac{1+\delta}{1-\delta} ab$$

对于我们所研究的链，$\sigma_x^2>0$，并且 $\sigma_y^2>0$，因此变量

$$X_x=\frac{S_s(x)-sr_1 a}{\sigma_s \sqrt{s}} \text{ 与 } Y_s=\frac{S_s(y)-sr_2 b}{\sigma_y \sqrt{s}}$$

的极限分布是典型二维正态分布，具有相关系数

$$r=\frac{c_{xy}}{\sigma_x \sigma_y}$$

2. 我们来考察链状相关的另一类型，它可确定如下：

对于简单的链 C_n 中的体系 S 的每一个状态 A_α 联系上一个疏散的与有穷的分布

$$f_{\alpha}(X_1, X_2, \cdots, X_n)$$

在这个分布中下列各值

$$X_1=x_{\gamma_1}, X_2=x_{\gamma_2}, \cdots, X_m=x_{\gamma_m}$$

的结合具有概率

$$q_{\alpha\gamma_1\gamma_2\cdots\gamma_m}$$

此处 γ_i 可取值 $1,2,\cdots,k_i, i=\overline{1,m}$. 概率 $q_{\alpha\gamma_1\gamma_2\cdots\gamma_m}$ 适合下列条件

$$\sum_{\gamma_1\cdots\gamma_m} q_{\alpha\gamma_1\cdots\gamma_m}=1 \quad (\alpha=\overline{1,n})$$

这样确定下来的链状相关我们记作

$$C_3(X_1, X_2, \cdots, X_m)$$

为了以后的书写简便，我们考察只具有两个变量 X 与 Y 的链 $C_3(X,Y)$，状态 A_α 联系着分布 $f_\alpha(X,Y)$，在这个分布中下列的值组

$$X=x_\gamma, Y=y_\delta \quad (\gamma=\overline{1,k}, \delta=\overline{1,m})$$

具有概率

$$q_{\alpha\gamma\delta} \quad (\alpha=\overline{1,n})$$

一般说来，数 k 与 m 可能依赖于 α，但若假定它们是有穷的，则适当地规定概率 $q_{\alpha\gamma\delta}$ 后，总可以认为它们对于 α 是不变的.

设变量 X 与 Y 在每一个时刻 T_h 联系有辅助变量 u_h 与 v_h，它们在时刻 T_h 和变量 X,Y 一样，以相同的概率取相同的值. 因此，若以 $q_{h|\gamma\delta}$ 表示在时刻 T_h 等式

$$X=x_\gamma, Y=y_\delta$$

的概率,则我们有

$$q_{h|\gamma\delta}=P(u_h=x_\gamma, v_h=y_\delta)=\sum_{\alpha} p_{h|\alpha} q_{\alpha\beta\gamma}$$

此时若对于 $h\to+\infty$, $p_{h|\alpha}$ 有确定的极限 p_α,则 $q_{h|\gamma\delta}$ 亦有确定的极限,设以 $q_{\gamma\delta}$ 表示此极限,则

$$q_{\gamma\delta}=\lim_{h\to+\infty}\sum_{\alpha} p_{h|\alpha} q_{\alpha\beta\gamma}=\sum_{\alpha} p_\alpha q_{\alpha\beta\gamma}$$

如果链 C_n 是平稳的,则链 $C_3(X,Y)$ 也是平稳的;对于所有的 $h=0,1,2,\cdots$ 我们有

$$q_{h|\gamma\delta}=\sum_{\alpha} p_\alpha q_{\alpha\gamma\delta}=q_{\gamma\delta}$$

我们还引进由等式

$$u_g=x_\gamma, v_g=y_\delta$$

经过任何中间值 $u_{g+1}, v_{g+1}, \cdots, u_{g+h-1}, v_{g+h-1}$ 而转移到等式

$$u_{g+h}=x_{\gamma_1}, v_{g+h}=y_{\delta_1}$$

的概率

$$q_{\gamma\delta|\gamma_1\delta_1}^{(g,h)}$$

显而易见

$$q_{\gamma\delta|\gamma_1\delta_1}^{(g,h)}=\sum_{\alpha,\alpha_1} p_{g|\alpha} q_{\alpha\gamma\delta} p_{\alpha\alpha_1}^{(h)} q_{\alpha_1\gamma_1\delta_1}$$

对于正则的链 C_n,有

$$\lim_{g\to+\infty} p_{g|\alpha}=p_\alpha$$

因此我们有

$$\lim_{g\to+\infty} q_{\gamma\delta|\gamma_1\delta_1}^{(g,h)}=\sum_{\alpha,\alpha_1} p_\alpha q_{\alpha\gamma\delta} p_{\alpha\alpha_1}^{(h)} q_{\alpha_1\gamma_1\delta_1}$$

$$\lim_{h\to+\infty} q_{\gamma\delta|\gamma_1\delta_1}^{(g,h)}=q_{g|\gamma\delta} q_{\gamma_1\delta_1}$$

$$\lim_{\substack{g\to+\infty\\ h\to+\infty}} q_{\gamma\delta|\gamma_1\delta_1}^{(g,h)}=q_{\gamma\delta} q_{\gamma_1\delta_1}$$

最后这两个等式是值得注意的,它们显示出 X,Y 在时刻 T_g 与 T_{g+h} 的值之间的联系随着 h 的增加,而逐渐削弱化归乌有.

为了进一步来研究链 $C_3(X,Y)$,我们引进和数 $S_s(x)$ 与 $S_s(y)$ 的分布的特征函数.我们按普通的方式,以下列等式来定义这个特征函数

$$\varphi_s(t,\theta)=\sum_{s} p_{0\alpha} v_\alpha p_{\alpha\alpha_1} v_{\alpha_1}\cdots p_{\alpha_{s-2}\alpha_{s-1}} v_{\alpha_{s-1}}$$

其中

$$v_\alpha=\sum_{\gamma,\delta} q_{\alpha\gamma\delta}\,\mathrm{e}^{\mathrm{i}tx_\gamma+\mathrm{i}\theta y_\delta}$$

由此立即可看出，特征函数 $\varphi_s(t,\theta)$ 满足 n 阶差分方程

$$|\boldsymbol{E}\varphi-\boldsymbol{R}|\varphi^s=0$$

其中

$$\boldsymbol{R}=\mathrm{Mt}(p_{\alpha\beta}v_\beta)$$

以下我们假定链 C_n 的矩阵是不可分解的. 此时对于和数 $S_s(x)$ 与 $S_s(y)$ 的一阶矩有如下的渐近值

$$m_{10}=ES_s(x)\sim sa$$

$$m_{01}=ES_s(y)\sim sb$$

$$a=\sum_\gamma p_\gamma a_\gamma,a_\gamma=\sum_\delta q_{\gamma\delta}x_\gamma=q_\gamma x_\gamma$$

$$b=\sum_\delta p_\delta b_\delta,b_\delta=\sum_\gamma q_{\gamma\delta}y_\delta=q_\delta y_\delta$$

而对于二阶中心矩有如下的渐近值

$$\mu_{20}\sim s\sigma_x^2,\mu_{02}\sim s\sigma_y^2,\mu_{11}\sim sc_{xy}$$

$$\sigma_x^2=\sum_\gamma q_\gamma(x_\gamma-a)^2+2\sum_\gamma c_\gamma\sum_{\gamma_1}{}'\left(p_\gamma-\frac{1}{2}Q_{\gamma\gamma_1}\right)c_{\gamma_1}$$

$$(\gamma,\gamma_1=\overline{1,k};c_\gamma=a_\gamma-a)$$

$$\sigma_y^2=\sum_\delta q_\delta(y_\delta-b)^2+2\sum_\delta d_\delta\sum_{\delta_1}{}'\left(p_s-\frac{1}{2}Q_{\delta\delta_1}\right)d_{\delta_1}$$

$$(\delta,\delta_1=\overline{1,m};d_\delta=b_\delta-b)$$

$$c_{xy}=\sum_{\gamma,\delta}q_{\gamma\delta}(x_\gamma-a)(y_\delta-b)+2\sum_\gamma c_\gamma\sum_\delta{}'\left(p_\gamma-\frac{1}{2}Q_{\gamma\delta}\right)d_\delta$$

如果 $\sigma_\lambda^2>0$，并且 $\sigma_y^2>0$，则变量

$$X_s=\frac{S_s(x)-sa}{\sigma_x\sqrt{s}}\text{ 与 }Y_s=\frac{S_s(y)-sb}{\sigma_y\sqrt{s}}$$

的极限分布是典型二维正态分布，并具有相关系数

$$r=\frac{c_{xy}}{\sigma_x\sigma_y}$$

第六章 马尔柯夫 — 布伦斯链

57. 导言 在这一章里我们来研究这样一种链,马尔柯夫称它为广义链,而我们则称之为马尔柯夫 — 布伦斯(Брунс)链,因为他们两个人最先详尽地研究了这种链的最简单的情形,不过他们两个人的观点是彼此不同的.

在 1906 年布伦斯曾提出并解决了上述的最简单的问题,而马尔柯夫于 1911 年在其论文[14]中又重新研究了它.马尔柯夫看出了布伦斯问题中的链的特征并应用了数学期望的方法,马尔柯夫曾将此法应用到关于链的许多问题上,获得了很大的成功;布伦斯没有注意到问题中链的特征,他是应用一种特殊的而且相当繁复的方法来解决它的①.

那么布伦斯问题到底是什么呢?以下我们就要讲到,并且按照马尔柯夫的方法来解决它.然后我们把它提成最一般的形式,并按照以前我们对于马尔柯夫链的其他问题所应用的方法来解决它.

58. 马尔柯夫 — 布伦斯链的最简单的情形 假定对于一串独立试验联系了一串数

$$w_1, w_2, \cdots, w_k, w_{k+1}, \cdots, w_n, \cdots$$

使得随第 k 次试验中事件 A 实现与否而分别有 $w_k=1$ 或 0.还假定在每次试验中事件 A 的概率等于 α,而事件 A 的反面事件的概率等于 β,于是 $\alpha+\beta=1$.

最后,令

$$m=w_1w_2+w_2w_3+\cdots+w_nw_{n+1}$$

① 读者可以在马尔柯夫的上述论文[14]中找到布伦斯的论文的索引.

在前述条件之下，乘积

$$w_k w_{k+1}$$

按照第 k 次与第 $k+1$ 次这一对试验中，结合 AA 实现与否而分别等于 1 或 0；至于上述和数 m 则等于第 1 次与第 2 次，第 2 次与第 3 次，第 3 次与第 4 次，……，第 n 次与第 $n+1$ 次各对试验中，结合 AA 实现的次数.

这些试验对构成了一个试验序列，这个试验序列中只有相邻的试验才由结合 AA 相联系，因为如果等式

$$i=k, i=k+1, i+1=k$$

皆不成立，则下列二乘积

$$w_i w_{i+1} \text{ 与 } w_k w_{k+1}$$

彼此不相依赖.

我们来考察这个试验对的序列. 设称结合 AA 为事件 E，我们试来寻求：在既定的若干次试验中事件 E 实现的次数处于某已知范围内的概率.

关于本章所讨论的链的最简单的情形，马尔柯夫所提出的问题就是如此.

马尔柯夫还引入了 n 次试验中事件 E 实现 m 次的概率 P_{mn}，并且证明了由下列等式

$$\varphi_n = \sum_{m=0}^{n} P_{mn} \xi_m$$

所确定的“频数 m 的阶乘矩(即形如 $m(m-1)\cdots(m-h+1)$ 的乘积的数学期望)的母函数”满足如下的差分方程

$$\begin{vmatrix} \varphi - \alpha\xi & -\alpha \\ -\beta & \varphi - \beta \end{vmatrix} \varphi^n = 0$$

或者把它写成展开的形式，即

$$\varphi_{n+2} - (\alpha\xi + \beta)\varphi_{n+1} + \alpha\beta(\xi - 1)\varphi_n = 0$$

然后马尔柯夫建立了母函数 φ_n 的母函数

$$1 + t\varphi_1 + t^2\varphi_2 + \cdots + t^n\varphi_n + \cdots = \frac{C + Dt}{1 - (\alpha\xi + \beta)t + \alpha\beta(\xi - 1)t^2}$$

其中

$$C = 1, D = \varphi_1 - \alpha\xi - \beta = \alpha\beta(1 - \xi)$$

最后，他应用自己十分著名的方法证明了：不等式

$$t_1\sqrt{2bn} < m - n\alpha^2 < t_2\sqrt{2bn}$$

(其中 t_1, t_2 是任意给定的数)，并且 $b = -\frac{\mathrm{d}^2}{\mathrm{d}u^2}\{1 - (\alpha \mathrm{e}^u + \beta)\mathrm{e}^{-\alpha^2 u} + \alpha\beta(\mathrm{e}^u - 1)\mathrm{e}^{-2\alpha 2u}\}_{u=0} = \alpha^2\beta(1 + 3\alpha)$ 的概率在 n 无限增加时趋于极限

$$\frac{1}{\sqrt{\pi}}\int_{t_1}^{t_2} \mathrm{e}^{-t^2}\,\mathrm{d}t$$

现在我们来说明,怎样一来上述的马尔柯夫－布伦斯问题,就可以作为在若干简单的疏散的马尔柯夫链中关于频数分布的更一般的问题的特例,而得以解决.

我们试考察一串试验,它们对于事件 A 而言是独立的,在每一个试验中事件 A 实现的概率等于 α,而事件 A 不实现的概率等于 β;我们称事件 A 的不实现为事件 B. 我们把第 1 次与第 2 次,第 2 次与第 3 次,第 3 次与第 4 次等各对试验的结果看成是新的事件,这些新事件就是 AA,AB,BA 与 BB;它们是互不相容而唯一可能的,但已然不是独立的了,它们联结成为简单的马尔柯夫链,其转移概率如下表 58.1 所示:

表 58.1

事件	AA	AB	BA	BB
AA	α	β	0	0
AB	0	0	α	β
BA	α	β	0	0
BB	0	0	α	β

关于这个表无须再加以解释了.

现在我们可以写出 s 次试验中 AA,AB,BA,BB 的频数分布的特征函数的差分方程

$$|\boldsymbol{E}\varphi-\boldsymbol{R}|\varphi^{s}=0 \tag{58.1}$$

其中

$$\boldsymbol{R}=\begin{pmatrix}\alpha e^{it_1} & \beta e^{it_2} & 0 & 0\\ 0 & 0 & \alpha e^{it_3} & \beta e^{it_4}\\ \alpha e^{it_1} & \beta e^{it_2} & 0 & 0\\ 0 & 0 & \alpha e^{it_3} & \beta e^{it_4}\end{pmatrix}$$

此特征函数系 t_1,t_2,t_3,t_4 四个变量的函数,并且如果我们把 s 次试验中事件

$$AA,AB,BA,BB$$

的频数记作

$$m_1,m_2,m_3,m_4$$

则

$$E(m_1^g m_2^h m_3^k)=\left(\frac{\partial^{g+h+k}\varphi_s}{\partial t_1^g\partial t_2^h\partial t_3^k}\right)_0$$

其中下标 0 表示微分之后应令 $t_1=t_2=t_3=t_4=0$.

如果一开始我们就在 φ_s 中令 t_2,t_3,t_4 等于零,且只保留变量 t_1,则我们即得频数 m_1 的分布的特征函数,换句话说,也就是得到了解决马尔柯夫－布伦斯问题的简单而基本的工具. 这样一来,我们看出,马尔柯夫－布伦斯问题实际上乃是我们所提出的更一般的问题的特例,而这个更一般的问题也只不过是用简单

的疏散的马尔柯夫链的特殊形式表述出来的.但是这个特殊形式是值得注意的,因为它给出了构造链状试验的简单方法并且它还具有独特的有趣的性质.应该注意,由独立试验这样来构造链状过程,或是至少作为链状过程的初步近似,乃是链状过程实际发生的经常反映.除此以外,马尔柯夫—布伦斯问题之所以能得到其应得的发展,部分原因也是它引起了马尔柯夫的注意.

我们来考察完备的差分方程(58.2).先引入以下的符号

$$q_1=\alpha\mathrm{e}^{it_1},q_2=\beta\mathrm{e}^{it_2},q_3=\alpha\mathrm{e}^{it_3},q_4=\beta\mathrm{e}^{it_4}$$

于是(58.2)就可写成

$$\begin{vmatrix}\varphi-q_1 & -q_2 & 0 & 0\\ 0 & \varphi & -q_3 & -q_4\\ -q_1 & -q_2 & \varphi & 0\\ 0 & 0 & -q_3 & \varphi-q_4\end{vmatrix}\varphi^s=0$$

现在我们试来化简它.在方程中的行列式中,第三横行减去第一横行,第四横行减去第二横行,这样运算之后,再把第三纵列加到第一纵列上,第四纵列加到第二纵列上;最后便得

$$\begin{vmatrix}\varphi-q_1 & q_2 & 0 & 0\\ -q_3 & \varphi-q_4 & -q_3 & -q_4\\ 0 & 0 & \varphi & 0\\ 0 & 0 & 0 & \varphi\end{vmatrix}\varphi^s=0$$

或写成

$$\begin{vmatrix}\varphi-q_1 & -q_2\\ -q_3 & \varphi-q_4\end{vmatrix}\varphi^{s+2}=0$$

因此,特征函数 φ_s 满足二阶差分方程

$$\varphi_{s+2}-(q_1+q_4)\varphi_{s+1}+(q_1q_4-q_1q_3)\varphi_s=0 \qquad (58.2)$$

如果我们感兴趣的只是频数 m_1 的特征函数,那么这个二阶差分方程可化为

$$\varphi_{s+2}-(\alpha\mathrm{e}^{it_1}+\beta)\varphi_{s+1}+\alpha\beta(\mathrm{e}^{it_1}-1)\varphi_s=0 \qquad (58.3)$$

这个方程实质上就是马尔柯夫在应用他自己的方法来解决布伦斯问题时所得到的方程.

为了要得出 s 次试验中频数 m_1,m_2 与 m_3 的一阶与二阶矩,我们在(58.2)中令 $t_4=0$,而来考察方程

$$\varphi_{s+2}-(\alpha\mathrm{e}^{it_1}+\beta)\varphi_{s+1}+\alpha\beta(\mathrm{e}^{it_1}-\mathrm{e}^{i(t_1+t_2)})\varphi_s=0$$

这个差分方程的特征方程是

$$\lambda^2-(\alpha\mathrm{e}^{it_1}+\beta)\lambda+\alpha\beta(\mathrm{e}^{it_1}-\mathrm{e}^{i(t_2+t_3)})=0 \qquad (58.4)$$

它有一个单根 $\lambda_0=\lambda_0(t_1,t_2,t_3)$,当 $t_1=t_2=t_3=0$ 时,它等于1,并且还有一个单根 λ_1,当 $t_1=t_2=t_3=0$ 时,它等于0.在方程(58.4)中令 $\lambda=\lambda_0(t_1,t_2,t_3)$,于是方

程(58.4)就变成了一个恒等式,微分这个恒等式,利用我们所熟知的方法,即可得出我们所需要的各个矩的渐近表达式.我们有

$$m_1^0 = E\,m_1 \sim s\alpha^2$$

$$m_2^0 = E\,m_2 \sim s\alpha\beta$$

$$m_3^0 = E\,m_3 \sim s\alpha\beta$$

$$\mu_1 = E(m_1 - s\alpha^2)^2 \sim s\alpha^2\beta(1+3\alpha) \equiv s\sigma_1^2$$

$$\mu_2 = E(m_2 - s\alpha\beta)^2 \sim s\alpha\beta(1-3\alpha\beta) \equiv s\sigma_2^2$$

$$\mu_3 = E(m_3 - s\alpha\beta)^2 \sim s\alpha\beta(1-3\alpha\beta) \equiv s\sigma_3^2$$

$$\mu_{12} = E(m_1 - s\alpha^2)(m_2 - s\alpha\beta) = s\alpha^2\beta(1-3\alpha) \equiv sc_{12}$$

$$\mu_{13} = E(m_1 - s\alpha^2)(m_3 - s\alpha\beta) = s\alpha^2\beta(1-3\alpha) \equiv sc_{13}$$

$$\mu_{23} = E(m_2 - s\alpha\beta)(m_3 - s\alpha\beta) = s\alpha\beta(1-3\alpha\beta) \equiv sc_{23}$$

若以 r_{12}, r_{13}, r_{23} 表示当 $s \to +\infty$ 时频数 m_1, m_2, m_3 的极限相关系数,则对于它们我们有如下的表达式

$$r_{12} = \frac{c_{12}}{\sigma_1\sigma_2} = \frac{\alpha(1-3\alpha)}{\sqrt{\alpha(1+3\alpha)(1-3\alpha\beta)}}$$

$$r_{13} = \frac{c_{13}}{\sigma_1\sigma_3} = r_{12},\ r_{23} = \frac{c_{23}}{\sigma_2\sigma_3} = 1$$

如果 α 不等于 0 或 1,并且比标准离差 $\sigma_1^2, \sigma_2^2, \sigma_3^2$ 皆是正的,那么根据定理 42.VII,下列变量

$$X_{1(s)} = \frac{m_1 - s\alpha^2}{\sigma_1\sqrt{s}}$$

$$X_{2(s)} = \frac{m_2 - s\alpha\beta}{\sigma_2\sqrt{s}}$$

$$X_{3(s)} = \frac{m_3 - s\alpha\beta}{\sigma_3\sqrt{s}}$$

中的任何一个皆有典型一维正态极限分布.至于其联合分布则在极限情形下化为变量 $X_{1(s)}$ 与 $X_{2(s)}$ 的典型二维正态分布,具有相关系数

$$r = r_{12}$$

第三个变量在极限情形下具有与第二个变量相同的分布,并且它与第一个变量的联系也和第二个变量与第一个变量的联系相同.

附注 我们来解释一下,一串试验联结成为事件"AA"与事件"非 AA"(马尔柯夫记作事件 E 与事件 F)的链,马尔柯夫何以就称之为广义链呢?马尔柯夫自己没有解释这个名词,大概是以为这个名词的含义是不言而喻的.

设一串试验具有事件

$$AA = E \text{ 与非 } AA = F$$

联结成简单的链，则我们对于这个链的规律有如下的转移概率的表(表 58.2).

表 58.2

事件	E	F	
E	p_{11}	p_{12}	$p_{11}+p_{12}=1$
F	p_{21}	p_{22}	$p_{21}+p_{22}=1$

现在我们取定表 58.1，显而易见，由表 58.1 应能推得表 58.2. 事件 $F=$ 非 AA 是事件 AB，BA，BB 之一. E 后实现 F 的转移概率按照表 58.1 应为 $p_{12}=\beta$，但是 F 后的转移概率却没有一个确定的值，因为由事件 F 看不出来它是由事件 AB，BA，BB 中的哪一个构成的. 实际上，如果我们以 p_{01}，p_{02}，p_{03}，p_{04} 表示事件 AA，AB，BA，BB 的初始概率，并且如果在第 k 次试验中事件 AB，BA，BB 之中有一件实现了，但到底实现的是哪一件则未指明，那么此时在第 $k+1$ 个试验中实现事件 F 的转移概率显然等于

$$p_{22}^{*}=\frac{p_{k|2}(\alpha+\beta)+p_{k|3}\beta+p_{k|4}(\alpha+\beta)}{p_{k|2}+p_{k|3}+p_{k|4}}$$

因而它依赖于 k 并且依赖于初始概率 $p_{0\alpha}$. 完全同样地可以求得在第 k 个试验中实现 F 而在第 $k+1$ 个试验中实现 E 的转移概率等于

$$p_{21}^{*}=\frac{p_{k|3}\alpha}{p_{k|2}+p_{k|3}+p_{k|4}}$$

于是总的来说，联结事件 E 与 F 的链的规律是非均匀的并且依赖于初始概率 $p_{0\alpha}$. 对于第 $k+1$ 次试验，这个链的规律便是以下的矩阵

$$\boldsymbol{p}^{*}=\begin{pmatrix}\alpha & \beta\\ p_{21}^{*} & p_{22}^{*}\end{pmatrix}$$

其中 p_{21}^{*} 与 p_{22}^{*} 之值有如上述.

我们也可以用另一种方式来解释这个问题.

我们重新再来考察在未知第 k 次试验结果的情况下，第 $k+1$ 次试验实现 F 的概率. 设以 $p_{k|E}$，$p_{k|F}$，$p_{k|AA}$ 等表示 E，F，AA 等的绝对概率. 此时即有

$$\begin{aligned}p_{k+1|F}&=p_{k+1|AB}+p_{k+1|BA}+p_{k+1|BB}\\&=(p_{k|AA}\beta+p_{k|BA}\beta)+(p_{k|AB}\alpha+p_{k|BB}\alpha)+\\&\quad(p_{k|AB}\beta+p_{k|BB}\beta)\\&=p_{k|AA}\beta+p_{k|AB}+p_{k|BA}\beta+p_{k|BB}\end{aligned}$$

如果 $\beta\neq1$(或 $\alpha\neq0$)，那么以上等式已不能化为下列形式

$$p_{k+1|F}=p_{k|E}p_{EF}+p_{k|F}p_{FF}$$

而这个等式按照表 58.2 来看则是能够成立的. 但是 $\beta=1$ 的情形应该除去，因为此时我们的链退化成了仅由必然事件 B 所构成的序列.

因此，布伦斯与马尔柯夫所研究的这些试验，它们联结成为试验的链，但非

C_n 型的链. 在这种意义下它们是广义链.

在"广义链"这个词的这种定义之下，如果我们把链 C_n 的所有不同事件 $A_\alpha(\alpha=\overline{1,n})$ 分成几个事件组，使不同的事件组无共同的事件，那么这些事件组就成为新的复杂的、唯一可能而互不相容的事件，此时不难看出，由这些新事件所联结成的链也是广义链. 举例言之，当 $n=6$ 时，上述的新事件可以是

$$F=A_1,G=(A_2+A_3),H=(A_4+A_5+A_6)$$

它们在时间过程中(或在一系列的试验中) 彼此的联系不能表示成简单的链 C_3 的形式，但是不难写出 s 次试验中它们的频数 m_F,m_G,m_H 的特征函数的差分方程来. 显而易见，这个差分方程是

$$\begin{vmatrix} \varphi-p_{11}e^{it} & -p_{12}e^{i\theta} & -p_{13}e^{i\theta} & -p_{14}e^{i\tau} & -p_{15}e^{i\tau} & -p_{16}e^{i\tau} \\ \vdots & \vdots & \vdots & \vdots & \vdots & \vdots \\ -p_{61}e^{it} & -p_{62}e^{i\theta} & -p_{63}e^{i\theta} & -p_{64}e^{i\tau} & -p_{65}e^{i\tau} & \varphi-p_{66}e^{i\tau} \end{vmatrix}\varphi^s=0$$

借助于这个差分方程就可以研究事件 F,G,H 所构成的链.

59. 马尔柯夫－布伦斯链的推广 为了要弄清楚以后我们所要讲的马尔柯夫－布伦斯链的一般概型，我们试来考察若干种类型的例子.

例 1 设有一个试验的无穷序列，在每一次试验中事件

$$A_1,A_2,A_3$$

是唯一可能而互不相容的，并且各次试验对于这三个事件而言是独立的，每次试验中这些事件的概率恒等于

$$\alpha_1,\alpha_2,\alpha_3$$

在这一系列的试验中，其可能的结果也构成一个序列

$$A_1',A_2',A_3',A_4',\cdots$$

其中 A_h' 表示第 h 次试验中事件 A_1,A_2,A_3 之一. 在这个可能的结果的序列中，我们依次把其中事件一对一对地结合成为复杂事件

$$A_1'A_2',A_2'A_3',A_3'A_4',\cdots$$

于是这些复杂事件就已经不是独立的了. 它们共有九种

$$A_1A_1,A_1A_2,A_1A_3,A_2A_1,\cdots,A_3A_3$$

为了简便起见，我们按照它们的下标简记为

$$11,12,13,21,\cdots,33$$

它们彼此间的转移概率不难由下表(表 59.1) 给出：

表 59.1

	11	12	13	21	22	23	31	32	33
11	α_1	α_2	α_3	0	0	0	0	0	0
12	0	0	0	α_1	α_2	α_3	0	0	0
13	0	0	0	0	0	0	α_1	α_2	α_3

续表59.1

	11	12	13	21	22	23	31	32	33
21	α_1	α_2	α_3	0	0	0	0	0	0
22	0	0	0	α_1	α_2	α_3	0	0	0
23	0	0	0	0	0	0	α_1	α_2	α_3
31	α_1	α_2	α_3	0	0	0	0	0	0
32	0	0	0	α_1	α_2	α_3	0	0	0
33	0	0	0	0	0	0	α_1	α_2	α_3

如果只来研究具有复杂事件的 s 次试验中的九种结合

$$11,12,\cdots,33$$

之一的分布问题，则我们便得到了广义链（即马尔柯夫－布伦斯链）的一个新的情形．不过以下我们要来考察的是 s 次试验中所有这九种结合的频数的联合分布．其特征函数为

$$\varphi_s(t_1,t_2,\cdots,t_8)=\boldsymbol{E}\mathrm{e}^{\mathrm{i}(t_1+t_2+\cdots+t_8)}$$

它满足差分方程

$$|\boldsymbol{E}\varphi-\boldsymbol{Q}|=0 \tag{59.1}$$

其中 $\boldsymbol{Q}$ 表示这样一个矩阵，它是依照以下办法得出的：在给出转移概率的以上的表中，形成了一个矩阵；把这个矩阵中对应于 11,21,31 各横行里的 $\alpha_1,\alpha_2,\alpha_3$ 换成 q_1,q_2,q_3；对应于 12,22,32 各横行里的 $\alpha_1,\alpha_2,\alpha_3$ 换成 q_4,q_5,q_6；对应于 13,23,33 各横行里的 $\alpha_1,\alpha_2,\alpha_3$ 换成 q_7,q_8,q_9．最后令

$$q_1=\alpha_1\mathrm{e}^{it_1},q_2=\alpha_2\mathrm{e}^{it_2},q_3=\alpha_3\mathrm{e}^{it_3}$$

$$q_4=\alpha_1\mathrm{e}^{it_4},q_5=\alpha_2\mathrm{e}^{it_5},q_6=\alpha_3\mathrm{e}^{it_6}$$

$$q_7=\alpha_1\mathrm{e}^{it_7},q_8=\alpha_2\mathrm{e}^{it_8},q_9=\alpha_9$$

在关于频数

$$m_{11},m_{12},\cdots$$

的分布的问题中，有意思的事实是：方程(59.1) 乍一看乃是九阶的差分方程，而实则只不过是三阶的差分方程．因为如果我们在(59.1) 的行列式中作如下的运算

由第 4 横行与第 7 横行减去第 1 横行

由第 5 横行与第 8 横行减去第 2 横行

由第 6 横行与第 9 横行减去第 3 横行

然后在所得到的行列式中

将第 4 纵列与第 7 纵列加到第 1 纵列

将第 5 纵列与第 8 纵列加到第 2 纵列

将第 6 纵列与第 9 纵列加到第 3 纵列

此时我们对于方程(59.1) 中的行列式就得出了这样的形式

$$|E\varphi - Q| = \begin{vmatrix} \varphi - q_1 & -q_2 & -q_3 & 0 & 0 & \cdots & 0 \\ -q_4 & \varphi - q_5 & -q_6 & 0 & 0 & \cdots & 0 \\ -q_7 & -q_8 & \varphi - q_9 & 0 & 0 & \cdots & 0 \\ 0 & 0 & 0 & \varphi & 0 & \cdots & 0 \\ 0 & 0 & 0 & 0 & \varphi & \cdots & 0 \\ \vdots & \vdots & \vdots & \vdots & \vdots & & \vdots \\ 0 & 0 & 0 & 0 & 0 & \cdots & \varphi \end{vmatrix}$$

所以

$$|E\varphi - Q| = \begin{vmatrix} \varphi - q_1 & -q_2 & -q_3 \\ -q_4 & \varphi - q_5 & -q_6 \\ -q_7 & -q_8 & \varphi - q_9 \end{vmatrix} \varphi^6 = 0$$

这样一来，实际上，特征函数 $\varphi_s(t_1, \cdots, t_8)$ 满足以下的三阶差分方程

$$\begin{vmatrix} \varphi - q_1 & -q_2 & -q_3 \\ -q_4 & \varphi - q_5 & -q_6 \\ -q_7 & -q_8 & \varphi - q_9 \end{vmatrix} \varphi^s = 0 \qquad (59.2)$$

例 2 这一回我们来考察一个独立试验的无穷序列，每一次试验中有 A_1 与 A_2 两个事件，它们是唯一可能且互不相容的，并且在每一次试验中其实现的概率恒为 α 与 β；我们把这个独立试验的无穷序列的结果

$$A_1', A_2', A_3', A_4', \cdots$$

依次结合成为三重的复杂事件

$$A_1'A_2'A_3', A_2'A_3'A_4', A_3'A_4'A_5', \cdots$$

其中相邻的复杂事件具有两个共同的原始事件，并且已然不是独立的了. 其唯一可能而互不相容的类型共有八种，如果我们把 $A_1A_1A_1, A_1A_1A_2, \cdots$ 写成 111，112，…，则此八种类型计为

111，112，121，122，211，212，221，222

这些复杂事件由我们所考察的试验序列而联结成简单的马尔柯夫链，其规律可由下表(表 59.2) 给出：

表 59.2

	111	112	121	122	211	212	221	222
111	α	β	0	0	0	0	0	0
112	0	0	α	β	0	0	0	0
121	0	0	0	0	α	β	0	0
122	0	0	0	0	0	0	α	β
211	α	β	0	0	0	0	0	0
212	0	0	α	β	0	0	0	0
221	0	0	0	0	α	β	0	0
222	0	0	0	0	0	0	α	β

个别的结合 111 或 112,… 由我们所考察的试验序列联结成马尔柯夫－布伦斯链,但是这些结合的全体则由我们所考察的试验序列而联结成简单的马尔柯夫链 C_8,其转移概率的矩阵 $\boldsymbol{Q}$ 可以这样得出:以上的表形成了一个矩阵,在这个矩阵中把对应于 111 与 211 的各横行中的 α 与 β 换成

$$q_1=\alpha e^{it_1},q_2=\beta e^{it_2}$$

把对应于 112 与 212 的各横行中的 α 与 β 换成

$$q_3=\alpha e^{it_3},q_4=\beta e^{it_4}$$

把对应于 121 与 221 的横行中的 α 与 β 换成

$$q_5=\alpha e^{it_5},q_6=\beta e^{it_6}$$

把对应于 122 与 222 的各横行中的 α 与 β 换成

$$q_7=\alpha e^{it_7},q_8=\beta$$

结合 111,112,… 在 s 次试验中的频数的联合分布具有特征函数 $\varphi_s(t_1,t_2,\cdots,t_7)$,它满足如下的差分方程

$$|\boldsymbol{E}\varphi-\boldsymbol{Q}|\varphi^s=0 \tag{59.3}$$

这个方程也是可以降低阶数的;由这个方程的行列式中的第 5,6,7,8 横行分别减去第 1,2,3,4 横行,然后在所得到的行列式中把第 5,6,7,8 纵列分别加到第 1,2,3,4 纵列,易见,经过这些运算后即得

$$|\boldsymbol{E}\varphi-\boldsymbol{Q}|=\begin{vmatrix}\varphi-q_1 & -q_2 & 0 & 0 & 0 & \cdots & 0\\ 0 & \varphi & -q_3 & -q_4 & 0 & \cdots & 0\\ -q_5 & -q_6 & \varphi & 0 & 0 & \cdots & 0\\ 0 & 0 & -q_7 & \varphi-q_8 & 0 & \cdots & 0\\ 0 & 0 & 0 & 0 & \varphi & \cdots & 0\\ 0 & 0 & 0 & 0 & 0 & \cdots & \varphi\end{vmatrix}$$

$$=\begin{vmatrix}\varphi-q_1 & -q_2 & 0 & 0\\ 0 & \varphi & -q_3 & -q_4\\ -q_5 & -q_6 & \varphi & 0\\ 0 & 0 & -q_7 & \varphi-q_8\end{vmatrix}\varphi^4\equiv R_4(\varphi)\varphi^4$$

所以,特征函数 $\varphi_s(t_1,\cdots,t_7)$ 满足以下的一个以符号形式写出的四阶差分方程

$$R_4(\varphi)\varphi^s=0 \tag{59.4}$$

例 3 我们在与上一个例子相同的条件之下,再来考察上一个例子中的原始序列

$$A_1',A_2',A_3',A_4',\cdots$$

不过这一回我们由此构成的三重事件序列的相邻项只有一个共同的原始事件

$$A_1'A_2'A_3',A_3'A_4'A_5',A_5'A_6'A_7',\cdots$$

这些事件的唯一可能而互不相容的类型仍是

$$111,112,121,122,211,212,221,222$$

并且它们依旧联结成简单的马尔柯夫链，但是它们的规律就和上一个例子有所不同了，不难看出，这个规律可由下表（表 59.3）给出：

表 59.3

	111	112	121	122	211	212	221	222
111	α^2	$\alpha\beta$	$\alpha\beta$	β^2	0	0	0	0
112	0	0	0	0	α^2	$\alpha\beta$	$\alpha\beta$	β^2
121	α^2	$\alpha\beta$	$\alpha\beta$	β^2	0	0	0	0
122	0	0	0	0	α^2	$\alpha\beta$	$\alpha\beta$	β^2
211	α^2	$\alpha\beta$	$\alpha\beta$	β^2	0	0	0	0
212	0	0	0	0	α^2	$\alpha\beta$	$\alpha\beta$	β^2
221	α^2	$\alpha\beta$	$\alpha\beta$	β^2	0	0	0	0
222	0	0	0	0	α^2	$\alpha\beta$	$\alpha\beta$	β^2

s 次试验中频数 $m_{111}, m_{112}, \cdots$ 的分布的特征函数满足差分方程

$$|\boldsymbol{E}\varphi - \boldsymbol{Q}|\varphi^s = 0 \tag{59.5}$$

其中矩阵 $\boldsymbol{Q}$ 是这样得出的：以上的表形成了一个矩阵，在此矩阵中把对应于 111,121,211,221 的各横行里的

$$\alpha^2, \alpha\beta, \alpha\beta, \beta^2$$

分别换成

$$q_1 = \alpha^2 e^{it_1}, q_2 = \alpha\beta e^{it_2}, q_3 = \alpha\beta e^{it_3}, q_4 = \beta^2 e^{it_4}$$

并把对应于 112,122,212,222 的各横行里的

$$\alpha^2, \alpha\beta, \alpha\beta, \beta^2$$

分别换成

$$q_5 = \alpha^2 e^{it_5}, q_6 = \alpha\beta e^{it_6}, q_7 = \alpha\beta e^{it_7}, q_8 = \beta^2$$

由方程(59.5)中的行列式里的第 3,5,7 各横行减去第 1 横行，再由第 4,6,8 各横行减去第 2 横行，然后在所得到的行列式中把第 3,5,7 各纵列加到第 1 纵列，把第 4,6,8 各纵列加到第 2 纵列. 经此运算方程(59.5)中的行列式就化成了以下的形式

$$|\boldsymbol{E}\varphi - \boldsymbol{Q}| = \begin{vmatrix} \varphi - q_1 - q_3 & -q_2 - q_4 \\ -q_5 - q_7 & \varphi - q_6 - q_8 \end{vmatrix} \varphi^6$$

这样一来，差分方程(59.5)就降为二阶差分方程

$$\begin{vmatrix} \varphi - q_1 - q_3 & -q_2 - q_4 \\ -q_5 - q_7 & \varphi - q_6 - q_8 \end{vmatrix} \varphi^s = 0 \tag{59.6}$$

在最后的这个例子中我们还指出，按照在各种类型的链中对于特征函数推求差分方程的马尔柯夫方法，也可以得到相同的方程(59.6).

我们完全仿照在条目 36 中推导方程(36.9) 时所作的那样,引入下列辅助的条件特征函数

$$\varphi_s^{111}, \varphi_s^{112}, \cdots$$

易见它们满足以下的差分方程组

$$\begin{aligned}
\varphi_{s+1}^{111} &= q_1(\varphi_s^{111} + \varphi_s^{121} + \varphi_s^{211} + \varphi_s^{221}) \\
\varphi_{s+1}^{112} &= q_2(\varphi_s^{111} + \varphi_s^{121} + \varphi_s^{211} + \varphi_s^{221}) \\
\varphi_{s+1}^{121} &= q_3(\varphi_s^{111} + \varphi_s^{121} + \varphi_s^{211} + \varphi_s^{221}) \\
\varphi_{s+1}^{122} &= q_4(\varphi_s^{111} + \varphi_s^{121} + \varphi_s^{211} + \varphi_s^{221}) \\
\varphi_{s+1}^{211} &= q_5(\varphi_s^{112} + \varphi_s^{122} + \varphi_s^{212} + \varphi_s^{222}) \\
\varphi_{s+1}^{212} &= q_6(\varphi_s^{112} + \varphi_s^{122} + \varphi_s^{212} + \varphi_s^{222}) \\
\varphi_{s+1}^{221} &= q_7(\varphi_s^{112} + \varphi_s^{122} + \varphi_s^{212} + \varphi_s^{222}) \\
\varphi_{s+1}^{222} &= q_8(\varphi_s^{112} + \varphi_s^{122} + \varphi_s^{212} + \varphi_s^{222})
\end{aligned}$$

现在设

$$\varphi_s^1 = \varphi_s^{111} + \varphi_s^{121} + \varphi_s^{211} + \varphi_s^{221}$$
$$\varphi_s^2 = \varphi_s^{112} + \varphi_s^{122} + \varphi_s^{212} + \varphi_s^{222}$$

于是把以上所写的方程组中相应的方程加在一起,即可看出,这两个新的函数满足方程组

$$\varphi_{s+1}^1 = (q_1 + q_3)\varphi_s^1 + (q_5 + q_7)\varphi_s^2$$
$$\varphi_{s+1}^2 = (q_2 + q_4)\varphi_s^1 + (q_6 + q_8)\varphi_s^2$$

因为

$$\varphi_s = \varphi_s^{111} + \varphi_s^{112} + \cdots + \varphi_s^{222} = \varphi_s^1 + \varphi_s^2$$

所以显见特征函数 φ_s 满足如下的二阶差分方程

$$\begin{vmatrix} \varphi - q_1 - q_3 & -q_2 - q_4 \\ -q_5 - q_7 & \varphi - q_6 - q_8 \end{vmatrix} \varphi^s = 0$$

这与方程(59.6) 完全相同.

60. 马尔柯夫 - 布伦斯链的一般情形 我们现在试来研究马尔柯夫 - 布伦斯链的一般情形.

我们考察一个试验的无穷序列,这些试验对于唯一可能而互不相容的事件

$$A_1, A_2, \cdots, A_n$$

而言是独立的,并且这些事件在任何一次试验中实现的概率皆恒等于

$$\alpha_1, \alpha_2, \cdots, \alpha_n \quad \left(\sum \alpha_i = 1\right)$$

设我们的试验序列的可能结果是

$$A_1', A_2', A_3', \cdots$$

由此我们组成 r 项的结合

$$A'_1 A'_2 \cdots A'_h A'_{h+1} A'_{h+2} \cdots A'_r$$
$$A'_{h+1} A'_{h+2} \cdots A'_{2h} A'_{2h+1} \cdots A'_{r+h}$$
$$\vdots$$

其相邻的结合具有 $k=r-h$ 个共同项.我们把这些结合视为新事件,它们共有 n^r 个;于是这些新事件就联结成简单的马尔柯夫链.如果我们研究这些 r 项结合中的某一个或者它们的某些组,则这个链就变成了马尔柯夫－布伦斯链,如像条目 58 中附注所解释的那样.

为了简短起见,我们称新事件所联结成的马尔柯夫链为链 C_{nr},以下我们来弄清楚这个链的规律是怎样的.

设 B_α 是用事件 $A_1, A_2, \cdots, A_n$ 构成的某一个 h 项结合,例如它可以是

$$\overbrace{A_1 A_1 \cdots A_1}^{h\text{个}A_1}$$

这种结合的数目等于

$$\mu = n^h$$

数 α 可以是 $1, 2, \cdots, \mu$ 中的任何一个值.然后类似地可以用事件 $A_1, A_2, \cdots, A_n$ 构成所有的 $k=r-h$ 项结合,并以 C_β 表示其中的某一个;显然,β 可以取值为 $1, 2, \cdots, v(v=n^k)$ 中的任何一个.作出结合 B_α 与 C_β 所有可能的组合,并以 $B_\alpha C_\beta$ 来表示它们,于是我们就得到了用事件 $A_1, A_2, \cdots, A_n$ 构成的所有唯一可能而互不相容的 r 项结合(任何一种配合与重复皆可得到),也就是说我们得到了以上所说的那些新的复杂事件,并且它们联结成简单的马尔柯夫链.设结合 B_α 的概率等于 p_α;如果 $B_\alpha = A_{\gamma_1} A_{\gamma_2} \cdots A_{\gamma_h}$,则显而易见 $p_\alpha = \alpha_{\gamma_1} \alpha_{\gamma_2} \cdots \alpha_{\gamma_h}$;同时容易看出,在链 C_{nr} 中由结合 $B_\alpha C_\beta$ 经过一步转移到结合 $C_\beta B_\gamma$ 的概率等于 p_γ,因而链 C_{nr} 的规律可由下表 60.1 给出:

表 60.1

	$C_1B_1 \cdots C_1B_\mu$	$C_2B_1 \cdots C_2B_\mu$	$\cdots$	$C_vB_1 \cdots C_vB_\mu$
B'_1C_1	$p_1 \cdots p_\mu$	$0 \cdots 0$	$\cdots$	$0 \cdots 0$
B'_1C_2	$0 \cdots 0$	$p_1 \cdots p_\mu$	$\cdots$	$0 \cdots 0$
$\vdots$	$\vdots \quad \vdots$	$\vdots \quad \vdots$	$\cdots$	$\vdots \quad \vdots$
B'_1C_v	$0 \cdots 0$	$0 \cdots 0$	$\cdots$	$p_1 \cdots p_\mu$
B'_2C_1	$p_1 \cdots p_\mu$	$0 \cdots 0$	$\cdots$	$0 \cdots 0$
B'_2C_2	$0 \cdots 0$	$p_1 \cdots p_\mu$	$\cdots$	$0 \cdots 0$
$\vdots$	$\vdots \quad \vdots$	$\vdots \quad \vdots$	$\cdots$	$\vdots \quad \vdots$
B'_2C_v	$0 \cdots 0$	$0 \cdots 0$	$\cdots$	$p_1 \cdots p_\mu$
$\vdots$	$\vdots$	$\vdots$	$\cdots$	$\vdots$
$B'_\mu C_1$	$p_1 \cdots p_\mu$	$0 \cdots 0$	$\cdots$	$0 \cdots 0$
$B'_\mu C_2$	$0 \cdots 0$	$p_1 \cdots p_\mu$	$\cdots$	$0 \cdots 0$
$\vdots$	$\vdots \quad \vdots$	$\vdots \quad \vdots$	$\cdots$	$\vdots \quad \vdots$
$B'_\mu C_v$	$0 \cdots 0$	$0 \cdots 0$	$\cdots$	$p_1 \cdots p_\mu$

我们注意，在这个表的首行与首列的诸 r 项结合是依同一次序而排列的.

现在不难看出，在链 C_{nr} 的 s 次依序的试验中事件 $B_\alpha C_\beta$ 频数的特征函数满足差分方程

$$|\boldsymbol{E}\varphi-\boldsymbol{Q}|\varphi^s=0 \tag{60.1}$$

其中 $\boldsymbol{E}$ 是 $\mu v=n^r$ 阶单位矩阵，$\boldsymbol{Q}$ 是这样得出的一个矩阵：把转移概率的表60.1所形成的矩阵中的第 $1,2,3,\cdots,v\mu-1$ 列中的项分别乘以 $\mathrm{e}^{\mathrm{i}t_1},\mathrm{e}^{\mathrm{i}t_2},\mathrm{e}^{\mathrm{i}t_3},\cdots,\mathrm{e}^{\mathrm{i}t_{v\mu-1}}$，然后引入以下的符号

$$q_1=p_1\mathrm{e}^{\mathrm{i}t_1},q_2=p_2\mathrm{e}^{\mathrm{i}t_2},\cdots,q_\mu=p_\mu\mathrm{e}^{\mathrm{i}t_\mu}$$

$$q_{\mu+1}=p_1\mathrm{e}^{\mathrm{i}t_{\mu+1}},q_{\mu+2}=p_2\mathrm{e}^{\mathrm{i}t_{\mu+2}},\cdots,q_{2\mu}=p_\mu\mathrm{e}^{\mathrm{i}t_{2\mu}}$$

$$\vdots$$

$$q_{(v-1)\mu+1}=p_1\mathrm{e}^{\mathrm{i}t_{(v-1)\mu+1}},\cdots,q_{v\mu-1}=p_{\mu-1}\mathrm{e}^{\mathrm{i}t_{v\mu-1}},q_{v\mu}=p_\mu$$

方程(60.1)按其形式看来乃是 $v\mu$ 阶差分方程，但是要注意到它的阶数是可以降低到 v 阶的，因为可以证明，我们有恒等式

$$|\boldsymbol{E}\varphi-\boldsymbol{Q}|=\varphi^{v\mu-v}R_v(\varphi) \tag{60.2}$$

其中 $R_v(\varphi)$ 是某一 v 阶行列式，且只有对角线上的项方才含有 φ，并且这个行列式在 $h=k,h>k$ 与 $h<k$ 的情形下各有其不同的形式. 以下我们就来分别考察这些情形：

1. $h=k$. 因为 $r=h+k$，所以只有当 r 是偶数时，这一情形才可能成立. 在此情形下，我们有

$$R_v(\varphi)=\begin{vmatrix}\varphi-q_1 & -q_2 & \cdots & -q_v\\ -q_{v+1} & \varphi-q_{v+2} & \cdots & -q_{2v}\\ \vdots & \vdots & & \vdots\\ -q_{v^2-v+1} & -q_{v^2-v+2} & \cdots & \varphi-q_{v^2}\end{vmatrix} \tag{60.3}$$

我们可以用条目 59 中最后一个例子里所讲的两种方法来证明这个等式. 最简单的方法是把方程(60.1)中的行列式

$$|\boldsymbol{E}\varphi-\boldsymbol{Q}|$$

直接变形. 这就是说，先把这个行列式的行与列赋予编号 $1,2,\cdots,v\mu$，然后进行如下的两种运算：首先

由第 $v+1,2v+1,\cdots,(\mu-1)v+1$ 横行减去第 1 横行

由第 $v+2,2v+2,\cdots,(\mu-1)v+2$ 横行减去第 2 横行

$\vdots$

由第 $v+v,2v+v,\cdots,(\mu-1)v+v$ 横行减去第 v 横行

其次在所得到的行列式中

将第 $v+1,2v+1,\cdots,(\mu-1)v+1$ 纵列加到第 1 纵列

将第 $v+2,2v+2,\cdots,(\mu-1)v+2$ 纵列加到第 2 纵列

$\vdots$

将第 $v+v,2v+v,\cdots,(\mu-1)v+v$ 纵列加到第 v 纵列

经过这两次运算我们立即看出,在此情形下

$$|\boldsymbol{E}\varphi-\boldsymbol{Q}|=\varphi^{\mu v-v}R_v(\varphi)$$

其中 $R_v(\varphi)$ 具有(60.3)的形式.

2.$h<k$.现在再利用上一个情形以及条目59例2中所利用的那两种运算,我们就可推出,$R_v(\varphi)$ 由下列等式

$$R_v(\varphi)=|\boldsymbol{E}\varphi-\boldsymbol{Q}_v|,\boldsymbol{Q}_v=\begin{pmatrix}\boldsymbol{A}_1\\ \boldsymbol{A}_2\\ \vdots\\ \boldsymbol{A}_\mu\end{pmatrix}\tag{60.4}$$

来确定,其中

$$\begin{cases}\boldsymbol{A}_1=\begin{pmatrix}a_{01} & 0 & \cdots & 0\\ 0 & a_{12} & \cdots & 0\\ \vdots & \vdots & & \vdots\\ 0 & 0 & \cdots & a_{\lambda-1,\lambda}\end{pmatrix}\\ \boldsymbol{A}_2=\begin{pmatrix}a_{\lambda 1} & 0 & \cdots & 0\\ 0 & a_{\lambda+1,2} & \cdots & 0\\ \vdots & \vdots & & \vdots\\ 0 & 0 & \cdots & a_{2\lambda-1,\lambda}\end{pmatrix}\\ \boldsymbol{A}_\mu=\begin{pmatrix}a_{(\mu-1)\lambda,1} & 0 & \cdots & 0\\ 0 & a_{(\mu-1)\lambda+1,2} & \cdots & 0\\ \vdots & \vdots & & \vdots\\ 0 & 0 & \cdots & a_{\mu\lambda-1,\lambda}\end{pmatrix}\end{cases}\tag{60.5}$$

此处

$$\begin{cases}a_{01}=(q_1,q_2,\cdots,q_\mu)\\ a_{12}=(q_{\mu+1},q_{\mu+2},\cdots,q_{2\mu})\\ \qquad\vdots\\ a_{\lambda-1,\lambda}=(q_{(\lambda-1)\mu+1},q_{(\lambda-1)\mu+2},\cdots,q_{\lambda\mu})\\ a_{\lambda 1}=(q_{\lambda\mu+1},q_{\lambda\mu+2},\cdots,q_{\lambda\mu+\mu})\\ a_{\lambda+1,2}=(q_{(\lambda+1)\mu+1},\cdots,q_{(\lambda+1)\mu+\mu})\\ \qquad\vdots\\ a_{(\mu-1)\lambda,1}=(q_{(\mu-1)\lambda\mu+1},\cdots,q_{(\mu-1)\lambda\mu+\mu})\\ \qquad\vdots\\ a_{\mu\lambda-1,\lambda}=(q_{(\mu\lambda-1)\mu+1},\cdots,q_{(\mu\lambda-1)\mu+\mu})\end{cases}\tag{60.6}$$

$$\lambda=\frac{v}{\mu}=n^{k-h}\tag{60.7}$$

等式(60.4)的证明我们省略了，因为这个证明是很冗繁的. 我们只是指出，在导出这个等式时需要利用到这一事实，即在表 60.1 的首行与首列中的不同的 r 项结合

$$A_1'\cdots A_h'A_{h+1}'\cdots A_r'$$

是依同一次序排列的.

还应该指出，在这个情形下若 $\lambda<\mu$，则等式(60.4)中的行列式

$$|\boldsymbol{E}\varphi-\boldsymbol{Q}|$$

的化简已至最后；而若 $\lambda\geqslant\mu$，则还可以再进一步化简，因为此时矩阵又具有矩阵 $\boldsymbol{Q}$ 的形式了，为要看出这一点，例如，我们考察一个特殊情形

$$n=2,\mu=4,v=32,\lambda=8\quad(h=2,k=5)$$

实际上，设 $\lambda>\mu$，并假定

$$\lambda_1=\frac{\lambda}{\mu}\leqslant\mu$$

则矩阵 $\boldsymbol{Q}_v$ 恰如我们已指出的那样，与矩阵 $\boldsymbol{Q}$ 相类似，差别只在于矩阵 $\boldsymbol{Q}$ 的阶数是 μv，而矩阵 $\boldsymbol{Q}_v$ 的阶数是 $v=\lambda\mu$，所以这也就是说以 λ 来代替 v；于是借助于如前的那些加减法的运算，我们就可以把行列式 $R_v(\varphi)$ 表示成以下的形式

$$R_v(\varphi)=\varphi^{\lambda\mu-\lambda}R_\lambda(\varphi)\tag{60.8}$$

此处

$$R_\lambda(\varphi)=|\boldsymbol{E}\varphi-\boldsymbol{Q}_\lambda|$$

其中

$$\boldsymbol{Q}_\lambda=\begin{pmatrix}\boldsymbol{A}_{11}\\\boldsymbol{A}_{12}\\\vdots\\\boldsymbol{A}_{1\mu}\end{pmatrix}$$

而矩阵 $\boldsymbol{A}_{11},\cdots,\boldsymbol{A}_{1\mu}$ 则由以下的等式来确定

$$\boldsymbol{A}_{11}=\begin{pmatrix}a_{01}&0&\cdots&0\\0&a_{12}&\cdots&0\\\vdots&\vdots&&\vdots\\0&0&\cdots&a_{\lambda_1-1,\lambda_1}\end{pmatrix}$$

$$\boldsymbol{A}_{12}=\begin{pmatrix}a_{\lambda_1 1}&0&\cdots&0\\0&a_{\lambda+1,2}&\cdots&0\\\vdots&\vdots&&\vdots\\0&0&\cdots&a_{2\lambda_1-1,\lambda_1}\end{pmatrix}$$

$$\vdots$$

其中

$$a_{01}=(q_1,q_2,\cdots,q_\mu)$$
$$a_{12}=(q_{\mu+1},q_{\mu+2},\cdots,q_{2\mu})$$
$$\vdots$$
$$a_{\lambda_1-1,\lambda_1}=(q_{(\lambda_1-1)\mu},\cdots,q_{\lambda_1\mu})$$
$$a_{\lambda_1 1}=(q_{\lambda_1\mu+1},\cdots,q_{\lambda_1\mu+\mu})$$
$$\vdots$$
$$a_{\mu\lambda_1-1,\lambda_1}=(q_{(\mu\lambda_1-1)\mu+1},\cdots,q_{(\mu\lambda_1-1)\mu+\mu})$$
$$\lambda_1=\frac{\lambda}{\mu}$$

因此,如果$\lambda_1\leqslant\mu$,那么我们或是得到以上所考察的第一种情形,即$\lambda_1=\mu$;或是得到行列式$R_v(\varphi)$的最后化简,如等式(60.8).在第一种情形下,应该应用等式(60.3),不过要有相应的改变,即将其中的v换为λ_1.

而如果是$\lambda_1>\mu$,那么我们重复我们的化简,即得新的行列式$R_{\lambda_1}(\varphi)$,其结构完全类似于行列式$R_\lambda(\varphi)$,不过这一回它具有数

$$\lambda_2=\frac{\lambda_1}{\mu}$$

并且它和行列式$R_\lambda(\varphi)$有如下的关系式

$$R_\lambda(\varphi)=\varphi^{\lambda_1\mu-\lambda_1}R_{\lambda_1}(\varphi)$$

显而易见,把这种化简重复多次之后,我们终会得到行列式$R_{\lambda_m}(\varphi)$,它完全类似于$R_v(\varphi)$,并且可由$R_v(\varphi)$得出,即将$R_v(\varphi)$中的λ换成$\lambda_{m+1}=\dfrac{\mu}{\lambda_m}$;数$\lambda_{m+1}$已不比数$\mu$大了,这就是说$R_{\lambda_m}(\varphi)$属于我们以上所考察的那些类型之一.数$\lambda_{m+1}$以及数$\lambda,\lambda_1,\cdots,\lambda_\mu$皆是整数(因为它们是数$n$的正整数次幂),并且它们小于$n^k=v$.

3. $h>k$.再一次应用情形1中所作的那些加减法的运算,即可推知此时$R_v(\varphi)$由下式确定

$$R_v(\varphi)=\begin{vmatrix}\varphi-a_{11} & -a_{12} & \cdots & -a_{1v}\\ -a_{21} & \varphi-a_{22} & \cdots & -a_{2v}\\ \vdots & \vdots & & \vdots\\ -a_{v1} & -a_{v2} & \cdots & \varphi-a_{vv}\end{vmatrix}\tag{60.9}$$

其中

$$\begin{cases} a_{11}=q_1+q_{v+1}+\cdots+q_{(\lambda-1)v+1} \\ a_{12}=q_2+q_{v+2}+\cdots+q_{(\lambda-1)v+2} \\ \quad\vdots \\ a_{1v}=q_v+q_{v+v}+\cdots+q_{(\lambda-1)v+v} \\ a_{21}=q_{\mu+1}+q_{\mu+v+1}+\cdots+q_{\mu+(\lambda-1)v+1} \\ a_{22}=q_{\mu+2}+q_{\mu+v+2}+\cdots+q_{\mu+(\lambda-1)v+2} \\ \quad\vdots \\ a_{2v}=q_{\mu+v}+q_{\mu+v+v}+\cdots+q_{\mu+(\lambda-1)v+v} \\ \quad\vdots \end{cases} \tag{60.10}$$

一般而言

$$a_{hg}=\sum_{i=0}^{\lambda-1}q_{(h-1)\mu+iv+g}\quad(g=\overline{1,v},h=\overline{1,v})$$

而数 λ 则由下式确定

$$\lambda=\frac{\mu}{v}=n^{h-k} \tag{60.11}$$

因此,在所有这三种情形之下,诸事件 $B_\alpha C_\beta$ 频数的联合分布的特征函数皆满足不超过 v 阶的差分方程.借助于这个差分方程就可以研究这个分布,而且还可以研究这些频数的个别分布,由于个别分布具有某些特殊性质,因此下面我们将单独地来研究它们.

61. 在一般的马尔柯夫 — 布伦斯链中个别复杂事件的频数分布的研究 为了确切起见,我们来考察事件 B_1C_1 的频数 m_1 的分布.我们分别按照

$$h=k,h<k\text{ 与 }h>k$$

三种情形来研究.

1. $h=k$.在这种情形下

$$q_1=p_1\mathrm{e}^{\mathrm{i}t_1},q_2=p_2,\cdots,q_v=p_v=p_\mu$$
$$q_{v+1}=p_1,q_{v+2}=p_2,\cdots,q_{2v}=p_\mu$$
$$\vdots$$

所以

$$R_v(\varphi)=\begin{vmatrix}\varphi-q_1 & -p_2 & \cdots & -p_\mu \\ -p_1 & \varphi-p_2 & \cdots & -p_\mu \\ \vdots & \vdots & & \vdots \\ -p_1 & -p_2 & \cdots & \varphi-p_\mu\end{vmatrix}$$

令 $\theta_1=p_1-q_1$,则 $\varphi-q_1=\varphi-p_1+\theta_1$,并且

$$R_v(\varphi)=\begin{vmatrix}\varphi-p_1 & -p_2 & \cdots & -p_v\\ -p_1 & \varphi-p_2 & \cdots & -p_v\\ \vdots & \vdots & & \vdots\\ -p_1 & -p_2 & \cdots & \varphi-p_v\end{vmatrix}+$$

$$\begin{vmatrix}\theta_1 & -p_2 & \cdots & -p_\mu\\ 0 & \varphi-p_2 & \cdots & -p_\mu\\ \vdots & \vdots & & \vdots\\ 0 & -p_2 & \cdots & \varphi-p_\mu\end{vmatrix}=D_1+D_2$$

但是

$$D_1=\begin{vmatrix}\varphi-p_1 & -p_2 & \cdots & -p_v\\ -\varphi & \varphi & \cdots & 0\\ \vdots & \vdots & & \vdots\\ -\varphi & 0 & \cdots & \varphi\end{vmatrix}$$

$$=\begin{vmatrix}\varphi-1 & -p_2 & \cdots & -p_v\\ 0 & \varphi & \cdots & 0\\ \vdots & \vdots & & \vdots\\ 0 & 0 & \cdots & \varphi\end{vmatrix}=(\varphi-1)\varphi^{v-1}$$

并且

$$D_2=\theta_1\begin{vmatrix}\varphi-p_2 & -p_3 & \cdots & -p_v\\ -p_2 & \varphi-p_3 & \cdots & -p_v\\ \vdots & \vdots & & \vdots\\ -p_2 & -p_3 & \cdots & \varphi-p_v\end{vmatrix}$$

$$=\theta_1\begin{vmatrix}\varphi-p_2 & -p_3 & \cdots & -p_v\\ -\varphi & \varphi & \cdots & 0\\ \vdots & \vdots & & \vdots\\ -\varphi & 0 & \cdots & \varphi\end{vmatrix}$$

$$=\theta_1\begin{vmatrix}\varphi-1+p_1 & -p_3 & \cdots & -p_v\\ 0 & \varphi & \cdots & 0\\ \vdots & \vdots & & \vdots\\ 0 & 0 & \cdots & \varphi\end{vmatrix}$$

$$=\theta_1(\varphi-1+p_1)\varphi^{v-2}$$

因此

$$R_v(\varphi)=(\varphi-1)\varphi^{v-1}+\theta_1(\varphi-1+p_1)\varphi^{v-2}$$

并且频数 m_1 的特征函数满足如下的二阶差分方程

$$\varphi_{s+2}-(1-\theta_1)\varphi_{s+1}-\theta_1(1-p_1)\varphi_s=0$$

此差分方程的特征方程为

$$f=\lambda^2-(1-\theta_1)\lambda-\theta_1(1-p_1)=0$$

在点 $t_1=0$ 处我们有

$$f_\lambda=\left(\frac{\partial f}{\partial\lambda}\right)_0=1,f_{t_1}=\left(\frac{\partial f}{\partial t_1}\right)_0=-p_1^2$$

$$\lambda_{t_1}=(D_{t_1}\lambda)_0=\frac{f_{t_1}}{f_\lambda}=p_1^2;f_{\lambda\lambda}=2,f_{t_1\lambda}=-p_1;f_{t_1t_1}=-p_1^2$$

并且由恒等式

$$f_{\lambda\lambda}\lambda_{t_1}^2+2f_{t_1\lambda}\lambda_{t_1}+f_{t_1t_1}+f_\lambda\lambda_{t_1t_1}=0$$

可以求出 $\lambda_{t_1t_1}$,随之即有

$$\lambda_{t_1t_1}-\lambda_{t_1}^2=p_1^2(1+2p_1-3p_1^2)=p_1^2(1-p_1)(1+3p_1)$$

于是频数 m_1 的标准离差 $\mu_2^{(1)}$ 有如下的渐近值

$$\mu_2^{(1)}\sim sp_1^2(1+p_1)(1+3p_1)$$

而且频数 m_1 的数学期望 m_1^0 有如下的渐近值

$$m_1^0\sim sp_1^2$$

所以,变量

$$X_{1(s)}=\frac{m_1-sp_1^2}{\sqrt{sp_1^2(1-p_1)(1+3p_1)}}$$

以典型正态分布为极限分布.

我们再来考察在我们的情形中,事件 B_1C_1 与 B_1C_2 的频数 m_1 与 m_2 的联合分布.现在

$$q_1=p_1\mathrm{e}^{it_1},q_2=p_2\mathrm{e}^{it_2},q_3=p_3,\cdots,q_v=p_v$$
$$q_{v+1}=p_1,q_{v+2}=p_2,q_{v+3}=p_3,\cdots,q_{2v}=p_v$$
$$\vdots$$

并且

$$R_v(\varphi)=\begin{vmatrix}\varphi-q_1 & -q_2 & -p_3 & \cdots & -p_v\\ -q_1 & \varphi-q_2 & -p_3 & \cdots & -p_v\\ -p_1 & -p_2 & \varphi-p_3 & \cdots & -p_v\\ \vdots & \vdots & \vdots & & \vdots\\ -p_1 & -p_2 & -p_3 & \cdots & \varphi-p_v\end{vmatrix}$$

我们令

$$\theta_1=p_1-q_1,\theta_2=p_2-q_2$$

借助于与以前相类似的变换,可以求得

$$R_v(\varphi)=(\varphi-1)\varphi^{v-1}+\theta_1(\varphi-1+p_1)\varphi^{v-2}-\theta_2p_1\varphi^{v-2}$$

所以频数 m_1 与 m_2 的特征函数满足以下的差分方程

$$\varphi_{s+2}-(1-\theta_1)\varphi_{s+1}-(\theta_1(1-p_1)+\theta_2 p_1)\varphi_s=0$$

借助于这个方程,更精确些说,借助于其特征方程,不难求出频数 m_1 与 m_2 的数学期望 m_1^0,m_2^0,标准离差 μ_{20},μ_{02} 以及协方差 μ_{11} 的下列诸渐近等式

$$m_1^0\sim sp_1^2,m_2^0\sim sp_1p_2$$

$$\mu_{20}\sim sp_1^2(1-p_1)(1+3p_1)\equiv s\sigma_1^2$$

$$\mu_{02}\sim sp_1p_2(1-3p_1p_2)\equiv s\sigma_2^2$$

$$\mu_{11}\sim sp_1^2p_2(1-3p_1)\equiv sc_{12}$$

所以,正规化与中心化了的频数 m_1 与 m_2 的极限分布,换句话说也就是变量

$$X_{1(s)}=\frac{m_1-sp_1^2}{\sigma_1\sqrt{s}} \text{ 与 } X_{2(s)}=\frac{m_2-sp_1p_2}{\sigma_2\sqrt{s}}$$

的极限分布,乃是典型二维正态分布,具有相关系数

$$r_{12}=\frac{c_{12}}{\sigma_1\sigma_2}$$

2. $h>k$. 在这个情形中我们只来考察事件 B_1C_1 的频数 m_1 的分布,对于这个情形和上一个情形一样,也是容易研究的.

回忆公式(60.10),并注意现在

$$q_1=p_1\mathrm{e}^{\mathrm{i}t_1},q_2=p_2,\cdots,q_\mu=p_\mu$$

$$q_{\mu+1}=p_1,q_{\mu+2}=p_2,\cdots,q_{2\mu}=p_\mu$$

$$\vdots$$

于是我们就可求得 a_{hg} 的值如下

$$a_{11}=q_1+p_{v+1}+p_{2v+1}+\cdots+p_{(\lambda-1)v+1}=-\theta_1+P_1$$

其中

$$P_1=p_1+p_{v+1}+\cdots+p_{(\lambda-1)v+1},\theta_1=p_1-q_1$$

此外

$$a_{12}=p_2+p_{v+2}+\cdots+p_{(\lambda-1)v+2}\equiv P_2$$

$$\vdots$$

$$a_{1v}=p_v+p_{2v}+\cdots+p_{\lambda v}\equiv P_v$$

$$a_{21}=P_1,a_{22}=P_2,\cdots,a_{2v}=P_v$$

$$\vdots$$

$$a_{v1}=P_1,a_{v2}=P_2,\cdots,a_{vv}=P_v$$

故此时

$$R_v(\varphi)=\begin{vmatrix}\varphi-P_1+\theta_1 & -P_2 & \cdots & -P_v\\ -P_1 & \varphi-P_2 & \cdots & -P_v\\ \vdots & \vdots & & \vdots\\ -P_1 & -P_2 & \cdots & \varphi-P_v\end{vmatrix}$$

这个行列式可以由前一个情形的行列式中换 p_h 为 P_h 而得出，故此时有

$$R_v(\varphi)=(\varphi-1)\varphi^{v-1}+\theta_1(\varphi-1+P_1)\varphi^{v-2}$$

不难写出频数 m_1 的特征函数所满足的二阶差分方程，借助于这个差分方程，就可以容易地推出下列的渐近等式

$$m_1^0\sim sp_1P_1,\mu_2^{(1)}\sim sp_1P_1(1+2p_1-3p_1P_1)$$

3. $h<k$. 这个情形有其若干复杂性. 我们还是只来考察事件 B_1C_1 的频数 m_1 的分布.

在我们现在的情形下，公式(60.5) 给出

$$\boldsymbol{A}_1=\begin{pmatrix} q_1 & p_2 & \cdots & p_\mu & 0 & \cdots & 0 & \cdots & 0 & \cdots & 0\\ 0 & 0 & \cdots & 0 & p_1 & \cdots & p_\mu & \cdots & 0 & \cdots & 0\\ \vdots & \vdots & & \vdots & \vdots & & \vdots & & \vdots & & \vdots\\ 0 & 0 & \cdots & 0 & 0 & \cdots & 0 & \cdots & p_1 & \cdots & p_\mu \end{pmatrix}$$

$$\boldsymbol{A}_h=\begin{pmatrix} p_1 & \cdots & p_\mu & 0 & \cdots & 0 & \cdots & 0 & \cdots & 0\\ 0 & \cdots & 0 & p_1 & \cdots & p_\mu & \cdots & 0 & \cdots & 0\\ \vdots & & \vdots & \vdots & & \vdots & & \vdots & & \vdots\\ 0 & \cdots & 0 & 0 & \cdots & 0 & \cdots & p_1 & \cdots & p_\mu \end{pmatrix}\quad (h=\overline{2,\mu})$$

我们注意，这些矩阵都有 $\lambda=\dfrac{v}{u}=n^{k-h}$ 个横行. 现在

$$R_v(\varphi)=|\boldsymbol{E}\varphi-\boldsymbol{Q}_v|,\boldsymbol{Q}_v=\begin{pmatrix}\boldsymbol{A}_1\\ \boldsymbol{A}_2\\ \vdots\\ \boldsymbol{A}_\mu\end{pmatrix}\tag{61.1}$$

以下我们在基本假定 $h<k$ 之下，分别对 $\lambda<\mu$ 与 $\lambda\geqslant\mu$ 两种情形来研究.

3.1　$\lambda<\mu$. 在等式(61.1) 中的行列式 $|\boldsymbol{E}\varphi-\boldsymbol{Q}_v|$ 里的第一行第一项是 $\varphi-q_1$，若令 $\theta_1=p_1-q_1$，则第一行第一项便是 $\varphi-p_1+\theta_1$，故此行列式可写成两个行列式 D' 与 D'' 的和数的形式，其中

$$D'=|\boldsymbol{E}\varphi-\boldsymbol{Q}'_v|$$

此处

$$\boldsymbol{Q}'_v=\begin{pmatrix}\boldsymbol{A}'_1\\ \boldsymbol{A}_2\\ \vdots\\ \boldsymbol{A}_\mu\end{pmatrix}$$

$$\boldsymbol{A}'_1=\boldsymbol{A}_2=\cdots=\boldsymbol{A}_\mu$$

并且

$$D''=\theta_1D'_{11}$$

此处 D'_{11} 是行列式 D' 的与其元素 $\varphi - p_1$ 相对应的子式.

我们使行列式 D' 经过下列运算:从它的第

$$\lambda + 1, 2\lambda + 1, \cdots, (\mu - 1)\lambda + 1$$

横行中减去第 1 横行,于是这些横行的第 1 个元素皆是 $-\varphi$,第 $\lambda+1$ 横行的第 $\lambda+1$ 个元素,第 $2\lambda+1$ 横行的第 $2\lambda+1$ 个元素,…… 皆是 φ,这些横行其余的元素皆是零. 然后从第

$$\lambda + 2, 2\lambda + 2, \cdots, (\mu - 1)\lambda + 2$$

横行中减去第 2 横行,于是这些横行的第 2 个元素皆是 $-\varphi$,第 $\lambda+2$ 横行的第 $\lambda+2$ 个元素,第 $2\lambda+2$ 横行的第 $2\lambda+2$ 个元素,…… 皆是 φ,这些横行其余的元素皆是零. 这样继续下去,直到最后从第

$$2\lambda, 3\lambda, \cdots, \mu\lambda$$

横行中减去第 λ 横行,于是这些横行的第 λ 个元素皆是 $-\varphi$,第 2λ 横行的第 2λ 个元素,第 3λ 横行的第 3λ 个元素,…… 皆是 φ,这些横行其余的元素皆是零.

作过这些运算之后,我们再在所得到的行列式中施行一些加法运算,使得所有的 $-\varphi$ 全变成零,而相应各横行的其他元素不变. 为此只需

将第 $\lambda + 1, 2\lambda + 1, \cdots, \rho\lambda + 1$ 纵列加到第 1 纵列

将第 $\lambda + 2, 2\lambda + 2, \cdots, \rho\lambda + 2$ 纵列加到第 2 纵列

⋮

将第 $2\lambda, 3\lambda, \cdots, \rho\lambda + \lambda$ 纵列加到第 λ 纵列

此处 $\rho = [\frac{\mu - 1}{\lambda}]$,并且 $\rho\lambda + \lambda = \mu\lambda = v$.

易见,这两组运算的结果使得行列式 D' 呈以下形式

$$D' = \varphi^{v-\lambda} \begin{vmatrix} \varphi - P_1 & -P_2 & \cdots & -P_\lambda \\ -P_1 & \varphi - P_2 & \cdots & -P_\lambda \\ \vdots & \vdots & & \vdots \\ -P_1 & -P_2 & \cdots & \varphi - P_\lambda \end{vmatrix}$$

其中

$$P_1 = p_1 + p_{\lambda+1} + p_{2\lambda+1} + \cdots + p_{\rho\lambda+1}$$
$$P_2 = p_2 + p_{\lambda+2} + p_{2\lambda+2} + \cdots + p_{\rho\lambda+2}$$
$$\vdots$$
$$P_\lambda = p_\lambda + p_{2\lambda} + p_{3\lambda} + \cdots + p_{\rho\lambda+\lambda}$$

现在已可直接看出

$$D' = \varphi^{v-1}(\varphi - 1)$$

我们对行列式 D'_{11} 施行完全类似的运算,即可求得

$$D'_{11}=\varphi^{v-\lambda-1}\begin{vmatrix}\varphi-P_2 & -P_3 & \cdots & -P_\lambda & -P_1\\ -P_2 & \varphi-P_3 & \cdots & -P_\lambda & -P_1\\ \vdots & \vdots & & \vdots & \vdots\\ -P_2 & -P_3 & \cdots & -P_\lambda & \varphi-P_1+p_1\end{vmatrix}$$

$$=\varphi^{v-\lambda-1}\begin{vmatrix}\varphi-P_2 & -P_3 & \cdots & -P_\lambda & -P_1\\ -\varphi & \varphi & \cdots & 0 & 0\\ -\varphi & 0 & \cdots & 0 & 0\\ \vdots & \vdots & & \vdots & \vdots\\ 0 & 0 & \cdots & 0 & \varphi+p_1\end{vmatrix}$$

$$=\varphi^{v-\lambda-1}\begin{vmatrix}\varphi-1 & -P_3 & \cdots & -P_\lambda & P_1\\ 0 & \varphi & \cdots & 0 & 0\\ \vdots & \vdots & & \vdots & \vdots\\ p_1 & 0 & \cdots & 0 & \varphi+P_1\end{vmatrix}$$

$$=\varphi^{v-\lambda-1}[(\varphi-1)(\varphi+p_1)\varphi^{\lambda-2}+p_1P_1\varphi^{\lambda-2}]$$

因此

$$R_v(\varphi)=(\varphi-1)\varphi^{v-1}+\theta_1\varphi^{v-3}[(\varphi-1)(\varphi+p_1)+p_1P_1]$$

并且频数 m_1 的分布的特征函数适合下列差分方程

$$\varphi_{s+3}-(1-\theta_1)\varphi_{s+2}-\theta_1(1-p_1)\varphi_{s+1}-(p_1-p_1P_1)\varphi_s=0$$

借助于这个差分方程，我们可得

$$m_1^0\sim sp_1^2P_1$$

$$\mu_2^{(1)}\sim sp_1^2P_1(1+2p_1(1+p_1)-5p_1^2P_1)$$

3.2 $\lambda\geqslant\mu$. 如果 $\lambda=\mu$，则借助于以上屡次施行的那些加减法的运算可将 $R_v(\varphi)$ 化为以下形式

$$R_v(\varphi)=\begin{vmatrix}\varphi-q_1 & -p_2 & \cdots & -p_\mu\\ -p_1 & \varphi-p_2 & \cdots & -p_\mu\\ \vdots & \vdots & & \vdots\\ -p_1 & -p_2 & \cdots & \varphi-p_\mu\end{vmatrix}\varphi^{v-\mu}$$

因此，和 $h=k$ 的情形一样，我们有

$$R_v(\varphi)=(\varphi-1)\varphi^{v-1}+\theta_1(\varphi-1+p_1)\varphi^{v-2}$$

并且在 $h=k$ 的情形下关于频数 m_1 所讲的一切，现在可以原封不动地移用于这个情形.

如果 $\lambda>\mu$，则把那些加减法的运算对于行列式 $R_v(\varphi)$ 施行一次或重复地依次施行若干次，即可把行列式 $R_v(\varphi)$ 化为一个新的行列式与 φ 的若干次幂的乘积，这个新行列式与原来的行列式 $R_v(\varphi)$ 具有同样的结构，只是它具有一个

新的数 λ，例如可以是 λ_1，此时 $\lambda_1 \leqslant \mu$.

62. 随机变量的马尔柯夫－布伦斯链 对于随机变量来说也可以构成马尔柯夫－布伦斯链，让我们来考察一个最简单的情形：给定一个独立随机变量的无穷序列

$$X_0, X_1, X_2, \cdots \tag{62.1}$$

它们分别联系于第 0,1,2,⋯ 次试验，并且在其相应的试验中分别以概率 α_1，$\alpha_2, \cdots, \alpha_n$ 取下列的唯一可能而互不相容的值

$$x_1, x_2, \cdots, x_n$$

现在我们试用这些随机变量来构成新的随机变量，例如

$$Z_i = X_{i-\mu} + X_{i-\mu+1} + \cdots + X_i \quad (i = \mu, \mu + 1, \cdots)$$

（其中 μ 是某一固定的正整数）. 显而易见，它们已然不是独立的，而是联结成为马尔柯夫－布伦斯型的链. 有了前面所讲的那些材料之后，现在已不难研究这些变量的个别分布或其和数的分布，我们就不再详细进行这些研究了. 本节目的在于揭示出马尔柯夫－布伦斯链的新的推广的可能性，并且指出——如下文所表明的——这些推广不但可以是非烦琐的，而且对实际现象的研究可以具有重大意义.

现在我们重新来考察独立随机变量(62.1)，并且假定它们的均值皆等于零而标准离差是正的常量. 我们还假定序列(62.1) 在左面（即在过去的时间）也是无穷的，然后用下列手续来作出新的随机变量 Z_i.

首先，我们作出下列的 s 项"滑动和数"（其中 s 是固定的数）

$$X_i^{(1)} = X_i + X_{i-1} + \cdots + X_{i-s+1}$$
$$X_i^{(2)} = X_i^{(1)} + X_{i-1}^{(1)} + \cdots + X_{i-s+1}^{(1)}$$
$$\vdots$$
$$Y_i = X_i^{(n)} = X_i^{(n-1)} + X_{i-1}^{(n-1)} + \cdots + X_{i-s+1}^{(n-1)}$$

其次，我们取变量 Y_i 的 m 级差分作为新的变量 Z_i，即

$$Z_i = \Delta^m Y_i = \sum_{h=0}^{m} (-1)^h C_m^h Y_{i+m-h} \tag{62.2}$$

显而易见，这些新的变量 Z_t 构成双侧的无穷序列，并且联结成为马尔柯夫－布伦斯型的链. 对于这些新的变量，我们有下列的定理[21]：

62. I 如果数 n 与 m 无限增加，而且

$$\lim_{\substack{n \to +\infty \\ m \to +\infty}} \frac{m}{n} = \alpha \neq 1$$

则对于任何的 $s \geqslant 2$，无穷序列

$$\cdots, Z_{i-1}, Z_i, Z_{i+1}, \cdots$$

恒有极限的正弦律.

我们试来解释一下这个定理的意义. 可以证明，当 m 与 n 按照定理 62. I 所述那样增加时，相邻的变量 Z_i 与 Z_{i+1} 的相关系数有确定的极限 R_1；它以某一确定的方式依赖于 s 与 α，例如对于 $s=2$ 我们有

$$R_1=\frac{1-\alpha}{1+\alpha}$$

对于 $s=4$ 我们有

$$R_1=\begin{cases}-\dfrac{3+\alpha+\sqrt{25+6\alpha+\alpha^2}}{7+\alpha+\sqrt{25+6\alpha+\alpha^2}} & (\text{如果 } \alpha>1)\\[2ex] -\dfrac{3+\alpha-\sqrt{25+6\alpha+\alpha^2}}{7+\alpha-\sqrt{25+6\alpha+\alpha^2}} & (\text{如果 } \alpha<1)\end{cases}$$

现在我们可以把对于变量 Z_i 的序列的极限正弦律表述成这样：设给定了任意大的数 N 与任意小的数 $\varepsilon>0$，则对于充分大的 m 与 n，我们能以任意接近于 1 的概率断言，下列各变量

$$Z_i, Z_{i+1}, \cdots, Z_{i+N} \tag{62.3}$$

中任何一个皆与某一正弦相差不到 $\varepsilon\sigma_2$①；正弦的周期 L 由等式 $\cos\dfrac{2\pi}{L}=R_1$ 来确定；如果我们选取的 N 充分大，则对于序列(62.3) 的正弦的完全周期数将任意存在.

这个著名的定理是由 E. E. Слуцкий 在 $s=2$ 的情形下发现的[39]，其后本书著者又对于任意的 s 给出了证明[21]. 实际上，这个定理揭示出了充分简单地联结成马尔柯夫一布伦斯链的变量序列的值得注意的性质. 于是产生了从马尔柯夫链理论的观点来研究这些变量以及类似于变量(62.2) 的更一般的变量的问题. 我们认为这些问题是值得注意而且是应当提出的，不过我们在这里也仅以把这些问题提出为限.

---

① σ_2^2 是变量 Z_i 的标准离差，它依赖于 m，n 与 s，不依赖于 l.

复杂链

第七章

63. 马尔柯夫的情形 马尔柯夫于 1911 年在其论文[15]中首次研究了复杂链. 其后复杂链没有引起人们的注意,而关于马尔柯夫的概念的发展差不多全都是按照一个方向进行的,即研究简单的马尔柯夫链 C_n 与 $C_n(X)$. 在本章中,我们要来讲述复杂链的基本理论,首先我们来简短地讲一下马尔柯夫本人所考察的情形.

为了尽可能的简单起见,马尔柯夫所研究的是这样一个特例:在一个试验序列中,每一个试验具有两个事件 E 与 F(=非 E),它们按照下述条件联结成复杂链.

1. 当各试验结果皆尚未定时,事件 E 在每次试验中的概率恒等于 p.

2. 对于任何一次试验,若仅知其前一次试验的结果,则在此次试验中事件 E 的概率,依其前一次试验中事件 E 的实现抑或事件 F 的实现而分别等于 p_1 或 p_0.

3. 最后,如果已知我们所考察的试验的前两次试验的结果为 EE,EF,FE,FF,那么在我们所考察的试验中事件 E 的概率分别为 $p_{11},p_{10},p_{01},p_{00}$;这些概率不受在我们所考察的试验以前(而非以后!)的其他试验的结果的影响.

马尔柯夫进而证明了,他所引入的这些概率

$$p,p_1,p_0,p_{11},p_{10},p_{01},p_{00}$$

与它们的"余概率"

$$q=1-p,q_1=1-p_1,q_0=1-p_0,q_{ih}=1-p_{ih}$$

不能任意给定,而是有着如下的联系

$$p = pp_1 + qp_0$$
$$p_1 = p_1 p_{11} + q_1 p_{01}$$
$$p_0 = p_0 p_{10} + q_0 p_{00} \tag{63.1}$$

这些关系式显然等价于下列的关系式

$$pq_1 = qp_0, p_1 q_{11} = q_1 p_{01}, p_0 q_{10} = q_0 p_{00}$$

除此之外，还可以推出十分有趣而且重要的马尔柯夫关于这种链所作的一点附注，即这种链也可以逆转来看；意思就是说，如果已知某次试验后面一次试验的结果是 E，F 或已知其后面两次试验的结果是

$$EE, FE, EF, FF$$

同时假定其前面试验的结果是未知的，那么无论以后其他试验的结果如何，在该次试验中事件 E 的概率恒分别等于

$$p_1, p_0, p_{11}, p_{10}, p_{01}, p_{00}$$

可以利用 Bayes 定理来证明马尔柯夫的这一断言. 设分别以 H_1，H_0 表示如下的两种假定：在我们所考察的这次试验的前一次试验中实现了事件 E 或 F. 于是根据一般的 Bayes 公式与等式(63.1)即得

$$P(H_1/E) = \frac{P(H_1)P(E/H_1)}{P(H_1)P(E/H_1) + P(H_0)P(E/H_0)}$$
$$= \frac{pp_1}{pp_1 + qp_0} = p_1$$

同样可得

$$P(H_1/F) = p_0$$

然后设 H_1 与 H_0 的意义如前，并设我们所考察的这次试验及其后的一次试验的结果是

$$EE, EF, FE, FF$$

而其前一次试验的结果未定，试求此时 H_1，H_0 的概率. 我们有

$$P(H_1/EE) = \frac{P(H_1)P(EE/H_1)}{P(H_1)P(EE/H_1) + P(H_0)P(EE/H_0)}$$
$$= \frac{P(H_1)P(E/H_1)P(E/H_1E)}{P(H_1)P(E/H_1)P(E/H_1E) + P(H_0)P(E/H_0)P(E/H_0E)}$$
$$= \frac{pp_1p_{11}}{pp_1p_{11} + qp_0p_{01}} = \frac{pp_1p_{11}}{p(p_1p_{11} + q_1p_{01})} = p_{11}$$

同样可得

$$P(H_1/EF) = p_{01}, P(H_1/FE) = p_{10}, P(H_1/FF) = p_{00}$$

这样一来，即证明了复杂的马尔柯夫链确实可以逆转来看.

现在我们来讲一下马尔柯夫怎样来建立在他所考察的情形下其开始 n 次试验（或一般而言，依序的 n 次试验）中事件 E 的频数 m 的阶乘矩的母函数.

马尔柯夫对于这种链的 n 次试验中事件 E 实现 m 次的概率以 P_{mn} 来表示，并把它写成下列四项的和数

$$P_{mn}^{11}, P_{mn}^{10}, P_{mn}^{01}, P_{mn}^{00}$$

此处的四项分别表示在已知第 $n-1$ 次与第 n 次试验结果为

$$EE, EF, FE, FF$$

的条件下，n 次试验中事件 E 实现 m 次的概率. 这些概率之间有如下的关系

$$P_{mn} = P_{mn}^{11} + P_{mn}^{10} + P_{mn}^{01} + P_{mn}^{00}$$

$$P_{mn}^{11} = p_{11} P_{m-1,n-1}^{11} + p_{01} P_{m-1,n-1}^{01}$$

$$P_{mn}^{10} = q_{11} P_{m,n-1}^{11} + q_{01} P_{m,n-1}^{01}$$

$$P_{mn}^{01} = p_{10} P_{m-1,n-1}^{10} + p_{00} P_{m-1,n-1}^{00}$$

$$P_{mn}^{00} = q_{10} P_{m,n-1}^{10} + q_{00} P_{m,n-1}^{00}$$

然后马尔柯夫就引入了频数 m 的阶乘矩的母函数

$$\varphi_n = \sum_{m=0}^{n} P_{mn} \xi^m$$

它可以表示成四个辅助函数的和数

$$\varphi_n = \varphi_n^{11} + \varphi_n^{10} + \varphi_n^{01} + \varphi_n^{00}$$

其中

$$\varphi_n^{11} = \sum_m P_{mn}^{11} \xi^m, \varphi_n^{10} = \sum_m P_{mn}^{10} \xi^m$$

$$\varphi_n^{01} = \sum_m P_{mn}^{01} \xi^m, \varphi_n^{00} = \sum_m P_{mn}^{00} \xi^m$$

这些辅助函数满足下列差分方程组

$$\varphi_n^{11} = p_{11} \xi \varphi_{n-1}^{11} + p_{01} \xi \varphi_{n-1}^{01}$$

$$\varphi_n^{10} = q_{11} \varphi_{n-1}^{11} + q_{01} \varphi_{n-1}^{01}$$

$$\varphi_n^{01} = p_{10} \xi \varphi_{n-1}^{10} + p_{00} \xi \varphi_{n-1}^{00}$$

$$\varphi_n^{00} = q_{10} \varphi_{n-1}^{10} + q_{00} \varphi_{n-1}^{00}$$

由此可以显见，φ_n 满足下列差分方程

$$\begin{vmatrix} p_{11}\xi - \varphi & 0 & p_{01}\xi & 0 \\ q_{11} & -\varphi & q_{01} & 0 \\ 0 & p_{10}\xi & -\varphi & p_{00}\xi \\ 0 & q_{10} & 0 & q_{00} - \varphi \end{vmatrix} \varphi^n = 0$$

马尔柯夫对于母函数 φ_n 又作出母函数如下

$$1 + \varphi_1 t + \varphi_2 t^2 + \cdots = \frac{f(\xi, t)}{F(\xi, t)}$$

其中 $f(\xi, t)$ 与 $F(\xi, t)$ 是 ξ 与 t 的多项式

$$F(\xi,t)=\begin{vmatrix} p_{11}\xi t-1 & 0 & p_{01}\xi t & 0 \\ q_{11}t & -1 & q_{01}t & 0 \\ 0 & p_{10}\xi t & -1 & p_{00}\xi t \\ 0 & q_{10}t & 0 & q_{00}t-1 \end{vmatrix}$$

并且

$$F(1,t)=(1-\alpha_1 t)(1-\alpha_2 t)(1-\alpha_3 t)(1-\alpha_4 t)$$

其中,$\alpha_1,\alpha_2,\alpha_3,\alpha_4$ 四个数中有一个等于 1 而其余三个的模皆小于 1.

最后,马尔柯夫根据其以前的对于链的研究,由适才所讲的那些事实作出下列的结论:对于任意给定的两个数 u_1 与 u_2,恒有

$$\lim_{n\to+\infty} P(na+u_1\sqrt{2nb}<m<na+u_2\sqrt{2nb})=\frac{1}{\sqrt{\pi}}\int_{u_1}^{u_2}\mathrm{e}^{-x^2}\,\mathrm{d}x$$

其中

$$a=\frac{F'_{\xi=1}(\xi,1)}{F'_{t=1}(1,t)},b=\frac{F''_{\omega=0}(\mathrm{e}^{\omega},\mathrm{e}^{-a^{\omega}})}{F'_{t=1}(1,t)}$$

经过相当繁复的计算,马尔柯夫得到 a 与 b 的如下表达式

$$a=p$$

$$b=\frac{pq}{(1-\delta)(1-\varepsilon)(1-\eta)}\{[q(1-3\varepsilon)(1-\eta)+ p(1-3\eta)(1-\varepsilon)-2(1-\varepsilon)(1-\eta)](1-\delta)+2(1-\varepsilon\eta)\}$$

其中

$$\delta=p_1-p_0,\varepsilon=p_{11}-p_{01},\eta=p_{10}-p_{00}$$

在马尔柯夫所考察的一些特殊假定之下,数 b 有很简单的形式. 当$\varepsilon=\eta$ 时

$$b=pq\,\frac{(1+\delta)(1+\varepsilon)}{(1-\delta)(1-\varepsilon)}$$

而当 $\varepsilon=-\delta$ 时

$$b=pq$$

最后这一情形之所以值得注意是由于:虽然我们所考察的试验序列并非是独立的,但此时频数 m 的标准离差乃是正态的.

马尔柯夫在其论文[15] 的最后所引入的试验序列的例子是很有意思的:"一个容器盛有 α 个白球与 β 个黑球,依次一个一个地把球从容器中取出,然后再放回到容器中,不过不是取出后立刻就放回去,而是暂时置于容器之外,要等到在这个球之后又取出了两个球的时候,方才把这个球放回到容器中去."若我们把取出白球称为事件 E,则我们就得到了关于马尔柯夫所考察的这种复杂链的一个实例. 在这个例子中,我们有

$$p=\frac{\alpha}{\alpha+\beta},p_1=\frac{\alpha-1}{\alpha+\beta-1},p_0=\frac{\alpha}{\alpha+\beta-1}$$

$$p_{11}=\frac{\alpha-2}{\alpha+\beta-2},p_{10}=p_{01}=\frac{\alpha-1}{\alpha+\beta-2},p_{00}=\frac{\alpha}{\alpha+\beta-2}$$

$$\delta=-\frac{1}{\alpha+\beta-1},\varepsilon=\eta=-\frac{1}{\alpha+\beta-2}$$

$$pq=\frac{\alpha\beta}{(\alpha+\beta)^2},\frac{(1+\delta)(1+\varepsilon)}{(1-\delta)(1-\varepsilon)}=\frac{(\alpha+\beta-2)(\alpha+\beta-3)}{(\alpha+\beta)(\alpha+\beta-1)}$$

64. 双联结链的一般情形 设有一个试验的无穷序列，其中每一个试验皆有唯一可能而互不相容的以下诸事件

$$A_1,A_2,\cdots,A_n$$

若这些事件以下段所述方式相联结，则我们称这个试验序列为双联结的马尔柯夫链，或链 $C_n^{(2)}$.

设具有下标 0 与 1 的两个试验构成一个具有下标 0 的初始试验组，具有下标 1 与 2 的两个试验构成一个具有下标 1 的试验组，如此类推. 一般而言，具有下标 k 与 $k+1$ 的两个试验构成一个具有下标 k 的试验组. 然后设在具有下标 0 的试验组中，结合

$$A_{\alpha_1}A_{\alpha_2}$$

的概率等于 $p_{0\alpha_1\alpha_2}$，则

$$\sum_{\alpha_1,\alpha_2=1}^{n}p_{0\alpha_1\alpha_2}=1$$

同时设以

$$p_{\alpha_1\alpha_2\beta}$$

表示当已知于第 k 次与第 $k+1$ 次试验中分别实现了 A_{α_1} 与 A_{α_2} 时，第 $k+2$ 次试验中实现 A_β 的转移概率；并且我们设当已知于第 k 次与第 $k+1$ 次试验中分别实现了 A_{α_1} 与 A_{α_2} 时，第 $k+2$ 次试验中实现 A_β 的概率不受第 $0,1,2,\cdots,k-1$ 各次试验结果的影响. 在上面这句话中我们是假定了第 $k+3,k+4,\cdots$ 各次试验尚未进行①，因为当这些次试验的结果已经确定而第 $k+2$ 次试验的结果保持未知时，第 $k+2$ 次试验中事件 A_β 的概率依赖于其后各次试验的结果. 显而易见

$$\sum_{\beta=1}^{n}p_{\alpha_1\alpha_2\beta}=1$$

我们还引入概率

$$p_{k|\beta_1\beta_2} \text{ 与 } p_{k|\beta}$$

$p_{k|\beta_1\beta_2}$ 是在第 k 个试验组实现 $A_{\beta_1}A_{\beta_2}$ 的概率，而 $p_{k|\beta}$ 是当第 $0,1,2,\cdots,k-1$ 个试验组(或第 $0,1,2,\cdots,k-1$ 次试验)的结果保持未知时，第 k 次试验实现 A_β 的

① 因此，这些次试验的结果尚属未定.

概率.易见,它们满足以下关系式

$$p_{k+1|\beta_1\beta_2}=\sum_{\alpha}p_{k|\alpha\beta_1}p_{\alpha\beta_1\beta_2} \tag{64.1}$$

$$\begin{aligned}p_{k+1|\beta}&=\sum_{\alpha_1,\alpha_2}p_{k-1|\alpha_1\alpha_2}p_{\alpha_1\alpha_2\beta}=\sum_{\alpha_1,\alpha_2}p_{k|\alpha_1}p_{\alpha_1\alpha_2\beta}\\&=\sum_{\alpha}p_{k|\alpha\beta}\end{aligned} \tag{64.2}$$

我们把转移概率 $p_{\alpha_1\alpha_2\beta}$ 按下述方式构成的 n^2 阶矩阵 $\boldsymbol{P}$ 称为我们所考察的复杂的双联结链的规律.设 γ' 与 δ' 表示二维下标

$$\gamma'=(\alpha_1,\alpha_2),\delta'=(\beta_1,\beta_2)$$

并设

$$p_{\gamma'\delta'}=\begin{cases}p_{\alpha_1\alpha_2\beta} & (若\ \gamma'=(\alpha_1,\alpha_2),\delta'=(\alpha_2,\beta_1))\\0 & (若\ \gamma'=(\alpha_1,\alpha_2),\delta'\neq(\alpha_2,\beta_1))\end{cases} \tag{64.3}$$

当 $\delta'=(\alpha_3,\beta_1)$ 而 $\alpha_3\neq\alpha_2$ 时有 $\delta'\neq(\alpha_2,\beta_1)$.于是不难看出,矩阵 $\boldsymbol{P}$ 可以表示成这样一个矩阵,这个矩阵是由 $p_{\gamma'\delta'}$ 构成的,其中 γ' 与 δ' 独立无关地取遍下列 n^2 个值

$$\begin{matrix}11,12,\cdots,1n\\21,22,\cdots,2n\\\vdots\quad\vdots\qquad\vdots\\n1,n2,\cdots,nn\end{matrix} \tag{64.4}$$

这样得出的矩阵与按(60.1)得出的矩阵具有同一形式.例如,当 $n=3$ 时它可由下表(表 64.1)给出:

表 64.1

γ'	δ'								
	11	12	13	21	22	23	31	32	33
11	p_{111}	p_{112}	p_{113}	0	0	0	0	0	0
12	0	0	0	p_{121}	p_{122}	p_{123}	0	0	0
13	0	0	0	0	0	0	p_{131}	p_{132}	p_{133}
21	p_{211}	p_{212}	p_{213}	0	0	0	0	0	0
22	0	0	0	p_{221}	p_{222}	p_{223}	0	0	0
23	0	0	0	0	0	0	p_{231}	p_{232}	p_{233}
31	p_{311}	p_{312}	p_{313}	0	0	0	0	0	0
32	0	0	0	p_{321}	p_{322}	p_{323}	0	0	0
33	0	0	0	0	0	0	p_{331}	p_{332}	p_{333}

现在我们来导出关于概率 $p_{k|\beta}$ 与 $p_{k|\beta_1\beta_2}$ 的一些补充关系式. 我们写出等式

$$p_{n+2|\gamma\delta} = \sum_{\beta} p_{n+1|\beta\gamma} p_{\beta\gamma\delta}$$

并在其中作替换 $p_{n+1|\beta\gamma} = \sum_{\alpha} p_{n|\alpha\beta} p_{\alpha\beta\gamma}$,即得

$$p_{n+2|\gamma\delta} = \sum_{\alpha,\beta} p_{n|\alpha\beta} p^{(0)}_{\alpha\beta\gamma\delta}$$

其中

$$p^{(0)}_{\alpha\beta\gamma\delta} = p_{\alpha\beta\gamma} p_{\beta\gamma\delta} \tag{64.5}$$

若一般地令

$$p^{(h)}_{\alpha\beta\gamma\delta} = \sum_{\theta} p_{\alpha\beta\theta} p^{(n-1)}_{\beta\theta\gamma\delta} = \sum_{\theta} p^{(n-1)}_{\alpha\beta\theta\gamma} p_{\theta\gamma\delta} \tag{64.5$'$}$$

我们易知

$$p_{n+2|\gamma\delta} = \sum_{\alpha,\beta} p_{0\alpha\beta} p^{(n)}_{\alpha\beta\gamma\delta} \tag{64.6}$$

这个等式亦可写成另一式样. 不难看出

$$\begin{aligned} p^{(0)}_{ihfg} &= p_{ihf} p_{hfg} = \sum_{\theta,\tau} p_{(ih)(\theta\tau)} p_{(\theta\tau)(fg)} \\ &= p^{(2)}_{(ih)(fg)} = p^{(2)}_{\alpha'\beta'} = \sum_{\theta'} p^{(1)}_{\alpha'\theta'} p_{\theta'\beta'} = \sum_{\theta'} p_{\alpha'\theta'} p^{(1)}_{\theta'\beta'} \end{aligned}$$

其中 α', β', (ih), $(\theta\tau)$, (fg) 与 θ' 表示服从法则(64.3) 的二维下标,并取值(64.4),同时我们令

$$p^{(1)}_{\alpha'\beta'} = p_{\alpha'\beta'}$$

我们还可以写

$$\begin{aligned} p^{(1)}_{ihfg} &= \sum_{\theta_1} p^{(0)}_{ih\theta_1 f} p_{\theta_1 fg} = \sum_{\theta_1(\theta\tau)} p_{(ih)(\theta\tau)} p_{(\theta\tau)(\theta_1 f)} p_{(\theta_1 f)(fg)} \\ &= \sum_{(\theta_1\theta_2)(\theta\tau)} p_{(ih)(\theta\tau)} p_{(\theta\tau)(\theta_1\theta_2)} p_{(\theta_1\theta_2)(fg)} \\ &= \sum_{(\theta_1\theta_2)} p^{(2)}_{(ih)(\theta_1\theta_2)} p_{(\theta_1\theta_2)(fg)} = \sum_{(\theta\tau)} p_{(ih)(\theta\tau)} p^{(2)}_{(\theta\tau)(fg)} \\ &= p^{(3)}_{(ih)(fg)} = p^{(3)}_{\alpha'\beta'} \quad (\alpha' = (ih), \beta' = (fg)) \end{aligned}$$

一般而言

$$\begin{aligned} p^{(k)}_{ihfg} &= \sum_{(\theta\tau)} p_{(ih)(\theta\tau)} p^{(k+1)}_{(\theta\tau)(fg)} = \sum_{(\theta\tau)} p^{(k+1)}_{(ih)(\theta\tau)} p_{(\theta\tau)(fg)} \\ &= p^{(k+2)}_{(ih)(fg)} = p^{(k+2)}_{\alpha'\beta'} \end{aligned} \tag{64.7}$$

借助于这些关系式,即知

$$p_{k|fg} = \sum_{(ih)} p_{(0i)(ih)} p^{(k)}_{(ih)(fg)} \tag{64.8}$$

或写成

$$p_{k|\beta'} = \sum_{\alpha'} p_{0'\alpha'} p^{(k)}_{\alpha'\beta'} \tag{64.8$'$}$$

其中

$$0'=(0i),\alpha'=(ih),\beta'=(fg)$$

等式(64.8′)表明，寻求概率 $p_{k|\gamma'\delta'}$ 的问题可以归结到：对于具有之前所确定的矩阵 $\boldsymbol{P}$ 的简单的马尔柯夫链，寻求概率 $p_{\alpha'\beta'}^{(k)}$. 而这个概率，可根据 Perron 公式来寻求.

我们还需注意下列的等式

$$p_{k+1|\beta}=\sum_{\alpha}p_{k|\alpha\beta}=\sum_{\alpha'}p_{0'\alpha'}p_{\alpha'\beta'}^{(k)} \tag{64.9}$$

其中

$$p_{0'\alpha'}=p_{0\alpha\alpha_1},p_{\alpha'\beta'}^{(k)}=p_{(\alpha\alpha_1)(\alpha_1\beta)}^{(k)}$$

这样一来，对于链 $C_n^{(2)}$ 寻求基本概率 $p_{k|\alpha\beta}$ 与 $p_{k|\beta}$ 的工作就全部在于：利用以前研究链 C_n（现在可表之以 $C_n^{(1)}$）时所建立起的那些工具；同时关于链 $C_n^{(1)}$ 的全部理论，经过相应的不多的修改之后，可以完全适用于链 $C_n^{(2)}$. 我们在这里只是指出，若矩阵 $\boldsymbol{P}$ 是正则的，则我们有

$$\lim_{k\to+\infty}p_{(ih)(fg)}^{(k)}=p_{(fg)}=p_{f_g}>0\quad(f,g=\overline{1,n}) \tag{64.10}$$

$$\lim_{k\to+\infty}p_{k|\alpha\beta}=p_{\alpha\beta} \tag{64.11}$$

$$\lim_{k\to+\infty}p_{k|\beta}=p_{\beta}\equiv\sum_{\alpha}p_{\alpha\beta} \tag{64.12}$$

其中

$$p_{f_g}=p_{(fg)}=\frac{P_{(fg)(fg)}(1)}{\sum\limits_{(fg)}P_{(fg)(fg)}(1)} \tag{64.13}$$

而 $P_{(ih)(fg)}(1)$ 表示行列式 $|\boldsymbol{E}-\boldsymbol{P}|$ 的对应于元素 $e_{(fg)(ih)}-p_{(fg)(ih)}$ 的子式.

65. 链 $C_n^{(2)}$ 的特征函数 所谓链 $C_n^{(2)}$ 的特征函数，是指链 $C_n^{(2)}$ 中第 0,1,2,…,$s-1$ 次试验中事件

$$A_1,A_2,\cdots,A_n$$

的频数的分布的特征函数.（或者一般些，可把以上所说的试验的次数换成 $m+1,m+2,\cdots,m+s$，此处 m 是任意正整数，这是因为在下文中我们将看到此特征函数不依赖于 m.）我们用 $\varphi_s(t_1,t_2,\cdots,t_{n-1})$ 来表示这个特征函数. 它可由下列等式来确定

$$\varphi_s(t_1,t_2,\cdots,t_{n-1})=\sum_{s}L_s \tag{65.1}$$

其中

$$\begin{aligned}L_s&=p_{0\alpha_0\alpha_1}p_{0\alpha_1\alpha_2}\cdots p_{\alpha_{s-3}\alpha_{s-2}\alpha_{s-1}}\mathrm{e}^{\mathrm{i}(t_{\alpha_0}+t_{\alpha_1}+\cdots+t_{\alpha_{s-1}})}\\&=p_{(0\alpha_0)(\alpha_0\alpha_1)}p_{(\alpha_0\alpha_1)(\alpha_1\alpha_2)}\cdots p_{(\alpha_{s-3}\alpha_{s-2})(\alpha_{s-2}\alpha_{s-1})}\mathrm{e}^{\mathrm{i}\sum\limits_{h}t_{\alpha_h}}\end{aligned} \tag{65.2}$$

把链 $C_n^{(2)}$ 的特征函数的这个定义与链 $C_n^{(1)}$ 的特征函数的类似的定义互相比较，我们立刻便可看出，链 $C_n^{(2)}$ 的特征函数适合下列差分方程

$$|\boldsymbol{E}\varphi-\boldsymbol{Q}|\varphi^{s}=0 \tag{65.3}$$

这个差分方程的阶数是 n^2，并且其中矩阵 $\boldsymbol{Q}$ 可以这样得出：在矩阵 $\boldsymbol{P}$ 中把 $p_{\alpha\beta\gamma}$ 换成 $q_{\alpha\beta\gamma}=p_{\alpha\beta\gamma}\mathrm{e}^{\mathrm{i}t\gamma}$，$\gamma=\overline{1,n-1}$，并且把 $p_{\alpha\beta n}$ 换成 $q_{\alpha\beta n}=p_{\alpha\beta n}$；换句话说

$$\boldsymbol{Q}=\mathrm{Mt}(p_{(\alpha\beta)(\beta\gamma)}\mathrm{e}^{\mathrm{i}t\gamma})$$

其中假定 $t_n=0$.

例如，对于复杂的双联结链的马尔柯夫的情形，我们有

$$\begin{vmatrix}\varphi-p_{111}\mathrm{e}^{\mathrm{i}t_1} & -p_{112} & 0 & 0\\ 0 & \varphi & -p_{121}\mathrm{e}^{\mathrm{i}t_1} & -p_{122}\\ -p_{211}\mathrm{e}^{\mathrm{i}t_1} & -p_{212} & \varphi & 0\\ 0 & 0 & -p_{221}\mathrm{e}^{\mathrm{i}t_1} & \varphi-p_{222}\end{vmatrix}\varphi^{s}=0$$

这个方程与马尔柯夫对于他的链的阶乘矩的母函数所得到的方程只有符号与行列次序上的不同.

方程(65.3) 实质上与第四章中详细研究过的链 $C_n^{(1)}$ 的相应的方程并无任何不同，于是写出方程(65.3) 后，即不难求出在链 $C_n^{(2)}$ 的 s 次试验中事件 A_α 的频数 m_α 的各个矩，并且建立关于它们的概率的极限定理.

66. 多联结链 现在我们试来考察多联结的、均匀的、疏散的链的一般情形，关于这种链我们定义如下：

我们再来考察一个试验的无穷序列，其中每一个试验都具有唯一可能而互不相容的事件

$$A_1,A_2,\cdots,A_n$$

我们把第

$$h,h+1,h+2,\cdots,h+v-1$$

次试验合成一个含有 v 个试验的试验组，把这个试验组称为第 h 个试验组；以上的下标 h 可取值 0,1,2,$\cdots$. 设以

$$p_{0\alpha_1\alpha_2\cdots\alpha_v}$$

表示在初始试验组(即第 0 个试验组) 中实现事件

$$A_{\alpha_1},A_{\alpha_2},\cdots,A_{\alpha_v}$$

的概率；并以

$$p_{\alpha_1\alpha_2\cdots\alpha_v\beta}$$

表示当 $k>v$，且已知第 $k-v,k-v+1,\cdots,k-1$ 次试验(或者说第 $k-v$ 个试验组) 的结果为

$$A_{\alpha_1},A_{\alpha_2},\cdots,A_{\alpha_v} \tag{66.1}$$

时，第 k 次试验实现 A_β 的概率；设当第 $k+1,k+2,\cdots$ 次试验尚未进行(故这些次试验的结果尚属未定)，而且事件(66.1) 已经给定时，上述概率不依赖于第 $k-v-1,k-v-2,\cdots$ 次试验的结果.

由事件 A_α 这样联结起来的试验序列，我们称为 v 联结的均匀链，并且表之以 $C_n^{(v)}$. 数 v 显然可以是任何大于 2 的值.

现在我们来引进与双联结链中概率 $p_{k|\alpha_1\alpha_2}$ 与 $p_{k|\beta}$ 相类似的一些概率.

我们用 $p_{k|\alpha_1\alpha_2\cdots\alpha_v}$ 表示第 k 个试验组实现事件(66.1)的概率，用 $p_{k|\beta}$ 表示第 k 次试验实现事件 A_β 的概率，此处对于前一个概率假定在第 k 个试验组以前的试验结果皆为未知，而对于后一个概率假定在第 k 次试验以前的试验结果皆为未知. 这些概率以及转移概率 $p_{\alpha_1\alpha_2\cdots\alpha_v\beta}$ 之间显然有下列关系

$$p_{k+1|\alpha_1\alpha_2\cdots\alpha_v}=\sum_\alpha p_{k|\alpha\alpha_1\cdots\alpha_{v-1}}p_{\alpha\alpha_1\cdots\alpha_v} \tag{66.2}$$

$$p_{k+v|\beta}=\sum_{(\alpha_1)}p_{k|\alpha_1}p_{\alpha_1\alpha_2\cdots\alpha_v\beta}=\sum_{(\alpha_1)}p_{k|\alpha_1\alpha_2\cdots\alpha_v}p_{\alpha_1\alpha_2\cdots\alpha_v\beta} \tag{66.3}$$

其中和数符号 $\sum\limits_{(\alpha_1)}$ 表示求和时应令 $\alpha_1,\alpha_2,\cdots,\alpha_v$ 这些下标独立无关地取遍 $1,2,\cdots,n$ 各值.

我们把转移概率 $p_{\alpha_1\alpha_2\cdots\alpha_v\beta}$ 按照下述方式构成的 n^v 阶矩阵称为链 $C_n^{(v)}$ 的规律. 我们首先引入 v 维下标

$$\gamma'=(\alpha_1,\alpha_2,\cdots,\alpha_v)\text{ 与 }\delta'=(\beta_1,\beta_2,\cdots,\beta_v)$$

并令

$$\begin{cases}p_{\gamma'\delta'}=p_{\alpha_1\alpha_2\cdots\alpha_v\beta}\quad(\text{若 }\gamma'=(\alpha_1,\cdots,\alpha_v)\text{ 且 }\delta'=(\alpha_2,\cdots,\alpha_v,\beta))\\ p_{\gamma'\delta'}=0\quad(\text{若 }\gamma'=(\alpha_1,\cdots,\alpha_v)\text{ 且 }\delta'\neq(\alpha_2,\cdots,\alpha_v,\beta))\end{cases}$$

其中不等式

$$\delta'\neq(\alpha_2,\cdots,\alpha_v,\beta)$$

的确切意义是 v 维下标 δ' 的前 $v-1$ 项不全同于 $\alpha_2,\cdots,\alpha_v$. 然后我们把下标

$$\gamma'=(\alpha_1,\cdots,\alpha_v)\text{ 与 }\delta'=(\beta_1,\cdots,\beta_v)$$

的所有 n^v 个值依照完全相同的次序排列起来，于是便可得出方阵

$$\boldsymbol{P}=\mathrm{Mt}(p_{\gamma'\delta'})$$

其阶数等于 n^v. 复杂事件

$$B_{(\alpha_1\cdots\alpha_v)}=(A_{\alpha_1}A_{\alpha_2}\cdots A_{\alpha_v})\text{ 与 }B_{(\alpha_2\cdots\alpha_v\beta)}=(A_{\alpha_2}\cdots A_{\alpha_v}A_\beta)$$

(或是完全同样地，两个系列 v 维试验组的结果)联结成为简单的均匀的链 $C_{n^v}^{(1)}$；借助于明显的关系式

$$p_{\alpha_1\alpha_2\cdots\alpha_v\beta}=p_{(\alpha_1\cdots\alpha_v)(\alpha_2\cdots\alpha_v\beta)}$$

易见上述方阵 $\boldsymbol{P}$ 亦是链 $C_{n^v}^{(1)}$ 的规律. 由此可知，链 $C_n^{(v)}$ 可以视为马尔柯夫－布伦斯链的某种推广，不过它不是如我们在前章所设想的那样——关于独立事件 $A_\alpha(\alpha=\overline{1,n})$ 的推广，而是关于联结成复杂链这一方面的推广.

利用矩阵 $\boldsymbol{P}$ 可以导出关于概率 $p_{k|\alpha_1\cdots\alpha_v}$ 与 $p_{k|\beta}$ 的若干更深入的关系式.

我们借助于下列的递推公式

$$p^{(k+1)}_{\alpha_1\cdots\alpha_v|\beta_1\cdots\beta_v}=\sum_{\lambda}p^{(k)}_{\alpha_1\cdots\alpha_v|\lambda\beta_1\cdots\beta_{v-1}}p_{\lambda\beta_1\cdots\beta_{v-1}\beta_v}$$
$$=\sum_{\lambda}p_{\alpha_1\cdots\alpha_v\lambda}p^{(k)}_{\alpha_2\cdots\alpha_v\lambda|\beta_1\cdots\beta_v}$$

引入概率

$$p^{(k)}_{\alpha_1\cdots\alpha_v|\beta_1\cdots\beta_v}$$

递推公式中初始值为

$$p^{(0)}_{\alpha_1\cdots\alpha_v|\beta_1\cdots\beta_v}=p_{\alpha_1\cdots\alpha_v\beta_1}p_{\alpha_2\cdots\alpha_v\beta_1\beta_2}\cdots p_{\alpha_v\beta_1\cdots\beta_v}$$

此时不难证明

$$p_{k+v|\beta_1\cdots\beta_v}=\sum_{(\alpha_1)}p_{0\alpha_1\cdots\alpha_v}p^{(k)}_{\alpha_1\cdots\alpha_v|\beta_1\cdots\beta_v}$$

根据等式(66.2)我们有

$$p_{k|\beta_1\cdots\beta_v}=\sum_{\alpha_1}p_{k-1|\alpha_1\beta_1\cdots\beta_{v-1}}p_{\alpha_1\beta_1\cdots\beta_v}$$

但是

$$p_{\alpha_1\beta_1\cdots\beta_v}=\sum_{\alpha_1\cdots\alpha_v}p_{(\alpha_1\cdots\alpha_v)(\beta_1\cdots\beta_v)}$$

因此

$$p_{k|\beta_1\cdots\beta_v}=\sum_{\alpha_1\cdots\alpha_v}p_{k-1|\alpha_1\cdots\alpha_v}p_{(\alpha_1\cdots\alpha_v)(\beta_1\cdots\beta_v)}$$

或者

$$p_{k|\delta'}=\sum_{\gamma'}p_{k-1|\gamma'}p_{\gamma'\delta'}$$

借助于最后这个等式及等式(66.2),我们可以进而得出

$$p_{k|\delta'}=\sum_{\gamma'}p_{k-2|\gamma'}p^{(2)}_{\gamma'\delta'}$$

其中

$$p^{(2)}_{\gamma'\delta'}=\sum_{\theta'}p_{\gamma'\theta'}p_{\theta'\delta'}=\sum_{\theta'}p_{\gamma'\theta'}p^{(1)}_{\theta'\delta'}=\sum_{\theta'}p^{(1)}_{\gamma'\theta'}p_{\theta'\delta'}$$

此处设

$$p^{(1)}_{\gamma'\theta'}=p_{\gamma'\theta'}\quad(\theta'=(\theta_1,\cdots,\theta_v))$$

故 θ' 所取的值与 γ' 或 δ' 相同. 这样继续类推,即可导得最后的等式

$$p_{k|\delta'}=\sum_{\gamma'}p_{0'\gamma'}p^{(k)}_{\gamma'\delta'}\tag{66.4}$$

其中

$$0'=(0,\alpha_1,\cdots,\alpha_{v-1}),\gamma'=(\alpha_1,\cdots,\alpha_v),\delta'=(\beta_1,\cdots,\beta_v)$$

等式(66.4)告诉我们,把矩阵 $\boldsymbol{P}$ 自乘成为 k 次幂后,借助于 Perron 公式即可求得概率 $p_{k|\beta_1\cdots\beta_v}$. 若这些概率皆已求得,则借助于关系式(66.3),我们就可以把 $p_{k|\beta}$ 也求出来了.

我们看到，链 $C_n^{(v)}$ 的研究可以归结到具有矩阵 $\boldsymbol{P}$ 的简单链的研究. 我们称矩阵 $\boldsymbol{P}$ 为链 $C_n^{(v)}$ 的规律，其理由即在于此.

不难对链 $C_n^{(v)}$ 作出它的特征函数，此处可不赘述.

67. 无限复杂链 在研究链状相关的时候，我们已经遇到了无限复杂链的一个情形. 现在我们试来考察更一般的情形；更一般的无限复杂链的定义如下所述.

设在一个试验的无穷序列中，唯一可能而互不相容的事件

$$A_1, A_2, \cdots, A_n$$

具有初始概率

$$p_\alpha \quad (\alpha = \overline{1, n}, \sum p_\alpha = 1)$$

并具有从第 k 个试验到第 $k+1$ 个试验的转移概率

$$p_{\alpha\alpha_1\cdots\alpha_k\alpha_{k+1}} \tag{67.1}$$

故在第 $k+1$ 个试验中，事件 $A_{\alpha_{k+1}}$ 的概率依赖于其前面所有各个试验（即第 0，1，…，k 个试验）的结果. 对于事件 A_α 这样联结起来的试验序列，我们称之为无限复杂链. 显而易见

$$\sum_{\alpha_{k+1}=1}^{n} p_{\alpha\alpha_1\cdots\alpha_{k+1}} = 1$$

如果引入 $k+1$ 维下标

$$\alpha'_k = (\alpha\alpha_1\cdots\alpha_k), \beta'_{k+1} = (\alpha_1\cdots\alpha_{k+1})$$

则概率(67.1)可写成以下形式

$$p_{\alpha\alpha_1\cdots\alpha_{k+1}} = p\,(\alpha\alpha_1\cdots\alpha_k)(\alpha_1\cdots\alpha_{k+1}) = p_{\alpha'_k\beta'_{k+1}} \tag{67.2}$$

下标

$$\alpha'_1, \alpha'_2, \cdots$$

的值的总体，根据集合论的浅显定理易知，乃是可以编号的；而下标

$$\beta'_1, \beta'_2, \cdots$$

的值的总体同样也是可以编号的，因而概率(67.2)的总体可以写成一个无穷矩阵的形式

$$\boldsymbol{R} = \mathrm{Mt}(r_{hi}) \quad (h, i = 1, 2, \cdots) \tag{67.3}$$

这个矩阵是由无穷多个新事件 C_h 之间的转移概率 r_{hi} 所构成的，此处每一新事件 C_h 表示原始事件 A_α 的一个任意维结合. 转移概率 r_{hi} 自然适合条件

$$\sum_{i=1}^{+\infty} r_{hi} = 1$$

由此推知，对于任何 $h=0,1,\cdots$，序列$\{r_{hi}\}$应恒收敛.

由原始事件 A_α 到新事件 C_h 的这种变化是很有意思的，但是我们对于这个问题且听任其悬而未决，我们只来考察无限复杂链的一个特殊情形，这个特殊情形由于它和简单链的关系并且由于它的相对的简单性而值得我们特别注意.

我们可以认为,它之所以值得特别注意还在于:在一系列实际现象中,确切些说,在一切含有无限复杂化的链状过程,而这个过程能够充分近似地("充分近似"的完全精确的意义详见下文)以链状过程 $C_n^{(1)}$ 来代替的实际现象中,它常能得到具体体现.

我们所要考察的无限复杂链的这个特殊情形,就是在以上所定义的无限复杂链中增添下列要求:当 $k \to +\infty$ 时

$$p_{\alpha\alpha_1\cdots\alpha_{k+1}} \to p_{\alpha_k\alpha_{k+1}} \tag{67.4}$$

其中 $p_{\alpha_k\alpha_{k+1}}$ 表示由第 k 个试验的 A_{α_k} 到第 $k+1$ 个试验的 $A_{\alpha_{k+1}}$ 的转移概率,对于所有的 $\alpha_k=\overline{1,n}$,我们有

$$\sum_{\alpha_{k+1}}^{n} p_{\alpha_k\alpha_{k+1}}=1 \tag{67.5}$$

我们称这样的链为渐近简单链.渐近简单链我们用 C_n^* 来表示,而其所逐渐逼近的简单链我们用 C_n 来表示.链 C_n 的转移矩阵由概率 $p_{\alpha_k\alpha_{k+1}}$ 所构成,我们仍以 $\boldsymbol{P}$ 来表示它,并且为了简单明确,以下我们假定它是不可分解的与非循环的.于是对于链 C_n,事件 A_β 有正的终极概率 p_β.

由等式(67.4)与(67.5)推知

$$p_{\alpha\alpha_1\cdots\alpha_{k+1}}=p_{\alpha_k\alpha_{k+1}}+\varepsilon_{\alpha\alpha_1\cdots\alpha_{k+1}} \tag{67.6}$$

其中 $\varepsilon_{\alpha\alpha_1\cdots\alpha_{k+1}}$ 表示一些实数,它们满足下列条件

$$\lim_{k\to+\infty}\varepsilon_{\alpha\alpha_1\cdots\alpha_{k+1}}=0$$

$$\sum_{\alpha_{k+1}}\varepsilon_{\alpha\alpha_1\cdots\alpha_{k+1}}=0$$

为了进一步研究链 C_n^*,我们适当地对数 $\varepsilon_{\alpha\alpha_1\cdots\alpha_{k+1}}$ 增添如下的条件:

1. 对于所有的 $\alpha,\alpha_1,\cdots,\alpha_{k+1}=\overline{1,n}$,有

$$|\varepsilon_{\alpha\alpha_1\cdots\alpha_{k+1}}|\leqslant\delta_{k+1}$$

2. 级数 $\sum\limits_{k=0}^{+\infty}\delta_{k+1}$ 收敛,因此,当 $s\to+\infty$ 时

$$\sum_{k=s}^{+\infty}\delta_{k+1}\to 0$$

现在我们引进从第 0 次试验的 A_α 到第 $k+p$ 次试验的 A_β 的转移概率 $\overline{p}_{\alpha\beta}^{(k+p)}$,在这里我们假定了第 $1,2,\cdots,k+p-1$ 次试验结果尚为未定.我们试来证明下列定理:

67.I 当 $k+p\to+\infty$ 时

$$\overline{p}_{\alpha\beta}^{(k+p)}\to p_\beta\quad(\beta=\overline{1,n})$$

在证明这个定理之前,为了书写简便,我们先引入一些缩写符号如下

$$p_k=p_{\alpha\alpha_1\cdots\alpha_k},\varepsilon_k=\varepsilon_{\alpha\alpha_1\cdots\alpha_k},p_{k,k+1}=p_{\alpha_k\alpha_{k+1}}$$

$$\sum_{k} = \sum_{\alpha\alpha_1\cdots\alpha_k} P_k = p_1 p_2 \cdots p_k$$

然后,令 $\alpha_{k+p} = \beta$,我们就可把 $\overline{p}_{\alpha\beta}^{(k+p)}$ 写成下列形式

$$\begin{aligned}
\overline{p}_{\alpha\beta}^{(k+p)} &= \sum_{k+p-1} p_1 p_2 \cdots p_{k+p-1} p_{k+p} \\
&= \sum_{k+p-1} p_1 p_2 \cdots p_k (p_{k,k+1} + \varepsilon_{k+1}) \cdots (p_{k+p-1,k+p} + \varepsilon_{k+p}) \\
&= \sum_{k+p-1} P_k p_{k,k+1} \cdots p_{k+p-1,k+p} + \\
&\quad \sum_{k+p-1} P_k S_1 \varepsilon_{k+1} p_{k+1,k+2} \cdots p_{k+p-1,k+p} + \\
&\quad \sum_{k+p-1} P_k S_2 \varepsilon_{k+1} \varepsilon_{k+2} p_{k+2,k+3} \cdots p_{k+p-1,k+p} + \cdots
\end{aligned}$$

此处 $S_1, S_2, \cdots$ 表示与这些符号后的项相类似的那些项的和数.我们有

$$\sum_{k+p-1} P_k p_{k,k+1} \cdots p_{k+p-1,k+p} = \sum_{\alpha_k} \overline{p}_{\alpha\alpha_k}^{(k)} p_{\alpha_k\beta}^{(p)}$$

其中 $p_{\alpha_k\beta}^{(p)}$ 表示矩阵 $\boldsymbol{P}^p$ 的元素;同时,对于所有的 $p=1,2,\cdots$,我们一致地有

$$\begin{aligned}
&\left| \sum_{k+p-1} P_k S_1 \varepsilon_{k+1} p_{k+1,k+2} \cdots p_{k+p-1,k+p} + \cdots \right| \\
&\leqslant \sum_{k+p} P_k S_1 \delta_{k+1} p_{k+1,k+2} \cdots p_{k+p-1,k+p} + \\
&\quad \sum_{k+p} P_k S_2 \delta_{k+1} \delta_{k+2} p_{k+2,k+3} \cdots p_{k+p-1,k+p} + \cdots \\
&= S_1(n\delta_{k+1}) + S_2(n\delta_{k+1})(n\delta_{k+2}) + \cdots + (n\delta_{k+1}) \cdots (n\delta_{k+p}) \\
&= (1 + n\delta_{k+1})(1 + n\delta_{k+2}) \cdots (1 + n\delta_{k+p}) - 1 \\
&< \mathrm{e}^{n(\delta_{k+1} + \cdots + \delta_{k+p})} - 1 \to 0 \quad (k \to +\infty)
\end{aligned}$$

因此,对于 p 一致地有

$$\lim_{k \to +\infty} (\overline{p}_{\alpha\beta}^{(k+p)} - \overline{p}_{\alpha\alpha_k}^{(k)} p_{\alpha_k\beta}^{(p)}) \to 0$$

前面我们已假定矩阵 $\boldsymbol{P}$ 是不可分解的与非循环的,故可写

$$p_{\alpha_k\beta}^{(p)} = p_\beta + \sum_i Q_{\beta\alpha_k i}(p) \lambda_i^p$$

其中所有的 λ_i 的模皆小于 1 并且

$$\lim_{p \to +\infty} \sum_i Q_{\beta\alpha_k i}(p) \lambda_i^p = 0$$

故当 $p \to +\infty$ 时

$$\begin{aligned}
\sum_{\alpha_k} \overline{p}_{\alpha\alpha_k}^{(k)} p_{\alpha_k\beta}^{(p)} &= p_\beta \sum_{\alpha_k} \overline{p}_{\alpha\alpha_k}^{(k)} + \sum_{\alpha_k} \overline{p}_{\alpha\alpha_k}^{(k)} \sum_i Q_{\beta\alpha_k i}(p) \lambda_i^p \\
&= p_\beta + \sum_{\alpha_k} \overline{p}_{\alpha\alpha_k}^{(k)} \sum_i Q_{\beta\alpha_k i}(p) \lambda_i^p \to p_\beta
\end{aligned}$$

由此可知,当 $k \to +\infty$,且 $p \to +\infty$ 时

$$\overline{p}_{\alpha\beta}^{(k+p)} = \sum_{k+p-1} p_1 p_2 \cdots p_{k+p} \to p_\beta$$

这就是我们所要证的.

67. II 设以 $\overline{p}_{s|\beta}$ 表示链 C_n^* 中第 s 次试验实现 A_β 的概率,则我们有

$$\lim_{s\to+\infty}\overline{p}_{s|\beta}=p_\beta$$

这个等式的正确性由等式

$$\overline{p}_{s|\beta}=\sum_\alpha p_{0\alpha}\overline{p}_{\alpha\beta}^{(s)}$$

立即可以推得.

作为我们对于链 C_n^* 的最后一点研究,我们试来考察它的特征函数,对于此特征函数我们仍旧以 $\varphi_s(t_1,t_2,\cdots,t_{n-1})$ 来表示.

显而易见,此特征函数可由下列等式

$$\varphi_s(t_1,t_2,\cdots,t_{n-1})=\sum_s L_s$$

来确定,其中

$$L_s=p_{0\alpha}p_1p_2\cdots p_{s-1}\mathrm{e}^{\mathrm{i}(t_\alpha+t_{\alpha_1}+\cdots+t_{\alpha_{s-1}})}$$

而 $\sum\limits_s$ 是表示和数应对于下标 $\alpha,\alpha_1,\cdots,\alpha_{s-1}$ 的所有的值来取. 设 $s=k+p$,并设当 $s\to+\infty$ 时,数 k 与 p 亦各趋于 $+\infty$. 然后把 L_s 写成下列形式

$$L_s=p_{0\alpha}p_1p_2\cdots p_k(p_{k,k+1}+\varepsilon_{k+1})\cdots(p_{k+p-2,k+p-1}+\varepsilon_{k+p-1})$$

于是 φ_s 就可以表示成

$$\overline{\varphi}_s=\sum_{k+p}p_{0\alpha}P_kp_{k,k+1}\cdots p_{s-2,s-1}\mathrm{e}^{\mathrm{i}\sum\limits_{h=0}^{s-1}t_{\alpha_h}}$$

与

$$\psi_s=\sum_{k+p}p_{0\alpha}P_k\mathrm{e}^{\mathrm{i}t_{\alpha_h}}[S_1\varepsilon_{k+1}p_{k+1,k+2}\cdots p_{s-2,s-1}+S_2\varepsilon_{k+1}\varepsilon_{k+2}p_{k+2,k+3}\cdots p_{s-2,s-1}+\cdots]$$

这两项的和数,而且如我们在证明定理 67. I 时对于类似的量所作的那样,不难证明,当 $t_\alpha,t_{\alpha_1},\cdots,t_{\alpha_{s-1}}$(换言之,$t_1,t_2,\cdots,t_{n-1}$)保持在含有点 $t_1=t_2=\cdots=t_{n-1}=0$ 的某一有穷区域之中的时候,对于 p 一致地有

$$\lim_{k\to+\infty}\psi_s=0$$

因此,对于充分大的 k,可写

$$\varphi_s=\overline{\varphi}_s+\eta_s$$

其中数 $|\eta_s|$ 对于所有的 $p=0,1,2,\cdots$ 一致地小至任意程度.

现在我们来证明,$\overline{\varphi}_s$ 适合与链 C_n^* 相应的链 C_n 中的特征函数的 n 阶差分方程.

实际上,我们可以写

$$\overline{\varphi}_s=\sum_{k+p}L_{k+p}$$

其中

$$L_{k+p}=p_{0\alpha}P_{k}p_{k,k+1}\cdots p_{s-2,s-1}\mathrm{e}^{\mathrm{i}\sum\limits_{h}t_{\alpha_h}}$$

或者写

$$\overline{\varphi}_s=\sum_{\alpha_{s-1}}\overline{\varphi}_s^{\alpha_{s-1}}$$

其中

$$\overline{\varphi}_s^{\alpha_{s-1}}=\sum_{k+p-1}L_{k+p-1}$$

$$L_{k+p-1}=p_{0\alpha}P_{k}p_{k,k+1}\cdots p_{s-3,s-2}\mathrm{e}^{\mathrm{i}\sum\limits_{h}t_{\alpha_h}}$$

于是,和条目 36 中一样,由此立即推知,辅助函数 $\overline{\varphi}_s^{\alpha_{s-1}}$ 满足下列差分方程组

$$\overline{\varphi}_s^{\alpha_{s-1}}=\sum_{\alpha_{s-2}}p_{s-2,s-1}\mathrm{e}^{\mathrm{i}t_{\alpha_{s-2}}}\overline{\varphi}_{s-1}^{\alpha_{s-2}}$$

并且从而可知,函数 $\overline{\varphi}_s$ 满足下列差分方程

$$|\,\boldsymbol{E}\varphi-\mathrm{Mt}(p_{\alpha\beta}\mathrm{e}^{\mathrm{i}t_\beta})\,|\,\varphi^s=0$$

此差分方程恰是链 C_n 的特征函数的差分方程.这个事实是预先就可以料到的,因为由等式

$$\overline{\varphi}_s=\sum_{s}p_{0\alpha}P_{k}p_{k,k+1}\cdots p_{s-2,s-1}\mathrm{e}^{\mathrm{i}\sum t_{\alpha_h}}$$

可以明显看出,如果一个链其中第 $0,1,2,\cdots,k$ 次试验是复杂的而从第 $k+1$ 次试验开始则如简单链 C_n,那么这个链的特征函数便是 $\overline{\varphi}_s$.由这一条附注,并且由 $\overline{\varphi}_s$ 满足以上所写的差分方程这一事实,可以推知,在这个混合链中事件 A_α 的中心化与正态化了的频数的极限分布,当 $p\to+\infty$ 时是典型多维正态分布,同时因为

$$\varphi_s=\overline{\varphi}_s+\eta_s$$

其中 η_s 可以对于每一个 p 一致地任意接近于 0,故可断言我们有如下的定理:

67. III 在链 C_n^* 的 s 次试验中,事件 A_α 的频数 m_α,经过以链 C_n^* 的渐近链 C_n 的 s 次试验中 Em_α 与 $\sigma^2(m_\alpha)$ 的渐近值中心化与正态化之后,当 $s\to+\infty$ 时具有典型 $n-1$ 维正态极限分布,相关系数与链 C_n 的情形完全一样,它们等于

$$r=\frac{c_{\alpha\beta}}{\sigma_{\alpha\alpha}\sigma_{\alpha\beta}}\quad(\alpha,\beta=\overline{1,n-1})$$

应该记住,在所有以上的讨论中,假定链 C_n 是不可分解的与非循环的.关于链 C_n^* 的渐近链不满足这些假定时链 C_n^* 的性质问题,我们暂且不研究.

68. 平稳的链 C_n^* 平稳的链 C_n^* 可以分为两类,在第一类中我们有

$$\sum_{\alpha\alpha_1\cdots\alpha_k}p_{0\alpha}p_{\alpha\alpha_1}p_{\alpha_1\alpha_2}\cdots p_{\alpha_1\alpha_2\cdots\alpha_k\alpha_{k+1}}=p_{\alpha_{k+1}}\tag{68.1}$$

其中 $\alpha_{k+1}=\overline{1,n}$,$k=0,1,2,\cdots$,$\alpha_0\equiv\alpha$;在第二类中我们有

$$\sum_{\alpha\alpha_1\cdots\alpha_{k-1}} p_{\alpha\alpha_1} p_{\alpha\alpha_1\alpha_2} \cdots p_{\alpha\alpha_1\alpha_2\cdots\alpha_k\alpha_{k+1}} = p_{\alpha_k\alpha_{k+1}} \tag{68.2}$$

其中 $\alpha_k, \alpha_{k+1} = \overline{1, n}, k = 1, 2, 3, \cdots$.

在第一种情形中，若第 $k+1$ 次试验以前各次试验（即第 $0, 1, 2, \cdots, k$ 次试验）的结果皆保持未知，则第 $k+1$ 次试验中事件 $A_{\alpha_{k+1}}$ 的概率为一常量. 在第二种情形中，从第 k 次试验的事件 A_{α_k} 到第 $k+1$ 次试验的事件 $A_{\alpha_{k+1}}$ 的转移概率恒等于链 C_n^* 的渐近链 C_n 的转移概率 $p_{\alpha_k\alpha_{k+1}}$；此时链 C_n^* 可称为对于链 C_n 平稳，显然，当一般地来考察链 C_n^* 的复杂渐近链 $C_n^{(m)}$ 时，我们也可以同样地考察链 C_n^* 对于复杂链 $C_n^{(m)}$ 的平稳性，不过我们此处只限于考察前者. 以下我们假定链 C_n 是平稳的.

我们设 $k=1$，于是在链 C_n 的平稳性的假定之下，等式(68.1) 即给出

$$\begin{aligned} p_{\alpha_2} &= \sum_{\alpha\alpha_1} p_\alpha p_{\alpha\alpha_1} p_{\alpha\alpha_1\alpha_2} = \sum_{\alpha\alpha_1} p_\alpha p_{\alpha\alpha_1} (p_{\alpha_1\alpha_2} + \varepsilon_{\alpha\alpha_1\alpha_2}) \\ &= \sum_{\alpha\alpha_1} p_\alpha p_{\alpha\alpha_1} p_{\alpha_1\alpha_2} + \sum_{\alpha\alpha_1} p_\alpha p_{\alpha\alpha_1} \varepsilon_{\alpha\alpha_1\alpha_2} \\ &= \sum_{\alpha_1} p_{\alpha_1} p_{\alpha_1\alpha_2} + \sum_{\alpha\alpha_1} p_\alpha p_{\alpha\alpha_1} \varepsilon_{\alpha\alpha_1\alpha_2} \\ &= p_{\alpha_2} + \sum_{\alpha\alpha_1} p_\alpha p_{\alpha\alpha_1} \varepsilon_{\alpha\alpha_1\alpha_2} \end{aligned}$$

因此必须有

$$\sum_{\alpha\alpha_1} p_\alpha p_{\alpha\alpha_1} \varepsilon_{\alpha\alpha_1\alpha_2} = 0$$

同时还容易看出，在链 C_n 的平稳性的假定之下，以上等式也是等式

$$\sum_{\alpha\alpha_1} p_\alpha p_{\alpha\alpha_1} p_{\alpha\alpha_1\alpha_2} = p_{\alpha_2}$$

的充分条件.

照这样继续推论下去，即可看出下列定理的正确性.

68. I 若链 C_n^* 的渐近链 C_n 是平稳的，则为要使链 C_n^* 是第一类的平稳链，其充分而必要的条件是：对于所有的 $k=1, 2, 3, \cdots$，等式

$$\sum_{\alpha\alpha_1\cdots\alpha_k} p_\alpha p_{\alpha\alpha_1} \cdots p_{\alpha\alpha_1\cdots\alpha_k} \varepsilon_{\alpha\alpha_1\cdots\alpha_k\alpha_{k+1}} = 0 \tag{68.3}$$

恒成立.

此处 p_α 是链 C_n 的终极概率. 现在我们来考察第二类的平稳链 C_n^*. 设条件(68.2) 对于 $k=1$ 成立，则

$$\sum_{\alpha} p_{\alpha\alpha_1} p_{\alpha\alpha_1\alpha_2} = p_{\alpha_1\alpha_2} \tag{68.4}$$

因此

$$\sum_{\alpha} p_{\alpha\alpha_1} p_{\alpha_1\alpha_2} + \sum_{\alpha} p_{\alpha\alpha_1} \varepsilon_{\alpha\alpha_1\alpha_2} = p_{\alpha_1\alpha_2}$$

把这个等式的两侧对于 α_2 来求和,并且注意到对于链 C_n^* 恒有

$$\sum_{\alpha_2}\varepsilon_{\alpha\alpha_1\alpha_2}=0$$

我们即得

$$\sum_{\alpha}p_{\alpha\alpha_1}=1 \tag{68.5}$$

但是如果(68.5) 成立,则由等式(68.4) 立即可以推知,此时还应有

$$\sum_{\alpha}p_{\alpha\alpha_1}\varepsilon_{\alpha\alpha_1\alpha_2}=0 \tag{68.6}$$

不难看出,为要使等式(68.4) 成立,等式(68.5) 与(68.6) 也是充分的条件.

对于 $k=2,3,\cdots$ 重复这种推理,即不难看出下列定理的正确性.

68. II 为要使链 C_n^* 是第二类的平稳链,即对于其渐近链 C_n 平稳,其充分而必要的条件是:对于所有的 $k=1,2,3,\cdots$,下列条件

$$\sum_{\alpha\alpha_1\cdots\alpha_{k-1}}p_{\alpha\alpha_1}p_{\alpha\alpha_1\alpha_2}\cdots p_{\alpha\alpha_1\cdots\alpha_n}=1 \tag{68.7}$$

与

$$\sum_{\alpha\alpha_1\cdots\alpha_{k-1}}p_{\alpha\alpha_1}p_{\alpha\alpha_1\alpha_2}\cdots p_{\alpha\alpha_1\cdots\alpha_k}\varepsilon_{\alpha\alpha_1\cdots\alpha_{k+1}}=0 \tag{68.8}$$

恒能成立.

现在我们来考察条件(68.5). 如果假定链 C_n 是不可分解的与非循环的,则由(68.5) 可以推知(参看定理 13. V)

$$p_\alpha=\frac{1}{n}\quad(\alpha=\overline{1,n})$$

如果我们还假定链 C_n 是平稳的,那么由等式(68.8) 可以推出等式(68.3),这就是说,链 C_n^* 也是第一类的平稳链了. 因此,我们得到如下的定理:

68. III 如果链 C_n 是平稳的,则为要使链 C_n^* 同时是第一类与第二类的平稳链,其充分而必要的条件是(68.7) 与(68.8).

关于平稳的链 C_n^*,我们就只讲以上这三个定理.

补充与应用

第八章

在本书的最后这一章里，我们对于按一般性计划而写出的前几章的内容作一些补充，并且讲述具有统计特征的马尔柯夫链的某些应用.

69. 对于链 C_n 与 $C_n(X)$ 的大数定律 首先我们来考察对于链 C_n 的简单的与加强的大数定律.

设链 C_n 不可分解，并设 m_α 是时刻 τ_s 前事件 A_α 的频数，$m_\alpha^0 = Em_\alpha$，$\mu_{\alpha\alpha}$ 是频数 m_α 关于 sp_α 的标准离差. 于是我们知道（条目 37）

$$m_\alpha^0 \sim sp_\alpha$$

$$\mu_{\alpha\alpha} \sim s\sigma_{\alpha\alpha} \quad (\sigma_{\alpha\alpha} \geqslant 0)$$

其中 $\sigma_{\alpha\alpha}$ 是固定常量，$\alpha = \overline{1,n}$. 因此，应用 Чебышев 不等式

$$P\left(\left|\frac{m_\alpha}{s} - p_\alpha\right| \leqslant \varepsilon\right) > 1 - \frac{E\left(\frac{m_\alpha}{s} - p_\alpha\right)^2}{\varepsilon^2}$$

（其中 $\varepsilon > 0$ 是任意小的固定数），即得

$$P\left(\left|\frac{m_\alpha}{s} - p_\alpha\right| \leqslant \varepsilon\right) > 1 - \frac{\sigma_{\alpha\alpha} + \delta_{\alpha s}}{s\varepsilon^2}$$

其中 $|\delta_{\alpha s}| \to 0 (s \to +\infty)$，由此可见，对于我们的链的任何一个相对频率$\frac{m_\alpha}{s}$，大数定律恒成立.

我们再注意不等式

$$P\left(\sum_\alpha \left(\frac{m_\alpha}{s} - p_\alpha\right)^2 \leqslant \varepsilon\right) > 1 - \frac{\sum_\alpha (\sigma_{\alpha\alpha} + \delta_{\alpha s})}{s\varepsilon^2}$$

由它可以推知，当 s 充分大时，我们能以任意接近于 1 的概率期望：所有的差数 $\frac{m_\alpha}{s}-p_\alpha,\alpha=\overline{1,n}$，将任意的小.

至于要来证明对于链 C_n 中的频率$\frac{m_\alpha}{s}$加强的大数定律也成立，则情形稍为复杂. 我们知道，欲使加强的大数定律对于频率$\frac{m_\alpha}{s}$成立，只需级数

$$\sum_{s=1}^{+\infty} P_s(\varepsilon) \tag{69.1}$$

对于任何 $\varepsilon>0$ 恒收敛，此处

$$P_s(\varepsilon)=P\left(\left|\frac{m_\alpha}{s}-p_\alpha\right|\geqslant\varepsilon\right)$$

我们立刻就来证实级数(69.1)的收敛性；为了确切起见，假定链 C_n 不仅是不可分解的，而且还是非循环的，于是所有的 p_α 与 $\sigma_{\alpha\alpha}$ 皆是正的，对于任何 α 变量

$$x_s=\frac{m_\alpha-sp_\alpha}{\sqrt{s\sigma_{\alpha\alpha}}}$$

的极限分布恒为典型一维正态分布. 由最后这一事实推知

$$\lim_{s\to+\infty} E\left(\frac{m_\alpha-sp_\alpha}{\sqrt{s\sigma_{\alpha\alpha}}}\right)^4=3$$

因此

$$E\left(\frac{m_\alpha}{s}-p_\alpha\right)^4\sim\frac{3\sigma_{\alpha\alpha}^2}{s^2} \tag{69.2}$$

同时由于

$$P_s(\varepsilon)=P\left(\left|\frac{m_\alpha}{s}-p_\alpha\right|\geqslant\varepsilon\right)<\frac{E\left(\frac{m_\alpha}{s}-p_\alpha\right)^4}{\varepsilon^4}$$

或是

$$P_s(\varepsilon)<\frac{3\sigma_{\alpha\alpha}^2+\delta_{\alpha s}}{s^2\varepsilon^4}$$

其中 $\delta_{\alpha s}\to 0(s\to+\infty)$，故可显见，级数(69.1)对于任何固定的 $\varepsilon>0$ 皆收敛. 所以，对于不可分解的非循环的链 C_n，加强的大数定律成立.

以上导出公式(69.2)时，我们利用了变量

$$\frac{m_\alpha-sp_\alpha}{\sqrt{s\sigma_{\alpha\alpha}}}$$

的极限分布是正态分布这一事实，但是也可以不利用这一事实，而利用差数 $m_\alpha-sp_\alpha$ 的四次幂的数学期望的直接计算，这种直接计算可借助于条目 38 与

条目 39 中所讲的方法中的任何一个.

当链 C_n 不可分解，而 $\sigma_{\alpha\alpha}=0$ 时，频率$\frac{m_\alpha}{s}$ 的极限分布是非固有的分布，具有中心 p_α(参看条目 43 第 2 款)，故此时简单的与加强的大数定律都成立.

应用类似的方法可以证明，若一串试验联结成为简单的均匀的马尔柯夫链，其中有一个疏散的随机变量 X，它只取有限多个值，则对于它的算术平均值，两个大数定律都成立.

70. 对于链 $C_n(X)$ 的重对数定律 1947 年 M. Султанова 应用 Doeblin 的一个著名的方法[3] 证明了：对于链 $C_n(X)$，重对数定律成立①. 应用 Doeblin 方法对于链 $C_n(X)$ 来证明重对数定律的想法属于 T. A. Сарымсаков，他在 M. Султанова之前曾以其他直接的方法对于最简单的马尔柯夫链——链 C_2 证明了重对数定律[34]. 在这里我们把 M. Султанова 的证明复述一下，其中只有一些不大的变动.

设 $C_n(X)$ 表示我们在条目 45 中所考察的那种链，并设 $S_k(X)$，或简记为 S_k，表示条目 45 中所引入并阐明的下列各变量

$$u_0, u_1, \cdots, u_{k-1}$$

的中心化了的值的和数，即和数 $\sum(u_h - m_h)$，$m_h = Eu_h$. 我们假定链 $C_n(X)$ 中的矩阵 $\boldsymbol{P}$ 是正则的，因而 $\lambda_0=1$ 是其唯一的而且单重的模等于 1 的根. 然后用 B_k 表示和数 S_k 的标准离差，并假定链 $C_n(X)$ 的比标准离差 σ_x^2 是正的，因而

$$B_k \sim k\sigma_x$$

故当 $k \to +\infty$ 时

$$B_k \to +\infty$$

此时对于链 $C_n(X)$ 的重对数定律，按照 A. H. Колмогоров 的叙述法[7]，可表述如下：

70. I (1) 任意给定 $\eta>0$ 与 $\delta>0$，总可以找到这样的自然数 N，使得对于任何 p，下列诸不等式

$$S_k > (1+\delta)\sqrt{2B_k \lg\lg B_k} \quad (k=N, N+1, \cdots, N+p)$$

中至少有一个成立的概率小于 η.

(2) 任意给定 $\eta>0$，$\delta>0$ 与 m，总可以找到这样的自然数 p，使得所有下列诸不等式

$$S_k < (1-\delta)\sqrt{2B_k \lg\lg B_k} \quad (k=m, m+1, \cdots, m+p)$$

皆成立的概率小于 η.

① 证明见 M. Султанова 的硕士学位论文.

(3) 本定理的第 1 点与第 2 点的正确性,在 k 充分大时,具有任意接近于 1 的概率.

定理 70. Ⅰ 的第 3 点的具体意义在于:差不多所有构成链 $C_n(X)$ 的无穷试验序列皆服从重对数定律.这种解释可由定理 70. Ⅰ 的证明完全阐明.

在证明这个定理时,我们主要是借助于 Doeblin 所指出的和数 S_k 的一个变形法以及 А. Н. Колмогоров 的一个定理[7];А. Н. Колмогоров 的定理是说:如果独立随机变量序列

$$z_1, z_2, \cdots, z_k \cdots$$

满足以下两个基本条件

$$B_k \to +\infty \tag{70.1}$$

与

$$|z_k| \leqslant m_k = O\left(\sqrt{\frac{B_k}{\lg\lg B_k}}\right) \tag{70.2}$$

(此处 B_k 表示和数

$$S_k = z_1 + z_2 + \cdots + z_k$$

的标准离差),那么对于这个独立随机变量序列 $\{z_k\}$,形如定理 70. Ⅰ 中第 1 点与第 2 点的重对数定律成立.

以下我们来讲 Doeblin 的变形法.

每一个变量 u_h 可以取值为 $x_1, x_2, \cdots, x_n$ 中的一个.设变量

$$u_0, u_1, \cdots, u_{k-1}$$

中第一个在链 $C_n(X)$ 中取值为 x_1 的是 u_{n_0};设其后又取值为 x_1 的是 u_{n_1},如此类推;设其中最后一个取值为 x_1 的是 u_{n_μ}.这样一来,我们就得出了一串数

$$0 \leqslant n_0 < n_1 < \cdots < n_\mu \leqslant k-1$$

借助于此我们作出一个新的数列

$$m_0 = n_0, m_1 = n_1 - n_0, \cdots, m_\mu = n_\mu - n_{\mu-1}$$

数 $m_0, m_1, \cdots, m_\mu$ 是随机变量,其中 m_0 可以取值为 0,1,2,… 中的一个,而数 $m_1, m_2, \cdots, m_\mu$ 中的每一个可以取值为 1,2,… 中的一个.显而易见,m_0 取值为 h 的概率等于

$$P_{0h} = \sum p_{0\alpha} p_{\alpha\alpha_1} \cdots p_{\alpha_{h-1}}$$

其中和数的取法是令 $\alpha, \alpha_1, \cdots, \alpha_{h-1}$ 彼此独立地取遍 $2, 3, \cdots, n$ 各值.它可以表示成以下形式

$$P_{0h} = \sum_{\alpha, \beta = 2}^{n} p_{0\alpha} q_{\alpha\beta}^{(h-1)} p_{\beta 1} \tag{70.3}$$

其中 $q_{\alpha\beta}^{(h-1)}$ 表示矩阵

$$\boldsymbol{P}_{11}=\begin{pmatrix} p_{22} & p_{23} & \cdots & p_{2n} \\ p_{32} & p_{33} & \cdots & p_{3n} \\ \vdots & \vdots & & \vdots \\ p_{n2} & p_{n3} & \cdots & p_{nn} \end{pmatrix}$$

的 $h-1$ 次幂的元素.

同样可以明显看出,数 $m_1,m_2,\cdots,m_\mu$ 中的任何一个取值为 h 的概率皆等于如下的这同一个数

$$P_h=\sum p_{1\alpha_1}p_{\alpha_1\alpha_2}\cdots p_{\alpha_{h-1}}$$

其中和数的取法是令 $\alpha_1,\alpha_2,\cdots,\alpha_{h-1}$ 彼此独立地取遍 $2,3,\cdots,n$ 各值.我们亦可将此概率写成下列形式

$$P_h=\sum_{\alpha,\beta=2}^{n}p_{1\alpha}q_{\alpha\beta}^{(h-2)}p_{\beta 1} \tag{70.4}$$

其中 $q_{\alpha\beta}^{(h-2)}$ 表示以上引入的矩阵 $\boldsymbol{P}_{11}$ 的 $h-2$ 次幂的元素.

因此,变量 $m_1,m_2,\cdots,m_\mu$ 有同一个分布律.除此以外,这些 m 之间还彼此独立,因为任何一个等式 $m_i=h$ 的概率,无论其他的 m 取了什么值,总是保持不变.

我们还指出

$$\lim_{h\to+\infty}P_{0h}=\lim_{h\to+\infty}P_h=0 \tag{70.5}$$

实际上,首先由矩阵 $\boldsymbol{P}$ 的正则性可知,矩阵 $\boldsymbol{P}_{11}$ 的最大根是小于 1 的正数,并且所有其他的根的模皆不大于这个最大根.因此

$$q_{\alpha\beta}^{(f)}=\sum_{i=1}^{v}R_{\beta\alpha i}(f)\lambda_i^f \quad (f=1,2,\cdots) \tag{70.6}$$

其中 $\lambda_1,\lambda_2,\cdots,\lambda_v$ 是矩阵 $\boldsymbol{P}_{11}$ 的不同的根,$R_{\beta\alpha i}(f)$ 是 f 的多项式,其次数低于根 λ_i 的重数,而 λ_1 是矩阵 $\boldsymbol{P}_{11}$ 的最大根.从等式(70.6)立即可以推知等式(70.5)成立.

现在我们可以把和数 S_k 写成 Doeblin 形式

$$S_k=s_{n_0}+u^{(1)}+u^{(2)}+\cdots+u^{(\mu)}+r_k \tag{70.7}$$

其中

$$s_{n_0}=\sum_{h=0}^{n_0}(u_h-m_h)$$

$$u^{(1)}=\sum_{h=n_0+1}^{n_1}(u_h-m_h)$$

$$\vdots$$

$$u^{(\mu)}=\sum_{h=n_{\mu-1}+1}^{n_\mu}(u_h-m_h)$$

$$r_k=\sum_{h=n_\mu+1}^{\mu+1}(u_h-m_h)$$

显而易见,我们所引入的这些量 $s_0,u^{(1)},\cdots,u^{(\mu)},r_k$ 皆是随机变量,而且还是独立的随机变量.其之所以独立可以由这样一点看出,这就是它们之中的任何一个的分布律皆可由其前面的最后一项的值来确定,而其前面的最后一项的值则固定不变地恒保持等于 x_1.还可看出,它们的数学期望都等于零,并且变量 $u^{(1)},\cdots,u^{(\mu)}$ 的分布律是相同的.

这样一来,我们就把和数 S_k 表示成了一些数学期望等于零的独立随机变数的和数,并且这个和数的标准离差 B_k,我们之前已指出,满足 A. H. Колмогоров 关于重对数定律的定理中的第一基本条件(70.1).现在我们来考察第二基本条件(70.2).

设 $|u_h-m_h|$ 的可能的值中的最大者等于 A;显而易见,A 是某一个确定的正数,并且我们可以写

$$|s_0|\leqslant(n_0+1)A=(m_0+1)A$$
$$|u^{(1)}|\leqslant(n_1-n_0)A=m_1A$$
$$\vdots$$
$$|u^{(\mu)}|\leqslant m_\mu A$$
$$|r_k|\leqslant(k-1-n_\mu)A$$

容易看出,当 $k\to+\infty$ 时,$s_0,u^{(1)},\cdots,u^{(\mu)},r_k$ 的绝对值可以有任意大的值.

我们试来估计这些变量具有大的绝对值的概率.我们已经看到

$$P_h=P(m_i=h)=\sum_{\alpha,\beta}p_{1\alpha}q_{\alpha\beta}^{(h-2)}p_{\beta1}$$

并且

$$q_{\alpha\beta}^{(f)}=\sum_{i=1}^{v}R_{\beta\alpha i}(f)\lambda_i^f$$

设根 λ_i 的重数等于 m'_i,而数 m'_i 中的最大的等于 m;设最大根 $\lambda_1=l$.于是

$$q_{\alpha\beta}^{(f)}<Cvf^{m-1}l^f$$

并且

$$P_h<n^2Cv(h-2)^{m-1}l^{h-2}$$

因为对于任何 $\gamma>0$

$$\lim_{s\to+\infty}s^{m+\gamma}l^s=0$$

故对于充分大的 N 我们有

$$\begin{aligned}&n^2Cv(N-2)^{m_1-1}l^{N-2}\\&=n^2Cv(N-2)^{m+\alpha-1}l^{N-2}(N-2)^{-\alpha}<(N-2)^{-\alpha}\end{aligned}\tag{70.8}$$

其中可以一直假定 $\alpha > 2$.

我们有

$$P(|u^{(i)}| \leqslant N) \geqslant P(m_i \leqslant \frac{N}{A})$$

因为从不等式 $m_i \leqslant \frac{N}{A}$ 可以推出不等式 $|u^{(i)}| \leqslant N$. 然后

$$P\left(m_i \leqslant \frac{N}{A}\right) = 1 - P\left(m_i > \frac{N}{A}\right) \geqslant 1 - \sum_{h=N_1+1}^{+\infty} P_h$$

其中

$$N_1 = [\frac{N}{A}]$$

因此,由于所有的 $u^{(i)}$ 具有同一的分布,故

$$P(|u^{(i)}| \leqslant N, i = 1, 2, \cdots, N) \geqslant \left(1 - \sum_{h=N_1+1}^{+\infty} P_h\right)^N$$

根据(70.8),对于充分大的 N,我们有

$$P(|u^{(i)}| \leqslant N, i = 1, 2, \cdots, N) > \left(1 - \sum_{h=N_1+1}^{+\infty} (h-2)^{-\alpha}\right)^N$$

不难看出,当 $\alpha > 2$ 时,这个不等式的右侧以 1 为极限. 所以

$$P(|u^{(i)}| \leqslant N, i = 1, 2, \cdots, N) = 1 - \delta_N \tag{70.9}$$

其中 $\delta_N > 0$,并且当 N 充分大时,它任意小.

下面我们来考察变量

$$u^{(h)} \quad (h = N+1, N+2, \cdots)$$

设

$$M_h = \sqrt{\frac{B_h^{1-\delta}}{\lg \lg B_h}} \quad (0 < \delta < 1)$$

于是

$$P(|u^{(h)}| \leqslant M_h) \geqslant P\left(m_h \leqslant \frac{M_h}{A}\right) = 1 - P\left(m_h > \frac{M_h}{A}\right) \geqslant 1 - \delta_h$$

其中

$$\delta_h = \sum_{f=F_h+1}^{+\infty} P_f \quad (F_h = [\frac{M_h}{A}])$$

并且

$$P(|u^{(h)}| \leqslant M_h, h = N+1, N+2, \cdots, \mu) \geqslant \prod_{h=N+1}^{+\infty} (1 - \delta_h)$$

以上我们已看到,对于充分大的 h 有

$$P_h < (h-2)^{-\alpha}$$

其中 $\alpha > 2$ 可以认为是任意大的数. 因此,如果 N 充分大,那么 δ_h 乃是收敛得任

意快的正项级数的余项，并且可以使乘积

$$\prod_{h=N+1}^{+\infty}(1-\delta_h)$$

任意地接近于1，故可写

$$P(|u^{(h)}|<M_h, h=N+1,N+2,\cdots,\mu)=1-\eta_N \qquad (70.10)$$

由上可知，对于充分大的 N，等式(70.9)与(70.10)同时成立.

选定充分小的 δ_N 与 η_N 之后，把相应的数 N 固定下来. 现在我们注意

$$M_h=O\left(\sqrt{\frac{B_h}{\lg\lg B_h}}\right)$$

并且根据大数定律，若 k 充分大，则数 μ 任意大的概率 $1-\varepsilon_\mu$ 任意接近于1. 因此，我们能以概率

$$(1-\varepsilon_\mu)(1-\delta_N)(1-\eta_N)$$

断言：在构成链 $C_n(X)$ 的试验序列中，我们有任意长的变量序列 $u^{(1)}, u^{(2)}, \cdots, u^{(\mu)}$，其中前 N 个的绝对值不超过 N 的概率为 $1-\delta_N$，其余任意长的序列满足 A. H. Колмогоров 定理的第二基本条件(70.2)的概率为 $1-\eta_N$. 我们不难看出

$$\frac{\sum_{h=1}^{N}u^{(h)}}{\sqrt{2B_k\lg\lg B_k}} \quad (k\to+\infty)$$

而且变量

$$\frac{s_0}{\sqrt{2B_k\lg\lg B_k}} \text{与} \frac{r_k}{\sqrt{2B_k\lg\lg B_k}}$$

亦然，于是最后显见，如果 $k\to+\infty$，那么 A. H. Колмогоров 定理能以任意接近于1的概率应用到我们所考察的和数 S_k. 由此推出定理70. Ⅰ 的第3点，这一点正是使定理 70. Ⅰ 与相应的 A. H. Колмогоров 定理有所不同的一点. 至于可否直接取消第 3 点，即对于链 $C_n(X)$ 重对数定律能否完全成立，则尚为悬而未决的问题. 很可能第3点是可以取消的，因为 Feller 在[41]中曾经证明，服从重对数定律的独立随机变量序列存在，同时还因为定理70. Ⅰ 中之所以出现第3点，并非是由于问题的实质所引起的，而是由于这个定理的证明方法所引起的.

至于间接地取消第 3 点，则可由下述方法来完成.

我们试来考察，A. H. Колмогоров 关于重对数定律的定理其实际意义何在.

假定我们把一个试验序列重复进行 v 次(v 为一大数目)，并假定此试验序列中含有独立随机变量 $z_i, i=1,2,\cdots$，它们满足 A. H. Колмогоров 的条件(70.1)与(70.2). 我们把这两个条件合称为条件 C_k. 于是在条件 C_k 成立的情形下，在个别的试验序列中(如果它是充分长的)，A. H. Колмогоров 定理第1点

与第 2 点中的不等式将以任意小的概率实现. 它们的实现我们称之为事件 A_k.

设以 $v(A_k)$ 表示 v 次试验中事件 A_k 实现的次数,而以 $v(\overline{A}_k)$ 表示 v 次试验中事件 A_k 不实现的次数. 显而易见

$$v=v(A_k)+v(\overline{A}_k)$$

A. H. Колмогоров 定理的实际意义就在于

$$\lim_{v\to+\infty} st\,\frac{v(\overline{A}_k)}{v}=1$$

现在我们来考察对于链 $C_n(X)$ 所证明的定理其实际意义如何. 设仍以 v 表示形成这个链的试验序列的数目,以 A_k 表示"定理 70. Ⅰ 的第 1 点与第 2 点成立"这一事件,以 C_k 表示"对于链 $C_n(X)$ 条件(70.1) 与(70.2) 成立"这一事件. 并且我们还引入符号 $v(A_kC_k)$, $v(A_k\overline{C}_k)$, … 来表示 v 个试验序列中事件 A_k 与 C_k, A_k 与 $\overline{C_k}$($\overline{C_k}$ = 非 C_k),…… 同时实现的次数. 显而易见

$$v=v(A_kC_k)+v(A_k\overline{C}_k)+v(\overline{A}_kC_k)+v(\overline{A}_k\overline{C}_k)$$

然后根据定理 70. Ⅰ 的第 3 点,在概率的意义上

$$\frac{v(A_k\overline{C}_k)}{v}\to 0,\ \frac{v(\overline{A}_k\overline{C}_k)}{v}\to 0$$

并且借助于第 1 点与第 2 点,根据 A. H. Колмогоров 定理,在概率的意义上

$$\frac{v(A_kC_k)}{v}\to 0$$

因此

$$\lim_{v\to+\infty} st\,\frac{v(\overline{A}_kC_k)}{v}\to 1$$

除此之外

$$v(\overline{A}_k)=v(\overline{A}_kC_k)+v(\overline{A}_k\overline{C}_k)$$

故

$$\lim_{v\to+\infty} st\,\frac{v(\overline{A}_k)}{v}=\lim_{v\to+\infty} st\,\frac{v(\overline{A}_kC_k)}{v}+\lim_{v\to+\infty} st\,\frac{v(\overline{A}_k\overline{C}_k)}{v}=1$$

这样一来,定理 70. Ⅰ 的实际意义与 A. H. Колмогоров 定理的实际意义完全一样,并且我们可以认为,在这种意义之下定理 70. Ⅰ 的第 3 点可以算作是被取消了.

简单地但非精确地来说,A. H. Колмогоров 定理与定理 70. Ⅰ 的相互关系可表述如下:根据 A. H. Колмогоров 定理,重对数定律实际上在零测度序列集合 v_1 中不成立,而根据定理 70. Ⅰ,则也就是说在一个零测度集合上,此零测度集合包含了 v_1.

71. 逆链 设链 C_n 的初始概率为 $p_{0\alpha}$,规律为

$$\boldsymbol{P}=\mathrm{Mt}(p_{\alpha\beta})$$

我们的问题是来考察：若在某一给定时刻实现了状态 A_β，而其以前各时刻的结果尚属未知，则其以前的一个时刻实现状态 A_α 的概率是怎样的？我们所提的这个问题关系到链 C_n 的反演，或者说关系到 C_n 的逆链，为了简便起见，我们以 C_n^- 表示 C_n 的逆链. 链的反演的可能性，是马尔柯夫在其论复杂链的论文[15]中首先注意到的.

马尔柯夫只是对于他所考察的复杂链的反演的可能性作了一些浅显的研究；而 C. H. Бернштейн，A. H. Колмогоров，Hositnský，Mihoc，Onicescu 与 Поточек 则研究了更详尽深入的问题，读者在 Fréchet 的书[43]中可找到他们的论文的索引，以下我们就来讲述他们的基本结果，并且把著者的研究与结果也加进去. 以下我们按照 Fréchet 的讲法来讲，只是在符号上有若干改变.

首先，我们试来考察链 C_n^- 的转移概率.

设以 $q_{\beta\alpha}^{(k,k-1)}$ 表示当已知第 k 个时刻实现了状态 A_β 的时候，在第 $k-1$ 个时刻实现 A_α 的概率. 借助于 Bayes 定理，或是利用直接计算 A_β 的概率的两种方法，可得以下的基本等式

$$p_{k-1|\alpha}p_{\alpha\beta}=p_{k|\beta}q_{\beta\alpha}^{(k,k-1)} \tag{71.1}$$

这个等式对于任何链 C_n 都应该成立. 如果 $p_{k|\beta}\neq 0$，则由此可以得出概率 $q_{\beta\alpha}^{(k,k-1)}$ 的完全确定的值

$$q_{\beta\alpha}^{(k,k-1)}=\frac{p_{k-1|\alpha}p_{\alpha\beta}}{p_{k|\beta}} \tag{71.2}$$

此值恰是概率 $q_{\beta\alpha}^{(k,k-1)}$ 按照 Bayes 定理所求得的值. 如果 $p_{k|\beta}=0$，那么我们不能由等式(71.1)得出 $q_{\beta\alpha}^{(k,k-1)}$ 的任何确定的值.

当 $p_{k|\beta}\neq 0$ 时，由等式(71.1)立即推知

$$\sum_{\alpha=1}^{n}q_{\beta\alpha}^{(k,k-1)}=1$$

设 $\boldsymbol{P}>\boldsymbol{0}$，于是链 C_n 是正的正则的，并且

$$\lim_{k\to+\infty}p_{k|\beta}=p_\beta>0\quad(\beta=\overline{1,n})$$

因此，此时

$$\lim_{k\to+\infty}q_{\beta\alpha}^{(k,k-1)}=\frac{p_\alpha p_{\alpha\beta}}{p_\beta}>0\quad(\alpha,\beta=\overline{1,n})$$

并且链 C_n^- 也可以称为正的正则的，此外，在极限的情形下我们称链 C_n^- 是均匀的. 如果 $\boldsymbol{P}>\boldsymbol{0}$，并且链 C_n 不仅是正的正则的而且还是平稳的，则链 C_n^- 是均匀的与平稳的，因为此时所有的 $p_{k|\beta}(\beta=\overline{1,n};k=0,1,2,\cdots)$ 等于 $p_\beta>0$，由此推知，概率

$$q_{\beta\alpha}^{(k,k-1)}=\frac{p_\alpha p_{\alpha\beta}}{p_\beta}\equiv q_{\beta\alpha}$$

皆是正的，并且不依赖于 k. 反之，如果所有 $q_{\beta\alpha}^{(k,k-1)}$ 皆是正的，并且不依赖于 k，则链 C_n 是平稳的与正的正则的，因为此时由(71.1) 可得

$$p_{k|\beta} = p_{k-1|\alpha} \frac{p_{\alpha\beta}}{q_{\beta\alpha}}$$

$$\sum_{\beta} p_{k|\beta} = 1 = p_{k-1|\alpha} \sum_{\beta} \frac{p_{\alpha\beta}}{q_{\beta\alpha}}$$

因此，概率 $p_{k-1|\alpha}$ 不依赖于 k 并且是正数. 这样一来，我们即得以下的定理：

71.I 如果 $\boldsymbol{P} > \boldsymbol{0}$，则欲使链 C_n^- 是平稳的与正的正则的，必须而且只需，链 C_n 是平稳的与正的正则的(或简述为正的平稳的).

因此，对于正的平稳的链 C_n^-，在任何时刻 T_k，$k \geqslant 1$，我们有逆转移概率

$$q_{\beta\alpha} = \frac{p_\alpha p_{\alpha\beta}}{p_\beta} \tag{71.3}$$

如果此时 $C_n = C_2$(体系 S 有两个互不相容的状态)，那么对于任何 $\alpha, \beta = 1, 2$ 恒有

$$q_{\beta\alpha} = 1 - q_{\beta\beta} = 1 - \frac{p_\beta p_{\beta\beta}}{p_\beta} = p_{\beta\alpha}$$

这种情形按照马尔柯夫的说法就是：正的平稳的链 C_2 可以逆转.

如果链 C_n 是完全正则的与平稳的，换句话说，如果 $p_\alpha = \dfrac{1}{n}$，$\alpha = \overline{1,n}$，那么

$$q_{\beta\alpha} = p_{\alpha\beta}$$

此时如果还已知链 C_n 是对称的($p_{\alpha\beta} = p_{\beta\alpha}$)，那么链 C_n 可以逆转，换句话说，我们有

$$q_{\beta\alpha} = p_{\beta\alpha}$$

现在我们来考察链 C_n 中从时刻 T_k 到时刻 $T_m(k > m+1)$ 的转移概率；若已知于时刻 $T_k(k > m+1)$ 实现了状态 A_β，并且其他时刻体系 S 的状态皆为未知，则我们试求于时刻 T_m 实现状态 A_α 的概率

$$q_{\beta\alpha}^{(k,m)}$$

显而易见，如果概率 $q_{\beta\alpha}^{(k,m)}$ 存在，那么我们有

$$p_{m|\alpha} p_{\alpha\beta}^{(k-m)} = p_{k|\beta} q_{\beta\alpha}^{(k,m)} \tag{71.4}$$

如果 $p_{k|\beta} \neq 0$，那么我们对于 $q_{\beta\alpha}^{(k,m)}$ 就又求得了如下的完全确定的非负的值

$$q_{\beta\alpha}^{(k,m)} = \frac{p_{m|\alpha} p_{\alpha\beta}^{(k-m)}}{p_{k|\beta}} \tag{71.5}$$

并且

$$\sum_{\alpha} q_{\beta\alpha}^{(k,m)} = 1$$

71.II 如果 $p_{k|\beta} \neq 0$，那么对于所有的 $m < s < k$，我们有

$$q_{\beta\alpha}^{(k,m)} = \sum_{\gamma} q_{\beta\gamma}^{(k,s)} q_{\gamma\alpha}^{(s,m)} \tag{71.6}$$

实际上,这可由下列等式明显看出

$$p_{k|\beta}q_{\beta\alpha}^{(k,m)}=\sum_{\gamma}p_{m|\alpha}p_{\alpha\gamma}^{(s-m)}p_{\gamma\beta}^{(k-s)}=$$

$$=\sum_{\gamma}p_{s|\gamma}q_{\gamma\alpha}^{(s,m)}q_{\gamma\beta}^{(k-s)}=\sum_{\gamma}p_{k|\beta}q_{\beta\gamma}^{(k,s)}q_{\gamma\alpha}^{(s,m)}$$

现在我们再来单独考察正的平稳的链 C_n. 对于它,我们由(71.5)可得

$$q_{\beta\alpha}^{(k,m)}=\frac{p_\alpha p_{\alpha\beta}^{(k-m)}}{p_\beta}\equiv q_{\beta\alpha}^{(k-m)}$$

故此时概率 $q_{\beta\alpha}^{(k-m)}$ 只依赖于差数 $k-m$. 如果对于 $m<s<k$,我们引入符号 $a=k-s,b=s-m$,那么由等式(71.6)可得

$$q_{\beta\alpha}^{(a+b)}=\sum_{\gamma}q_{\beta\gamma}^{(a)}q_{\gamma\alpha}^{(b)}\tag{71.7}$$

若链 C_n 是正的平稳的,则对于所有的 $k\geqslant 1$,有

$$q_{\beta\alpha}^{(k)}=\frac{p_\alpha p_{\alpha\beta}^{(k)}}{p_\beta}\tag{71.8}$$

若 $p_{k|\beta}\neq 0$,则由等式(71.5)推知当 m 是固定的,并且链 C_n 是正的正则的,但无须是平稳的时,即有

$$\lim_{k\to+\infty}q_{\beta\alpha}^{(k,m)}=p_{m|\alpha}$$

这就是说,此时概率 $q_{\beta\alpha}^{(k,m)}$ 不依赖于其终极状态 A_β. 如果除此而外链 C_n 还是平稳的,那么

$$\lim_{k\to+\infty}q_{\beta\alpha}^{(k,m)}=\lim_{k\to+\infty}q_{\beta\alpha}^{(k)}=p_\alpha$$

对于完全正则的平稳的链 C_n,我们有

$$q_{\beta\alpha}^{(k-m)}=p_{\alpha\beta}^{(k-m)}\tag{71.9}$$

反之,如果这个等式成立,并且链 C_n 是正则的,那么根据(71.4)我们应有

$$(p_{k|\beta}-p_{m|\alpha})p_{\alpha\beta}^{(k-m)}=0\tag{71.10}$$

由此可见,当 $k\to+\infty$ 与 $k-m\to+\infty$ 时,我们有

$$(p_\beta-p_\alpha)p_\beta=0$$

但因对于正则链 C_n 至少有一个概率 p_β 不等于零,故由上式可以推知,所有的 $p_\alpha(\alpha=\overline{1,n})$ 应有同一个值,这就是说链 C_n 应该是完全正则的. 此时对于充分大的 $k-m$,我们应有 $p_{\alpha\beta}^{(k-m)}>0$,因此根据(71.10)我们有

$$p_{k|\beta}=p_{m|\alpha}\quad(\alpha,\beta=\overline{1,n})$$

由此推知,链 C_n 还应该是平稳的.

这样一来,我们就得到了如下的定理.

71. III 如果链 C_n 是正则的,那么欲使对于链 C_n^- 有

$$q_{\beta\alpha}^{(k-m)}=p_{\alpha\beta}^{(k-m)}$$

必须而且只需链 C_n 是完全正则的与平稳的.

对于完全正则的与平稳的链 C_n，如果还知道它是对称的，那么我们可以把它逆转，这就是说可以写

$$q_{\beta\alpha}^{(k-m)} = p_{\beta\alpha}^{(k-m)}$$

为要推得这一点只需注意以下的一个容易验证的事实：在这个情形下，矩阵 $\boldsymbol{P}^k (k \geqslant 1)$ 是对称的.

对于正的平稳的链 C_n 有以下的一个极为重要的事实①：

71. IV 若链 C_n 是正的平稳的，则状态 A_α 在逆链 C_n^- 中的频数分布的特征函数与其在链 C_n 中频数分布的特征函数相同.

这个定理的证明非常简单.

设链 C_n 是正的平稳的，于是便有

$$q_{\beta\alpha} = \frac{p_\alpha p_{\alpha\beta}}{p_\beta} \quad (\alpha, \beta = \overline{1, n}) \tag{71.11}$$

并且若我们以

$$\varphi_s^-(t_1, t_2, \cdots, t_{n-1})$$

表示链 C_n^- 中 s 个顺序的时刻中状态 A_α 的频数分布的特征函数，则它可由下式来确定

$$\varphi_s^-(t_1, t_2, \cdots, t_{n-1}) = \sum_s p_\alpha q_{\alpha\alpha_1} q_{\alpha_1\alpha_2} \cdots q_{\alpha_{s-2}\alpha_{s-1}} \mathrm{e}^{\mathrm{i}\sum t_{\alpha_h}}$$

其中 $\sum\limits_s$ 的意义我们早已熟知. 根据关系式(71.11)，由此等式立即可以看出

$$\begin{aligned}\varphi_s^-(t_1, t_2, \cdots, t_{n-1}) &= \sum\nolimits_s p_{\alpha_{s-1}} p_{\alpha_{s-1}\alpha_{s-2}} \cdots p_{\alpha_1\alpha} \mathrm{e}^{\mathrm{i}\sum t_{\alpha_h}} \\ &= \varphi_s(t_1, t_2, \cdots, t_{n-1})\end{aligned}$$

其中 φ_s 是对于链 C_n 而言的特征函数. 于是定理得证.

72. 逆循环链 截至目前，我们仅是考察了关于正则的链 C_n 的逆链 C_n^-. 现在我们来考察关于具有循环指标 r 的循环链 C_n 的逆链 C_n^-. 大概这个问题还是第一次在这里被提出研究.

于是我们设链 C_n 是具有循环指标 r 的循环链. 我们知道，对于这种链可把所有的状态 A_α 分成在时间的进程中彼此循环的非空组 B_g，$g = \overline{1, r}$. 我们只来考察不可分解的循环链，对于这种链

$$p_\alpha = \frac{P_{\alpha\alpha}(1)}{\sum P_{\alpha\alpha}(1)} > 0 \quad (\alpha = \overline{1, n}) \tag{72.1}$$

若以 α_h，β_g 等表示属于组 B_h，B_g，… 的状态 A_α，A_β，… 的下标，则当 $g = \overline{1, r-1}$，$h \neq g+1$ 或 $g = r$，$h \neq 1$ 时，我们有

① 据我所知，这是一个新的发现. —— 著者注

$$p_{\alpha_g\beta_h}=0 \tag{72.2}$$

而在其他的情形下，$p_{\alpha_g\beta_h}$ 可以不等于零，并且在矩阵 $\boldsymbol{P}$ 的标准循环表达式中相应的子阵 $\boldsymbol{Q}_{gh}$ 是非空的（即非零子阵）。

对于我们所考察的循环链，当 $k+f-h\not\equiv 0(\mathrm{mod}\ r)$ 或 $k+f-h\equiv 0(\mathrm{mod}\ r)$ 而所有初始概率 $p_{0\alpha_f}$ 皆等于零时，恒有

$$p_{k|\beta_h}=\sum_{\alpha_f}p_{0\alpha_f}p_{\alpha_f\beta_h}^{(k)}=0 \tag{72.3}$$

在其他情形下，概率 $p_{k|\beta_h}$ 一般不等于零，并且对于充分大而且满足条件

$$k+f-h\equiv 0(\mathrm{mod}\ r)$$

的 k，只要有一个概率 $p_{0\alpha_f}\neq 0$，概率 $p_{k|\beta_h}$ 就是正的，因为此时对于所有的 β_h，e

$$\lim_{k\to+\infty}p_{k|\beta_h}=p_{\beta_h}>0 \tag{72.4}$$

最后，我们注意，欲使不可分解的循环链 C_n 是平稳的，必须而且只需对于所有的 α_f 与 $f=\overline{1,r}$，$p_{0\alpha_f}=p_{\alpha_f}$.

在列举了这些准备知识之后，以下就来考察概率

$$q_{\beta\alpha}^{(k,k-1)} \text{ 与 } q_{\beta\alpha}^{(k,m)}$$

（这两个符号的意义同前）.

首先，我们有基本等式

$$p_{k-1|\alpha_g}=p_{k|\beta_h}q_{\beta_h\alpha_g}^{(k,k-1)} \tag{72.5}$$

这个等式应对任何链 C_n^- 皆成立. 如果 $g=\overline{1,r-1}$，$h=g+1$，或 $g=r$，$h=1$，那么我们称组 B_h 在组 B_g 的后面；于是我们看出，当 $p_{k|\beta_h}\neq 0$ 时，如果组 B_h 不是在组 B_g 的后面，那么 $q_{\beta_h\alpha_g}^{(k,k-1)}$ 永远等于零；而当 $p_{k|\beta_h}=0$ 时，概率 $q_{\beta_h\alpha_g}^{(k,k-1)}$ 无意义.

设 B_h 在 B_g 的后面，并且 $p_{k|\beta_h}\neq 0$. 于是对于 $q_{\beta_h\alpha_g}^{(k,k-1)}$ 我们有确定的值

$$q_{\beta_h\alpha_g}^{(k,k-1)}=\frac{p_{k-1|\alpha_g}p_{\alpha_g\beta_h}}{p_{k|\beta_h}} \tag{72.6}$$

如果 k 充分大并满足条件

$$k+f-h\equiv 0(\mathrm{mod}\ r)$$

（其中 f 是 $1,2,\cdots,r$ 中某一确定的数），那么值(72.6)是正的. 实际上，初始概率 $p_{0\alpha}$ 不全等于零，因而可以找到组 B_h，使 $p_{0\alpha_f}\neq 0$，于是对于充分大而且满足条件

$$k+f-h\equiv 0(\mathrm{mod}\ r)$$

的 k 便有 $p_{k|\beta_h}>0$. 但是此时 $p_{k-1|g}$ 也大于 0，因为 B_h 是在 B_g 的后面，故

$$k-1+f-g\equiv 0(\mathrm{mod}\ r)$$

如果所有的初始概率 $p_{0\alpha}(\alpha=\overline{1,n})$ 都不等于零，那么对于任何充分大的 k，只要 $p_{\alpha_g\beta_h}\neq 0$ 并且 B_h 在 B_g 的后面，即有 $q_{\beta_h\alpha_g}^{(k,k-1)}>0$. 最后，如果所有 $p_{\alpha_g\beta_h}\neq 0$ 并且 B_h 在 B_g 的后面，那么对于充分大的 k 永远有 $q_{\beta_h\alpha_g}^{(k,k-1)}>0$. 在最后这个情形下

$$\lim_{k\to+\infty} q_{\beta_h\alpha_g}^{(k,k-1)}=\frac{p_{\alpha_g}p_{\alpha_g\beta_h}}{p_{\beta_h}}$$

如果链 C_n 是平稳的,那么对于

$$k+g-h\equiv 0(\bmod r)$$

有

$$q_{\beta_h\alpha_g}^{(k,k-1)}=\frac{p_{\alpha_g}p_{\alpha_g\beta_h}}{p_{\beta_h}}$$

故此时链 C_n^- 的转移概率 $q_{\beta_h\alpha_g}^{(k,k-1)}$ 可由 g 与 h 完全决定,并且对于

$$k=h-g+\mu r\quad(\mu=0,1,2,\cdots;h-g+\mu r\geqslant 0)$$

恒保持常数值

$$\frac{p_{\alpha_g}p_{\alpha_g\beta_h}}{p_{\beta_h}}$$

此时链 C_n^- 可以称为正的平稳的循环链.

反之,假使链 C_n^- 在这种意义下是正的平稳的,即对以上所指出的那种 k 值,概率 $q_{\beta_h\alpha_g}^{(k,k-1)}$ 恒保持一常数值 $q_{\beta_h\alpha_g}$,那么循环链 C_n 应是平稳的,此外我们还应有

$$q_{\beta_h\alpha_g}=\frac{p_{\alpha_g}p_{\alpha_g\beta_h}}{p_{\beta_h}}$$

这可由等式

$$\frac{p_{k-1|\alpha_g}p_{\alpha_g\beta_h}}{q_{\beta_h\alpha_g}^{(k,k-1)}}=p_{k|\beta_h}$$

来推得.实际上,对于以上所指出的那种 k 值与 $q_{\beta_h\alpha_g}^{(k,k-1)}=q_{\beta_h\alpha_g}$,可得

$$p_{k-1|\alpha_g}\sum_{\beta_h}\frac{p_{\alpha_g\beta_h}}{q_{\beta_h\alpha_g}}=\frac{1}{r}$$

因此,对于以上所指出的那种 k 值与 $g=\overline{1,r}$,概率 $p_{k-1|\alpha_g}$ 等于某一固定的数 p'_{α_g},这就是说链 C_n 应该是平稳的循环链.但是如果 C_n 是平稳的循环链,那么我们以前已经看到过了,此时应有

$$q_{\beta_h\alpha_g}=\frac{p_{\alpha_g}p_{\alpha_g\beta_h}}{p_{\beta_h}}$$

应用类似的方法并作适当的修改,即可把条目 69 中的那些结果普及于循环链 C_n^- 中的概率 $q_{\beta_h\alpha_g}^{(k,m)}$,$k>m+1$.

我们还指出,对于不可分解的循环链,定理 71.IV 仍能成立.

73. 无始无终的链 C_n 在以上两节中,我们所考察的是:具有确定的初始点的链 C_n 的逆链 C_n^-.这种链 C_n^- 必有终结点.现在我们来考察无始无终的链 C_n,换句话说,就是这样的链 C_n,其初始时刻与现在时刻相距无穷远,因而它在

过去与未来两方面都有着无限的延展. 这种链基本上是由 A. H. Колмогоров 首先研究的[9]. 我们在这里对这种链的讲法和 A. H. Колмогоров 的讲法有某些不同,并且我们只限于讲述具有有穷个状态 A_α, $\alpha=\overline{1,n}$ 与疏散的时间的链. 同时我们还要来考察无始无终的链 C_n 的逆链.

我们试来考察正的正则链 C_n(其矩阵 $\boldsymbol{P}$ 是不可分解的与非循环的),并且来研究这样一个问题:这种链什么时候可以是无始的与无终的. 首先我们注意,如果对于它存在有绝对概率 $p_{k\beta}$(k 为正整数或负整数),那么对于任何负整数 k 应有如下的等式

$$p_{(k+m)|\beta}=\sum_\alpha p_{k|\alpha}p_{\alpha\beta}^{(m)} \quad (\beta=\overline{1,n}) \tag{73.1}$$

数 m 我们在这里算作是正的;给定 $p_{\alpha\beta}$ 之后,对于正的 m 总存在有概率 $p_{\alpha\beta}^{(m)}$.

对于正则链 C_n,所有的概率 $p_{k|\alpha}$($k\geqslant 0$) 皆存在;如果对于 $k<0$ 概率 $p_{k|\alpha}$ 也存在,那么它们应满足等式(73.1),因此在等式(73.1) 的两侧对 β 求和并假定 m 相当大,使得 $k+m\geqslant 0$(这个条件保证了 $p_{(k+m)\beta}$ 的存在),我们便可得知,对于 $k<0$ 应有

$$\sum_\alpha p_{k|\alpha}=1 \tag{73.2}$$

注意到 $p_{k|\alpha}$($k<0$) 存在的这个必要条件,我们仍假定 $k+m\equiv s>0$,并利用熟知的等式

$$p_{s|\beta}=p_\beta+\sum_i\lambda_i^s\sum_\alpha p_{0\alpha}Q_{\beta\alpha i}(s)$$

$$p_{\alpha\beta}^{(m)}=p_\beta+\sum_i\lambda_i^m Q_{\beta\alpha i}(m)$$

(对于正的正则链 C_n 其中所有的 $p_\beta>0$) 来改变关系式(73.1) 的形式. 把这两个表达式代入(73.1),并借助于(73.2) 我们便求得如下的关系式

$$\sum_i\lambda_i^s\sum_\alpha p_{0\alpha}Q_{\beta\alpha i}(s)=\sum_i\lambda_i^m\sum_\alpha p_{k\alpha}Q_{\beta\alpha i}(m)$$

它应该对于所有正整数 s 与 m 皆成立. 因此,我们应有如下的两组等式

$$\sum_\alpha p_{0\alpha}Q_{\beta\alpha i}(s)=0 \quad \left(\beta=\overline{1,n},\ \sum_\alpha p_{0\alpha}=1\right) \tag{73.3}$$

$$\sum_\alpha p_{k|\alpha}Q_{\beta\alpha i}(m)=0 \quad \left(\beta=\overline{1,n},\ \sum_\alpha p_{k|\alpha}=1\right) \tag{73.4}$$

我们知道,对于正的平稳链 C_n,等式(73.3) 对于 $p_{0\alpha}=p_\alpha$($\alpha=\overline{1,n}$) 成立,并且因为方程

$$\sum_\alpha x_\alpha Q_{\beta\alpha i}(s)=0 \quad \left(\beta=\overline{1,n},\ \sum_\alpha x_\alpha=1\right)$$

只能有一个解(或无解),所以等式(73.3) 只是对于 $p_{0\alpha}=p_\alpha$($\alpha=\overline{1,n}$) 才能成立. 但是这样一来等式(73.4) 也就只是对于 $p_{k|\alpha}=p_\alpha$ 才能成立了.

因此,在正的正则链 C_n 的情形下,为要使概率 $p_{k|\alpha}$ 存在,我们应有

$$p_{k|\alpha} = p_\alpha$$

这就是说链 C_n 应是正的平稳的.这个条件的充分性是十分明显的,因此我们可以断言下列定理成立.

73.I 为要使正的正则链 C_n 能够是无始无终的,必须而且只需它是正的平稳的.

以下我们假定链 C_n 是正的平稳的.于是依我们以上所论,它可以从任意取定的初始时刻向未来与过去两方面无限延续.因此我们将认为它已经这样延续了,并且来考察它的逆链,它的逆链我们仍以 C_n^- 来表示.令

$$q_{\beta\alpha}^{(k,k-1)} \text{ 与 } q_{\beta\alpha}^{(k,m)}$$

的意义如前,并且现在我们令

$$k \text{ 与 } m < k-1$$

是任意整数而不只是正整数.于是我们仍然应有

$$p_{k-1|\alpha} p_{\alpha\beta} = p_{k|\beta} q_{\beta\alpha}^{(k,k-1)}$$

$$p_{m|\alpha} p_{\alpha\beta}^{(k+m)} = p_{k|\beta} q_{\beta\alpha}^{(k,m)}$$

但是在这里对于正的平稳链 C_n 我们有

$$p_{k-1|\alpha} = p_{m\alpha} = p_\alpha, p_{k|\beta} = p_\beta$$

因此

$$q_{\beta\alpha}^{(k,k-1)} = \frac{p_\alpha p_{\alpha\beta}}{p_\beta} \equiv q_{\beta\alpha}$$

$$q_{\beta\alpha}^{(k,m)} = \frac{p_\alpha p_{\alpha\beta}}{p_\beta} \equiv q_{\beta\alpha}^{(k-m)}$$

由此可见,和以前一样,对于任意的正整数 a 与 b,有

$$q_{\beta\alpha}^{(a+b)} = \sum_\gamma q_{\beta\gamma}^{(a)} q_{\gamma\alpha}^{(b)}$$

并且对于任何整数 $a \geqslant 1$,有

$$q_{\beta\alpha}^{(a)} = \frac{p_\alpha p_{\alpha\beta}^{(a)}}{p_\beta}$$

若链 C_n 是完全正则的与平稳的,则

$$q_{\beta\alpha}^{(a)} = p_{\alpha\beta}^{(a)} \quad (a = 1, 2, \cdots; q_{\beta\alpha} = p_{\alpha\beta})$$

如果除此而外链 C_n 还是对称的,则

$$q_{\beta\alpha} = p_{\beta\alpha}, q_{\beta\alpha}^{(a)} = p_{\beta\alpha}^{(a)} \quad (a = 1, 2, \cdots)$$

不难看出,在链 C_n 与链 C_n^- 中,从任何一个时刻往前或往后起算的 s 个连接的时刻中,状态 A_α 的频数分布的特征函数在任何情形下总是一样的,并且与我们所熟知的只在正的方向无限延展的链 C_n 的特征函数相同.

最后我们指出,我们的结论经过适当的改变后也可以推广到不可分解的循环链的情形.

74. 复循环链中环路重复的概率[①]　循环过程的研究乃是带有基本重要性的问题,因为循环过程是极为重要的并且是自然界中时常遇到的现象.这种研究的重要问题之一就是:寻找复循环链中环路的频数的分布律.这个问题是很广的并且有各式各样的提法,目前我们只能着手研究它的几个最简单的情形.在本条目中我们来考察这些最简单的情形中的一个.

如果一个链 C_n,其中状态 $A_\alpha(\alpha=\overline{1,n})$ 可以分成三个互不相交而且唯一可能的组 B_0,B_1,B_2,其中 B_0 是链的分歧组,而 B_1 与 B_2 是链的环路,那么我们就称这个链是双歧循环链.

换句话说,如果组 B_0,B_1,B_2 的组成成分如下

$$B_0=(A_1,A_2,\cdots,A_a)$$
$$B_1=(A_{a+1},A_{a+2},\cdots,A_{a+b})$$
$$B_2=(A_{a+b+1},\cdots,A_n)$$

那么在双歧循环链 C_n 中,在初始时刻任意的 $A_\alpha(\alpha=\overline{1,n})$ 能以概率 $p_{0\alpha}(\sum p_{0\alpha}=1)$ 实现,而其后链中的状态依下述方式演变:在组 B_1 或 B_2 之后永远实现组 B_0,而在组 B_0 之后则可以或是实现组 B_1 或是实现组 B_2;在这种意义下组 B_0 是分歧组并且我们的双歧链是双循环链,具有环路

$$C_1=(B_0,B_1)\text{ 与 }C_2=(B_0,B_2)$$

我们的问题就是要来寻求在给定的若干次循环中环路 C_1 与 C_2 的重复的概率,此处所说的循环我们理解成或是实现环路 C_1 或是实现环路 C_2.但是为要解决这一问题,我们必须先来考察关于给定的环路序列的可能结构的问题,以及在给定的若干次循环中使得环路 C_1 与 C_2 各具有给定的重复次数的可能环路序列的问题.

(a) 我们以 C_1C_2 表示在初始时刻及其后的三个或两个时刻出现的所有可能的具下述性质的那些状态序列的总体,这个性质就是:它们首先实现了环路 C_1,并且其后又实现了环路 C_2,我们可以写出符号等式

$$C_1C_2=B_0B_1B_0B_2+B_1B_0B_2$$

此式可按 C_1C_2 中状态序列呈组 B_0,B_1,B_0,B_2 的序列的形式或呈组 B_1,B_0,B_2 的序列的形式的可能性来加以解释.组 B_0 可由状态 $A_1,A_2,\cdots,A_a$ 之一来实现,这个意思可借下列等式来表示

$$B_0=A_1+A_2+\cdots+A_a$$

对于 B_1 与 B_2 亦可写出类似的等式.最后把表示组 B_0,B_1,B_2 的这些和数依适当次序连乘起来,于是这些乘积中的各个项就是 C_1C_2 中各种可能的状态序列.

---

① 本节内容是著者的论文[33]的一部分,但有某些修改.

因此,我们有如下的符号等式

$$C_1C_2 = B_0B_1B_0B_2 + B_1B_0B_2$$
$$= \sum_{\alpha=1}^{a} A_\alpha \sum_{\beta=a+1}^{a+b} A_\beta \sum_{\alpha_1=1}^{a} A_{\alpha_1} \sum_{\gamma=a+b+1}^{n} A_\gamma +$$
$$\sum_{\beta=a+1}^{a+b} A_\beta \sum_{\alpha=1}^{a} A_\alpha \sum_{\gamma=a+b+1}^{n} A_\gamma$$

或简记作

$$C_1C_2 = \sum A_\alpha A_\beta A_{\alpha_1} A_\gamma + \sum A_\beta A_\alpha A_\gamma$$

其中和数应依上述的方法来取. 我们的等式还可以写得更简单一点

$$C_1C_2 = (\alpha\beta\alpha_1\gamma) + (\beta\alpha\gamma)$$

其中$(\alpha\beta\alpha_1\gamma)$与$(\beta\alpha\gamma)$分别表示上式中的和数.

同样我们还可写出更复杂的符号等式. 例如

$$C_1C_2C_1 = B_0B_1B_0B_2B_0B_1 + B_1B_0B_2B_0B_1$$
$$= (\alpha\beta\alpha_1\gamma\alpha_2\beta_1) + (\beta\alpha\gamma\alpha_1\beta_1)$$

并且在所有这一类的等式中和数的取法总是令 $\alpha,\alpha_1,\alpha_2,\cdots$ 从 1 到 a,令 $\beta,\beta_1,\beta_2,\cdots$ 从 $a+1$ 到 $a+b$,令 $\gamma,\gamma_1,\gamma_2,\cdots$ 从 $a+b+1$ 到 n.

显而易见,我们立即可写出各个给定的环路序列的概率如下

$$P(C_1C_2) = \sum p_{0\alpha}p_{\alpha\beta}p_{\beta\alpha_1}p_{\alpha_1\gamma} + \sum p_{0\beta}p_{\beta\alpha}p_{\alpha\gamma}$$
$$P(C_1C_2C_1) = \sum p_{0\alpha}p_{\alpha\beta}p_{\beta\alpha_1}p_{\alpha_1\gamma}p_{\gamma\alpha_2}p_{\alpha_2\beta_1} +$$
$$\sum p_{0\beta}p_{\beta\alpha}p_{\alpha\gamma}p_{\gamma\alpha_1}p_{\alpha_1\beta_1}$$

这些等式的结构的规律及其中和数的取法都很显然.

(b) 为了要找出在给定的若干次循环中,使得环路 C_1,C_2 具有给定的重复次数的所有可能的环路序列,我们引入一种特殊的运算,这种运算已在差分方程的理论中应用过了,我们称它为裂散并以符号 Diss(拉丁文 dissipatio) 表示.

我们取定表达式$\frac{s!}{k!\ l!}C_1^kC_2^l(k+l=s)$. 我们称 s 次循环中 C_1 与 C_2 各实现 k 次与 l 次的所有可能的环路序列的总体为上述表达式的裂散. 例如

$$\text{Diss}\left(\frac{5!}{3!\ 2!}C_1^3C_2^2\right) = C_1^3C_2^2 + C_1^2C_2^2C_1 + C_1^2C_2C_1C_2 +$$
$$C_1C_2C_1C_2C_1 + C_1C_2^2C_1^2 +$$
$$C_1C_2C_1^2C_2 + C_2C_1C_2C_1^2 +$$
$$C_2^2C_1^3 + C_2C_1^2C_2C_1 + C_2C_1^3C_2$$

这个等式的右侧的 $C_1^3C_2^2, C_1^2C_2^2C_1$ 等表示环路序列

$$C_1C_1C_1C_2C_2, C_1C_1C_2C_2C_1$$

等等.这个等式右侧的各环路序列的概率的和数即是:五次循环中环路 C_1 实现三次,环路 C_2 实现两次(C_1 与 C_2 实现的次序不同)的概率.裂散的主要意义及我们求出裂散的目的就是使得我们能够去计算这个概率.

裂散可以按照如下的非常简单的递推公式来求

$$\mathrm{Diss}(B_s^k C_1^k C_2^{s-k}) = C_1 \mathrm{Diss}(B_{s-1}^{k-1} C_1^{k-1} C_2^{s-k}) + C_2 \mathrm{Diss}(B_{s-1}^{k} C_1^{k} C_2^{s-k-1}) \tag{74.1}$$

其中

$$B_s^k = \frac{s!}{k!\ (s-k)!}$$

等式(74.1)之所以成立是由于以下的考虑:表达式

$$B_s^k C_1^k C_2^{s-k}$$

的裂散的各项可由在表达式

$$B_{s-1}^{k-1} C_1^{k-1} C_2^{s-k} \text{ 或 } B_{s-1}^{k-1} C_1^{k} C_2^{s-k-1}$$

的各项的前面相应地添加 C_1 或 C_2 而获得.

为了应用递推公式(74.1)还需求出初始的裂散,这显然可由下列等式来给出

$$\mathrm{Diss}(C_1^k) = C_1^k, \mathrm{Diss}(C_2^k) = C_2^k \quad (k=1,2,\cdots) \tag{74.2}$$

等式(74.1)与(74.2)使得我们永远可以解决"关于在给定的若干次循环中,使环路 C_1 与环路 C_2 各具有给定的重复次数的可能的环路序列的问题".

例如,我们来求出在三次循环中使环路 C_1 实现两次,环路 C_2 实现一次的所有环路序列.我们有

$$\mathrm{Diss}(B_3^2 C_1^2 C_2) = C_1 \mathrm{Diss}(B_2^1 C_1 C_2) + C_2 \mathrm{Diss}(B_2^2 C_1^2)$$

$$\mathrm{Diss}(B_2^1 C_1 C_2) = C_1 \mathrm{Diss}(C_2) + C_2 \mathrm{Diss}(C_1) = C_1 C_2 + C_2 C_1$$

$$\mathrm{Diss}(B_2^2 C_1^2) = \mathrm{Diss}(C_1^2) = C_1^2$$

因此

$$\mathrm{Diss}(B_3^2 C_1^2 C_1) = C_1^2 C_2 + C_1 C_2 C_1 + C_2 C_1^2$$

这个等式的右侧解决了我们所提出的问题.

伴随着关系式(74.1)还可以写出如下的关系式

$$\mathrm{Diss}(B_s^k C_1^k C_2^{s-k}) = \mathrm{Diss}(B_{s-1}^{k-1} C_1^{k-1} C_2^{s-k}) C_1 + \mathrm{Diss}(B_{s-1}^{k} C_1^{k} C_2^{s-k-1}) C_2 \tag{74.3}$$

(c) 现在我们来研究在我们所考察的双歧链中,关于环路的重复的概率的问题.从原则上说,这个问题可由以上两款的结果来解决,但是它也可以用别的办法来解决.

显而易见,我们的双歧链的转移概率矩阵 $\boldsymbol{P}$ 可以表示成下列形式

$$\boldsymbol{P}=\begin{pmatrix}\boldsymbol{O} & \boldsymbol{Q}_{01} & \boldsymbol{Q}_{02}\\ \boldsymbol{Q}_{10} & \boldsymbol{O} & \boldsymbol{O}\\ \boldsymbol{Q}_{20} & \boldsymbol{O} & \boldsymbol{O}\end{pmatrix}$$

其中对角子块是方阵，阶数为 $a,b,n-a-b$，并且其中只有 $\boldsymbol{Q}_{01}$，$\boldsymbol{Q}_{02}$，$\boldsymbol{Q}_{10}$，$\boldsymbol{Q}_{20}$ 是非零子块，它们分别是由从组 B_0 到组 B_1 与 B_2 的转移概率，以及从组 B_1 与 B_2 回到组 B_0 的转移概率构成的.

现在，以上所提出的问题可以用两种办法来解决. 第一种办法是造出组 B_1 与 B_2 在时间 τ_s 以前（即从时刻 T_0 到 T_{s-1}）的频数分布的特征函数. 第二种办法在下面就会讲到.

显而易见，关于在给定的若干次循环中环路的重复的概率的问题，可以归结到时间 τ_s 以前组 B_1 与组 B_2 的频数分布的问题；而频数的特征函数若表示为 $\varphi_s(t,\theta)$，则不难看出，它满足如下的差分方程

$$|\boldsymbol{E}\varphi-\boldsymbol{R}|\varphi^s=0$$

其中

$$\boldsymbol{R}=\begin{pmatrix}\boldsymbol{O} & \boldsymbol{R}_{01} & \boldsymbol{R}_{02}\\ \boldsymbol{Q}_{10} & \boldsymbol{O} & \boldsymbol{O}\\ \boldsymbol{Q}_{20} & \boldsymbol{O} & \boldsymbol{O}\end{pmatrix}$$

此处 $\boldsymbol{R}_{01}$ 是把 $\boldsymbol{Q}_{01}$ 中的每一元素 $p_{\alpha\beta}$ 换成 $p_{\alpha\beta}\mathrm{e}^{\mathrm{i}t}$ 所得出的矩阵，而 $\boldsymbol{R}_{02}$ 是把 $\boldsymbol{Q}_{02}$ 中的每一元素 $p_{\alpha\beta}$ 换成 $p_{\alpha\beta}\mathrm{e}^{\mathrm{i}\theta}$ 所得出的矩阵.

关于第一种办法我们不再详述，以下来考察第二种办法. 这第二种办法的要点就是把我们的双歧链变换成另外的链，一般而言，变换后所得的链已经不是双歧的了. 若子阵 $\boldsymbol{Q}_{01}$，$\boldsymbol{Q}_{02}$，$\boldsymbol{Q}_{10}$，$\boldsymbol{Q}_{20}$ 皆是正的，则变换后所得的链是正的正则的，其矩阵是正的.

设

$$q_{\beta\beta_1}=\sum_{\alpha}p_{\beta\alpha}p_{\alpha\beta_1}, q_{\beta\gamma}=\sum_{\alpha}p_{\beta\alpha}p_{\alpha\gamma}$$

$$q_{\gamma\beta}=\sum_{\alpha}p_{\gamma\alpha}p_{\alpha\beta}, q_{\gamma\gamma_1}=\sum_{\alpha}p_{\gamma\alpha}p_{\alpha\gamma_1}$$

并且我们规定对于 $\alpha,\alpha_1,\cdots$ 的和数，对于 $\beta,\beta_1,\cdots$ 的和数，对于 $\gamma,\gamma_1,\cdots$ 的和数，其取法如在(a) 中所述.

数 q 的意义甚为明显：$q_{\beta\beta_1}$ 是从组 B_1 中状态 A_β 经过组 B_0 中任何状态 A_α 到达组 B_1 中状态 $A_{\beta1}$ 的概率；$q_{\beta\gamma}$ 是从组 B_1 中状态 A_β 到达组 B_2 状态 A_γ 的类似的转移概率；其余亦类推.

显然，诸概率 q 形成方阵

$$\boldsymbol{Q}=\mathrm{Mt}(q_{\sigma\tau})\quad(\sigma,\tau=a+1,a+2,\cdots,n)$$

其中

$$\sum_{\tau} q_{\sigma\tau} = \sum_{\beta_1} q_{\beta\beta_1} + \sum_{\gamma} q_{\beta\gamma} = 1$$

或是

$$\sum_{\tau} q_{\sigma\tau} = \sum_{\beta} q_{\gamma\beta} + \sum_{\gamma_1} q_{\gamma\gamma_1} = 1$$

并且它是简单的非循环的马尔柯夫链的转移概率矩阵.

如果在上一次循环中实现了环路 C_1,那么由 A_β 经任意的 A_α 到达 A_{β_1} 即是在本次循环中实现环路 C_1 的形式之一;如果在上一次循环中实现了环路 C_1,那么由 A_β 经任意的 A_α 到达 A_γ 即是在本次循环中实现环路 C_2 的形式之一;其余可类推. 我们看出,关于环路 C_1 与 C_2 的重复的概率的研究可以和关于链 $C(\boldsymbol{Q})$(即具有规律 $\boldsymbol{Q}$ 的链)中组 B_1 与组 B_2 的迭替的研究联系起来.

实际上,例如我们取定环路序列

$$C_1^k C_2^l C_1^m$$

它表示首先环路 C_1 实现 k 次,其次环路 C_2 实现 l 次,最后环路 C_1 又实现了 m 次. 如果我们考察这种环路序列的所有可能的实现方法,那么我们不难求得这种环路序列的概率等于

$$P(C_1^k C_2^l C_1^m) = \sum p_{0\alpha} q_{\beta\beta_1}^{(k-1)} q_{\beta_1\gamma} q_{\gamma\gamma_1}^{(l-1)} q_{\gamma_1\beta_2} q_{\beta_2\beta_3}^{(m-1)} + \sum p_{0\alpha} p_{\alpha\beta} p_{\beta\beta_1}^{(k-1)} q_{\beta_1\gamma} q_{\gamma\gamma_1}^{(l-1)} q_{\gamma_1\beta_2} q_{\beta_2\beta_3}^{(m-1)}$$

其中和数应按前述规则对于 $\alpha,\beta,\beta_1,\beta_2,\beta_3,\gamma,\gamma_1$ 来取,并且其中 $q_{\sigma\tau}^{(h)}$ 表示矩阵 $\boldsymbol{Q}^h$ 中的元素. 现在我们注意,下列概率

$$q_{0\beta} \equiv p_{0\alpha} + \sum_{\alpha} p_{0\alpha} p_{\alpha\beta}$$

乃是在最初实现环路 C_1 的一种可能形式的概率,换句话说,就是以这种可能形式实现环路 C_1 的初始概率(环路 C_1 的完全初始概率等于 $\sum_{\beta} q_{0\beta}$). 因此我们可把以上的等式写成如下的形式

$$P(C_1^k C_2^l C_1^m) = \sum q_{0\beta} q_{\beta\beta_1}^{(k-1)} q_{\beta_1\gamma} q_{\gamma\gamma_1}^{(l-1)} q_{\gamma_1\beta_2} q_{\beta_2\beta_3}^{(m-1)}$$

这个等式表明,在双歧链中环路 C_1 与 C_2 的重复的概率的研究可以归结到:在对于组 B_1 与 B_2 中的状态 A_α 与 A_β 分别具有初始概率

$$q_{0\beta} = p_{0\beta} + \sum_{\alpha} p_{0\alpha} p_{\alpha\beta}$$

$$q_{0\gamma} = p_{0\gamma} + \sum_{\alpha} p_{0\alpha} p_{\alpha\gamma}$$

的链 $C(\boldsymbol{Q})$ 中,组 B_1 与 B_2 的重复的概率的研究.

不难造出链 $C(\boldsymbol{Q})$ 中组 B_1 与 B_2 的频数分布的特征函数,但是我们不详细论述,并且对于和循环链中环路重复有关的其他问题我们也皆略而不论了. 我们仅指出,复循环链中环路重复的概率的研究的一般方法在于:造出由每一环

路中包含的状态所构成的组的频数分布的特征函数，这种造法与本条目(c)起始处所简略指出的造法相类似.

75. 与链 C_n 有关的一些统计问题[①] 这里我们所研究的问题差不多可以说是和从事马尔柯夫链的研究的人风马牛不相及，这些问题不过是与马尔柯夫链有关的一些统计问题. 我们限定关系到的马尔柯夫链仅是链 C_n.

(a) 和链 C_n 有关的基本而且最重要的具有统计特性的问题是：当我们在所考察的现象中为了要假定存在链 C_n 型的联系而需要以实验来作为根据的时候，这时这个链 C_n 型的联系尚为未知，我们怎样根据实验来求出它的转移概率？随之而来的两个重要问题是：如何求出这个链 C_n 的未知的绝对概率 $p_{k|\beta}$？如何解决关于我们所考察的链的复杂性与简单性的问题？

我们首先来作一些一般性的论述.

假设进行了 s 次观测，并设其中状态 A_α 实现了 m_α 次，在状态 A_α 后面紧接着实现状态 A_β 共有 $m_{\alpha\beta}$ 次. 显而易见

$$\sum_\beta m_{\alpha\beta}=m_\alpha,\ \sum_\alpha m_\alpha=s$$

其次，令

$$p'_{\alpha\beta}=\frac{m_{\alpha\beta}}{m_\alpha}$$

如果我们以 $p_{\alpha\beta}$ 表示链 C_n 的未知的转移概率，并且假定在我们的观测中状态 $A_\alpha(\alpha=\overline{1,n})$ 恰联结成这个链 C_n，则在 m_α 次试验中频数系统

$$m_{\alpha1},m_{\alpha2},\cdots,m_{\alpha n}$$

的概率与数

$$L=p_{\alpha1}^{m_{\alpha1}}p_{\alpha2}^{m_{\alpha2}}\cdots p_{\alpha n}^{m_{\alpha n}}$$

成比例，数 L 按照 R. Fisher 的命名法称为数 $p_{\alpha\beta}(\beta=\overline{1,n})$ 的真似数. 易见，当

$$p_{\alpha\beta}=p'_{\alpha\beta}\quad(\beta=\overline{1,n})$$

时，L 达到最大值. 因此，根据最大真似数原理，最适当的未知概率 $p_{\alpha\beta}$ 应为观测所得的频率 $p'_{\alpha\beta}$. 于是我们就取 $p'_{\alpha\beta}$ 作为未知概率 $p_{\alpha\beta}$ 的近似值，并记

$$p_{\alpha\beta}\approx p'_{\alpha\beta}\quad(\beta=\overline{1,n})\tag{75.1}$$

这些等式没有固定的误差($Ep'_{\alpha\beta}=p_{\alpha\beta}$)，我们可用均方误差来估计每一等式的误差，均方误差近似地等于

$$s_{\alpha\beta}=\sqrt{\frac{1}{s_\alpha}p'_{\alpha\beta}(1-p'_{\alpha\beta})}\tag{75.2}$$

这就是说我们可以证明，不等式

---

① 本条目及以下的两个条目系引自著者的论文[27]与[29]，但有若干修改.

$$f'_{\alpha\beta} - as_{\alpha\beta} < p_{\alpha\beta} < p'_{\alpha\beta} + as_{\alpha\beta} \tag{75.3}$$

（其中 $0 < a < +\infty$）的概率，当 $s \to +\infty$ 时以积分

$$\Phi(a) = \frac{2}{\sqrt{2\pi}} \int_0^a \mathrm{e}^{-\frac{1}{2}t^2} \mathrm{d}t$$

为极限，并且在证明过程中不用 Bayes 定理，因而对于未知概率 $p_{\alpha\beta}$ 的各种可能的值未引入先验概率.

因此，用 Нейман 的术语来说就是：不等式(75.3)以置信概率 $\Phi(a)$ 给出了未知概率 $p_{\alpha\beta}$ 的渐近置信界值.

近似等式(75.1)亦可借助于论文[6]中的 Clopper-Pearson 列线图来进行估计. 读者还可在论文[6]中获得关于近似等式(75.1)的置信估计的更详细的知识.

最后，我们指出，对于频率 $p'_{\alpha\beta}$ 可应用加强的大数定律，因此我们可以写

$$P(\lim_{s \to +\infty} p'_{\alpha\beta} = p_{\alpha\beta}) = 1$$

对于它尚可应用重对数定律[46].

关于频率的寻求我们提出如下的方法.

设 s 次观测组成一个观测列，并设我们进行了 N 个这样的观测列. 然后取定一个观测列，例如说是第 h 个观测列，把它按照"A_1 之后""A_2 之后"等划分成各个观测组. 所谓"A_α 之后"这个观测组就是由所有在 A_α 实现之后的那些次观测所构成的组. 设以 $m_\alpha^{(h)}$ 表示此观测组中所包括的观测的次数，并以 $m_{\alpha\beta}^{(h)}$ 表示此观测组中 A_β 的频数. 此时如我们所熟知的，由我们所有的这 N 个观测列可以求出未知概率 $p_{\alpha\beta}$ 的最佳值①如下

$$p'_{\alpha\beta} = \frac{\sum_{h=1}^{N} m_{\alpha\beta}^{(h)}}{\sum_{h=1}^{N} m_\alpha^{(h)}} \tag{75.4}$$

此时近似等式

$$p_{\alpha\beta} \approx p'_{\alpha\beta}$$

的误差可用均方误差来估计，均方误差近似地等于

$$\sigma_{\alpha\beta} = \sqrt{\frac{1}{N-1} \sum_{h=1}^{N} m_\alpha^{(h)} \left(\frac{m_{\alpha\beta}^{(h)}}{m_\alpha^{(h)}} - p'_{\alpha\beta} \right)^2} \tag{75.5}$$

或者

$$\sigma_{\alpha\beta} = \sqrt{\frac{m_{\alpha\beta}}{(m_\alpha - 1) m_\alpha} \left(1 - \frac{m_{\alpha\beta}}{m_\alpha} \right)} \tag{75.6}$$

① 此处"最佳值"一词系按照马尔柯夫所赋予它的意义来使用的(参看[18]中条目 44 与条目 45).

其中

$$m_\alpha = \sum_h m_\alpha^{(h)}, m_{\alpha\beta} = \sum_h m_{\alpha\beta}^{(h)}$$

(75.5) 与(75.6) 二值的平方没有固定的误差,并且此二值的重合可以核验关于观测列的独立性及关于存在有固定的概率 $p_{\alpha\beta}$ 的假定.

求出了 $p'_{\alpha\beta}$ 之后,我们就可以求"A_α 之后"这个观测组中 A_β 的频数的概值 $m_\alpha p'_{\alpha\beta}$,然后可以利用 Pearson 的 χ^2 准则来估计这个概值与实际观测到的频数 $m_{\alpha\beta}^{(h)}$ 的重合①. 此时对于第 h 个观测列有

$$\chi_h^2 = \frac{\sum_{\alpha,\beta}(m_{\alpha\beta}^{(h)} - m_\alpha p'_{\alpha\beta})^2}{m_\alpha p'_{\alpha\beta}}$$

并且它的自由度等于 $n^2 - 1$. 对于所有的试验总体我们有

$$\chi^2 = \sum_{h=1}^{N} \chi_h^2$$

其自由度等于

$$k = N(n^2 - 1)$$

(d) 绝对概率 $p_{k|\beta}$ 的求得以及其近似值的估计与转移概率的求得直接衔接. 它们可按照下述办法来进行.

假定我们有 $N = KL$ 个试验列,把这些试验列分成 K 个组,使每个组中恰有 L 个试验列. 并且假定在每一试验列中最初的一次试验皆具有相同的初始概率 $p_{0\alpha}, \alpha = \overline{1,n}$. 每一个试验列的最后总是实现某一个状态 A_β,令 $n_\beta^{(k)}$ 表示试验列的第 k 个组($k = 1,2,\cdots,K$) 中 L 个试验列末尾实现 A_β 的频数. 显而易见

$$\sum_\beta n_\beta^{(k)} = L$$

如果每个试验列是由 s 个试验构成的(初始的一次试验未算在内),那么由试验列的第 k 个组所确定出的状态 A_β 的经验绝对概率为

$$p_{s|\beta}^{(k)} = \frac{n_\beta^{(k)}}{L}$$

而概率 $p_{s|\beta}$ 的最佳值为

$$p'_{s|\beta} = \sum_{k=1}^{K} \frac{n_\beta^{(k)}}{KL} \tag{75.7}$$

其均方误差的近似值为

$$\sigma'_{s|\beta} = \sqrt{\frac{p'_{\alpha\beta}(1 - p'_{\alpha\beta})}{KL - 1}} \tag{75.8}$$

① 关于这个估计可参看[25.1]第 91 ~ 97 页.

它的平方没有固定的误差.

若所考察的链 C_n 是正则的,则应存在不依赖于初始概率 $p_{0\alpha}$ 的下列极限

$$\lim_{s\to+\infty} p_{s|\beta} = p_\beta \quad (\beta=\overline{1,n})$$

在这种情形下,如果 s 充分大,那么数 $p'_{s|\beta}$ 就可以作为极限概率 p_β 的近似值.

以上所讲的寻求概率 $p_{s|\beta}$ 的办法,其主要缺点是当我们应用这个办法的时候,所有的 KL 个试验列都得从初始的试验开始. 在实际中,这个条件可能不仅给我们带来困难还可能是根本无法实现的,因为最常遇到的情形是这样的:我们所考察的现象乃是链状的现象,它是从什么时候开始的我们无从得知,而且我们也不能使它重复进行.

在这种情形下,假如我们能用某种办法知道了初始概率 $p_{0\alpha}$,则我们就可以根据关系式

$$p_{s|\beta} = \sum_\alpha p_{0\alpha} p_{\alpha\beta}^{(s)}$$

近似地令

$$p_{s|\beta} \approx p'_{s\beta} = \sum_\alpha p_{0\alpha} \overline{p}_{\alpha\beta}^{(s)}$$

其中 $\overline{p}_{\alpha\beta}^{(s)}$ 表示近似转移概率 $p'_{\alpha\beta}$ 所组成的矩阵

$$\boldsymbol{P}' = \mathrm{Mt}(p'_{\alpha\beta})$$

的 s 次幂的元素.

假如我们连初始概率也无从得知而且不能任意多次地从初始的试验开始重复进行试验,那么此时就只有在平稳链的情形下才能以试验的办法来寻求概率 $p_{s|\beta}$. 设链 C_n 是平稳的,则对于任意的 s 有

$$p_{s|\beta} = p_\beta \quad (\beta=\overline{1,n})$$

因而 p_β 可以近似地由下列方程式求得

$$p_\beta = \sum^{\alpha} p_\alpha p'_{\alpha\beta} \quad (\beta=\overline{1,n}) \tag{75.9}$$

除此以外,还可利用以上所讲的那种彼此衔接进行的试验列(若每一试验列充分长)来求得它们.

由(75.9)求出的概率 p_β 的值及由等式

$$p'_\beta = \sum_k \frac{n_\beta^{(k)}}{KL} \quad (\beta=\overline{1,n}) \tag{75.10}$$

求出的 p'_β 可以用来核验数 p_β 与 $p_{\alpha\beta}$ 的定义的正确性. 此外,当链的平稳性与简单性有疑问的时候,概率 p_β 的两列近似值的重合可以作为"我们所考察的链确系平稳的与简单的"这一假定的某种保证. 这种重合可以按照下述方式以 χ^2 准则来估计.

设以 p''_β 表示由方程(75.9)求出的 p_β 的值,则在 KL 个试验列中最后实现

A_β 的概率频数根据等式

$$p_\beta \approx p''_\beta \quad (\beta = \overline{1,n})$$

应有如下的近似值

$$n'_\beta = KLp''_\beta$$

由直接观测所得的这些频数的值为

$$n_\beta = \sum_k n_\beta^{(k)}$$

因此

$$\chi^2 = \sum_\beta \frac{(n_\beta - n'_\beta)^2}{n'_\beta}$$

其自由度为 $KL - 1$. 这样一来,我们就能够来估计 n_β 与 n'_β 这两个频数列的重合,因而也就能够来估计 p_β 与 p'_β 这两个数列的重合.

(c) 所考察的链的简单性或复杂性的问题是非常重要的.

在上一款中我们曾经指出在可以假定所考察的链是平稳的这一情形下该问题的一个解法. 现在我们指出另一个解法,这一解法不要求链是平稳的.

我们假定我们所考察的链是正的正则的. 此时如果链是简单的,则对于任意的 k 与 $\alpha, \beta = \overline{1,n}$,在已知第 $k+1$ 次试验实现了 A_γ 的条件下,第 k 次试验实现 A_α 与第 $k+2$ 次试验实现 A_β 彼此独立. 因此,此时 A_α 与 A_β 的 Pearson-Чупров 共轭性系数应等于零. 由此可见,只要证明了这一点,我们便得到了核验我们所考察的链的简单性的方法. 而证明这一点并不困难.

设

$$p_{k|\alpha\beta}^{(\gamma)} = p_{k|\alpha} p_{\alpha\gamma} p_{\gamma\beta}$$

这个数乃是在第 $k, k+1, k+2$ 次试验中分别实现 $A_\alpha, A_\gamma, A_\beta$(假定所有其余各个试验的结果均为未知) 的概率. 令

$$p_{k|\alpha\cdot}^{(\gamma)} = \sum_\beta p_{k|\alpha\beta}^{(\gamma)}$$

$$p_{k|\cdot\beta}^{(\gamma)} = \sum_\alpha p_{k|\alpha\beta}^{(\gamma)}$$

$$p_{k|\cdot\cdot}^{(\gamma)} = \sum_{\alpha,\beta} p_{k|\alpha\beta}^{(\gamma)}$$

显而易见

$$p_{k|\alpha\cdot}^{(\gamma)} = p_{k|\alpha} p_{\alpha\gamma}$$

$$p_{k|\cdot\beta}^{(\gamma)} = p_{k+1|\gamma} p_{\gamma\beta}$$

$$p_{k|\cdot\cdot}^{(\gamma)} = p_{k+1|\gamma} \tag{75.11}$$

并且由于我们已经假定所考察的链是正的正则的,故至少对于充分大的 k 应有 $p_{k|\cdot\cdot}^{(\gamma)} > 0, \gamma = \overline{1,n}$. 最后,令

$$\delta_{k|\alpha\beta}^{(\gamma)}=\frac{\left(\frac{p_{k|\alpha\beta}^{(\gamma)}}{p_{k|\cdot\cdot}^{(\gamma)}}-\frac{p_{k|\alpha\cdot}^{(\gamma)}}{p_{k\cdot\cdot}^{(\gamma)}}\frac{p_{k\cdot\beta}^{(\gamma)}}{p_{k\cdot\cdot}^{(\gamma)}}\right)}{\frac{p_{k|\alpha\cdot}^{(\gamma)}}{p_{k|\cdot\cdot}^{(\gamma)}}\frac{p_{k|\cdot\beta}^{(\gamma)}}{p_{k|\cdot\cdot}^{(\gamma)}}} \tag{75.12}$$

于是在已知第 $k+1$ 次试验实现了 A_γ 的条件下，第 k 次与第 $k+2$ 次试验中，A_α 与 A_β 的共轭性系数可由下式给出

$$K_k^{(\gamma)}=\frac{1}{n-1}\sum_{\alpha,\beta}\delta_{k|\alpha\beta}^{(\gamma)} \tag{75.13}$$

对于简单的链它应对于任何 γ 恒等于零，这是很容易知道的，为此只需注意数 $p_{k|\alpha\beta}^{(\gamma)}$ 的定义与等式(75.11)；但是对于复杂的链它不等于零，因为此时对于给定的 A_γ，A_α 与 A_β 不彼此独立.

由上所论，可以得出以下关于所考察的链的简单性的假定的核验方法.

设有 s 个观测列，在每一个观测列中我们所观测的只是第 k，$k+1$，$k+2$ 这三次试验(由此不言而喻，每一试验列皆是从最初的试验开始的，并具有相同的初始概率). 我们将所有的 s 个观测列的总体记作 $\mathscr{E}$，$\mathscr{E}$ 中的每一个观测列称为一个“k－三维列”. 我们在 $\mathscr{E}$ 中选出所有那些在第 $k+1$ 次试验实现了状态 A_γ 的三维列，并且计算这些三维列的个数；假定它们的个数等于 $s^{(\gamma)}$. 于是当 k 充分大时，我们可以近似地令

$$p_{k+1|\gamma}=\frac{s^{(\gamma)}}{s}$$

其中 $p_{k+1|\gamma}$ 是频数$\frac{s(\gamma)}{s}$的随机极限. 我们以 $s_{\alpha\beta}^{(\gamma)}$ 表示那些观测结果为$A_\alpha A_\gamma A_\beta$ 的 k－三维列的数目，并且计算以下的两个数

$$s_{\alpha\cdot}^{(\gamma)}=\sum_\beta s_{\alpha\beta}^{(\gamma)},s_{\cdot\beta}^{(\gamma)}=\sum_\alpha s_{\alpha\beta}^{(\gamma)}$$

显而易见，我们近似地有

$$p_{k|\alpha\beta}^{(\gamma)}\approx\frac{s_{\alpha\beta}^{(\gamma)}}{s^{\gamma}},p_{k|\alpha\cdot}^{(\gamma)}=\frac{s_{\alpha\cdot}^{(\gamma)}}{s^{(\gamma)}},p_{k|\cdot\beta}^{(\gamma)}=\frac{s_{\cdot\beta}^{(\gamma)}}{s^{(\gamma)}}$$

这些等式的左侧作为其右侧的随机极限.

现在我们可以断言(参看[28] 定理 II)，等式(75.12) 所确定的数 $\delta_{k|\alpha\beta}^{(\gamma)}$ 是数

$$\bar{\delta}_{k|\alpha\beta}^{(\gamma)}=\frac{1}{s^{(\gamma)}}\frac{\left(s_{\alpha\beta}^{(\lambda)}-\frac{s_{\alpha\cdot}^{(\gamma)}s_{\cdot\beta}^{(\gamma)}}{s^{(\gamma)}}\right)^2}{\frac{s_{\alpha\cdot}^{(\gamma)}s_{\cdot\beta}^{(\gamma)}}{s^{(\gamma)}}} \tag{75.14}$$

的随机极限，而数 $K_k^{(\gamma)}$ 是数

$$\overline{K}_k^{(\gamma)}=\frac{1}{n-1}\sum_{\alpha,\beta}\bar{\delta}_{k|\alpha\beta}^{(\gamma)} \tag{75.15}$$

的随机极限.

由此显见，数 $\overline{K}_k^{(\gamma)}$（对于任何 γ 与充分大的 k）充分接近于零可以作为所考察的链的简单性的一个判别准则. 可以用各种不同的方法来建立这一命题. Geary 在[4] 中曾经证明，当 A_α 与 A_β 彼此独立时，系数 $\overline{K}_k^{(\gamma)}$ 的数学期望等于 $\dfrac{n-1}{s-1}$；而 A. A. Чупров 则在[47] 中曾经证明，其均方误差的阶数是$\dfrac{1}{s}$. 但是他所得到的这个误差表达式过于复杂，以致不能实际用以估计下列等式

$$K_k^{(\gamma)}-\frac{n-1}{s-1}\approx 0$$

我们所考察的链的简单性还有其他的核验方法. 对于简单的链我们应有

$$p_{k|\alpha\beta}^{(\gamma)}=\frac{p_{k|\alpha.}^{(\gamma)}p_{k|\cdot\beta}^{(\gamma)}}{p_{k|..}^{(\gamma)}}$$

因此，modo Bernoulliano[①]，对于充分大的 k 我们应有

$$s_{\alpha\beta}^{(\gamma)}=\frac{s_{\alpha\cdot}^{(\gamma)}s_{\cdot\beta}^{(\gamma)}}{s^{(\gamma)}}\equiv\bar{s}_{\alpha\beta}^{(\gamma)}$$

所以为了要估计这个近似等式我们利用以下的量

$$\chi^2=\frac{\sum\limits_{\alpha,\beta}(s_{\alpha\beta}^{(\gamma)}-\bar{s}_{\alpha\beta}^{(\gamma)})^2}{\bar{s}_{\alpha\beta}^{(\gamma)}}$$

它在我们的情形下有$(n-1)^2$ 个自由度，并可按照通常的方法来用.

对于平稳的链我们就不取 k — 三维列，而取具有下标

$$1,2,3;2,3,4;\cdots$$

的三维列，或是取具有下标

$$1,2,3;4,5,6;\cdots$$

的三维列.

76. 链的刚性系数 我们来引入链的刚性系数这一新的概念，这个概念大概还没有被研究过.

马尔柯夫链中依序的状态 A_α 之间的联系可能是或多或少地接近于完全的独立，相反地，也可能是或多或少地接近于完全的联系. 我们来考察链 C_n，称下列的数

$$K_k=\frac{1}{n-1}\sum_{\alpha,\beta}\frac{(p_{k|\alpha\beta}-p_{k\alpha}p_{k+1\,\beta})^2}{p_{k|\alpha}p_{k+1|\beta}}\tag{76.1}$$

（其中 $p_{k|\alpha\beta}=p_{k|\alpha}p_{\alpha\beta}$ 是第k 个试验与第$k+1$ 个试验分别实现 A_α 与 A_β 的概率.）为链 C_n 的刚性系数或者简称为刚性. 为了使系数 K_k 总有确定的值，我们规定当 $p_{k|\alpha}$ 或 $p_{k+1|\beta}$ 等于零，或者 $p_{k|\alpha}$ 与 $p_{k+1|\beta}$ 皆等于零时，表达式

① 换句话说就是在概率的意义上.

$$\frac{p_{k|\alpha\beta}-p_{k|\alpha}p_{k+1|\beta}}{p_{k|\alpha}p_{k+1|\beta}}$$

等于零.

简单地计算一下便可得知,数 K_k 亦可写成下列形式

$$K_k=\frac{1}{n-1}\left[\sum_{\alpha,\beta}\frac{p_{k|\alpha}p_{\alpha\beta}^2}{p_{k+1|\beta}}-1\right] \tag{76.2}$$

如果我们所考察的是平稳链,则 K_k 不依赖于 k 并且

$$K_k\equiv K=\frac{1}{n-1}\left[\sum_{\alpha,\beta}\frac{p_\alpha p_{\alpha\beta}^2}{p_\beta}-1\right] \tag{76.3}$$

对于正的正则的链 C_n,当 $k\to+\infty$ 时有

$$\lim_{k\to+\infty}K_k=K \tag{76.4}$$

因此,这种链的刚性随着时间的进程而趋于稳定.

数 K_k 之所以称为刚性系数是鉴于它具有下列各性质.

76.I 如果链 C_n 中诸状态 A_α 彼此独立,则

$$K_k=0 \tag{76.5}$$

反之,如果这个等式成立,则链 C_n 中诸状态 A_α 彼此独立.

这一命题不难直接加以证明. 同时亦可由 Pearson-Чупров 共轭性系数的熟知的性质①来推得,因为数 K_k 恰恰便是第 k 个与第 $k+1$ 个试验中诸事件 A_α 的共轭性系数.

76.II 永远有 $K_k\leqslant 1$,并且欲使 $K_k=1$,必须而且只需诸状态 A_α 是绝对刚性地相联系.

所谓"诸状态 A_α 是绝对刚性地相联系"或"链 C_n 是绝对刚性的",其确切含义是:最初一次的试验所实现的状态 A_α 决定了在所有以后各次试验中诸状态恒依某一确切不移的循环次序轮流实现.

首先,我们注意

$$\sum_{\alpha,\beta}\frac{p_{k|\alpha}p_{\alpha\beta}^2}{p_{k+1|\beta}}\leqslant\sum_{\alpha,\beta}\frac{p_{k|\alpha}p_{\alpha\beta}}{p_{k+1|\beta}}=\sum_{\beta}\frac{p_{k+1|\beta}}{p_{k+1|\beta}}=n$$

因此,一般而言恒有

$$K_h\leqslant 1$$

但是如果链 C_n 是循环的并具有循环指标 n,则此时立即可知链是绝对刚性的,它的矩阵 $\boldsymbol{P}$ 可以表示成这样一种形式,使得

$$p_{12}=p_{23}=\cdots=p_{n-1,n}=p_{n1}=1$$

因而所有其余的 $p_{\alpha\beta}$ 皆等于零. 于是

① 例如参看[25.1]或[25.2].

$$K_k=\frac{1}{n-1}\left[\sum\frac{p_{k|\alpha}p_{\alpha\beta}^2}{p_{k+1|\beta}}-1\right]$$
$$=\frac{1}{n-1}\left[\frac{p_{k|1}}{p_{k+1|2}}+\cdots+\frac{p_{k|n}}{p_{k+1|1}}\right]-\frac{1}{n-1}$$
$$=\frac{n}{n-1}-\frac{1}{n-1}=1$$

这是因为若第 k 个试验实现了 A_α，则 $p_{k+1|\alpha+1}=1$，若第 k 个试验实现了 A_n，则 $p_{k+1|1}=1$，由此推知

$$p_{k|1}=p_{k+1|2},\cdots,p_{k|n}=p_{k+1|1}$$

逆命题亦是正确的. 下列不等式

$$\sum_{\alpha,\beta}\frac{p_{k|\alpha}p_{\alpha\beta}^2}{p_{k+1|\beta}}\leqslant\sum_{\alpha,\beta}\frac{p_{k|\alpha}p_{\alpha\beta}}{p_{k+1|\beta}}$$

中的等号只有当转移概率取值0或1时才能成立，因此只有在这个时候 K_k 才能等于 1. 由此立即推得链的绝对刚性.

如果我们所考察的不是简单链，而是任意一种在时间先后之间的联系，那么系数 K_k 可以用来作为在依序的各时刻中 A_α 之间的联系的力量的一项指标. 实际上，设 $p_{k|\alpha}$ 与 $p_{k|\alpha\beta}$ 意义如前，于是数

$$K_k=\frac{1}{n-1}\sum_{\alpha,\beta}\frac{(p_{k|\alpha\beta}-p_{k|\alpha}p_{k+1|\beta})^2}{p_{k|\alpha}p_{k+1|\beta}}$$
$$=\frac{1}{n-1}\left[\sum_{\alpha,\beta}\frac{p_{k|\alpha\beta}^2}{p_{k|\alpha}p_{k+1|\beta}}-1\right]$$

是在第 k 个与第 $k+1$ 个试验中诸状态 A_α 的 Pearson-Чупров 共轭性系数，并且具有这种系数的一切性质. 特别地，欲使它等于零，必须而且只需这些试验中的诸 A_α 彼此独立；欲使它等于 1，必须而且只需这些试验中的诸 A_α 完全彼此依赖. 但是它所描述的仅是彼此直接衔接的试验中诸 A_α 之间的联系，因此例如在复杂链的情形下，它就不能作为这种链的刚性的一种全面的描述了. 此外，它还不能写成简单链所特有的形式(76.3).

如果我们来考察某个链中的那些实验，那么把以上所写出的 K_k 或 K 的公式中所含的概率

$$p_{k|\alpha\beta},p_{k|\alpha}\text{ 与 }p_{k+1|\beta}$$

或

$$p_{\alpha\beta},p_\alpha\text{ 与 }p_\beta$$

分别代以它们的近似的实验值之后，便可得出这个链的刚性系数的经验值. 这样得到的刚性系数的经验值，我们以 $\overline{K}_k$ 与 $\overline{K}$ 表示，它们是关于我们所考察的链的刚性的一个近似的判断，并且可以利用关于 Pearson-Чупров 共轭性系数的那些准则来进行估计.

现在我们重新来考察和“链 C_n 的第 k 次与第 $k+1$ 次试验中诸状态 A_α 之间的联系”有关的刚性系数(76.1). 我们自然会产生关于链 C_n 在无穷的时间中(包括所有的时刻 $T_0, T_1, T_2, \cdots$) 的平均刚性系数的问题. 设以 K 来记这个平均刚性系数,并以下列等式

$$K = \lim_{N \to +\infty} \frac{1}{N} \sum_{k=0}^{N-1} K_k \tag{76.6}$$

作为它的定义. 我们仅限于在正的正则的链 C_n 的场合下来研究它,至于在其他的链 C_n 的场合下,如何来研究它我们估且不研究.

76. III 对于正的正则的链 C_n,我们有

$$K = \frac{1}{n-1}\left[\sum_{\alpha,\beta} \frac{p_\alpha p_{\alpha\beta}^2}{p_\beta} - 1\right]$$

这就是说,此时链的平均刚性系数和它平稳时的刚性系数相同.

为要证明这个定理,我们来利用下列的公式

$$\begin{cases} p_{k|\alpha} = p_\alpha + \sum_{i=1}^{\mu} R_{\alpha i}(k)\lambda_i^k \\ p_{k+1|\beta} = p_\beta + \sum_i R_{\beta i}(k+1)\lambda_i^{k+1} \end{cases} \tag{76.7}$$

这些公式我们在条目 7 中即已熟知;对于正则的链 C_n,这些公式中的 λ_i 的模都小于 1. 设以 $l < 1$ 表示 λ_i 的模中的最大者.

我们把等式(76.6) 中右侧的和数分成两部分

$$\frac{1}{N}\sum_{k=0}^{N-1} K_k = \sum\nolimits_1 + \sum\nolimits_2$$

$$\sum\nolimits_1 = \frac{1}{N}\sum_{k=0}^{M-1} K_k, \quad \sum\nolimits_2 = \frac{1}{N}\sum_{k=M}^{N-1} K_k$$

我们先来考察和数 $\sum_2$. 设

$$\sum\nolimits_2^* = \sum\nolimits_2 - \frac{1}{N}\sum_{k=M}^{N-1} \frac{1}{n-1}\left[\sum_{\alpha,\beta} \frac{p_\alpha p_{\alpha\beta}^2}{p_\beta} - 1\right]$$

或

$$\sum\nolimits_2^* = \frac{1}{N(n-1)}\sum_{k=M}^{N-1}\sum_{\alpha,\beta} p_{\alpha\beta}^2 \left(\frac{p_{k\alpha}}{p_{k+1|\beta}} - \frac{p_\alpha}{p_\beta}\right)$$

根据等式(76.7) 我们有

$$\frac{p_{k|\beta}}{p_{k+1|\beta}} - \frac{p_\alpha}{p_\beta} = \frac{p_\beta \sum_i R_{\alpha i}(k)\lambda_i^k - p_\alpha \sum_i R_{\beta i}(k+1)\lambda_i^{k+1}}{p_\beta\left(p_\beta + \sum_i R_{\beta i}(k+1)\lambda_i^{k+1}\right)}$$

由此显见

$$\left|\frac{p_{k|\alpha}}{p_{k+1|\beta}} - \frac{p_\alpha}{p_\beta}\right| \leqslant O[l^k(k+1)^v]$$

其中 v 是诸根 λ_i 的重数中的最大者.

因此,若 M 充分大,则对于任何 $N>M$,和数

$$\frac{1}{N}\sum_{k=M}^{N-1}\left(\frac{p_{k|\alpha}}{p_{k+1|\beta}}-\frac{p_\alpha}{p_\beta}\right)$$

以及和数 $\sum_2^*$ 将任意小.

选定 M 使和数 $\sum_2^*$ 充分接近于零,然后再选取相当大的 N,使和数 $\sum_1\left(注意它不超过\frac{M}{N}\right)$ 也充分接近于零.由此显见

$$\begin{aligned}&\lim_{N\to+\infty}\frac{1}{N}\sum_{k=0}^{N-1}K_k\\ =&\lim_{N\to+\infty}\frac{1}{N(n-1)}\sum_{k=M}^{N-1}\sum_{\alpha,\beta}\left(\frac{p_\alpha p_{\alpha\beta}^2}{p_\beta}-1\right)\\ \approx&\frac{1}{n-1}\sum_{\alpha,\beta}\left(\frac{p_\alpha p_{\alpha\beta}^2}{p_\beta}-1\right)\end{aligned}$$

这样一来,我们所要证明的等式均已证得.

77. 在随机性的研究中马尔柯夫链与马尔柯夫－布伦斯链的应用 在这一条目及下一条目中,我们来考察马尔柯夫链的一些统计应用,并且我们从利用马尔柯夫链建立随机性准则开始.

我们试来考察某些唯一可能而互不相容的事件的总体.如果在某一无穷的试验序列中,各个试验对于这些事件而言是独立的,并且在每一次试验中这些事件皆有固定不变的概率,则我们称在这个试验序列中这些事件的实现是随机地进行着.所以随机性的这个概念是有限制的,有条件的.例如当我们说到随机数的表中数字 0,1,2,…,9 的分布的随机性的时候,就应该把随机性这个概念按照上述的意义来了解.但是这个概念也可以大大地推广,例如推广到这种试验序列,其中各个试验对于所考察的事件有不同的概率,但是不依赖于前面诸试验的结果,甚至可以推广到彼此相依赖的试验序列.不过由于我们所要考察的乃是马尔柯夫链与马尔柯夫－布伦斯链的最简单的应用,特别是对于随机数的表的应用,因此以下我们将按照以上所讲的那种有限制的意义来了解事件的随机性.在其他的情形下,则考察独立均匀的或非均匀的等等这些试验序列,或是考察其相应的随机过程较为合理.

最简单的就是设有一组唯一可能而互不相容的事件

$$A_1,A_2,\cdots,A_n$$

然后观察在相邻试验中由 A_α 转移到 A_β 的转移概率,在这种观察中来测验这个试验序列对于这些事件的独立性以及在这些试验中这些事件的概率的不变性.如果试验序列是独立的而且事件的概率是不变的,那么在所得到的马尔柯夫链

中，对于所有的$\alpha=\overline{1,n}$，转移概率$p_{\alpha\beta}$应恒等于$p_\beta=P(A_\beta)$，并且链应该是平稳的，这就是说我们应有

$$p_\beta=\sum_\alpha p_\alpha p_{\alpha\beta}$$

这些结论以及随之而来的关于在所考察的试验序列中事件A_α的随机性的基本假定，皆可加以精确的统计核验.

我们用随机数的表中的随机性的研究来具体说明以上这些一般性的论述.

例 1 在实用的与理论的统计学的许多问题中，随机数的表起着很重要的作用，因此表中所含的那些数的真正随机性的问题就有很大的意义.

随机数的表可以看成是实际上的单位数的无穷序列，序列中的每一个单位数皆是由下列各数

$$0,1,2,\cdots,9 \tag{77.1}$$

中随机地抽取而得到的. 如果这个序列中的数真正具有随机性，则序列中任何一项取值为(77.1)的诸数中任何一个的概率应该都相同并且等于$\frac{1}{10}$，同时两个相邻项的追迹的链应该成为独立试验序列. 因此，如果在随机数的表中来考察追迹

$$\alpha_0\alpha_1,\alpha_1\alpha_2,\alpha_2\alpha_3,\cdots \tag{77.2}$$

则我们应该看到，随机数的表对于以下各项

$$\alpha_0,\alpha_1,\alpha_2,\cdots,\alpha_9 \quad (\alpha=\overline{0,9}) \tag{77.3}$$

给出同一的转移概率

$$p_{\alpha\beta}=\frac{1}{10} \quad (\alpha,\beta=\overline{0,9})$$

并且它们适合等式

$$p_\beta=\sum_\alpha p_\alpha p_{\alpha\beta} \quad (\beta=\overline{0,9}) \tag{77.4}$$

由此可见，问题可以归结到根据随机数的表来造出追迹(77.2)，以及在它们之中算出数对(77.3)的频数. 我们曾经根据两种随机数的表(Tippett的文献[40]中的表及M. Кадыров的文献[5]中的表)做过这一工作. 我们分别根据每一个表，计算了由(77.3)中的项所构成的10个序列，其中每个序列的个数为50. 这样所得到的两个原始的表每个包含100个横行与10个纵列的(77.3)的项的频数，由于它们过于庞大，我们不在这里引入. 这里我们只引入像表77.1与77.2这样的总结性的表，这两个表包含了(77.3)中的数对的频数对于所有10个序列所求得的和数. 表77.1给出了对于M. Кадыров的随机数的表的总结计算，而表77.2给出了对于Tippett的随机数的表的总结计算.

表 77.1

α	β												
	0	1	2	3	4	5	6	7	8	9	和数	χ^2	P
0	45	53	43	46	45	42	54	62	53	56	500	7.68	0.466
1	48	50	63	51	56	44	53	42	45	48	500	6.96	0.541
2	62	59	34	58	52	50	42	41	53	49	500	14.08	0.119
3	54	53	57	36	48	58	49	33	58	49	500	14.96	0.091
4	53	49	50	46	47	56	40	54	56	49	500	4.48	0.874
5	53	59	53	41	57	33	50	48	55	51	500	10.96	0.279
6	58	45	40	50	51	59	55	58	40	44	500	9.92	0.357
7	50	51	49	56	45	57	39	39	59	55	500	9.20	0.420
8	51	64	44	42	44	50	67	48	42	48	500	14.28	0.113
9	46	63	44	50	48	41	67	57	53	31	500	20.28	0.016
和数	521	551	477	476	493	490	516	482	514	480	5 000	10.94	0.280

表 77.2

α	β												
	0	1	2	3	4	5	6	7	8	9	和数	χ^2	P
0	46	63	45	42	55	44	54	41	57	53	500	9.80	0.367
1	54	56	62	47	48	43	45	52	50	43	500	6.72	0.662
2	58	47	46	45	38	48	40	68	48	62	500	16.68	0.055
3	44	44	55	61	52	49	45	55	35	60	500	11.96	0.216
4	53	53	48	49	61	47	55	40	38	56	500	9.16	0.423
5	50	59	44	43	51	50	47	41	56	59	500	7.48	0.588
6	54	58	58	44	55	45	57	44	41	44	500	8.64	0.472
7	47	48	54	50	49	52	39	58	61	42	500	8.08	0.526
8	53	53	49	52	35	54	45	48	58	53	500	7.32	0.604
9	51	63	58	52	36	45	44	54	40	57	500	13.20	0.155
和数	510	544	519	485	480	477	471	501	484	529	5 000	10.98	0.277

在这两个表的最后两纵列,引入了对于每一横行的 χ^2 与 P 的值(每一横行的自由度等于 9). 诸概率 P 表明:表 77.1 与表 77.2 所给出的(77.3) 的数对的频率与"Tippett 与 M. Кадыров 的表确系随机数的表" 这一假定十分相符.

如果在我们所考察的表中,关于数的随机性的基本假定是正确的,那么在我们的计算中理论上的频数应尽皆等于 50;当我们总体来估计所观测到的诸频数与理论频数之间的误差时,我们应把对于 0,1,…,9 各横行所得到的 χ^2 的值加在一起,并且根据所得到的值对于自由度 $10\times 9=90$ 来求出相应的概率 P. 我们根据正态分布的概率表来求概率 P,这是因为对于大于 30 的自由度 n,数量

$$t=\chi\sqrt{2}-\sqrt{2n-1}$$

的分布接近于具有均值 0 与标准离差 1 的正态分布. 这样一来,对于表 77.1 我们有

$$\chi^2=\sum\chi_\alpha^2=112.80$$

$$t=\sqrt{225.60}-\sqrt{179}=1.64$$

故

$$P=\frac{1}{\sqrt{2\pi}}\int_{1.64}^{+\infty}\mathrm{e}^{-\frac{1}{2}t^2}\,\mathrm{d}t=0.051$$

我们看到,总的说来,表 77.1 中诸频数与其理论数值的离差已濒于我们所能容许的限度的边缘了. 对于表 77.2 我们有

$$\chi^2=\sum\chi_\alpha^2=99.04,t=\sqrt{198.08}-\sqrt{179}=0.72$$

$$P=\frac{1}{\sqrt{2\pi}}\int_{0.72}^{+\infty}\mathrm{e}^{-\frac{1}{2}t^2}\,\mathrm{d}t=0.236$$

因此,表 77.2 中诸频数在其试验部分中较之表 77.1 十分显著地更符合它们的理论数值.

然而,不应由这里所得到的这些结果来做出关于 Tippett 与 M. Кадыров 的表的优劣的最后论断,因为在造表 77.1 与 77.2 的时候,在随机数的表中所需查阅的仅是不超过 5 000 个单位数,而 M. Кадыров 的表中则含有单位数 50 000 个,Tippett 的表中则含有单位数 41 600 个. 此外其他核验方法表明,M. Кадыров 的表不劣于 Tippett 的表(参看 M. Кадыров 的表的序言).

在我们的情形下,等式(77.4) 可用表 77.1 与 77.2 的最后一横行来核验. 其中 521,551,…,480 是在所有 5 000 次观测中数字 0,1,…,9 的观测频数,亦即乘积 $N_{p\beta}(N=5\,000)$ 的经验过程;至于它们的理论值则等于等式(77.4) 的右侧乘以 5 000,其中 $p_\alpha=\frac{1}{10},p_{\alpha\beta}=\frac{1}{10}$,故它们等于 500. 根据概率 $P=0.280$ 与 0.277,我们看到,等式(77.4) 的核验情况是令人满意的.

例 2 在随机数的表中,可以用不同的方法来测验数字 0,1,…,9 的分布的随机性. 在这个例以及以下的例中,我们再来考察两种方法,其要点皆在于在所考察的随机数的表中,从数字 0,1,…,9 的序列构造马尔柯夫 - 布伦斯链.

我们试来考察马尔柯夫 - 布伦斯链的最简单的情形(参看条目 58) 的应用,所谓"马尔柯夫-布伦斯链的最简单的情形",确切些说,就是那种可以化到最简单的情形的简单链. 我们回忆一下,这种链是怎样得到的.

我们考察一个无穷的试验序列,其中各试验对于事件 A 是彼此独立的,并且在每次试验中事件 A 实现的概率恒等于 α,事件 A 不实现(事件 $B=$非 A 实现)的概率恒等于 $\beta=1-\alpha$. 然后我们考察第 1 次试验与第 2 次试验,第 2 次试验与第 3 次试验,……,各对试验的结果,而把

$$E=AA,F=AB,G=BA \text{ 与 } H=BB$$

作为新事件,于是它们就已经联结成具有规律

$$P=\begin{pmatrix}\alpha & \beta & 0 & 0\\ 0 & 0 & \alpha & \beta\\ \alpha & \beta & 0 & 0\\ 0 & 0 & \alpha & \beta\end{pmatrix}$$

的简单链了.对于这个链,我们有下面的一些结果.

设以 m_1,m_2 与 m_3 表示事件 E,F 与 G 在我们的链的 s 次连续的试验中的频数,我们曾经求得

$$\begin{cases}m_1^0=Em_1\sim s\alpha^2\\ m_2^0=Em_2\sim s\alpha\beta\\ m_3^0=Em_3\sim s\alpha\beta\\ \mu_1=E(m_1-s\alpha^2)^2\sim s\alpha^2\beta(1+3\alpha)\\ \mu_2=E(m_2-s\alpha\beta)^2\sim s\alpha\beta(1-3\alpha\beta)\\ \mu_3=E(m_3-s\alpha\beta^2)^2\sim s\alpha\beta(1-3\alpha\beta)\\ \mu_{12}=E(m_1-s\alpha^2)(m_2-s\alpha\beta)\sim s\alpha^2\beta(1-3\alpha)\\ \mu_{13}=E(m_1-s\alpha^2)(m_3-s\alpha\beta)\sim s\alpha^2\beta(1-3\alpha)\\ \mu_{23}=E(m_2-s\alpha\beta)(m_3-s\alpha\beta)\sim s\alpha\beta(1-3\alpha\beta)\end{cases}\tag{77.5}$$

当 $s\to+\infty$ 时频数 m_1,m_2 与 m_3 的极限相关系数 r_{12},r_{13} 与 r_{23} 有下列的值

$$\begin{cases}r_{12}=r_{13}=\dfrac{\alpha(1-3\alpha)}{\sqrt{\alpha(1+3\alpha)(1-3\alpha\beta)}}\\ r_{23}=1\end{cases}\tag{77.6}$$

我们曾经应用这些结果测验 Fisher 的随机数的表[42] 的随机性,取“数目 0,1,2 之中有一个实现”作为事件 A,所以若 Fisher 的表中数目 0,1,…,9 的分布确有随机性,则 $\alpha=0.3$,$\beta=0.7$.然后从第一纵列开始,用 10 个钩连数对作为一个序列,若共作出了 250 个序列,并且在这些序列中计算了事件 E,F,G 的频数,则计算结果见以下的表 77.3 与表 77.4.

表 77.3

m_1	m_2						
	0	1	2	3	4	5	
0	3	37	49	33	7	3	132
1	2	9	23	26	6	•	66
2	1	5	16	5	1	•	28
3	•	2	6	12	•	•	20
4	•	2	1	•	•	•	3
5	•	•	1	•	•	•	1
	6	55	96	76	14	3	250

表 77.4

m_3	m_2						
	0	1	2	3	4	5	
0	1	2	3	4	5		
0	2	4	·	·	·	·	6
1	5	39	11	·	·	·	55
2	·	16	59	24	·	·	99
3	·	·	16	42	15	·	76
4	·	·	·	11	3	·	14
5	·	·	·	1	1	1	3
	7	59	86	79	19	1	250

由表可得数量(77.5)与(77.6)的经验值(对于 $s=10$)如下

$$\overline{m}_1=0.796,\overline{m}_2=\overline{m}_3=2.184$$

$$\overline{\mu}_1=1.0904,\overline{\mu}_2=0.9181,\overline{\mu}_3=0.9661$$

$$\overline{r}_{12}=0.042,\overline{r}_{23}=0.767$$

而其理论值则为

$$m_1^0=0.9,m_4^0=m_3^0=2.1$$

$$\mu_1=1.0836,\mu_2=\mu_3=0.8652$$

$$R_{12}=R_{13}=0.0879,R_{23}=0.7044^{①}$$

所观测到的值与理论值的符合程度尚令人满意.

例 3 我们再以下述的方法来测验随机数的表中数目 0,1,…,9 的分布的随机性[29].

设以 0 或 5 的实现为事件 A_1,1 或 6 的实现为事件 A_2,并分别以 2 或 7,3 或 8 与 4 或 9 的实现为事件 A_3,A_4 与 A_5.若随机数的表中数的分布确实具有随机性,则事件 $A_1,A_2,\cdots,A_5$ 的概率皆应等于$\frac{1}{5}$.考虑在二维钩连组中这些事件的联合实现,于是我们便可得出类似于马尔柯夫－布伦斯链的链.让我们来考察事件 $A_i(i=\overline{1,5})$ 所组成的三个事件 E,F,G;我们把“组合 $A_iA_i(i=\overline{1,5})$ 中有一个实现”作为事件 E,至于事件 F 与 G 则这样来规定:如果 5,6,7,8,9 中有一个数实现了,则把它相应地换成 0,1,2,3,4;然后作出这样得到的二维组中第二个数与第一个数的差数,如果这个差数是正的,则我们说实现了事件 F,而如果这个差数是负的,则我们说实现了事件 G.例如,M. Кадыров 的表的第 2 页第 1

① R_{12},R_{13} 与 R_{23} 是频数 m_1,m_2 与 m_3 之间的相关系数的精确理论值,其计算法见[29]及本条目最后的附注.

纵列给出了如下的数串

8 4 4 7 4 6 0 5 6 5 6 1 9 0 0 8 5 2 1 8

由此可得上述的以 5 为模的钩连数对如下

34,44,42,24,41,10,00,01,10,01,11,14,40,00,03,30,02,21,13

由此又可得出事件

$$E,F,G$$

的序列如下

$$FEGFGGEFGFEFGEFGFGF$$

我们再来考察 s 个数对以及与之相应的由事件 E,F,G 构成的 s 个事件的序列. 设在这个序列中事件 E 实现的次数是 k,事件 F 实现的次数是 m. 然后我们以 P_{kms} 表示 s 对试验中 E 与 F 分别实现 k 次与 m 次的概率,以 P^{i}_{kms} 表示这同一结果在附加假定"在第 $s+1$ 次试验实现了 $A_i, i=\overline{1,s}$"之下的概率. 于是

$$P_{hms}=\sum_{i=1}^{s}P^{i}_{kms}$$

并且此外

$$P^{1}_{kms}=\frac{1}{5}(P^{1}_{k-1,m\,s-1}+P^{2}_{km,s-1}+P^{s}_{km,s-1}+$$
$$P^{4}_{km,s-1}+P^{5}_{km,s-1})$$

$$P^{2}_{kms}=\frac{1}{5}(P^{1}_{k\,m-1,s-1}+P^{2}_{k-1,m\,s-1}+P^{3}_{k\,m,s-1}+$$
$$P^{4}_{km,s-1}+P^{5}_{km,s-1})$$

$$\vdots$$

$$P^{5}_{kms}=\frac{1}{5}(P^{1}_{km-1,s-1}+P^{2}_{km-1,s-1}+P^{3}_{km-1,s-1}+$$
$$P^{4}_{km-1,s-1}+P^{5}_{k-1,m\,s-1})$$

因此,令

$$\varphi^{h}_{s}=\sum_{k,m}P^{h}_{kms}\mathrm{e}^{\mathrm{i}kt+\mathrm{i}m\theta}\quad\left(\varphi_{s}=\sum_{h=1}^{5}\varphi^{h}_{s}\right)$$

我们便得到下列的关系式

$$\varphi^{1}_{s}=\frac{1}{5}(\mathrm{e}^{\mathrm{i}t}\varphi^{1}_{s-1}+\varphi^{2}_{s-1}+\varphi^{3}_{s-1}+\varphi^{4}_{s-1}+\varphi^{5}_{s-1})$$

$$\varphi^{2}_{s}=\frac{1}{5}(\mathrm{e}^{\mathrm{i}\theta}\varphi^{1}_{s-1}+\mathrm{e}^{\mathrm{i}t}\varphi^{2}_{s-1}+\varphi^{3}_{s-1}+\varphi^{4}_{s-1}+\varphi^{5}_{s-1})$$

$$\vdots$$

$$\varphi^{5}_{s}=\frac{1}{5}(\mathrm{e}^{\mathrm{i}}\varphi^{1}_{s-1}+\mathrm{e}^{\mathrm{i}\theta}\varphi^{2}_{s-1}+\mathrm{e}^{\mathrm{i}\theta}\varphi^{3}_{s-1}+\mathrm{e}^{\mathrm{i}\theta}\varphi^{4}_{s-1}+\mathrm{e}^{\mathrm{i}t}\varphi^{5}_{s-1})$$

由此可见,特征函数 φ_s 满足下列的差分方程

$$\begin{vmatrix} e^{it}-5\varphi & 1 & 1 & 1 & 1 \\ e^{i\theta} & e^{it}-5\varphi & 1 & 1 & 1 \\ e^{i\theta} & e^{i\theta} & e^{it}-5\varphi & 1 & 1 \\ e^{i\theta} & e^{i\theta} & e^{i\theta} & e^{it}-5\varphi & 1 \\ e^{i\theta} & e^{i\theta} & e^{i\theta} & e^{i\theta} & e^{it}-5\varphi \end{vmatrix}\varphi^{s}=0$$

若为了简便起见令

$$u=e^{it} \text{ 与 } v=e^{i\theta}$$

则其特征方程可写成如下的形式

$$\begin{aligned}&(u-5\lambda)^5-10v(u-5\lambda)^3+\\&10(v+v^2)(u-5\lambda)^2-\\&5(v+v^2+v^3)(u-5\lambda)+\\&(v+v^2+v^3+v^4)=0\end{aligned}$$

由此,求出

$$\frac{\partial\lambda}{\partial t},\frac{\partial\lambda}{\partial\theta},\frac{\partial^2\lambda}{\partial t^2},\frac{\partial^2\lambda}{\partial t\partial\theta},\frac{\partial^2\lambda}{\partial\theta^2}$$

在 $t=\theta=0$ 处的值,便可得出频数 k,m 的数学期望与它们的标准离差及协方差的渐近值

$$k^0=Ek\sim\frac{s}{5},m^0=Em\sim\frac{s}{5}$$

$$\sigma_k^2=E(k-k^0)^2\sim\frac{4s}{25},\sigma_m^2\sim\frac{2s}{25}$$

$$c_{km}=E(k-k^0)(m-m^0)\sim\frac{2s}{25}$$

变量

$$\frac{k-\frac{s}{5}}{\sigma_k} \text{ 与 } \frac{m-\frac{2s}{5}}{\sigma_m}$$

的极限分布是典型正态二维分布,具有相关系数

$$\begin{aligned}r&=-\frac{1}{\sqrt{2}}\\&=-0.707\ 106\ 8\end{aligned}$$

所得到的这些结果可以用来重新核验随机数的表中的数目的随机性. 我们在 M. Кадыров的随机数的表[5]中,从第2页开始,以25个钩连数对作为一个序列,于是共作出了500个序列;然后计算了这些序列中的频数 k 与 m,其分布情形有如下表77.5所示.

表 77.5

k	m										
	6	7	8	9	10	11	12	13	14	15	
0	•	•	•	•	•	2	1	4	•	•	7
1	•	•	•	•	3	7	7	8	2	•	27
2	•	•	•	3	6	20	24	12	1	1	67
3	•	•	1	8	20	29	19	10	2	•	89
4	•	2	7	20	39	31	16	13	•	•	118
5	•	1	7	19	28	15	7	2	•	•	79
6	•	6	9	16	23	6	2	1	•	•	63
7	1	1	8	12	6	3	•	•	•	•	31
8	•	2	4	5	1	1	•	•	•	•	13
9	•	•	1	1	2	•	•	•	•	•	4
10	•	1	1	•	•	•	•	•	•	•	2
	1	13	38	84	128	114	76	40	5	1	500

根据这个表,我们又可求出 k 与 m 的平均标准离差与相关系数的经验值($s=25$) 如下

$$\overline{k}=4.1,\overline{m}=10.416$$

$$\overline{\sigma_k^2}=3.394,\overline{\sigma}=2.331,\overline{r_{km}}=-0.605$$

这些特征数的理论值($s=25$) 由以上的渐近等式算出为

$$k^0=5,m^0=10$$

$$\sigma_k^2=4,\sigma_m^2=2,r=-0.707$$

这两组等式的符合程度不完全令人满意. 如果对于 $s=25$ 取这些特征数的精确值,则符合程度可以稍有改善. 由下列的精确等式

$$k^0=\frac{s}{5},m^0=\frac{2s}{5}$$

$$\sigma_k^2=\frac{4s}{25},\sigma_m^2=\frac{2s+4}{25}$$

$$r_{km}=-\sqrt{\frac{s}{2s+4}}$$

可以得出这些特征数的精确值如下

$$k^0=5,m^0=10$$

$$\sigma_k^2=4,\sigma_m^2=2.16$$

$$r_{km}=0.680$$

附注 关于以链 C_n 的转移概率矩阵 $\boldsymbol{P}$ 的根表示出的频数原点矩的精确值,可以借助于特征函数(像条目 37 中所讲的那样) 来求得,但它们亦可由下述

的马尔柯夫方法来求得. 链 C_n 的频数的特征函数 $\varphi_s(t_1,\cdots,t_{k-1})$ 满足差分方程(36.10)

$$\varphi_{s+n}+a_1\varphi_{s+n-1}+\cdots+a_n\varphi_s=0$$

其中系数不依赖于 s. 因此可把函数①

$$\Omega(t_1,\cdots,t_{n-1})=\sum_{s=0}^{+\infty}\varphi_s t^s$$

表示成有限形式,这就是说表示成以下形式

$$\Omega(t_1,\cdots,t_{n-1})=\frac{A_0+A_1t+\cdots+A_{n-1}t^{n-1}}{1+a_1t+\cdots+a_nt^n}$$

其中

$$A_0=\varphi_0=1, A_1=\varphi_1+a_1\varphi_0, A_2=\varphi_2+a_1\varphi_1+a_2,\cdots$$

显而易见

$$\varphi_s=\frac{1}{s!}\left(\frac{\partial^s\Omega}{\partial t^s}\right)_{t=0}$$

故

$$Em_1^{h_1}m_2^{h_2}\cdots m_{n-1}^{h_{n-1}}=\frac{1}{s!}\left(\frac{\partial^{s+h_1+\cdots+h_{n-1}}\Omega}{\partial t^s\partial t_1^{h_1}\cdots\partial t_{n-1}^{h_{n-1}}}\right)_{t=t_1=\cdots=t_{n-1}=0}$$

这样一来,特征函数 φ_s 以及频数 $m_1,\cdots,m_{n-1}$ 的原点矩皆可借助于马尔柯夫的 Ω 函数来求得,而无须知道矩阵 $\boldsymbol{P}$ 的根. 例 3 中诸特征数 $k^0,m^0,\sigma_k^2,\sigma_m^2$ 与 r_{km} 的精确值就是用这种方法求出来的.

78. 地球物理学问题中马尔柯夫链的应用 在马尔柯夫链对于实际现象的各种应用中,应该首先指出的是马尔柯夫本人所作的应用,即对于俄罗斯文学语言中辅音与元音的交替的研究的应用. 马尔柯夫曾在普希金的《叶甫盖尼·奥涅金》及阿克萨可夫的《巴戈罗夫孙子的童年》中作过这种研究. 研究结果见其《概率论》([18],第 566—581 页). 本书著者曾在肖洛霍夫的长篇小说《静静的顿河》中重复了马尔柯夫的研究[27],得到了与马尔柯夫的结果相类似的结果,并且可以指出,俄罗斯文学语言中辅音与元音的交替的链状联系的比较令人满意的近似模型乃是如像马尔柯夫与著者所采用的那样的某种二维复杂链,而不是简单链. 但是我们不在这里讲马尔柯夫或著者的这些研究,想要知道这些研究的读者可以去参看所指出的那些文献.

以下我们来讲的一些应用是很有意思的,因为它们导出了,而且今后还会导出许多重要而新颖的结果. 这些应用涉及地球物理学中极重要的问题,它们是 Т. А. Сарымсаков, В. А. Джорджно 与 В. А. Бугаев 的研究对象,他们进行这

---

① 这个函数在马尔柯夫对于链的各项工作中占有中心位置,可以称它为超特征函数.

种研究工作已有若干年了，其研究结果发表在这三位学者的一系列论文里[35,36,37]. 这些研究涉及地球物理现象的广大范畴，这里不可能完全加以阐述，因此我们只限于讲述其中的某些部分.

若把地球物理现象分成若干在某种程度上有其独特性而且在地球物理学上有其重要性的组或型，则它们之间的演变可以视为随机过程，特别作为初步的近似模型，可以视之为简单的马尔柯夫链，这就是马尔柯夫链在地球物理学问题中应用的基本观念. 例如某一地方夏季或冬季的各种天气形势，地球某一点的各种温度距常等皆可作为上述的那些组.

组的划分是根据一般的与具体的(有统计学的研究作为背景的) 地球物理学的考虑. 在这里我们试来考察马尔柯夫链在中亚十一月至四月与五月至十月的天气形势的研究中的应用.

我们首先来考察中亚十一月至四月的天气形势. 其研究结果见于前述三位著者的论文[35]. 著者们根据对于中亚天气预测的分析的实际工作的大量经验，拟定了过程如下的四个基本组：

A. 中亚南部的气旋性爆发. 这会带来温暖的热带空气的侵袭与降水(主要是雨). 属于温暖的冬季天气型的组. 夏季的相应的天气过程是没有的.

B. 与西北方及北方的寒冷侵袭相联系的寒冷天气型. 此时的降水为雪转雨夹雪，二者是同样可能的. 在一月与二月则大半可能是雪. 此种型常常是紧接在组 A 的过程之后.

C. 无降水的反气旋天气. 这是组 B 的过程的后继与组 A 的过程的先声.

D. 展布于北卡查赫斯坦地区的气旋活动. 中亚是在这个周环的南部，它常使封闭的链状过程 $A\to B\to C\to A$ 中断，它多数情况是接替 C 型然后仍由 C 型收尾.

其次，著者们把这些组划分成子组或子型，其中组 A 与 B 各划分为四个子型，而组 C 与 D 则不再划分. 这样一来，我们便得到了中亚十一月至四月天气形势的如下的十个型：

A. 1. 里海南方的气旋性爆发.

A. 2. 捷詹河与穆尔加布河平原的气旋性爆发.

A. 3. 经由南部塔吉克斯坦(阿姆河上游) 的气旋性爆发.

A. 4. 中亚南方的气旋群.

B. 5. 西北方的寒冷侵袭.

B. 6. 北方的寒冷侵袭.

B. 7. 中亚南方的波状活动.

B. 8. 锡尔河下游的稳定的气旋.

C. 9. 气旋的西南方边缘.

D. 10. 锢囚锋.

我们不来描述这十个型的地球物理学的特征，从上述的组 A，B，C，D 的特征来看它们是相当明显的. 著者们在 1934 年至 1943 年的这十年间研究了这些型，并且在“它们的彼此更替的初步近似模型是简单的马尔柯夫链”这个假定之下，按照本书条目 75 所讲的那种方法加工整理了这十个型的（每日早七时的）观测结果. 这种加工处理给出了上述的十年间这些型按其延续时间分布的频数，每个月各个型的平均天数，以及各个型之间的转移概率等. 我们所感觉兴趣的是各个型之间的更替；以下我们就来考察它们.

表 78.1 给出了各个型在第一天实现了之后次日仍然继续实现的转移概率.

表 78. 1

型	1	2	3	4	5	6	7	8	9	10
转移到同型的概率	0.42	0.41	0.41	0.57	0.55	0.52	0.58	0.44	0.51	0.48

由此可以十分清楚地看到所有各个型的均等平稳性，因为表中所有概率约略相等；这是值得注意的.

以下我们除去各个型转移为自己的这种情形，并且在计算转移概率时不考虑这种转移，而更进一步来考察各个不同型之间的更替情形如何. 我们把这样得出的转移概率列成表 78.2.

表 78. 2

初始型	后继型										
	1	2	3	4	5	6	7	8	9	10	
1	•	—	0	—	0.38	0.12	—	0	0.12	0.20	0.82
2	0.15	•	—	—	0.24	0.13	—	—	—	0.17	0.69
3	0.17	—	•	—	0.11	—	—	—	0.46	—	0.74
4	—	—	—	•	0.35	0.09	0	—	0.13	0.26	0.83
5	0.11	0.08	—	0	•	—	0.15	0	0.50	—	0.84
6	0.11	—	—	0	0	•	0.15	0	0.50	0.09	0.85
7	0.12	0.12	0	—	—	—	•	—	0.35	0.19	0.78
8	0.19	—	—	—	—	—	—	•	0.25	—	0.44
9	0.31	0.19	0.09	—	—	—	—	0	•	0.19	0.78
10	0.18	0.10	—	—	0.23	—	—	0	0.35	•	0.86

表 78.2 需要解释一下. 著者们所依据的数字相对地说是不太多的，因此不能在所有的情形下把各个转移概率都计算得充分精确. 所以在表 78.2 中，一般只列入不小于 0.10 的转移概率，不大可靠与小于 0.10 的转移概率用一条横线来标明，各个型转移为自己的这种转移概率皆不列出而用一个点来标明. 最

后，还有一些型的更替著者们称作是“被禁止的”. 这种型的更替是由于它们具有很小的概率而被发现的，然后由于简明的物理学上的考虑，就把它们解释成为不可能的了；在表 78.2 中对于这种更替赋予了零概率. 表的最后一纵列给出了各横行的有值的概率的总和. 由此可以算出各个主要的型的更替的条件转移概率. 例如，从型 1 到型 5,6,9 与 10 的条件转移概率分别是0.46,0.15,0.15 与 0.24；从型 2 到型 1,5,6 与 10 的条件转移概率分别是 0.22,0.35,0.19 与 0.25，等等. 借助于对于这个表的分析，著者们构出了他们所考察的天气形势的各个型的更替中的各主要转移的概型. 在这里我们把说明这个概型的图①换成了对应于这个概型的表 78.3.

表 78.3

初始型	后继型							
	1	2	4	5	6	7	9	10
1	·	—	—	0.38	0.12	—	—	0.20
2	—	·	—	0.24	0.13	—	—	0.17
4	—	—	·	0.35	—	—	0.13	0.26
5	—	—	—	·	—	0.15	0.50	—
6	—	—	—	—	·	0.15	0.50	—
7	—	—	—	—	—	·	0.35	0.19
9	0.31	0.19	—	—	—	—	·	0.19
10	—	—	—	0.23	—	—	0.35	·

著者们对于型与型间的转移所构成的概型，是对应于不同的转移概率的值用不同宽度的小条来表明的. 表 78.3 中保留了表 78.2 中转移概率的值. 利用这个概型，就可以确定某个给定的型的最可能的发展方向，因此它可以作为预测的工具之一.

上述这些研究的著者们力图对于所有的转移概率指出物理学的论据，以便在很大程度上用以代替这些转移概率的可靠性的统计学的估计；我们也应当注意到这一点. 再有，我们应和著者们抱有同感的是：由著者们得出的结果来看，对于著者们所考察的这些天气类型之间的联系作更深入一步的研究是适当的，这些联系如果不是从马尔柯夫链的观点上给以预先的加工处理，则可能还没有被注意到或是还没有得到充分的估价.

和十一月至四月的天气形势相类似，著者们同样也研究了中亚五月至十月的天气形势，时间是在 1935 年到 1944 年这十年中，但是这一回的观测次数就更多了，每日 1 点钟、7 点钟、13 点钟与 19 点钟进行观测. 由于观测的次数较多，所

① 参看[35]第 463 页，图 4.

以就能够对于天气形势各个型的延续及各个型间的转移概率得出比较可靠的结论.著者们对于五月至十月划分出十二种天气类型,并且按照十一月至次年四月的各个型的编号法来进行编号,详见于下:

A.1.里海南方的气旋性爆发.

A.2.捷詹河与穆尔加布河平原的气旋性爆发.

A.3.经由南部塔吉克斯坦(阿姆河上游)的气旋性爆发.

B.5.西北方的寒冷侵袭.

B.6.北方的寒冷侵袭.

B.7.中亚南方的波状活动.

B.8.锡尔河下游的稳定的气旋.

B.9a.反气旋的东南方边缘.

C.9.反气旋的西南方边缘.

C.11.热低压.

D.10.锢囚锋.

D.4.中亚北方的气旋生成.

在此表中数码4现在具有新的意义,而与十一月至次年四月时的数码4有所不同,此外在这个表中还引入了型9a与型11,前者是寒冷的侵袭的直接延续,而后者也是纯夏季的.

我们在这里不引入五月至十月的所有这十二种类型间的转移概率的完备的表,也不引入著者们的上述各论文中所刊载的许多其他的结果,我们只引入一个主要转移概率(大于0.10的转移概率)的表,即表78.4.

表 78.4

初始型	后继型				
	5	6	9	10	11
5	0.29	—	0.37	—	—
6	—	0.11	0.35	—	0.18
9	0.15	0.13	—	0.30	0.19
10	0.26	—	0.21	0.27	—
11	0.18	0.27	—	0.43	—

这个表代替了著者们的相应的概型,借此即可定出中亚夏季天气的最可能的演变进程.这个表告诉我们:“若从夏季最常见的型11开始,则随之而来的便是型10,型5与型6的寒冷侵袭.后者直接地转变到型9(或者像型10那样,经过型5再转变到型9),然后又发展成型11,于是这个环路就再一次重新开始.如果热低压未能发展到照例的寒冷的侵袭,那么这个环路直接从型9开始.”

在这里我们讲述了地球物理学问题中马尔柯夫链的应用的某些结果.它们

发展得还不够完善，但是显然它们大大推进了一般大气环流的性质的研究，以及所谓的动力气候学的形成和天气预测的方法的发展.

79. 非均匀的马尔柯夫链 截至目前，我们所考察的只是均匀的马尔柯夫链. 我们试来考察非均匀的马尔柯夫链作为本书最后的结束；我们在此只限于考察简单的链并且只限于讲述可以利用矩阵方法得出的一些结果.

1. 和均匀的链的情形一样，我们仍来考察一个体系 S，它具有有穷个互不相容而唯一可能的状态

$$A_1, A_2, \cdots, A_n$$

它们在初始时刻 T_0 的概率分别等于

$$p_{01}, p_{02}, \cdots, p_{0n}$$

而从时刻 T_h 转移到时刻 $T_{h+1}(h=0,1,2,\cdots)$ 的转移概率则由以下矩阵给出

$$\boldsymbol{P}_{h+1}=\begin{pmatrix} p_{11}^{h+1} & p_{12}^{h+1} & \cdots & p_{1n}^{h+1} \\ p_{21}^{h+1} & p_{22}^{h+1} & \cdots & p_{2n}^{h+1} \\ p_{n1}^{h+1} & p_{n2}^{h+1} & \cdots & p_{nn}^{h+1} \end{pmatrix} \tag{79.1}$$

所以体系 S 从时刻 T_h 的状态 A_α 转移到时刻 T_{h+1} 的状态 A_β 的转移概率等于

$$p_{\alpha\beta}^{h+1}$$

并且依赖于 h(它亦可记成 $p_{\alpha\beta}^{h,h+1}$ 的形式).

矩阵 $\boldsymbol{P}_{h+1}$ 给出了体系 S 在时刻 T_h 的一步转移概率. 我们还引入体系 S 在时刻 T_h 的 k 步转移概率，这里我们用

$$p_{\alpha\beta}^{h,h+k} \tag{79.2}$$

来记，或者简记作

$$p_{\alpha\beta}^{h(k)}$$

所以

$$p_{\alpha\beta}^{h+1}=p_{\alpha\beta}^{h,h+1}=p_{\alpha\beta}^{h(1)}$$

对于概率(79.2)我们可以写出以下的明显关系式

$$p_{\alpha\beta}^{h(k)}=\sum_{\gamma} p_{\alpha\gamma}^{h(k+1)} p_{\gamma\beta}^{k-1(1)}=\sum_{\gamma} p_{\alpha\gamma}^{h(1)} p_{\gamma\beta}^{h+1(k-1)} \tag{79.3}$$

除此之外，我们还引入体系 S 在时刻 T_h 的绝对概率，这里我们用 $p_{h|\alpha}$ 来记，它表示当体系 S 在除时刻 T_h 以外的其他时刻的状态皆保持未定时，在时刻 T_h 状态 A_α 的概率. 对于绝对概率我们有关系式

$$p_{h\beta}=\sum_{\alpha} p_{h-1|\alpha} p_{\alpha\beta}^{h-1(1)}=\sum_{\alpha} p_{0\alpha} p_{\alpha\beta}^{0(h)} \tag{79.4}$$

与

$$p_{h+k|\beta}=\sum_{\alpha} p_{h|\alpha} p_{\alpha\beta}^{h(k)} \tag{79.5}$$

显而易见

$$\sum_{\beta} p_{\alpha\beta}^{h(k)}=1,\ \sum_{\alpha} p_{h|\alpha}=1$$

2.现在我们再来考察矩阵 $\boldsymbol{P}_h$. 假定所有矩阵 $\boldsymbol{P}_h(h=1,2,\cdots)$ 皆是正则的. 于是根据 Perron 公式我们可以写

$$p_{\alpha\beta}^{(h)}=p_{\alpha\beta}^{h-1(1)}=p_{\beta}^{h}+\sum_{i=1}^{\mu} Q_{\beta\alpha i}^{h}\lambda_{ih} \tag{79.6}$$

其中

$$p_{\beta}^{h}=\frac{P_{\beta\beta}^{h}(1)}{\sum\limits_{\beta} P_{\beta\beta}^{h}(1)},\ Q_{\beta\alpha i}^{h}=\frac{1}{(m_{ih}-1)!}D_{\lambda}^{m_{ih}-1}\left[\frac{\lambda P_{\beta\alpha}^{h}(\lambda)}{p_{ih}(\lambda)}\right]_{\lambda=\lambda_{ih}}$$

此处 $P_{\beta\alpha}^{h}(\lambda)$ 是行列式

$$|\lambda \boldsymbol{E}-\boldsymbol{P}_h|$$

的对应于元素 $\lambda_{e_{\beta\alpha}}-p_{\beta\alpha}^{h(1)}$ 的子式,并且

$$\lambda_{1h},\lambda_{2h},\cdots,\lambda_{\mu_h h}$$

是方程

$$|\lambda \boldsymbol{E}-\boldsymbol{P}_h|=0$$

的根,而数

$$m_{1h},m_{2h},\cdots,m_{\mu_h h}$$

是这些根的重数. 根据假定,对于所有的 h

$$|\lambda_{ih}|<1,p_{\beta}^{h}\geqslant 0\quad (\beta=\overline{1,n},\text{并且}\sum_{\beta} p_{\beta}^{h}=1)$$

我们可以把等式(79.6)写得简单一些

$$p_{\alpha\beta}^{h-1(1)}=p_{\beta}^{h}+A_{\alpha\beta}^{h} \tag{79.7}$$

其中

$$A_{\alpha\beta}^{h}=\sum_{i=1}^{\mu_h} Q_{\beta\alpha i}^{h}\lambda_{ih}$$

我们指出,根据等式(7.13)与(7.17)我们有

$$\sum_{\beta} A_{\alpha\beta}^{h}=0 \tag{79.8}$$

$$\sum_{\alpha} p_{\alpha}^{h}A_{\alpha\beta}^{h}=0 \tag{79.9}$$

其中 $\beta=\overline{1,n},h=1,2,3,\cdots$.

由概率 $p_{\alpha\beta}^{h-1(1)}$ 的表达式(79.7)及等式(79.3)不难推得如下的关系式

$$p_{\alpha\beta}^{h(k)}=p_{\beta}^{h+k}+\sum_{\gamma} p_{\alpha\gamma}^{h(k-1)}A_{\gamma\beta}^{h+k}$$

同时不难看出我们还有关系式

$$p_{h|\beta}=p_{\beta}^{h}+\sum_{\alpha} p_{h-1|\alpha}A_{\alpha\beta}^{h}$$

其中 $\beta=\overline{1,n},h=1,2,3,\cdots$.

3.关于能从以上引入的诸关系式推得的许多结论以及在矩阵 $\boldsymbol{P}_h$ 不全是正则的情形下的研究,我们都略而不谈,现在要来考察的是:在包含有时刻

$$T_h, T_{h+1}, \cdots, T_{h+k-1}$$

的这一段时间之内,体系 S 的状态 A_α 的频数 m_α 的分布的特征函数.这些频数 m_α 显而易见乃是依赖于 h 与 k 的随机变量,因此我们可以把它们写成 $m_\alpha(h,k)$.

容易看出,如果我们用

$$\varphi_{k(h)}(t_1, t_2, \cdots, t_n)$$

来表示这些频数的分布的特征函数,则它们可以写成如下的形式

$$\varphi_{k(h)}(t_1, t_2, \cdots, t_n) = \sum_k q_\alpha^h q_{\alpha\alpha_1}^{h+1} q_{\alpha_1\alpha_2}^{h+2} \cdots q_{\alpha_{k-2}\alpha_{k-1}}^{h+k-1} \tag{79.10}$$

其中

$$q_\alpha^h = p_{h|\alpha} e^{it_\alpha}, q_{\alpha\alpha_1}^{h+1} = p_{\alpha\alpha_1}^{h(1)} e^{it_{\alpha_1}}, \cdots, q_{\alpha_{k-2}\alpha_{k-1}}^{h+k-1} = p_{\alpha_{k-2}\alpha_{k-1}}^{h+k-1(1)} e^{it_{\alpha_2}}$$

并且和数符号 $\sum\limits_k$ 表示求和时应令 $\alpha, \alpha_1, \cdots, \alpha_{k-1}$ 彼此独立地取遍 $1,2,\cdots,n$ 各值.

和我们在条目 38 中对于链 C_n 的特征函数所求得的形式相似,特征函数 $\varphi_{k(h)}$ 还可以表示成以下形式

$$\varphi_{k(h)} = (\boldsymbol{Q}_h^0 \boldsymbol{Q}_{h+1} \boldsymbol{Q}_{h+2} \cdots \boldsymbol{Q}_{h+k-1}) \tag{79.11}$$

此处

$$\boldsymbol{Q}_h^0 = (q_1^h, q_2^h, \cdots, q_n^h)$$
$$\boldsymbol{Q}_{h+1} = \mathrm{Mt}(q_{\alpha\beta}^{h+1})$$
$$\boldsymbol{Q}_{h+2} = \mathrm{Mt}(q_{\alpha\beta}^{h+2})$$
$$\vdots$$

并且我们用

$$(\boldsymbol{Q}_h^0 \boldsymbol{Q}_{h+1} \boldsymbol{Q}_{h+2} \cdots \boldsymbol{Q}_{h+k-1})$$

表示单行矩阵

$$\boldsymbol{Q}_h^0 \boldsymbol{Q}_{h+1} \boldsymbol{Q}_{h+2} \cdots \boldsymbol{Q}_{h+k-1}$$

的项的和数.

同时也不难证明,特征函数 $\varphi_{k(h)}$ 满足某一确定的(关于 k 的)n 阶差分方程.实际上,若为了简便起见,令

$$R_{k(h)} = q_\alpha^h q_{\alpha\alpha_1}^{h+1} \cdots q_{\alpha_{k-2}\alpha_{k-1}}^{h+k-1}$$

并引入辅助函数

$$\varphi_{k(h)}^{\alpha_{k-1}} = \sum_{k-1} R_{k-1} q_{\alpha_{k-2}\alpha_{k-1}}$$

则我们立刻可得出

$$\varphi_{k(h)}=\sum_{\alpha_{k-1}}\varphi_{k(h)}^{\alpha_{k-1}}$$

并且易知所引入的辅助函数满足如下的差分方程组

$$\varphi_{k+1(h)}^{\alpha_k}=\sum_{\alpha_{k-1}}q_{\alpha_{k-1}\alpha_k}\varphi_{k(h)}^{\alpha_{k-1}}$$

由此推知，$\varphi_{k(h)}$ 满足差分方程

$$|\,\boldsymbol{E}\varphi-\mathrm{Mt}(q_{\alpha\beta}^{h+k})\,|\,\varphi^k=0 \tag{79.12}$$

或

$$|\,\boldsymbol{E}\varphi-\boldsymbol{Q}_{h+k}\,|\,\varphi^k=0$$

4. 现在我们来求频数 $m_\alpha(h,k)$ 的一阶原点矩、标准离差与协方差，设分别以 $m_{\alpha(hk)}^0$，$\mu_{\alpha\alpha(hk)}$ 与 $\mu_{\alpha\beta(hk)}$ 表示.

我们有

$$m_{\alpha(hk)}^0=-\mathrm{i}\left(\frac{\partial\varphi_{k(h)}}{\partial t_\alpha}\right)_0$$

根据等式(79.10)，可知

$$\begin{aligned}\frac{\partial\varphi_{k(h)}}{\partial t_\alpha}&=\sum_k\sum_{g=0}^{k-1}q_\alpha^h q_{\alpha\alpha_1}^{h+1}\cdots\frac{\partial q_{\alpha_{g-1}\alpha_g}^{h+g}}{\partial t_\alpha}\cdots q_{\alpha_{k-2}\alpha_{k-1}}\\&=\mathrm{i}\sum_{(\alpha_g)}{}_k\sum_g q_\alpha^h q_{\alpha\alpha_1}^{h+1}\cdots q_{\alpha_{g-1}\alpha}^{h+g}q_{\alpha\alpha_{g+1}}^{h+g+1}\cdots q_{\alpha_{k-2}\alpha_{k-1}}\end{aligned}$$

其中和数符号 $\sum_{(\alpha_g)}{}_k$ 的意义略同于 $\sum_k$，只是不对下标 α_g 求和. 因此，当

$$t_1=\cdots=t_k=0$$

时我们有

$$\begin{aligned}\left(\frac{\partial\varphi_{k(h)}}{\partial t_\alpha}\right)_0&=\mathrm{i}\sum_{(\alpha_g)}{}_k\sum_g p_{h|\alpha}p_{\alpha\alpha_1}\cdots p_{\alpha_{g-1}\alpha}p_{\alpha\alpha_{g+1}}\cdots p_{\alpha_{k-2}\alpha_{k-1}}\\&=\mathrm{i}\sum_{g=0}^{k-1}p_{h+g|\alpha}\end{aligned}$$

这样一来我们即得

$$m_{\alpha(hk)}^0=\sum_{g=0}^{k-1}p_{h+g|\alpha} \tag{79.13}$$

为要寻求标准离差与协方差，我们还需算出

$$m_{\alpha(hk)}^2 \text{ 与 } m_{\alpha(hk)}m_{\beta(hk)}$$

的数学期望. 我们试根据等式

$$Em_{\alpha(hk)}^2=-\left(\frac{\partial^2\varphi_{k(h)}}{\partial t_\alpha^2}\right)_0,\ Em_{\alpha(hk)}m_{\beta(hk)}=-\left(\frac{\partial^2\varphi_{k(h)}}{\partial t_\alpha\partial t_\beta}\right)_0$$

来进行计算. 按照等式(79.10)计算这些微商，最后即不难得出

$$Em_{\alpha(hk)}^2=\sum_{g=0}^{k-1}p_{h+g|\alpha}+2\sum_{g=0}^{k-2}\sum_{f=g+1}^{k-1}p_{h+g|\alpha}p_{\alpha\alpha}^{h+g(f-g)}$$

$$Em_{\alpha(hk)}m_{\beta(hk)}=\sum_{g=0}^{h-2}\sum_{f=g+1}^{k-1}\left[p_{h+g|\alpha}p_{\alpha\beta}^{h+g(f-g)}+p_{h+g|\beta}p_{\beta\alpha}^{h+g(f-g)}\right]$$

根据等式

$$\mu_{\alpha\alpha(hk)}=Em_{\alpha(hk)}^{2}-E^{2}m_{\alpha(hk)}$$

$$\mu_{\alpha\beta(hk)}=Em_{\alpha(hk)}m_{\beta(hk)}-Em_{\alpha(hk)}Em_{\beta(hk)}$$

可求出我们所考察的分布的标准离差与协方差如下

$$\mu_{\alpha\alpha(hk)}=\sum_{g=0}^{k-1}p_{h+g|\alpha}(1-p_{h+g|\alpha})+\cdots+ 2\sum_{g=0}^{k-2}\sum_{f=g+1}^{k-1}p_{h+g|\alpha}(p_{\alpha\alpha}^{h+g(f-h)}-p_{h+f\alpha}) \tag{79.14}$$

$$\mu_{\alpha\beta(hk)}=-\sum_{g=0}^{k-1}p_{h+g|\alpha}p_{h+g|\beta}+\sum_{g=0}^{h-2}\sum_{f=g+1}^{k-1}[p_{h+g|\alpha}(p_{\alpha\beta}^{h+g(f-g)}- p_{h+f|\beta})+p_{h+g|\beta}(p_{\beta\alpha}^{h+g(f-g)}-p_{h+f|\alpha})] \tag{79.15}$$

5. 最后我们来研究当h固定，而$k\to+\infty$时频数$m_{\alpha(hk)}$（$\alpha=\overline{1,k-1}$）的极限分布的问题，此时我们假定当$k\to+\infty$时标准离差$\mu_{\alpha\alpha(hk)}$是正的，并且无限上升，同时相关系数

$$r_{\alpha\beta(hk)}=\frac{\mu_{\alpha\beta(hk)}}{\sqrt{\mu_{\alpha\alpha(hk)}\mu_{\beta\beta(hk)}}}$$

有确定的极限，这个极限一般来说是依赖于h的. 因此，若以$r_{\alpha\beta(h)}$表示这些极限相关系数，则可写为

$$\lim_{k\to+\infty}r_{\alpha\beta(hk)}=r_{\alpha\beta(h)}$$

显而易见，欲使此等式成立，必须而且只需，当$k\to+\infty$时协方差$\mu_{\alpha\beta(hk)}$保持固定符号（至少从某个k开始），并且其绝对值随同标准离差$\mu_{\alpha\alpha(hk)}$一起无限上升. 因此，在我们的条件中我们还要加入以下的条件，即当$k\to+\infty$时

$$|\mu_{\alpha\beta(hk)}|\to+\infty$$

并且诸协方差恒各保持一个固定的符号或是由某一个k起各保持一个固定的符号.

我们试来证明，在这些假定之下，诸变量

$$x_{\alpha(hk)}=\frac{m_{\alpha(hk)}-m_{\alpha(hk)}^{0}}{\sqrt{\mu_{\alpha\alpha(hk)}}}$$

的极限联合分布是典型$n-1$维正态分布，具有相关系数$r_{\alpha\beta(h)}$.

为此我们来考察变量$x_{\alpha(hk)}$的分布的特征函数，设以$\psi_{k(h)}$表示此特征函数，则它应由下列等式来确定

$$\psi_{k(h)}=Ee^{i\sum t_{\alpha}x_{\alpha(hk)}}$$

在这个等式中代入$x_{\alpha(hk)}$的值，便得

$$\psi_{k(h)}=\mathrm{e}^{-\mathrm{i}\sum m^0_{\alpha(hk)}\theta_\alpha}\varphi_{k(h)}(\theta_1,\theta_2,\cdots,\theta_{n-1})$$

其中

$$\theta_\alpha=\frac{t_\alpha}{\sqrt{\mu_{\alpha\alpha(hk)}}}$$

而 $\varphi_{k(h)}$ 是上述的频数 $m_{\alpha(hk)}$ 的特征函数.

现在我们注意,对于所有的有穷的 h 与 k,$\psi_{k(h)}$ 乃是 $t_1,t_2,\cdots,t_{n-1}$ 在任何有穷区域内的连续函数.我们试在某一个包含着点 $\theta_1=\theta_2=\cdots=\theta_{n-1}=0$ 的区域 D 中考察 $\psi_{k(h)}$.显而易见,$\psi_{k(h)}$ 在区域 D 中具有对于 $t_1,t_2,\cdots,t_{n-1}$ 的任何级的连续微商.

把函数 $\psi_{k(h)}$ 的对数展成诸 t_α 的幂级数如下

$$\log\psi_{k(h)}=-\frac{1}{2}\sum_{\alpha,\beta}t_\alpha t_\beta\left[\frac{\partial^2\psi_{k(h)}}{\partial t_\alpha\partial t_\beta}\right]_\theta \tag{79.16}$$

其中方括号右下角的 θ 表示在微分后所得到的微商中应将

$$t_1,t_2,\cdots,t_{n-1}$$

换为

$$\theta t_1,\theta t_2,\cdots,\theta t_{n-1}$$

此处 $0<\theta<1$.但是

$$\frac{\partial^2\psi_{k(h)}}{\partial t_\alpha\partial t_\beta}=\frac{1}{\sqrt{\mu_{\alpha\alpha(hk)}\mu_{\beta\beta(hk)}}}\cdot\frac{\partial^2\psi_{k(h)}}{\partial\theta_\alpha\partial\theta_\beta}$$

$$=\frac{1}{\sqrt{\mu_{\alpha\alpha(hk)}\mu_{\beta\beta(hk)}}}\frac{\varphi_{k(h)}\dfrac{\partial^2\varphi_{k(h)}}{\partial\theta_\alpha\partial\theta_\beta}-\dfrac{\partial\varphi_{k(h)}}{\partial\theta_\alpha}\dfrac{\partial\varphi_{k(h)}}{\partial\theta_\beta}}{\varphi^2_{k(h)}} \tag{79.17}$$

如果在这个表达式中作上述的变量更换然后再令 k 无限增加,则我们立即可以看出,对于变量 t_α 的任何有穷的值,变量 θ_α 恒趋于零,因此我们有

$$\lim\left[\frac{\partial^2\psi_{k(h)}}{\partial t_\alpha\partial t_\beta}\right]=r_{\alpha\beta(h)}\quad(r_{\alpha\alpha(h)}=1)$$

由此立得

$$\lim_{k\to+\infty}\log\psi_{k(h)}=-\frac{1}{2}\sum_{\alpha,\beta}r_{\alpha\beta(h)}t_\alpha t_\beta$$

这个结果就证明了以上关于变量 $x_{\alpha(hk)}$ 所作的断言的正确性.

这样一来,欲使变量 $x_{\alpha(hk)}$ 的分布趋于典型 $n-1$ 维正态分布,其充分条件是:当 h 固定而 $k\to+\infty$ 时,$\mu_{\alpha\alpha(hk)}$ 与 $\mu_{\alpha\beta(hk)}$ 无限上升,并且相关系数

$$r_{\alpha\beta(hk)}=\frac{\mu_{\alpha\beta(hk)}}{\sqrt{\mu_{\alpha\alpha(hk)}\mu_{\beta\beta(hk)}}}$$

有确定的极限 $r_{\alpha\beta(h)}$.

这个条件也是必要的,这不难由等式(79.16)与(79.17)立即看出.

我们已得到了较之对于均匀的链的相应的极限定理更为一般的结果.显而易见,均匀的链作为非均匀的链的特殊情形当然也应该有这个结果;如果问为什么我们在条目 43 中没有得到这个结果呢?那么这也无非是由于我们在那里证明极限定理时所依据的乃是条目 42 中一个更一般的定理,而这个更一般的定理仅是包含了充分条件.除此之外,在条目 43 中我们曾经指出链 C_n 的那些情况能够使充分条件得以成立,而由于我们在这里又得到了新的结果的缘故,于是就又产生了如下的新的悬而未决的问题:什么时候 $\mu_{\alpha\alpha(hk)}$ 和 $\mu_{\alpha\beta(hk)}$ 与 k 一起无限上升,并且于 k 无限上升时相关系数 $r_{\alpha\beta(hk)}$ 具有确定的极限 $r_{\alpha\beta(h)}$? 什么时候这些极限相关系数 $r_{\alpha\beta(h)}$ 不依赖于 h? 这也是尚未解决的问题.

译者附注

第一章的附注

1. 可参考 Ф. Р. Гантмахер 所著《矩阵论》中的第十三章，此书已由柯召译出，于 1955 年由高等教育出版社出版.

2. 由所有的 $P_{\alpha\beta}(1)\neq 0$ 且具有相同的符号，只能推知所有的 $P_{\alpha\beta}(1)>0$，但对于 $\lambda>1$，$\alpha\neq\beta$，是否仍有 $P_{\alpha\beta}(\lambda)>0$ 就不能由此直接看出了. 此事可补证如下.

首先，我们考虑以下形式的行列式

$$B(\lambda)=(-1)\begin{vmatrix} -b_{11} & -b_{12} & -b_{13} & \cdots & -b_{1m} \\ -b_{21} & \lambda-b_{22} & -b_{23} & \cdots & -b_{2m} \\ -b_{31} & -b_{32} & \lambda-b_{33} & \cdots & -b_{3m} \\ \vdots & \vdots & \vdots & & \vdots \\ -b_{m1} & -b_{m2} & -b_{m3} & \cdots & \lambda-b_{mm} \end{vmatrix} \quad (1)$$

其中 $b_{ij}>0$，而且 $\sum_{j=1}^{m} b_{ij}<1$. 易见 $B(\lambda)$ 乃是正随机矩阵

$$\mathfrak{B}=\begin{pmatrix}\frac{1}{m+1} & \frac{1}{m+1} & \frac{1}{m+1} & \frac{1}{m+1} & \cdots & \frac{1}{m+1}\\ b_{11} & 1-\sum_{j=1}^{m}b_{1j} & b_{12} & b_{13} & \cdots & b_{1m}\\ b_{21} & 1-\sum_{j=1}^{m}b_{2j} & b_{22} & b_{23} & \cdots & b_{2m}\\ b_{31} & 1-\sum_{j=1}^{m}b_{3j} & b_{32} & b_{33} & \cdots & b_{3m}\\ \vdots & \vdots & \vdots & \vdots & & \vdots\\ b_{m1} & 1-\sum_{i=1}^{m}b_{mj} & b_{m2} & b_{m3} & \cdots & b_{mm}\end{pmatrix}$$

的特征行列式 $\mathfrak{B}(\lambda)$ 的子式 $\mathfrak{B}_{12}(\lambda)$，因而 $B(1)=\mathfrak{B}_{12}(1)>0$.

现在我们注意，如果把 $P_{\alpha\beta(\lambda)}$ 中不含 λ 的行与列迁至第一行与第一列，则 $P_{\alpha\beta}(\lambda)$ 即呈(1) 型；由此易见，$P_{\alpha\beta}^{(k)}(\lambda)(k=\overline{1,n-1})$ 是一些和数，这些和数中的项皆呈(1) 型，所以

$$P_{\alpha\beta}^{(k)}(1)>0\quad(k=\overline{1,n-1})$$

最后，利用泰勒公式即可推知，当 $\lambda>1$ 时

$$P_{\alpha\beta}(\lambda)=P_{\alpha\beta}(1)+\frac{(\lambda-1)}{1!}P'_{\alpha\beta}(1)+\frac{(\lambda-1)^2}{2!}P''_{\alpha\beta}(1)+\cdots+\frac{(\lambda-1)^{n-1}}{(n-1)!}P_{\alpha\beta}^{(n-1)}(1)>0$$

3. 此定理可证明如下. 设 λ_1 是 $\mathbf{A}$ 的根，则存在特征向量 $\begin{pmatrix}k_1\\k_2\\\vdots\\k_n\end{pmatrix}$ 使

$$(\lambda_1\mathbf{E}-\mathbf{A})\begin{pmatrix}k_1\\k_2\\\vdots\\k_n\end{pmatrix}=0$$

设 $|k_\alpha|=\max\limits_{1\leqslant\beta\leqslant n}|k_\beta|$，则由

$$k_l(-a_{\alpha1})+k_2(-a_{\alpha2})+\cdots+k_\alpha(\lambda_1-a_{\alpha\alpha})+\cdots+k_na_{\alpha n}=0$$

立即推出

$$|\lambda_1-a_{\alpha\alpha}|=\left|\sum_{\beta\neq\alpha}\frac{k_\beta}{k_\alpha}(-a_{\alpha\beta})\right|\leqslant\sum_{\beta\neq\alpha}|a_{\alpha\beta}|$$

4. 对于 $\lambda_i \neq 0$,(6.10) 中的 $Q_{\beta\alpha i}(k)$ 可以用(6.11) 来定义;但对于 $\lambda_i = 0$, $Q_{\beta\alpha i}(k)$ 的定义就必须另外给出了. 实际上, 如果 $\lambda_i = 0$, 则当 $k \geqslant m_i$ 时 $\frac{1}{(m_i-1)!}D_\lambda^{m_i-1}\left[\frac{\lambda^k P_{\beta\alpha}(\lambda)}{p_i(\lambda)}\right]_{\lambda=\lambda_i}$ 显然等于 0,于是(6.10) 中的 $Q_{\beta\alpha i}(k)$ 等于什么都可以,为了下文中的便利,我们就定义 $Q_{\beta\alpha i}(k) \equiv 0$;我们指出,当 $k < m_i$ 时,$\frac{1}{(m_i-1)!}D_\lambda^{m_i-1}\left[\frac{\lambda^k P_{\beta\alpha}(\lambda)}{p_i(\lambda)}\right]_{\lambda=\lambda_i}$ 可能不等于 0,例如令

$$\boldsymbol{P} = \begin{pmatrix} \frac{1}{4} & \frac{1}{4} & \frac{1}{2} \\ \frac{1}{4} & \frac{1}{4} & \frac{1}{2} \\ \frac{1}{8} & \frac{3}{8} & \frac{1}{2} \end{pmatrix}$$

则 $\lambda_0 = 0$ 是其二重根,不难验算

$$D_\lambda\left[\frac{\lambda P_{11}(\lambda)}{\lambda - 1}\right]_{\lambda=0} = \frac{1}{16} \neq 0$$

因此一般而言,当 $k < m_i$ 时,$Q_{\beta\alpha i}(k)$ 无定义.

5. 对于 $\lambda_i = 0$,当 $k \geqslant m_i$ 时,$Q_{\beta\alpha i}(k)$ 等于 0(参阅译者附注 4),故

$$\sum_\beta Q_{\beta\alpha i}(k) = 0$$

现在假定对于某些 i 的值,$\sum_\beta Q_{\beta\alpha i}(k) \neq 0$;不妨碍一般性,可以假定

$$\sum_\beta Q_{\beta\alpha i}(k) \neq 0 \quad (i = \overline{1,s})$$

而

$$\sum_\beta Q_{\beta\alpha i}(k) = 0 \quad (i > s)$$

此时我们有

$$\sum_{i=1}^{s} \lambda_i^k \sum_\beta Q_{\beta\alpha i}(k) = 0 \quad (k = 1, 2, \cdots) \tag{1}$$

不妨碍一般性,可以假定其中

$$|\lambda_1| = |\lambda_2| = \cdots = |\lambda_t| > |\lambda_{t+1}| \geqslant |\lambda_{t+2}| \geqslant \cdots \geqslant |\lambda_s|$$

并且假定 $\sum_\beta Q_{\beta\alpha i}(k)(i = \overline{1,u}, u \leqslant t)$ 皆是 k 的 N 次多项式

$$\sum_\beta Q_{\beta\alpha i}(k) = a_i k^N + \cdots \quad (a_i \neq 0)$$

而 $\sum_\beta Q_{\beta\alpha i}(k)(i = \overline{u+1,t})$ 皆是 k 的低于 N 次的多项式.

此时用 $\lambda_1 k^N$ 来除式(1),即得

$$\sum_{i=1}^{u} a_i e_i^k = \varepsilon_k$$

其中 $e_i=\dfrac{\lambda_i}{\lambda_1}$,故 $|e_i|=1$,而 $\lim\limits_{k\to+\infty}\varepsilon_k=0$. 因此当 $k\to+\infty$ 时,我们有

$$(a_1e_1^k,a_2e_2^k,\cdots,a_ue_u^k)\begin{pmatrix}1 & e_1 & e_1^2 & \cdots & e_1^{u-1}\\ 1 & e_2 & e_2^2 & \cdots & e_2^{u-1}\\ 1 & e_3 & e_3^2 & \cdots & e_3^{u-1}\\ \vdots & \vdots & \vdots & & \vdots\\ 1 & e_u & e_u^2 & \cdots & e_u^{u-1}\end{pmatrix}\to(0,0,\cdots,0)$$

如果把 $\{(a_1e_1^k,a_2e_2^k,\cdots,a_ue_u^k)\mid k=1,2,\cdots\}$ 考虑为 u 维复空间中一个球面上的无穷点集,则根据 Bolzano-Weierstrass 定理,这个无穷点集在这个球面上有一极限点 $(A_1,A_2,\cdots,A_u)$,对于它,我们应有

$$(A_1,A_2,\cdots,A_u)\begin{pmatrix}1 & e_1 & e_1^2 & \cdots & e_1^{u-1}\\ 1 & e_2 & e_2^2 & \cdots & e_2^{u-1}\\ 1 & e_3 & e_3^2 & \cdots & e_3^{u-1}\\ \vdots & \vdots & \vdots & & \vdots\\ 1 & e_u & e_u^2 & \cdots & e_u^{u-1}\end{pmatrix}=(0,0,\cdots,0) \tag{2}$$

但式(2) 中的方阵系 Vandermonde 方阵,由于 e_i 各不相等(因 λ_i 各不相等),它应该是满秩的,此与式(2) 结果相矛盾. 这个矛盾就表明我们当初假定对于某些 i 值,$\sum\limits_{\beta}Q_{\beta\alpha i}(k)\neq 0$ 是错误的.

6. 当 $\lambda_i\neq 0$ 时,$D_\lambda^{m_i-s}\left(\dfrac{\lambda^k}{p_i(\lambda)}\right)_{\lambda=\lambda_i}$ $(s=\overline{1,m_i})$ 是 k 的 m_i-s 次多项式. 这 m_i 个多项式构成线性无关的函数组,由此立得(7.14). 当 $\lambda_i=0$ 时,取 $k=m_i-1$,即得

$$\frac{k!}{p_i(0)}\sum_{\beta}P_{\beta\alpha}(0)=0$$

亦即

$$\sum_{\beta}P_{\beta\alpha}(0)=0$$

仿此,逐次取 $k=m_i-2,m_i-3,\cdots,0$,即可完全推出(7.14).

7. 关于主要状态的分组法,如不考虑组的排列顺序,则显然是唯一的. 关于次要状态的分组法,如不考虑组的排列顺序,并且在 m 极大的条件下,也是唯一的. 为要说明这一点,我们首先指出,当 m 极大时,任何一个次要状态组 B_{k+i} 中的各个状态都是相通的(就是说对于其中任何两个状态 A_α,A_β,存在有 k 与 l,使得 $p_{\alpha\beta}^{(k)}>0$,并且 $p_{\beta\alpha}^{(l)}>0$;也就是说其中任何两个状态都可以互相转移);因为假若其中存在有状态 A_α,A_β,使得 A_α 不可能转移到 A_β,则我们可以从 B_{k+i} 中取出 A_α 及 A_α 可能转移到的各个状态,构成一个新的组 B'_{k+i},并把 B_{k+i} 中余下

的各个状态构成另一个组 B''_{k+i}，这时我们即得以下的分组法

$$B_{k+1}, B_{k+2}, \cdots, B_{k+i-1}, B'_{k+i}, B''_{k+i}, B_{k+i+1}, \cdots, B_{k+m}$$

这就和 m 极大的条件相悖了. 现在假定用另外的方法将次要状态分成 m 组

$$B'_{k+1}, B'_{k+2}, \cdots, B'_{k+m}$$

设 B_{k+i} 与 B'_{k+j} 有公共状态 A_α，则 $B_{k+i} \subset B'_{k+j}$，因为假定 B_{k+i} 中有状态

$$A_\beta \in B'_{k+j'} \neq B'_{k+j}$$

那么 A_α 与 A_β 就是不相通的了；同理，$B'_{k+j} \subset B_{k+i}$；故 $B_{k+i} = B'_{k+j}$. 由此显见，两种分组法若不考虑组的排列顺序则完全是一样的. 最后，我们注意，若不加 m 极大这一条件，则次要状态的分组法显然不是唯一的，例如我们可以任意取定一个分组法，然后随意归并其相邻的组，就得出了一个组数较少的分组法.

8. 在 $M(\alpha)$ 中确实可以取到这样两个数. 我们在 $M(\alpha)$ 中任取一数 p，则可写

$$p = p' d_\alpha, p' = p_1^{r_1} p_2^{r_2} p_3^{r_3} \cdots p_n^{r_n}$$

其中 $p_i (i = \overline{1,n})$ 是不同的质数. 因 d_α 是 $M(\alpha)$ 中的最高公因子，故可在 $M(\alpha)$ 中找到 $q_i = q'_i d_\alpha, i = \overline{1,n}$，使得 q'_i 不能被 p_i 整除. 于是

$$q = \sum_{i=1}^{n} q_i \prod_{j \neq i} p_j = \left[\sum_{i=1}^{n} q'_i \prod_{j \neq i} p_j \right] d_\alpha = q' d_\alpha \in M(\alpha)$$

而 p' 与 q' 互质.

第三章的附注

1. 因存在 $P_{\alpha\alpha}(\lambda_1) \neq 0$，故 $P(\lambda_1)$ 的秩数为 $n-1$. 由此推知，方程 (21.4) 不能有两个线性无关解.

2. 一般而言，如果有一个以上的组能够转移到组 B_g 来，或是从组 B_g 能够转移到一个以上的组去，我们就称组 B_g 为临界组(分歧组).

3. 可参看 Некрасов 的《普通化学中册(商务)》的第 241 ～ 242 页.

第四章的附注

1. 注意，这里的 $P^\alpha_{m_1 m_2 \cdots m_{n-1} | k}$ 不是条件概率. 确切地说，如果以 E_1 表示"体系 S 于时刻 T_{k-1} 处于状态 A_α"这个事件，并以 E_2 表示"在时间 τ_k 内实现频数组 $m_1, m_2, \cdots, m_{n-1}$"这个事件，则

$$P^\alpha_{m_1 m_2 \cdots m_{n-1} | k} = P(E_1 \cap E_2)$$

在下文中还有类似的情形，不再一一指出.

2. 差方方程(36.10)可照下面这样来导出. 为了简便，令

$$\Phi_k=(\varphi_k^1,\varphi_k^2,\cdots,\varphi_k^n)$$

并令 a_i 表示 $|\boldsymbol{P}^*|$ 的各个 i 级主子式的和. 于是根据(36.4)可写

$$\Phi_k=\Phi_{k-1}\boldsymbol{P}^*=\Phi_{k-2}\boldsymbol{P}^{*^2}=\cdots=\Phi_1\boldsymbol{P}^{*^{k-1}}$$

另外，根据 Cayley 定理，我们有

$$\boldsymbol{P}^{*^n}+(-1)a_1\boldsymbol{P}^{*^{n-1}}+\cdots+(-1)^n a_n\boldsymbol{E}=0$$

以 $\Phi_1\boldsymbol{P}^{*^{k-1}}$ 左乘这个等式，立得

$$\Phi_{n+k}+(-1)a_1\Phi_{n+k-1}+\cdots+(-1)^n a_n\Phi_k=0$$

把这个矩阵的等式拆成元素间的等式就得到了(36.10).

因此，对于 $k=1,2,\cdots$，特征函数 φ_k 或 φ_k^α 皆满足(36.10). 我们在此指出，若链 C_n 具有性质：$p_{0\alpha}=p_\alpha,\alpha=\overline{1,n}$，则我们为了下文中的便利，可令 $\varphi_0^\alpha=p_{0\alpha}$，$\varphi_0=1$，此时由于仍有

$$\Phi_1=\Phi_0\boldsymbol{P}^*$$

$$\varphi_0=\sum_\alpha\varphi_0^\alpha$$

故 $\varphi_0^\alpha,\varphi_0$ 仍能满足(36.10). 但需注意，若链 C_n 不具有性质：$p_{0\alpha}=p_\alpha,\alpha=\overline{1,n}$，则一般来说，这里的 $\varphi_0^\alpha,\varphi_0$ 不能满足(36.10).

3. 实际上，行列式 Δ 与 Vandermonde 行列式甚相类似，其值表示如下式

$$\Delta=\begin{vmatrix}
1 & 0 & 0 & \cdots & 0 & 1 & 0 & 0 & \cdots & 0 & 1 & \cdots & 0\\
\lambda_0 & \lambda_0 & \lambda_0 & \cdots & \lambda_0 & \lambda_1 & \lambda_1 & \lambda_1 & \cdots & \lambda_1 & \lambda_2 & \cdots & \lambda_\mu\\
\lambda_0^2 & 2\lambda_0^2 & 2^2\lambda_0^2 & \cdots & 2^{m_0-1}\lambda_0^2 & \lambda_1^2 & 2\lambda_1^2 & 2^2\lambda_1^2 & \cdots & 2^{m_1-1}\lambda_1^2 & \lambda_2^2 & \cdots & 2^{m_\mu-1}\lambda_\mu^2\\
\lambda_0^3 & 3\lambda_0^3 & 3^2\lambda_0^3 & \cdots & 3^{m_0-1}\lambda_0^3 & \lambda_1^3 & 3\lambda_1^3 & 3^2\lambda_1^3 & \cdots & 3^{m_1-1}\lambda_1^3 & \lambda_2^3 & \cdots & 3^{m_\mu-1}\lambda_\mu^3\\
\vdots & \vdots & \vdots & & \vdots & \vdots & \vdots & \vdots & & \vdots & \vdots & & \vdots\\
\lambda_0^{n-1} & (n-1)\lambda_0^{n-1} & (n-1)^2\lambda_0^{n-1} & \cdots & (n-1)^{m_0-1}\lambda_0^{n-1} & \lambda_1^{n-1} & (n-1)\lambda_1^{n-1} & (n-1)^2\lambda_1^{n-1} & \cdots & (n-1)^{m_1-1}\lambda_1^{n-1} & \lambda^{n-1} & \cdots & (n-1)^{m_\mu-1}\lambda_\mu^{n-1}
\end{vmatrix}$$

$$=C\prod_{0\leqslant i<j\leqslant\mu}\lambda_i^{\frac{m_i(m_i-1)}{2}}(\lambda_i-\lambda_j)^{m_im_j}$$

其中 C 是与 $\lambda_0,\lambda_1,\cdots,\lambda_\mu$ 无关的非零常量. 因为在上文中已假定了差分方程(36.10)是 n 级的，故 $\lambda_0,\cdots,\lambda_\mu$ 皆不等于零，再注意到 $\lambda_0,\cdots,\lambda_\mu$ 是彼此不同的

特征值，那么由上式立即看出 $\Delta \neq 0$.

4. 倘若注意到矩阵 $\boldsymbol{P}$ 与矩阵 $\boldsymbol{Q}$ 的关系，则由(7.14)立即推知，当 $t_1=t_2=\cdots=t_n=0$ 时

$$\sum_{\beta} Q_{\beta\alpha}(\lambda_i)=\sum_{\beta} D_\lambda Q_{\beta\alpha}(\lambda_i)=\cdots=\sum_{\beta} D_\lambda^{m_i-1}(\lambda_i)=0$$

$$(i=\overline{1,\mu})$$

假如把行列式 $P(\lambda)$ 中除第 α 列以外的各列都加到第 α 列上去，然后再按第 α 列而展开，即得

$$P(\lambda)=(\lambda-1)\sum_{\beta} P_{\beta\alpha}(\lambda)$$

因而

$$P^{(k)}(\lambda)=(\lambda-1)\sum_{\beta} D^k P_{\beta\alpha}(\lambda)+k\sum_{\beta} D^{k-1} P_{\beta\alpha}(\lambda)$$

由此可见

$$\sum_{\beta} P_{\beta\alpha}(1)=\sum_{\beta} D_\lambda P_{\beta\alpha}(1)=\cdots=\sum_{\beta} D_\lambda^{m_0-2} P_{\beta\alpha}(1)=0$$

$$\left(\sum_{\beta} D_\lambda^{m_0-1} P_{\beta\alpha}(1)\neq 0\right)$$

这也就是说，当 $t_1=t_2=\cdots=t_n=0$ 时

$$\sum_{\beta} Q_{\beta\alpha}(\lambda_0)=\sum_{\beta} D_\lambda Q_{\beta\alpha}(\lambda_0)=\cdots=\sum_{\beta} D_\lambda^{m_0-2} Q_{\beta\alpha}(\lambda_0)=0$$

$$\left(\sum_{\beta} D_\lambda^{m_0-1} Q_{\beta\alpha}(\lambda_0)\neq 0\right)$$

5. 因为 $p_\alpha, S_{\alpha\beta}$ 的值皆不依赖于初始概率 $p_{0\alpha}$，故可取 $p_{0\alpha}=p_\alpha$；于是链 C_n 就成为平稳链，由此可知

$$\sum_{\alpha} p_\alpha S_{\alpha\beta}=\sum_{\alpha} p_\alpha p_{\alpha\beta}^{(h)}-\sum_{\alpha} p_\alpha p_\beta=p_{h|\beta}-p_\beta=0$$

6. 以下我们用 $u_\beta, u_\gamma, u_\delta, x_\beta, x_\gamma, x_\delta$ 等表示随机变量 u, x 对于(在相应时刻呈现的)状态 $A_\beta, A_\gamma, A_\delta$ 等的值.

7. 所谓观察系列由 A_α 开始，意即在观察系列的第一次观察之前，体系 S 处于状态 A_α.

8. 这里所说的“平稳”二字除按定义意味着 $p_{k|\beta}=p_\beta, k=1,2,\cdots$ 之外，还意味着 $p_{0\alpha}=p_\alpha, \alpha=\overline{1,n}$. 下同.

参考文献

[1]Гантмахер Ф Р,Крейн М Г. Осцилляционные матрицы и малые колебания механических систем,М-Л. ,ГТТИ,1941.

[2] Гершгорин С А. Ueber die Abgrenzung der Eigenwerte einer Matrix. ИАН,сер. физ. -матем,1931:749-754.

[3] DOEBLIN W. Sur deux problèmes de M. Kolmogoroff concernants les chaines dénombrables,Bull. de la Soc. Math. de France,1938:66.

[4] GEARY R C. Journ. of the R. Stat. Soc. ,1940,103:90-91.

[5] Кадыров М. Таблицы случайных чисел, Ташкент, Изд. Ср. Аз. унma,1936.

[6] CLOPPER C J,PEARSON E S. The use of confidence or fiducial limits illustrated in the case of the binomial,Biometrika,1934,26:404-413.

[7] Колмогоров А Н. Ueber das Gesetz des iterirten Logarithmus, Math. Ann. ,1929,101:126-136.

[8] Колмогоров А Н. Об аналитических методах в теории вероятностей, Успехи матем. наук, 1938, 5: 5-91, Перевод из Math. Ann. , 1931, 104: 415-458.

[9] Колмогоров А Н. Zur Theorie der Markoffschen Ketten, Math. Ann. , 1935,110:155-160.

[10] Колмогоров А Н. Цепи Маркова со счётным множеством возможных состояний,М. ,Бюлл. ун-та(А),1937,1:3.

[11] CRAMÉR H. Случайные величины и распределения вероятностей,М. , Госиноиздат,1947.

[12] Марков А А. Исследование замечательного случая зависимых испытаний,ИАН,1907(6):61-80.

[13] Марков А А. Исчисление конечных разностей,Изд. 2-е,1910.

[14] Марков А А. О связанных величинах,не образующих настоящей цепи, ИАН,1911,5(6):113-126.

[15] Марков А А. Об одном случае испытаний,связанных в спожную цель, ИАИ,1911,5(6):171-186.

[16] Марков А А. Об испытаниях, связанных в цель, ненаблюдаемыми событиями,ИАН,1912,6(6):551-572.

[17] Марков А А. Пример статистического исследования над текстом Евгения

Онегина, иллюстрирующий связь испытаний в цель, ИАН, 1913, 7(6): 153-162.

[18] Марков А А. Исчисление вероятностей, Изд. 4. М. , Госиздат, 1924.

[19] PERRON O. Ueber die Matrizen, Math. Ann. , 1907, 64: 248-263.

[20] Романовский В И. Sur un théorème limite du calcul des probabilités, Mameм. сб. , 1929, 36: 36-64.

[21] Романовский В И. Sur la loi sinusoidale limite, Rend. del Circ. Mat. di Palermo, 1932, 56: 1-30.

[22] Романовский В И. Sur les zéros des matrices non négatives, Bull. de la Soc. Math. de France, 1933, 61: 30.

[23] Романовский В И. Recherches sur les chaines de Markoff, Acta. Math. , 1935, 66: 147-251.

[24] Романовский В И. О новом методе решения некоторых разностных уравнений с двумя независимыми переменными, Матем. сб. , 1938, 3 (45): 143-165.

[25. 1] Романовский В И. Математическая статистика, М-Л. , ГОНТИ, 1938.

[25. 2] Романовский В И. Злементарный курс математической статистики, М. , Госпланиздат, 1939.

[26] Романовский В И. О цепных корреляциях, Ташкент, Изд. Комитета наук при СНК уз. ССР, 1939.

[27] Романовский В И. Статистические задачи, связанные с цепями Маркова, Ташкент, Изд. узб. фил. АН, 1940.

[28] Романовский В И. Об индуктивных выводах в статистике, Ташкент, Труды узб. фил. А Н, сер. IV, 1940.

[29] Романовский В И. Цепные связи и критерии случайности, Ташкент, Изд. узб. фил. АН. 1940.

[30] Романовский В И. О способе Маркова доказательства предельных теорем для цепных процессов, Ташкент, Изд. узб. фил. АН, 1941.

[31] Романовский В И. Бициклические цепи, Ташкент, Труды узб. фил. АН, сер. матем. , 1941.

[32] Романовский В И. О предельных распределениях для стохастических процессов с дискретным временем, Ташкент, Труды Ср. -Аз. ун-та, новая сер. , 1946.

[33] Романовский В И. О вероятности повторяемости циклов в полициклических цепях, Ташкент, Труды Ср. -Аз. ун-та, новая сер. , 1946.

[34] Сарымсаков Т А. Закон повторного логарифма для схемы Маркова, Ташкент, Труды Ср.-Аз. ун-та, новая сер., 1945.

[35] Сарымсаков Т А, Джорджио В А, Бугаев В А. Статистическая характеристика синоптических положений над Средней Азией для холодного полугодия, ИАН, сер. географ. и геофиз., 1947, 11:451-464.

[36] Сарымсаков Т А, Джорджио В А, Бугаев В А. К формированию погоды в Средней Азии, ДАН, 1947, 58:1949-1952.

[37] Сарымсаков Т А, Джорджио В А, Бугаев В А. Труды ун-та математики и механики АН уз. ССР, Геофизика Вып. 3 (1947); Бюлл. АН уз. ССР, 1947.

[38] SERRET J A. Курс высшей алгебры, Переволге французского, 1947.

[39] Слуцкий Е Е. Сложение случайных причин как источник циклических процессов, Вопросы коньюнктуры, 3 : 1(1927), См. также Econometrika, 1932, 5:105-146.

[40] TIPPETT L C H. Random sampling numbers, Cambridge, 1927.

[41] FELLER W. The general form of the so-called law of the iterated logarithm, Trans. of the Amer. Math. Soc., 1943, 54:373-402.

[42] FISHER R A, YATES F. Statistical tables for biological agricultural and medical research, London, 1938.

[43] FRÉCHET M. Théorie des événements en chaine dans le casd'un nombre fini d'états possible, Paris, 1938.

[44. 1] FROBENIUS G I. Ueber Matrizen aus positiven Elementen, Sitzungsberichte der Akad. der Wiss. zu Berlin, 1908:471-476.

[44. 2] FROBENIUS G I, Ueber Matrizen aus positiven Elementen, Sitzungsberichte der Akad. der Wiss. zu Berlin, 1909:514-518.

[44. 3] FROBENIUS G I, Ueber Matrizen aus positiven Elementen, Sitzungsberichte der Akad. der Wiss. zu Berlin, 1912:456-477.

[45] Хинчин А Я. Теория корреляции стационарных стохастнчесних процессов, Услехи матем. наук, 1938, 5:42-51.

[46] Хинчин А Я. Асимптотические законы теории вероятностей, М-Л., ОНТИ, 1936.

[47] Чупров А А. Основные проблемы теории корреляции, М., Госиздат, 1926.